大数据驱动的管理与决策研究丛书

城市洪涝灾害

智能感知、风险预警理论与方法

王慧敏　黄　晶　刘高峰　仇　蕾／著

科学出版社

北　京

内 容 简 介

受全球气候变化影响，暴雨洪涝事件频发，洪涝灾害风险加剧，严重威胁人民生命和财产安全。随着我国城镇化进程的发展，城市洪涝灾害预警和防控面临挑战。构建精准高效的城市洪涝灾害风险感知与预警防控体系，是总体国家安全观下防灾减灾能力建设和新型智慧城市建设的重大需求。近年来，随着物联网、云计算、大数据、人工智能等新兴技术的迅猛发展，传统灾害管理思维和范式的变革成为必然，亟须创新“数智化”城市洪涝灾害管理范式与研究方法。本书针对城市暴雨洪涝孕灾承灾环境的复杂特性，从理论、方法和应用三个方面系统研究了城市洪涝灾害智能感知与风险预警问题，构建了城市洪涝灾害智能感知与风险预警理论框架，重点研究了基于人工智能的城市洪涝灾害感知方法、数据驱动的城市洪涝灾害风险预测预警方法及应急响应体系，并在深圳市和景德镇市进行了应用研究。

本书可作为水利管理、灾害风险管理、应急管理、信息技术、城乡规划、公共管理等相关专业师生的参考书，也可供相关科研单位、管理决策部门的科技、管理人员参考。

图书在版编目（CIP）数据

城市洪涝灾害智能感知、风险预警理论与方法 / 王慧敏等著. -- 北京 ：科学出版社，2025. 6. --(大数据驱动的管理与决策研究丛书).
ISBN 978-7-03-079503-8

Ⅰ. P426.616-39

中国国家版本馆 CIP 数据核字第 2024L6F614 号

责任编辑：陶　璇 / 责任校对：姜丽策
责任印制：张　伟 / 封面设计：有道设计

科学出版社 出版
北京东黄城根北街 16 号
邮政编码：100717
http://www.sciencep.com
北京建宏印刷有限公司印刷
科学出版社发行　各地新华书店经销

*

2025 年 6 月第　一　版　开本：720 × 1000　1/16
2025 年 6 月第一次印刷　印张：24
字数：490 000

定价：268.00 元

（如有印装质量问题，我社负责调换）

丛书编委会

总　序

互联网、物联网、移动通信等技术与现代经济社会的深度融合让我们积累了海量的大数据资源，而云计算、人工智能等技术的突飞猛进则使我们运用掌控大数据的能力显著提升。现如今，大数据已然成为与资本、劳动和自然资源并列的全新生产要素，在公共服务、智慧医疗健康、新零售、智能制造、金融等众多领域得到了广泛的应用，从国家的战略决策，到企业的经营决策，再到个人的生活决策，无不因此而发生着深刻的改变。

世界各国已然认识到大数据所蕴含的巨大社会价值和产业发展空间。比如，联合国发布了《大数据促发展：挑战与机遇》白皮书；美国启动了“大数据研究和发展计划”并与英国、德国、芬兰及澳大利亚联合推出了“世界大数据周”活动；日本发布了新信息与通信技术研究计划，重点关注“大数据应用”。我国也对大数据尤为重视，提出了“国家大数据战略”，先后出台了《“十四五”大数据产业发展规划》《“十四五”数字经济发展规划》《中共中央 国务院关于构建数据基础制度更好发挥数据要素作用的意见》《企业数据资源相关会计处理暂行规定（征求意见稿）》《中华人民共和国数据安全法》《中华人民共和国个人信息保护法》等相关政策法规，并于2023年组建了国家数据局，以推动大数据在各项社会经济事业中发挥基础性的作用。

在当今这个前所未有的大数据时代，人类创造和利用信息，进而产生和管理知识的方式与范围均获得了拓展延伸，各种社会经济管理活动大多呈现高频实时、深度定制化、全周期沉浸式交互、跨界整合、多主体决策分散等特性，并可以得到多种颗粒度观测的数据；由此，我们可以通过粒度缩放的方式，观测到现实世界在不同层级上涌现出来的现象和特征。这些都呼唤着新的与之相匹配的管理决策范式、理论、模型与方法，需有机结合信息科学和管理科学的研究思路，以厘清不同能动微观主体（包括自然人和智能体）之间交互的复杂性、应对由数据冗余与缺失并存所带来的决策风险；需要根据真实管理需求和场景，从不断生成的大数据中挖掘信息、提炼观点、形成新知识，最终充分实现大数据要素资源的经济和社会价值。

在此背景下，各个科学领域对大数据的学术研究已经成为全球学术发展的热点。比如，早在2008年和2011年，*Nature*（《自然》）与*Science*（《科学》）杂志分别出版了大数据专刊 *Big Data: Science in the Petabyte Era*（《大数据：PB（级）时代的科学》）和 *Dealing with Data*（《数据处理》），探讨了大数据技术应用及其前景。由于在人口规模、经济体量、互联网/物联网/移动通信技术及实践模式等方面的鲜明特色，我国在大数据理论和技术、大数据相关管理理论方法等领域研究方面形成了独特的全球优势。

鉴于大数据研究和应用的重要国家战略地位及其跨学科多领域的交叉特点，国家自然科学基金委员会组织国内外管理和经济科学、信息科学、数学、医学等多个学科的专家，历经两年的反复论证，于 2015 年启动了“大数据驱动的管理与决策研究”重大研究计划（简称大数据重大研究计划）。这一研究计划由管理科学部牵头，联合信息科学部、数学物理科学部和医学科学部合作进行研究。大数据重大研究计划主要包括四部分研究内容，分别是：①大数据驱动的管理决策理论范式，即针对大数据环境下的行为主体与复杂系统建模、管理决策范式转变机理与规律、“全景”式管理决策范式与理论开展研究；②管理决策大数据分析方法与支撑技术，即针对大数据数理分析方法与统计技术、大数据分析与挖掘算法、非结构化数据处理与异构数据的融合分析开展研究；③大数据资源治理机制与管理，即针对大数据的标准化与质量评估、大数据资源的共享机制、大数据权属与隐私开展研究；④管理决策大数据价值分析与发现，即针对个性化价值挖掘、社会化价值创造和领域导向的大数据赋能与价值开发开展研究。大数据重大研究计划重点瞄准管理决策范式转型机理与理论、大数据资源协同管理与治理机制设计以及领域导向的大数据价值发现理论与方法三大关键科学问题。在强调管理决策问题导向、强调大数据特征以及强调动态凝练迭代思路的指引下，大数据重大研究计划在 2015～2023 年部署了培育、重点支持、集成等各类项目共 145 项，以具有统一目标的项目集群形式进行科研攻关，成为我国大数据管理决策研究的重要力量。

从顶层设计和方向性指导的角度出发，大数据重大研究计划凝练形成了一个大数据管理决策研究的框架体系——全景式 PAGE 框架。这一框架体系由大数据问题特征（即粒度缩放、跨界关联、全局视图三个特征）、PAGE 内核［即理论范式（paradigm）、分析技术（analytics）、资源治理（governance）及使能创新（enabling）四个研究方向］以及典型领域情境（即针对具体领域场景进行集成升华）构成。

依托此框架的指引，参与大数据重大研究计划的科学家不断攻坚克难，在 PAGE 方向上进行了卓有成效的学术创新活动，产生了一系列重要成果。这些成果包括一大批领域顶尖学术成果［如 *Nature*、*PNAS*（*Proceedings of the National Academy of Sciences of the United States of America*，《美国国家科学院院刊》）、*Nature*/*Science*/*Cell*（《细胞》）子刊，经管/统计/医学/信息等领域顶刊论文，等等］和一大批国家级行业与政策影响成果（如大型企业应用与示范、国家级政策批示和采纳、国际/国家标准与专利等）。这些成果不但取得了重要的理论方法创新，也构建了商务、金融、医疗、公共管理等领域集成平台和应用示范系统，彰显出重要的学术和实践影响力。比如，在管理理论研究范式创新（P）方向，会计和财务管理学科的管理学者利用大数据（及其分析技术）提供的条件，发展了被埋没百余年的会计理论思想，进而提出“第四张报表”的形式化方法和系统工具来作为对于企业价值与状态的更全面的、准确的描述（测度），并将成果运用于典型企业，形成了相关标准；在物流管理学科的相关研究中，放宽了统一配送速度和固定需求分布的假设；在组织管理学科的典型工作中，将经典的问题拓展到人机共生及协同决策的情境；等等。又比如，在大数据分析技术突破（A）方向，相关管理科学家提出或改进了缺失数据完备化、分布式统计推断等新的理论和方法；融合管理领域知识，形成了大数据降维、稀疏或微弱信号识别、多模态数据融合、可解释性人工智能算法等一系列创新的方法和算法。再比如，在大数据资源治理（G）方向，创新性地构建了综合的数据治理、共享和评估新体系，推动了大数据相关国际/国家标准和规范的建立，提出了大数据流通交易及其市场建设的相关基本概念和理论，等等。还比如，在大数据使能的管理创新（E）方向，形成了大数据驱动的传染病高危行为新型预警模型，并用于形成公共政策干预最优策略的设计；充分利用中国电子商务大数据的优势，设计开发出综合性商品全景知识图谱，并在国内大型头部电子商务平台得到有效应用；利用监管监测平台和真实金融市场的实时信息发展出新的金融风险理论，并由此建立起新型金融风险动态管理技术系统。在大数据时代背景下，大数据重大研究计划凭借这些科学知识的创新及其实践应用过程，显著地促进了中国管理科学学科的跃迁式发展，推动了中国“大数据管理与应用”新本科专业的诞生和发展，培养了一大批跨学科交叉型高端学术领军人才和团队，并形成了国家在大数据领域重大管理决策方面的若干高端智库。

展望未来，新一代人工智能技术正在加速渗透于各行各业，催生出一批新业态、新模式，展现出一个全新的世界。大数据重大研究计划迄今为止所进行的相关研究，其意义不仅在于揭示了大数据驱动下已经形成的管理决策新机制、开发了针对管理决策问题的大数据处理技术与分析方法，更重要的是，这些工作和成果也将可以为在数智化新跃迁背景下探索人工智能驱动的管理活动和决策制定之规律提供有益的科学借鉴。

为了进一步呈现大数据重大研究计划的社会和学术影响力，进一步将在项目研究过程中涌现出的卓越学术成果分享给更多的科研工作者、大数据行业专家以及对大数据管理决策感兴趣的公众，在国家自然科学基金委员会管理科学部的领导下，在众多相关领域学者的鼎力支持和辛勤付出下，在科学出版社的大力支持下，大数据重大研究计划指导专家组决定以系列丛书的形式将部分研究成果出版，其中包括在大数据重大研究计划整体设计框架以及项目管理计划内开展的重点项目群的部分成果。希望此举不仅能为未来大数据管理决策的更深入研究与探讨奠定学术基础，还能促进这些研究成果在管理实践中得到更广泛的应用、发挥更深远的学术和社会影响力。

未来已来。在大数据和人工智能快速演进所催生的人类经济与社会发展奇点上，中国的管理科学家必将与全球同仁一道，用卓越的智慧和贡献洞悉新的管理规律和决策模式，造福人类。

是为序。

国家自然科学基金“大数据驱动的管理与决策研究”
重大研究计划指导专家组
2023 年 11 月

前　　言

全球气候变化和城镇化是当今社会面临的两大重要挑战，对人类社会、经济和自然环境产生了极其深远的影响。政府间气候变化专门委员会（Intergovernmental Panel on Climate Change，IPCC）第六次评估报告表明，全球气温已经比工业化前水平高出了1.1℃，全球范围内暴雨、飓风、洪涝和干旱等极端天气事件发生的频率和强度呈增加趋势。根据紧急灾害数据库（Emergency Events Database，EM-DAT），2000年以来，全球洪水灾害的发生次数比前20年几乎增加了2倍。近年城市热岛效应和雨岛效应增强，城市强暴雨事件变得频繁，造成一些经济损失与人员伤亡。1990年至2023年期间，我国洪涝灾害造成年均直接经济损失约为1600亿元，其中2010～2022年年均直接经济损失则达到2307亿元，约为前20年年均直接经济损失的2倍多。2012年北京“7・21”暴雨洪水致79人死亡，经济损失约116亿元；2021年河南郑州“7・20”特大暴雨灾害中死亡失踪398人，直接经济损失1200.6亿元，再次引发社会各界对城市防洪工作的高度重视。

随着极端自然灾害事件的频繁发生，特别是2004年印度洋海啸事件以来，世界各国加强了对灾害预警和灾害准备的关注。联合国减少灾害风险办公室（United Nations Office for Disaster Risk Reduction，UNDRR）制定的《2015—2030年仙台减少灾害风险框架》，把灾害的早期预警作为减灾框架的七个重要目标之一。2022年，《联合国气候变化框架公约》第27次缔约方大会上公布了《全民早期预警行动计划》，旨在提升全球早期预警能力。我国“十四五”规划将“突发公共事件应急处置能力显著增强，自然灾害防御水平明显提升，发展安全保障更加有力”作为主要发展目标之一，《国家适应气候变化战略2035》中也强化了气候变化监测预警和风险管理的重要性。因此，在气候变化影响显著、致灾形式复杂多样的背景下，灾害预警防控成为全球灾害应对与公共安全领域的重大需求。

城市地区人口、建筑、道路、财产等高度集聚，城市洪涝灾害事件复杂性和衍生性不断升级。传统基于气象、水文等单要素的预报预警方法与技术，难以满足多要素复杂条件下城市洪涝灾害预警与防控的需求。随着物联网、云计算、大数据（big data）、人工智能（artificial intelligence，AI）等新兴技术迅猛发展与广泛应用，传统的灾害管理思维和范式发生了根本性变革，为城市洪涝灾害预警防控提供了全新的研究范式和研究方法。然而，城市洪涝灾害涉及气象、水文、基础地理、历史灾情、社会经济、网络媒体等数据，呈现出多源异构、海量高维、分布广泛等特征，如何全面融合多种来源数据，并快速有效提取灾害风险要素，进行灾害的智能感知与风险预警，仍然是一个复杂而具有挑战的任务。我们从复杂系统的视角，针对城市暴雨洪涝孕灾承灾环境的复杂特性，结合物联网、互联网、云计算、人工智能等新兴技术，寻求大数据范式驱动的、适应复杂变化的城市洪涝灾害全景式感知与风险预警新方法，分析了城市洪涝灾害复杂系统形成机制与灾害感知原理，提出了基于多源异构数据挖掘的灾害智能感知方法体系，构建了数据驱动的城市洪涝灾害风险预警模型，建立了城市社区空间网格洪涝灾害应急响应体系，并在深圳市、景德镇市进行了应用研究，有效提升了城市洪涝灾害的实时监测、智能感知、风险预警能力，实现了精准高效的城市洪涝灾害风险防控。作者将相关研究成果整理出版，希望能为读者提供关于灾害风险管理、大数据技术在灾害领域应用等方面的参考和帮助。我们希望这一系列工作能够推动城市洪涝灾害研究不断创新，为建设更加安全、智慧的城市提供理论与方法支撑。

本书围绕城市洪涝灾害智能感知、风险预警的理论和方法及应用展开讨论与介绍。全书共分 8 章。第 1～6 章侧重于阐述理论与方法，第 7～8 章侧重于介绍应用与实践。理论方法部分对城市洪涝灾害智能感知与风险预警的基本理论、方法进行了较深入的分析，重点介绍了城市洪涝灾害智能感知与风险预警理论框架、灾害智能感知方法、风险预测预警模型、应急响应体系建模等。实践应用部分有两个应用案例，包括深圳市洪涝灾害智能感知与风险预警的应用研究、景德镇市洪涝灾害风险预测预警的应用研究。

本书的研究成果得到了国家自然科学基金重大研究计划重点项目（91846203）、国家自然科学基金项目（42171081、41877526、72174054、71601070）、水利部公益性行业科研专项经费项目（200801027）、世界银行贷款项目（JDZ-WXK-ZX-9、JDZ-WXK-ZX-12）以及其他企事业单位委托项目等资助。获得省、部级科学技术进步一等奖 3 项、二等奖 1 项，通过省、部级科技成果鉴定 3 项。本书的写作是在以上工作基础上完成的。

感谢课题组成员康晋乐博士、汪志强博士、孙殿臣博士、张静轩博士等为本书付出的辛苦工作，感谢深圳市水务规划设计院股份有限公司对第 7 章平台实现的贡献，感谢水利部信息中心、水利部太湖流域管理局、深圳市水务局、景德镇市水利局等合作单位在调研和研究过程中给予的帮助和支持。作者在撰写本书的过程中参考的大量文献资料已尽可能一一列出，但难免有所疏漏，在此表示歉意，并向所有的文献作者表示衷心感谢。

限于作者水平，书中不足之处在所难免，恳请学术前辈、领域专家、同行学者及广大读者批评指正。

王慧敏　黄　晶

2023 年 12 月 15 日

于河海大学

目　录

第 1 章　绪　　论

1.1　我国洪涝灾害概况

1.1.1　我国洪涝灾害演变特征

政府间气候变化专门委员会发布第六次评估报告综合报告《气候变化 2023》指出，2011 年至 2020 年全球地表温度比 1850 年至 1900 年升高了 1.1℃；温室气体的持续排放将导致全球气温未来进一步升高，全球温升幅度预估会在 2021 年至 2040 年内达到 1.5℃[1]。在全世界范围内，各类自然灾害发生频率增加明显，对人类的生命财产安全造成了严重威胁。全球灾害数据平台（Global Disaster Data Platform）的自然灾害统计数据显示，2011 年至 2020 年期间，全球主要自然灾害共发生 2984 起，造成的直接经济损失约为 1545.95 亿美元。在这些自然灾害中，洪涝灾害发生次数所占比例高达 47.45%，是最为频发的自然灾害，其造成的经济损失约为 349.29 亿美元，占比达到了 22.59%，仅次于热带风暴，可以说洪涝灾害已经变成世界范围内最频发、最严重的自然灾害之一[2, 3]。根据紧急灾难数据库，2000 年至 2023 年期间，全球共发生 4014 起洪涝灾害事件，比前 20 年几乎增加了 2 倍。

《中国气候变化蓝皮书（2023）》显示，1901 年至 2022 年，我国地表年平均气温呈显著上升趋势，平均每 10 年升高 0.16℃，高于同期全球平均升温水平。1961～2021 年，中国平均年降水量呈增加趋势，平均每 10 年增加 5.5 毫米；2012 年以来年降水量持续偏多。1961 年至 2022 年，我国极端日降水量事件平均每 10 年增多 18 站日，我国年累计暴雨（日降水量≥50 毫米）站日数平均每 10 年增加 4.2%[4]。《中国气候公报》统计显示，2012 年以来，极端日降水量事件频次大部分高于 1961 年以来的常年值（图 1.1）。降水量的增加意味着城市内涝、洪涝灾害等风险不断加剧[5]。中华人民共和国住房和城乡建设部 2010 年对全国 351 个城市开展的内涝专项调研结果显示，2008～2010 年，有 62%的城市发生过不同程度的内涝，其中内涝灾害超过 3 次的城市有 137 个，内涝灾害最大积水深度超过 50 厘米的城市占 74.6%，积水深度超过 15 厘米的城市超过 90%，积水时间超过半小时的城市占 78.9%[6]。

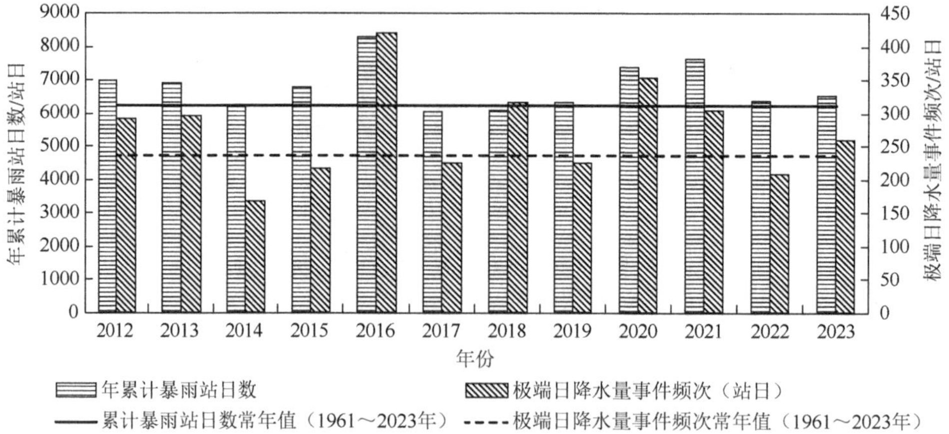

图 1.1　2012～2023 年中国年累计暴雨站日数及极端日降水量事件频次

从空间尺度分析，我国洪涝灾害总体上呈现出南重北轻、中东部重西部轻的空间分布格局。我国重大洪涝灾害的形成易受地理环境的影响，其中海陆交错带多受风暴影响，导致东南季风活动区易发生重大洪涝灾害。区域上，我国东南和华中沿海地区（珠江流域、长江流域以及淮海河流域）为重大洪涝多发区，平均 2～3 年出现 1～2 次重大洪涝灾害；东北（松花江、辽河）、江南部分地区（汉水）和四川盆地为重大洪涝次多发区；云贵高原和黄河中游为重大洪涝少发区；西北大部分地区、青藏高原、内蒙古大部分地区为重大洪涝最少发区。东北和江南部分地区（松花江、辽河、汉水和四川盆地）为次多灾区，平均 3～5 年出现 1 次；云贵高原和黄河中游为少涝区；西北大部分地区、青藏高原、内蒙古大部分地区为洪涝最少区[7]。虽然我国南方地区是暴雨洪涝灾害的主战场，但近些年北方地区洪涝灾害事件也在增多，究其原因是近些年雨带北移，导致我国北方内陆城市极端降水的频次显著增加；与此同时，北方城市亦将进一步受到台风北移、移动路径变慢以及水汽含量增加等因素影响，内涝问题愈发凸显[8]。2012 年 7 月，北京市遭遇新中国成立以来最大一次降水；2015 年 7 月 23 日，武汉市城区普降暴雨，最大雨量超过 100 毫米，导致城区多处渍水严重，交通受阻严重；2021 年 7 月，河南省出现历史罕见的持续性强降水天气，7 月 20 日至 21 日郑州市出现罕见持续强降水天气过程，全市普降大暴雨、特大暴雨，7 月 20 日 8 时至 7 月 21 日 6 时平均降水量为 302 毫米；2023 年 7 月北京市遭遇历史罕见特大暴雨，全市平均降水量达到 331 毫米，83 小时内降水是常年年均降水量的 60%，引发严重暴雨洪涝、滑坡、泥石流等灾害。

1.1.2　我国洪涝灾情变化趋势

从灾害影响上看，我国洪涝灾害导致的人员伤亡在不断减少，但是经济损失在增大。《中国水旱灾害防御公报》统计数据显示（图 1.2），在 1990～2023 年，我国因洪涝灾害死亡人数呈下降趋势，2010 年以后受灾人口急剧减少，其中 1990～2010 年我国年平均因灾死亡人数为 2707 人，而 2011～2023 年仅为 639 人。1990～2023 年洪涝灾害直接经济损失平均每年 1604.35 亿元，其中 1990～2009 年我国洪涝灾害年均直接经济损失 1112.41 亿元，而 2010～2023 年洪涝年均直接经济损失则达到了 2307.11 亿元，约等于 1990～2019 年年均直接经济损失值的 2 倍多，2010 年的洪涝灾害直接经济损失达到了历史最高值 3745.43 亿元。从空间分布来看，长江流域上中游地区及黑龙江、河北、甘肃、广西等地是洪涝灾害损失较为严重的地区。2002～2022 年洪涝灾害造成的死亡人数在我国东部地区较少，而中西部地区尤其是西南地区较多[9]。

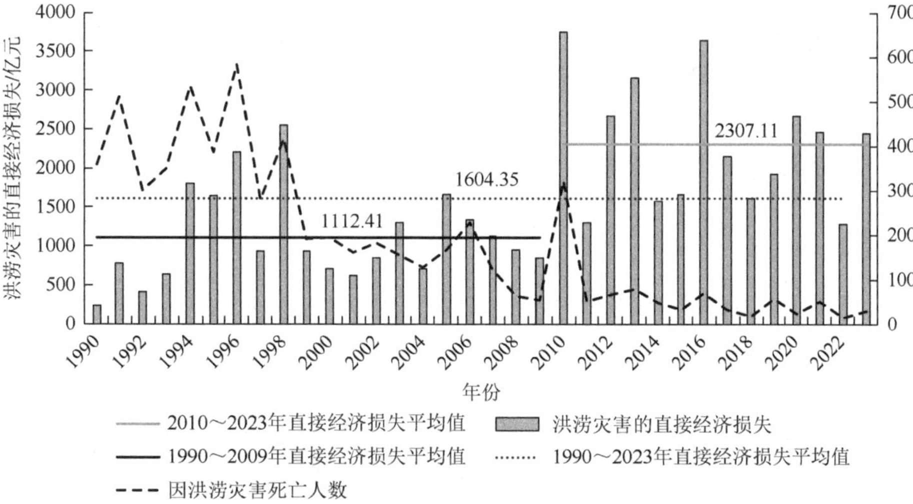

图 1.2　历年洪涝灾害直接经济损失和死亡人数

中国是全球城市化发展最为迅速的区域之一，2021 年 5 月公布的第七次全国人口普查数据显示，截至 2020 年 11 月 1 日，中国居住在城镇的常住人口已经超过 9 亿人，占人口总数的 63.89%。根据《中国城市建设统计年鉴 2020》，我国拥有城区人口在百万以上的大城市有 86 个；根据第七次全国人口普查的数据，我国城区人口在 500 万以上的特大、超大城市已达 21 个[10]。城市化地区的财富积聚、人口聚集，洪涝灾害损失和人员伤亡不断增加[11]。如经济高度发达的长江三角洲地区，据 2015～2019 年《中国水旱灾害防御公报》和《中国水利年鉴》统计，长江三角洲城市群因洪涝灾害而产生的直接经济损失平均达 291.98 亿元，占该地区自然灾害直接经济损失的 86%。洪涝灾害已成为制约长江三角洲城市群安全和可持续发展的重要因素[12]。2020 年主汛期，长江三角洲地区遭遇严重洪涝灾害，仅安徽省就造成 1046.53 万人受灾，132.88 万人紧急转移安置，直接经济损失达 600.65 亿元[13]。

近几十年，随着城市的快速发展，空间系统复杂性增加，城市生命线各子系统，如交通、电力、供水、通信等之间相互依赖，使暴雨内涝灾害的影响呈现连锁性，损失呈现突变性的特征，不仅会导致巨大的直接经济损失，还会造成巨大的间接损失[14-16]。典型的暴雨内涝灾害连锁场景包括“暴雨内涝—交通拥堵—居民出行受阻”和“暴雨内涝—电力中断—供水、通信等中断—社会经济活动停滞”等。如广州 2020 年“5・22”暴雨事件造成大量汽车被淹，地铁 13 号线部分区间停运 22 天；郑州 2021 年的“7・20”暴雨事件造成地铁 5 号线一列车 500 余名乘客被困，多处地面出现塌陷，交通陷入瘫痪，部分地区停水停电；北京 2023 年的“23・7”洪水事件，使房山区供排水设施、污水处理厂、排水管线等不同程度损毁。

1.2 城市洪涝灾害风险预警的机遇挑战

1.2.1 大数据及相关技术的发展

1. 大数据技术的发展

对于大数据，信息技术研究与顾问咨询公司——高德纳（Gartner）咨询公司给出了定义：大数据是需要新的处理模式才能具有更强的决策力、洞察力和流程优化能力的海量、高增长率和多样化的信息资产，它具有三个要素（3V）：数据即时处理的快速性（velocity）、数据格式的多样性（variety）与数据的海量性（volume）[17]。随着信息技术不断往前推进，数据处理的复杂程度越来越高，3V 已经无法代表新时代的大数据，逐渐出现了 4V，即加入了准确性（veracity）要求；乃至出现了 5V、6V，增加了可视化（visualization）和正当性（validity）。大数据的概念最早是由美国著名未来学家阿尔温・托夫勒在 1984 年《第三次浪潮》一书提出的，并将其称颂为“第三次浪潮的华彩乐章”[18]。但是由于当时互联网、数据存储等技术的限制，大数据并没有引起太大的重视。随着人类科学技术的发展，实时获取、管理和处理海量数据逐步成为现实，2008 年 9 月 *Nature*《自然》推出了名为大数据（*Big Data*）的封面专刊[19, 20]，2011 年 *Science*《科学》推出了名为数据处理（*Dealing with Data*）的专刊[21, 22]，大数据才受到人们的高度关注。2011 年 5 月，全球知名的咨询公司麦肯锡全球研究院（McKinsey Global Institute）发布了《大数据：创新、竞争和生产力的下一个新领域》[23]，该报告详细分析了大数据的关键技术、应用领域以及对各行业的影响，乃至对未来经济的影响，得到了各行业人员的高度重视，世界各国争相发展大数据相关产业，美国[24]、日本[25]、法国[26]、英国[27]等国家纷纷制定了大数据相关的战略规划。2012 年 5 月联合国“全球脉动”（Global Pulse）计划发布了数据政务白皮书《大数据开发：挑战与机遇》[28]，阐述了各国在运用大数据促进社会发展方面所面临的历史机遇和挑战，并为正确运用大数据提出了策略建议。

虽然我国大数据研究起步较晚，但发展速度却非常迅速。国家对大数据技术的研究和发展十分重视，明确提出要“实施国家大数据战略，推进数据资源开放共享”。2011 年，工业和信息化部印发了《物联网“十二五”发展规划》，把海量数据存储、数据挖掘、图像视频智能分析等大数据处理技术作为关键技术创新工程[29]；2013 年，国家统计局与阿里、百度等 11 家企业签署了战略合作框架协议；同年，国家自然科学基金、973 计划、863 计划等重大研究计划都已把大数据研究列为重大研究课题；2014 年 3 月，国家政府工作报告首次提到了大数据[30]。2015 年 10 月，“实施国家大数据战略，推进数据资源开放共享”在党的十八届五中全会正式被提出，随后国家各部委相继出台有关大数据行业应用政策，国内金融、政务、电信、物流等行业中大数据应用不断发挥重要作用。2018 年 5 月，习近平主席在中国国际大数据产业博览会的致辞中指出，我们秉持创新、协调、绿色、开放、共享的发展理念，围绕建设网络强国、数字中国、智慧社会，全面实施国家大数据战略，助力中国经济从高速增长转向高质量发展①。2022 年，国务院发布《关于加强数字政府建设的指导意见》，提出推进智慧城市建设，推动城市公共基础设施数字转型、智能升级、融合创新，构建城市数据资源体系，加快推进城市运行“一网统管”，探索城市信息模型、数字孪生等新技术运用，提升城市治理科学化、精细化、智能化水平。这表明中国已将大数据视作战略资源并上升为国家战略，期望运用大数据推动经济发展、完善社会治理、提升政府服务和监管能力。

大数据时代的到来，已在不知不觉中改变着国家治理决策、商业的运作模式、制造业智能转型以及个人的行为决策过程和方式。随着计算机存储技术的发展，数据的采集、存储、处理技术有了突破性发展，人们已逐步改变传统管理决策的思维和范式[31]。实践中，大数据在诸如城市交通[32, 33]、社会医疗[34, 35]、智能制造[36-38]、交流通信[39, 40]、城市规划和运营[41-43]、应急管理[44-47]等公共政策中已得到推广和应用。大数据以及数据挖掘技术已经成为现代科学领域关注的热点技术。

大数据技术系统是一个庞大而复杂的系统，主要分为数据采集、数据预处理、数据存储与管理、数据分析与挖掘和数据展示及应用等环节[48]。如同自然资源开发和利用之前需要探测一样，大数据资源开发和应用的前提也是有效地采集

① 《习近平向 2018 中国国际大数据产业博览会致贺信》，https://www.chinacourt.org/article/detail/2018/05/id/3318409.shtml[2024-10-29]。

获取[49]。目前大数据采集主要有以下几种方法，系统日志采集法，经过多年的发展，很多企业都已经积累了大量日志数据，它们大多采用自己研发的海量数据采集工具，如 Hadoop 的 Chukwa[50]、Cloudera 的 Flume[51]、Meta 的 Scribe[52]等，这些工具均采用分布式架构，能满足每秒数百兆字节的数据采集和传输需求；网络数据采集法，通过互联网搜索引擎实现针对性的数据信息获取，包括应用日志、电子文档、机器数据、语音数据、社交媒体数据等；其他数据采集法，通过各类传感器、射频识别（radio frequency identification，RFID）、全球定位系统（global positioning system，GPS）、遥感（remote sensing，RS）等技术获得数据[53]。大数据的采集过程一般都会产生大量噪声，需要通过数据集成（data integration）[54]将不同来源、格式、特点性质的数据整合到一个完整的数据集，利用数据转换（data transformation）[55]找到数据的特征表示，改变数据的格式而保持数据表达不变，数据消减（data reduction）[56]则通过删除冗余特征或聚类消除多余数据，最终得到可用的数据集。传统的数据大多以关系型数据库的形式存储，但是大数据主要来源于网上购物、社交媒体、在线影音娱乐、地理信息数据、传统企业等领域，其不仅数据巨大且呈现形式众多，可以是结构化、半结构化和非结构化的数据形态，需要新的存储和管理方式。目前应用最广泛的大数据处理平台是 Apache Hadoop 系列开源平台及其改进版[57-60]，主要包括 Hadoop 的分布式文件系统（Hadoop distributed file system，HDFS）[61]、分布式数据库（Hadoop database，HBase）[62]和数据仓库工具 Hive[63]，它们都通过自己的数据定义、体系结构实现了数据从宏观到微观的立体化管理，并可以保证数据的安全性和鲁棒性。大数据中隐藏着无限的信息、知识和智慧，数据分析与数据挖掘就是要从海量数据中发现有价值的知识。数据分析是为了某个特定的目的，用适当的分析方法对数据进行处理分析，提取其中有价值的信息，从而帮助决策者做出更好的决策，主要采用主成分分析、时间序列分析、回归分析等常用分析方法[64]；数据挖掘是指从海量数据中，通过统计学、人工智能、机器学习等方法，挖掘出未知的且有价值的信息和知识的过程，主要采用决策树、关联规则、聚类分析、机器学习等方法进行挖掘[65]。数据展示是指将数据以视觉的形式展示出来的科学技术研究[66]，是作为解释大数据最有效的形象化手段之一，可以以多种丰富形式、更加直观的方式，展示数据挖掘分析的结果，在很大程度上解决了大数据应用的复杂性。

2. 人工智能技术的发展

人工智能是计算机科学的分支，旨在开发可以模仿人类智能行为的系统。艾伦·图灵（Alan Turing）将人工智能定义为能使计算机完成那些需要人类智力才能完成的工作的科学。人工智能技术的发展自 20 世纪中叶以来，经历了从符号主义到连接主义和深度学习（deep learning，DL）的演进。早期关注于规则和逻辑的符号主义逐渐被机器学习和神经网络所取代，大数据的充分利用使人工智能系统的性能不断提升。

机器学习是人工智能的一个分支，它使用算法来解析数据、学习数据，然后对真实世界中的事件进行决策和预测[67]。传统人工智能的机器学习是通过标记数据进行监督学习，随着时间推移其多样性、复杂性和进化力也随之增长，呈现出加速度的特点，对于这种传统算法，数据量越大负担越重，很容易达到极限或产生错误结果。相较于传统的机器学习，深度学习具有明显优势，由于其有着更多的网络层，参数也更多，可以用来表达数据内在的丰富关系和结构，如图像中的三维空间结构、自然语言的时序结构；同时，它也是一种端到端的机器学习系统[68]，其目的是直接作用于原始数据，自动逐层做数据特征变换，整个学习过程直接优化某个问题相关的目标函数，而传统的机器学习往往被分解为几个不连贯的步骤，并非一致优化某个整体的目标。

深度学习的概念于 2006 年被提出，是人工智能技术中机器学习研究的一个新的领域[69]，其目的是建立、模拟人脑进行分析学习的神经网络，它主要是通过模仿人脑的机制来解释数据，已被应用于自动驾驶、人脸识别、声音分析和自然语言处理（natural language processing，NLP）等多个领域。深度学习已成为人工智能领域研究的热点，随着计算机存储技术和算力的提升，通过深度学习，用计算机来模拟人的思考、推理、规划等思维过程和智能行为取得了长足进步。深度学习的重要特征就是拥有学习的能力，这意味着模型的表现会随着经验数据的积累不断演化和提升。近年来，随着深度学习技术的不断发展，对大数据分析处理的能力得到巨大提升。

现代互联网、物联网技术产生了海量的数据，这给深度学习的发展提供了充分的数据基础，随着各个行业信息化程度的提高，数据积累得越来越多。大数据已经成为价值极高的战略资产，但是当没有有效的方法能处理并挖掘其中的价值时，即使这些数据样本再大，也难以提取出任何有价值的东西。数据的数量和效率之间存在矛盾，收集更多的数据有助于提高最终结果的准确性，但数据量越大，从中分析出有价值的知识难度就越高。面对海量数据，如何低成本且高效率地存储和处理大数据成为深度学习技术发展的热点。深度学习可以更好地通过增加数据集的规模来优化学习结果，它取得成功的条件是，大规模训练数据集的支撑、先进硬件平台的支持、技术的优化创新。从统计和计算的角度来说，深度学习是在海量数据中寻找复杂规律的算法工具[69]。深度学习算法不仅可以做到传统人工智能算法无法做到的事情，而且输出结果会随着数据处理量的增大而更加准确，使得传统机器学习能够实现众多的应用，并很大程度地拓展人工智能的应用领域。用深度学习挖掘无标签的数据已经成为大数据时代的一个热点，深度学习带来更好的信息处理能力，不仅体现在人工智能领域，还体现在信息化医疗、经济社会、军事科技和资源环境等众多领域，从而产生广泛和深远的影响。借助深度学习技术，人工智能已在语音识别[70]、计算机视觉[71]、自然语言理解[72]、智能机器人[73]、自动驾驶[74]等领域取得了突破性进展。

1.2.2　大数据时代的机遇与挑战

城市洪涝灾害风险预警与决策是国家防洪安全的重大需求，更是城市公共安全管理的重要内容。2004 年印度洋海啸引起了世界范围对预警和灾害准备的关注，联合国国际减灾战略署（United Nations International Strategy for Disaster Reduction，UNISDR）制定的《2015—2030 年仙台减少灾害风险框架》，把灾害的早期预警作为减灾框架的七个重要目标之一。2022 年，《联合国气候变化框架公约》第 27 次缔约方大会上公布了《全民早期预警行动计划》，提升全球早期预警能力。我国“十四五”规划将“突发公共事件应急处置能力显著增强，自然灾害防御水平明显提升，发展安全保障更加有力”列为主要发展目标之一。《国家适应气候变化战略 2035》中强化了气候变化监测预警和风险管理的重要性。因此，研究和解决复杂变化条件下城市洪涝灾害预警与决策，成为全球灾害应对与公共安全管理领域的重大需求。

传统的灾害预警主要依托于各行业各部门制作并发布，如我国的气象预警由气象主管机构负责，水情旱情预警由防汛抗旱水利部门负责，山洪灾害气象由中国气象局会同水利部联合制作发布。然而各行业各部门的灾害预警仍然存在以下几点问题：一是预报预警概念混淆使用；二是预警发布频繁，精准性差；三是预警与应急响应不衔接[16]。城市洪涝灾害事件复杂性和衍生性不断提高，但灾害预警的艰巨性不断被人们所认知，传统预警模式和方法遇到越来越多的挑战。

在模型驱动、事件反演、跨学科合作之后，大数据分析正以其独特的技术和思维变革为当前所青睐。自 2008 年大数据研究兴起，*Nature* 与 *Science* 杂志分别从互联网技术、互联网经济学、超级计算、环境科学以及生物医药等多方面讨论大数据的处理与应用[75-79]。近年来，利用大数据进行灾害预报预警的研究更为广泛，如美国学者萨顿（Sutton）对“夏威夷海啸”[80]“沃尔多峡谷大火”[81]“波尔多洪水”[82]等案例研究显示，媒体大数据可提升信息预警的效率，“飓风桑迪”[83]“汶川地震”[84]“台风杜苏芮”[85]等同样可以通过富媒体数据提高应急组织效率及应急响应。2015 年中国国家自然科学基金委员会设立了“大数据驱动的管理与决策研究”重大研究计划，丰富和拓展了大数据应用创新领域。可见，传统的灾害管理思维和范式正因大数据驱动发生根本性变革[44, 86]，大数据管理范式为城市洪涝灾害预警防控提供了全新的研究范式和研究方法。

目前，城市洪涝灾害过程正以更细粒度的数据和更高精度的成像方式呈现，透过数据世界更清晰地描绘灾害演变活动情境。与传统的灾害预警与风险管理相比，大数据驱动的城市洪涝灾害应对正由以管理流程为主的线性范式逐渐向以数据为中心的扁平化范式转变，政府、企业、公众等主体正以全周期沉浸式交互行为参与跨界合作的实时管理决策过程，标志着灾害预警正从“因果假设”向“复杂相关”、从“经验推动”向“数据推动”、从“模糊滞后预警”向“精准快速预警”、从“碎片式预警”向“整合式预警”的转变。同时，数据透视下城市灾害演变过程所表现的跨界关联、粒度缩放和全局视图特征，能够为灾害应对提供针对决策对象的多维度、多尺度、多时态数据，积累典型的、临界的决策情景，促进灾害应对由“片景式决策”向“全景式决策”转变，增加管理流程的可配置性和可扩展性，从而推动洪涝灾害全景式决策的形成和完善。

城市洪涝灾害预警与决策作为城市时空复杂网络的一个节点子网或子系统，其复杂性体现在多空间（天上、空中、地下）、多源信息（气象、水文、经济、社会等）、多层次（部门、城市、区域）、多主体（公众、部门、政府、组织）和多过程（孕灾、传灾、报灾和防灾），这种复杂程度加剧了城市洪涝灾害预警防控的难度，给城市洪涝灾害风险管理带来了新的挑战。

1. 多源异构的海量高维数据增加了预警信息辨识难度

城市的复杂性直接造成了洪涝灾害信息的多源异构和多维海量，这些数据增加了预警信息的辨识难度。城市洪涝灾害大数据包含海量的记录数和属性数，而且许多非结构化数据如视频数据、图像数据、文本数据等往往包含非常重要的灾情信息，从这些数据中精确地提取城市洪涝灾害特征显得尤为重要。比如，某社交媒体用户在所发布的文本消息中包含有关位置与地名的信息，然而很多地理位置出现“重名”现象，此时便需要通过上下文得到更精确的地理位置。这些都为城市洪涝灾害风险要素的辨识提供了更多的可能。

2. 以人类活动为核心的安全管理增加了系统预警的难度

传统洪涝灾害多以水文要素和警限阈值进行断面、过程预报预警，指标单一且信息不全面，但城市洪涝不单单是暴雨洪水问题，更是一个包含人类活动影响的城市安全复杂系统的问题，因此，除了加强暴雨洪涝监测预报预警外，更应将反映人类行为的城市人民生命安全、交通运行、社会经济等风险信息纳入灾害风险分析过程，直接将灾害风险影响映射到预报预警，才更符合现阶段城市洪涝对于点—线—面多维精准预报预警的需求。

3. 全局视图治理的缺乏增加了灾害风险应对的难度

城市防洪减灾管理大都从灾害事件本身进行设计和实施，更多地依据历史场景给出经验应对，并且洪涝灾害的致灾、孕灾、报灾、防灾管理过程分离使得管理决策多为碎片式或片景式，末端治理现象严重，缺乏主动性、预见性、过程性和全局性，暴露出城市防灾减灾的脆弱性，难以应对越演越烈的洪涝灾害。

1.3 国内外相关研究现状与发展动态

1.3.1 城市洪涝灾害风险感知研究进展

随着城镇化快速发展，人口和财富高度集中，城市洪涝灾害的风险提高，给人民群众生命财产安全和社会经济可持续发展带来了威胁。城市洪涝灾害不单单是洪水问题，更多的是城市公共安全问题，除了要预警已有的洪涝灾害外，更重要的是要将城市人民生命安全、交通运行、生产生活等纳入城市洪涝灾害风险研判过程，因此为全面反映城市洪涝灾害对人的活动造成的影响，亟须对城市洪涝灾害风险进行全面的监测和感知。城市洪涝灾害监测感知的主要任务是监测和预报城市洪水，感知暴雨洪涝情景。现有的城市洪涝灾害监测感知主要有基于传统测量工具、雷达或遥感等监测感知方法和新兴的大数据监测感知方法。

1. 传统城市洪涝灾害监测

传统的城市洪涝灾害监测感知的内容主要包括两个方面：基于气象数据的城市降水监测以及基于水文数据的城市重要地段水位和流量监测。

1）基于气象数据的城市降水监测

目前降水监测的手段很多，除了传统的监测方法（如使用雨量计外），还有天气雷达观测和卫星遥感观测等[87]。雨量计作为一种直接的降水测量方法，对观测点而言具有较高的准确性。但是，诸多研究结果证实传统站点观测的缺点在于雨量计测量是点观测，仅具有较低的空间代表性。为提高降水观测精度，可以通过增加地面观测站点以及调整站网布局等来解决观测的局限性[5]。国内外开展了诸多研究探讨降水站点密度的最佳配置问题，如 Girons[88]、Goovaerts[89]和 Zeng[90]等的研究，指出了密集和规则分布的降水站网络的优势。此外，仪器本身引起的误差增加了不确定性[91]。与雨量计的点观测相比，气象雷达提供了大面积（几十平方千米）的降水信息，进一步增强了城市雨洪模拟及预报能力。如 Berne 和 Krajewski 分析了雷达测雨与站点观测降水的时空变异特征，指出雷达测雨更能描述降水时空变异特征[92]；中国也在多流域重点防洪地段开展了雷达测雨与洪水预报应用研究[93]。然而，光束阻塞和反射率的垂直剖面仍然是一个限制因素，使得雷达数据存在复杂的误差特征。除此之外，卫星遥感更适合于城市区域的水文应用以及更高频率的观测要求。Mehran 和 AghaKouchak 研究了卫星云图数据集在不同时间尺度累积下的强降水率的检测能力，并与基于雷达评估数据进行比较，以获得较为准确的降水演变规律，对未来可能发生的城市洪涝灾害做出预测[94]。Kidd 等利用 TRMM（tropical rainfall measuring mission，热带降雨测量任务）多卫星降水分析（TRMM multi-satellite precipitation analysis，TMPA）对卫星产品的能力进行评估，改进了参数化方案中亚网格尺度过程的表示，并改进了模型分辨率，以对强降水进行预测进而对洪灾进行预测预警[95]。卫星观测具有全天候、大尺度以及时间连续性等优势，多卫星降水集成产品已经成为卫星遥感测雨产品研发的主流方向，但它们的空间分辨率只能达到 0.1°甚至更低，难以满足特定流域的高时空分辨率的水文过程模拟[96]。

2）基于水文数据的城市重要地段水位和流量监测

重要位置的水位及流量监测主要针对的是城市的积水点以及河道、管道。其中，针对城市积水点监测，可以让市政管理部门整体把握整个城区内涝状况，及时进行排水。目前大多数城市通过布设水位传感器，建立基于传感器的道路积水监测系统来实现数据采集、传输、存储模块与水位传感器的紧密结合[97]。邱健等以长江大道积水点为例，通过对九江市中心城区的 24 个积水点进行研究分析，总结形成“规划—建设—管理”三位一体的城市内涝防治理念[98]。Zhang 等针对 2016 年 6 月 30 日至 7 月 6 日发生的洪水内涝事件，提出了一种利用植被不透水地表水土（vegetation-impervious surface-soil-water，V-I-S-W）模型估算城市抗洪能力的方法，并将结果与灾害期间采集的内涝点数据进行比较，验证所提出的模型可以适用于估算武汉等城市的抗洪能力[99]。城市积水点监测可实时监测城区各低洼路段的积水水位，通过分析相关关系或影响要素，实现成因分析、内涝模拟及自动预警等功能，但同时，积水传感器设备较复杂、成本高，无法覆盖整个城市[100]。而针对城区河道、排水管道、排水沟渠等地段的水位、流量等进行在线实时监测，则可以准确全面了解区域内排水规律和管网的运行现状。赵靓芳[101]基于暴雨洪水管理模型（storm water management model，SWMM）和地理信息系统（geographic information system，GIS）建立了集排水系统和河道为一体的城市排水管网内涝模型以及河道闸泵优化调度模型，根据模拟结果分析在不同降水重现期情景下闸阀与排涝泵站的控制对排水系统、河道防涝水位的影响。Ibarra 分析了西班牙的一次洪水事件，并指出有必要在排水系统中引入水文监测网络[102]。Lee 等提出了一种新的城市排水系统协同运行方案，该方案通过在监测节点共享水位信息，将集中式水库（centralized reservoir，CR）和分散式水库（decentralized reservoir，DR）运行联系起来，研究发现城市排水设施的运行应基于下水道管道的状况，这同样依赖于日常的监测[103]。通过对部分关键点进行流量、水位及流速的监测，为河道、管网的日常运行管理提供有效的数据支持，但河道、排水管道规格繁杂、安装条件恶劣、流量监测困难等问题仍然存在。

由此可见，以往的城市洪涝信息监测方面的研究大多来源于自然环境下的水文和空间监测技术。由于城市监测站点密度不够，所获得的信息代表性不足，且城市监测站点布设位置难以选择，测量精度和数量无法满足城市洪涝监测预警的需要。高时空分辨率的卫星遥感数据价格高昂，难以获取。传统的城市洪涝灾害监测不能适应城市特殊条件下的洪涝信息监测要求，也不能兼顾人的活动，无法满足城市洪涝灾害预测预警的需求，因此基于大数据的灾害感知技术得以发展起来。

2. 现代城市洪涝灾害的监测感知

大数据的应用和普及为城市洪涝灾害监测感知提供了大量实时、定量的数据。许多国家、地区及国际组织都将大数据的应用视为城市洪涝灾害的监测感知研究中最重要的技术要素之一，美国联邦地理数据委员会发布了《美国国家空间数据基础设施战略规划（2014—2016 年）》报告，旨在满足美国对基础地理信息数据的需要，保证全球用户能够获取地理信息的数据，积极推动地理信息数据应用[104]；联合国表明大数据促进了可持续发展，尤其支持了可持续发展目标 3、目标 10、目标 13、目标 15 的实现[105]；《2015—2030 年仙台减少灾害风险框架》，特别强调了来自社交媒体和手机数据的新兴数据集对于创建早期监测系统，灾害风险感知、预测、评估和绘图的价值[106]。多数研究已利用大数据提取城市洪涝灾害要素，来实现对城市洪涝灾害的态势感知，主要包括对灾情的感知和对承灾体的感知。这类新兴的数据涵盖了图片、文本、语音、视频等多种形式，常见来源除了传统的水文气象数据外，还有遥感数据、机会感知（opportunity sensing，OS）数据和群智感知（crowd sensing，CS）数据等。

1）遥感数据

卫星、无人机等获取的遥感数据时效性强、覆盖范围广泛，目前已成为洪涝灾害监测与预警的重要方法[107]。一方面将地理信息系统与遥感技术结合，可在灾害发生后实时监测灾区信息，实现多源数据优势互补，获取洪涝灾害发生区域的淹没范围、淹没时长等资料，及时掌握洪涝灾害影响范围，为城市洪涝灾害的风险分析提供可视化表达[108]。另一方面，这些图像是同一地点在多个时间点（通常相隔数天）捕获的图像，可用于监控和分析灾情的传播和演变，判断受灾区域是否可能发生道路损毁、河水泛滥、交通堵塞等次生灾害，从而制定出相关决策。钱名开等综合利用光学卫星和雷达卫星的遥感数据，对淮河流域分别进行了大尺度和中尺度洪涝监测以及精细化监测评估，证明了遥感影像数据在洪涝灾害预警监测中可以发挥重要作用[109]。Chubey 和 Hathout 开发了一种基于地理信息学的洪水预测方法，集成了雷达卫星和地理信息系统建模来估计未来的红河洪水风险[110]；Feng 等利用无人机拍摄的即时遥感图片得到城市洪涝淹没图，并作为灾害损失评估的依据[111]。Schröter 等基于遥感数据建立了三维城市模型，得到了洪涝灾害事件洪水的淹没情况，从而评估其经济损失[112]。Samanta 等认为城市洪涝建模是一项复杂的工作，需要考虑很多因素，遥感数据在洪涝监测感知方面做出了重大贡献。地理信息系统与遥感技术结合，可以快速、高效地感知潜在危险区域，提供捕获、存储、组合、操作、检索、分析和显示信息的最佳机会[113]。然而，面对洪水事件，以遥感卫星为代表的物理传感网络的时间分辨率过低。此外，卫星图像的数据质量可能会受到天气条件的影响，如多云天气可能会限制甚至阻止卫星捕获内容。

2）机会感知数据

机会感知数据是利用非常规来源（特别是原本不相干的传感器）低成本获取的数据。现代城市中道路、交通信号灯、各类建筑、路灯以及各种监控设备等都有信号探测器，这些探测器每时每刻在进行高速信息交换，采集着大量的实时数据。这些数据在其所属领域发挥着重要作用，但同样蕴含着大量与城市洪涝灾害相关的信息，因此，可利用机会感知的思想挖掘其他领域数据中蕴含的与城市洪涝灾害相关的知识进行城市洪涝灾害态势感知，摆脱了以往研究需要在特定地点布设专用监测设备进行数据采集的应用场景限制。这类数据在城市洪涝灾害感知研究中常被用于补充环境变量（如降水[114]、水流[115]、水位[116]等）并感知更多的与灾情相关的信息。此外，随着技术的进步，智能手机[117]、监控摄像头[118]、汽车摄像头[119]等拍摄的图像，已能够用于获取大量灾情现场的淹没范围、淹没深度、淹没时长等信息。Witherow 等提出了一个工作流程，用于根据洪水和非洪水场景的照片确定街道是否被洪水淹没[120]；Wu 和 Wang 描述了安装在俄勒冈州路边的传感器如何在淹没并达到阈值时触发警报，向中央系统和该地区的司机发送信息[121]；Santos 和 Guadaña 设计并测试了一个洪水检测系统，该系统使用阿杜诺（Arduino）和超声波传感器自动检测路面上的洪水并利用摄像头进行实时监控[122]。Amagsila 等开发了一个类似的系统，但它还包括一个移动应用程序，供驾驶员在没有 Arduino 传感器的地方接收洪水警告并制作洪水报告[123]。政府及相关平台通过对涉及路况和灾情信息的机会感知数据进行收集、处理后反馈给用户，可以在洪涝灾害来临时向用户提供更智能、更安全的出行路线和驾驶辅助。

3）群智感知数据

群智感知数据是利用普适的移动设备提供感知服务的新型物联网感知模式获取的大数据。群智感知是一种“以人为中心的感知”，主要来源于众包的思想，所以又称之为“众包感知”。近年来，人们又将众包感知与移动感知相结合，将普通用户的移动设备作为基本感知单元，通过移动互联网进行有意识或无意识的协作，形成群智感知，实现感知任务分发与感知数据收集，完成大规模的、复杂的社会感知任务，并从中生成移动感知数据和众包感知数据两种类型数据。

第一类是移动感知数据如智能卡、GPS 和手机信令等包含位置信息的群智感知数据常用于监测人口的流动。基于智能卡的数据（如地铁智能卡记录等）可以评估社区人口分布的每小时动态变化，用于估计不同灾害情景下的潜在疏散人数，并支持未来的城市规划[124]；基于 GPS 的数据（如出租车轨迹等）可以提供有关跨不同空间区域的移动活动的信息，对人员流动模式的分析可以提供有关不同区域的准备、疏散、响应和恢复的信息[125]；基于手机信令的数据可用于产生空间区域内的相对活动指数，相对活动指数的波动可以提供有关洪水影响和恢复程度的信号。这类能反映人的位置及活动的群智感知数据有两个主要限制。一个限制是这些数据集通常由第三方公司提供，成本高且具有保密性，另一个限制与基于位置的数据中的潜在偏差有关，并非所有基于位置的数据集都为人口提供了具有代表性的样本，这也会导致城市洪涝灾害感知结果的偏差。

第二类是众包感知数据，如社交媒体数据常被用于感知灾情、舆情及公众情绪等信息。城市洪涝灾害发生时，个人越来越多地使用 X、Flicker 或 Instagram（照片墙）等社交媒体平台分享现场灾情及实现信息交流。一方面，社交媒体数据中提取的灾情信息有助于立即发现洪水，确定应急响应时间。2012 年，澳大利亚联邦科学与工业研究组织开发了紧急情况感知系统，可以利用社交媒体信息实时监测洪水灾害[126]。一些国家开发了一系列在线系统，如“Twicident”、“Tweet4act”[127]、“CrisisTracker”[128]、“Ushahidi”和 SWIM（Sina weibo incident monitor，新浪微博事件监控系统）[129]，用于实时监控社交媒体灾害信息。灾害往往会对传统的通信设施造成极大的破坏。然而，互联网基础设施是强大的，这就是为什么社交媒体通常被认为在灾难情况下是可靠的。通过社交媒体寻求帮助和发布第一手情况信息的灾民正在增加[130]。许多用户在经历灾情后不久，使用社交媒体移动终端发布大量信息。他们还倾向于使用回复和评论功能进行信息交流[131]。此外，互联网的信息传输速度和带宽往往明显大于传统通信设施，非常适合灾害情况下的信息通信[132]。因此，灾害事件往往伴随着来自灾区的大量社交媒体情况信息[133]。另一方面，社交媒体还可以通过监测相关舆情、公众情绪信息帮助理解公众的需求和反应，便于救助管理。2013 年欧洲洪灾案例证实，受灾公民和志愿者经常使用 X、Meta、谷歌地图等服务来协调他们之间的救助活动[134]。Leong 通过解释性方法对 2011 年泰国洪水进行了定性案例研究，证实了从社交媒体到社区的赋权过程的三个主要维度，包括结构、心理和资源，有助于实现集体参与、共享认同和协同控制[135]。社交媒体用户是信息的接收者和创造者，当灾难发生时，社交媒体平台往往会在短时间内生成大规模相关区域的推文，可以为应急救援和防汛减灾过程提供海量的第一手资料[136]。因此，社交媒体工具可以为灾民提供较长的逃生时间，并为官方救援提供详细的灾情信息。在洪涝灾害应急响应过程中，灾民倾向于通过社交媒体随时搜索、求助、发布最新水位等灾情信息，有助于及时了解各地灾情的最新进展。在一些受灾地区难以通过传统方式获取灾情信息的情况下，这些地区民众发布的第一手社交媒体信息可以有效地为灾害应急救援决策提供信息支持[137]。此外，通过社交媒体发布的灾情信息还有许多其他功能，如帮助应急机构发现和报告公共卫生问题[138]、寻找失踪人员、确定受害者的物质需求[139]以及有针对性地分配医疗资源[140]。

基于群智感知数据，可以有效考虑人的认知与活动，实现“以人为本”的城市洪涝灾害态势感知，然而大部分群智感知数据集无法涵盖数据稀缺的区域，如在移动信号有限的区域，人们无法使用智能设备报告他们对基础设施故障的认识。此外，这些信息的可靠性以及用户的隐私性也是目前使用群智感知数据进行城市洪涝感知存在的问题之一。

3. 基于大数据的城市洪涝灾害感知技术

城市洪涝灾害监测感知中大数据（图片、视频、文本等数据）的使用需要进行特殊的处理，常见的数据提取与感知技术及其应用有：识别灾情现场的图片及视频数据的计算机视觉处理技术、处理社交媒体等文本信息的自然语言处理技术、实现城市洪涝灾害数据统一表达的多源数据融合技术。

1）计算机视觉处理技术及其在洪涝灾害监测中的应用

计算机视觉是一门理解和处理数字图像和视频的科学，可用于从大量图像/视频中提取有意义的特征，并准确地检测出事件期间或之后在各种社交媒体平台上共享的洪水标签。随着深度学习的出现，计算机视觉已被证明在许多应用中具有良好的效果[141-143]。深度学习在计算机视觉中的应用可以分为不同的类别，如图像和视频的分类、分割，以及图像和视频中的检测。对象检测是一项计算机视觉任务，它可以从图像中自动将多个对象定位为感兴趣的类别[143-146]。除了对图像进行分类外，对象检测还试图准确识别图像中包含的对象位置并标记概念以更好地理解图像。

近年来，深度神经网络已广泛用于执行许多图像处理任务。随着人脸识别框架DeepFace[147]、ImageNet 大规模视觉识别挑战（ImageNet large scale visual recognition challenge，ILSVRC）[148]、深度残差网络（deep residual network，DRN）[149]、一系列语义分割算法 DeepLab[150]等相继被提出，深度学习技术在图像处理领域的发展突飞猛进。2012 年，AlexNet 框架的提出被认为是图像处理领域的里程碑[151]，AlexNet 将以往的手动提取图片特征换为基于神经网络的自动提取。随后，深度学习技术在计算机视觉领域迅速发展，基于深度学习技术的图像目标检测模型区域卷积神经网络（region-based convolutional neural network，R-CNN）[144]、单发多框检测器（single shot multibox detector）[152]、YOLO（you only look once，你只看一次）[146]等相继被提出。基于 R-CNN 模型，学者又提出了区域全卷积网络

（region-based fully convolutional networks，R-FCN）[153]、快速的区域全卷积网络（fast region-based convolutional neural network，Fast R-CNN）[154]、更快的区域全卷积网络（faster region-based convolutional neural networks，Faster R-CNN）[155]、基于掩膜区域的卷积神经网络（mask region-based convolutional neural network，Mask R-CNN）[156]等模型，不断提高目标检测的准确率，使实时洪水目标检测成为一项更可实现的任务。许多学者将其运用在城市洪涝灾害监测方面，主要分析图像中城市洪涝灾害的要素，城市洪涝图像/视频的主要数据源是 X 等社交网络、交通摄像头、中国地质调查局的河流摄像机、YouTube 和搜索引擎视频等，这些研究都取得了有效的成果。

其中，从 X 等社交网络中提取和下载图像是一项烦琐且耗时的任务，因为只有大约 10%的推文附有图像[157, 158]。图像可以通过两种方式以编程方式收集，即 Rest API①或 Streaming API。Rest API 使用户能够收集带有图像、用户 ID（identity，标识）等的推文列表，而 Streaming API 允许用户根据搜索词、用户 ID 或位置实时收集带有图像的推文[159]，主要关键词如“洪水”“洪水紧急情况”“灾害风险”“被淹的道路”等，收集相关图片并进一步过滤地理编码，即图片的纬度和经度值以获取洪涝灾害发生的地理位置信息。Chaudhary 等利用深度学习模型分析人们分享在社交媒体中的图片，并自动提取其中的洪涝淹没信息，进而绘制出洪水水位图[142]。Kwon 和 Kang 利用 X 数据提取洪涝风险等级，并将其以可视化的形式展示在地图上[160]。Wang 等研发了 MyCast 众包平台来收集与城市洪涝相关的图像数据，通过深度学习模型提取其中已被淹没而无法通行的道路以及道路封闭信息，及时发送给用户，供用户作为出行参考[161]。而利用谷歌（Google）和必应（Bing）等搜索引擎和来自其他渠道的现有泛洪图像数据集，以及逐帧分解来自 YouTube、交通监控摄像头、河流摄像头等在线资源的视频录像并提取其摄像机的位置和时间作为图像数据存储，极大丰富了洪水数据集。Jiang 等运用机会感知的思想，基于普通监控摄像机拍摄的视频，开发了一种新的方法来测量真实条件下的降水强度，该方法采用凸优化算法将含雨图像有效分解为纯雨条纹层和无雨背景层，然后通过几何光学和摄影分析，估算出瞬时降水强度[162]。兰华勇和严华针对水尺图像具有明显边缘的特点，利用 Hough 变换计算水尺偏移角度并据此进行倾斜校正，进而提取水尺目标，最后通过垂直投影、逻辑运算等方法提取图像中的水尺刻度[163]。Huang 等使用来自社交网络和交通监控视频系统的图像开发了一种测量城市内涝深度的新方法，使用 Mask R-CNN 模型检测积水中的轮胎，这些轮胎被认为是参考物体，并使用高度差法和勾股定理计算出积水深度[164]。

以上研究表明，利用图片、视频数据作为数据源有效地补充了传统的洪涝监

① API 的英文全称为 application programming interface，译为应用程序接口。

测手段，可以在监测范围、时效性、准确性和经济性方面做到最优解。同时深度学习技术的发展也使得从图像、视频等非结构化数据中智能地提取有关城市淹没积水数据成为可能。但是，目前大多数研究集中在分析特定场景的视频或图片来获取淹没深度，但是这些特定数据往往分布在水库、河道、堤坝等地方，监测点位置较少，仍然无法覆盖到整个城市的范围。因此，更需要基于机会感知和群智感知的理念，利用大量且可实时获取的数据来对城市洪涝淹没进行监测，进一步补充原来的监测结果。

2）自然语言处理技术及其在洪涝灾害监测中的应用

从社交媒体检索洪水相关文本比检索洪水相关照片的历史要长得多。在许多将社交媒体用作洪水测绘或洪水事件检测的信息源的研究中，经常应用关键字过滤来提取相关信息。根据社交媒体文本过滤与洪水相关的关键字，如“hoch”（高度）和“wasser”（水）被用于德国的洪水测绘[165]。“flood”（洪水）被过滤用于2015年南卡罗来纳州的洪水[166]。为了构建检测各种类型灾害的系统，部分研究人员收集了针对不同灾害、不同灾害阶段[167]以及不同语言[168]的关键字列表[169]。Fohringer等搜索了涵盖灾害类型（如“洪水”）、灾害影响（如“损害”）、可感知触发因素（如“大雨”）的术语[170]。信息检索的质量对于事件检测或进一步的时空分析起着关键作用[171]。高质量的主题相关文字可以提高活动期间的态势感知，并实时为决策者提供更详细的信息。然而，这些文本信息通常是根据个人对事件的了解来收集的，这就使得基于关键字过滤[165, 166]来检测洪水相关信息会导致大量误报示例的检索，因此，仅基于文本信息的检索不太可能是准确的，这也是文本处理的难点之一。

目前，自然语言处理技术已被应用于提取与检索降水和泛滥相关的推文[172]。Wang等使用潜在狄利克雷分布（latent Dirichlet allocation，LDA）来识别属于与洪水相关主题的消息，并训练了一个支持向量机（support vector machine，SVM）来预测新消息[173]。Wang等创建了一种使用人工智能自动化此过程的新方法，其中自然语言处理技术应用于从 X 中收集文本数据[161]。他们使用主题建模方案来过滤相关推文，并使用命名实体识别（named entity recognition，NER）来提取洪水位置，发现基于社交媒体的洪水监测可以补充现有的洪水数据收集方式。Asmai等使用了一种主题建模方法，即词频-逆文档频率来自动过滤泛滥的主题，但没有提取相关推文的位置名称和地理空间分布[174]。Huang 等开发了一种用于挖掘视觉和文本信息的自动工具。他们训练了一个卷积神经网络（convolutional neural network，CNN）模型来对泛滥图片的视觉内容进行分类，并使用文本中的关键字来改进分类，新策略可以在不牺牲召回率的情况下提高洪水估计的准确性[175]。总体而言，虽然此类自然语言处理技术在洪水观测中的应用仍处于起步阶段，但具有极大的潜力彻底改变洪水监测能力，尤其是在监测基础设施不足的欠发达国家和地区。

现有基于文本的研究可用于探寻公众风险认知、负面情绪变化及灾害损失信息等多个方面的信息。其中，风险感知是对特定类型事故发生概率以及公众对后果的关注程度的主观评估。许多关于洪水风险的研究表明，个人经历和个人遭受洪水的情况被认为是激励个人寻求信息和保护手段的最重要因素[176-178]。这就是为什么有必要考虑过去的经验和感知暴露如何与风险感知和应对意愿相关联。Cheng 等分析了 2016 年夏天发生在中国武汉市的一起城市洪涝灾害事件相关的社交媒体文本信息，揭示东亚文化背景下社交媒体上公众对灾害的反应[179]。Anzai 和 Kazama 利用 Instagram 端口收集检测河流名称的标签，调查洪涝发生时人群高风险行为的实际模式，并了解其时间和空间分布[180]。这些研究旨在了解人们对洪水的普遍态度和不同风险感知在推动个人行动中的作用。另外，Courville 和 Thompson 明确指出，风险概率和风险后果的认知评估会引起情绪反应[181]。他们表示情绪会反过来影响判断和认知，因此灾情期间的负面情绪，如恐惧、愤怒、悲伤等，也是灾损评价中不可缺少的维度[182]。现有的研究成果主要集中在灾害负面情绪的空间分布上，如 Xue 等选取了洪灾、暴雨、洪涝、水污染、洪涝灾害 5 个最具代表性的关键词，探索了灾区与非灾区情绪的空间特征[183]；Yang 等以 2013 年中国雅安地震为例，引入深度学习方法从中国社交媒体大数据中提取细粒度的公共情感信息，以辅助灾害分析[184]。然而这类研究很少考虑导致受灾地区个体情绪反应不同的因素。影响情绪反应的因素可以为识别负面信息的来源提供参考。例如，通过识别个体的特征因素与其对灾害的情绪反应之间的关系，可以确定在情绪上更容易受到灾害影响的个体，这对于预防公众焦虑和为有特殊需要的个体提供针对性帮助具有重要意义。一种急需的信息是灾害损失信息（如洪水事件的位置、受损人员和设施的位置及程度），对于官方机构改进应急管理措施和实施适当的恢复策略（例如，受影响人员的疏散和救援以及救灾资源的分配）至关重要。Jongman 等分析了灾害响应组织发送的与洪水相关的推文文本，以了解洪水的位置、时间、原因和影响，他们发现，推文与卫星数据相结合，可以合理地勾勒出受影响的位置，并提供一天到几天的预警[185]。刘淑涵等研究了一种利用卷积神经网络从社交媒体中自动提取灾害应急信息并进行分类的方法，以 2012 年“7·21”北京特大暴雨事件为案例，通过分类模型获得常见灾情类别的暴雨灾害社交媒体信息，运用于 2016 年的暴雨数据集并得到了较好的表现[186]。Singh 等使用 X 帖子开发了一种算法，用于识别在洪水灾害期间寻求帮助的受害者，分类准确率和位置预测准确率均超过 80%[187]。这些研究都说明从社交媒体文本数据上提取的信息不仅能够弥补传统遥感数据、水文气象观测数据在解析灾害程度上的不足，提高洪涝灾害的监测范围、效率和准确性，还可以捕获与灾难相关的信息，并用于搜索和救援。

3）城市洪涝灾害大数据融合技术

城市洪涝灾害监测感知相关数据可能来自不同的数据库、传感器、模拟数据、社交媒体和人类活动等，数据格式可能多种多样（数字、文本、图像和视频）。不同学者将其根据属性重新划分为不同的类别以便于数据的统一表达，Wu 和 Guo 认为数据融合技术主要应用在对多源气象、水文、地理信息等方面的空间数据及历史灾情、社交媒体、损失数据和社会统计数据等非空间数据的融合[188]。Khaleghi 等把信息融合的两个数据源分为硬数据和软数据两种，前者由电子传感器产生，后者由人类活动产生[189]。史潇等构建的时空数据模型则将多种数据类型分为地理对象（包括降水、城市道路、城市内涝点等）、时空过程对象（人群、车流）、监测器对象（包括传感器、模拟计算模型）、事件类（无内涝事件、轻度内涝事件、中度内涝事件和重度内涝事件）以及状态类（积水实时的状态和未来的发展变化）5 类[190]。

多源数据融合是利用有效的方法将来自不同来源和时间点的信息自动或半自动地转换成统一表达的过程，以支持手动或自动做出的决策[188]。一方面，由于采集方式、数据类型的差异性造成了数据在尺度、采样频率、数据精度、空间坐标系、数据模型和数据格式等方面的明显差别，这不仅给空间数据的维护和管理带来困难，还给多源数据的综合应用造成障碍，因此，必须对这些数据进行集成与管理。另一方面，多源数据融合可以消除来自不同数据源的大量异构数据中噪声和错误信息的影响，有助于提高数据质量和数据完整性，为洪涝灾害管理周期的所有阶段提供有价值的信息。

现有的数据融合技术普遍采用 3V（快速性、多样化、海量性）特征下的集成方式，通过本体对齐、实体链接、冲突解决、关系推演等技术实现暴雨洪涝领域知识的标准化及多源信息的融合[191]。杜志强等以洪涝灾害为例，围绕自然灾害事件、灾害应急任务、灾害数据、模型方法 4 个要素，自底向上构建数据层，通过数据获取、知识抽取、融合、存储建立实体间关联关系，实现了从多源数据到互联知识的转化[192]。胡芳槐提出一种基于自监督机器学习的开放中文关系抽取方法，用于抽取实体（概念）之间的同义关系、上下位关系和属性关系[193]。Hultquist 和 Cervone 将来自众包图像的洪水深度与美国地质调查局（United States Geological Survey，USGS）的地面观测网络、遥感产品和飓风佛罗伦萨期间的模型相结合，对每个数据源使用自动化方法对洪水区域进行分类，并将数据集融合到通用网格上以识别洪水区域，有效解决卫星遥感数据与地面站点实测数据在结合中存在的噪声影响、数据冲突、数据缺失等问题[194]。王喆等结合证据理论与知识元模型，将城镇洪涝灾害情景推演要素归类为孕灾环境、致灾因子、承灾体和应急管理，并分析各要素之间的作用关系，针对城镇洪涝灾害进行应急情景推演研究[195]。目前，多源数据融合技术已广泛应用于洪涝模拟的研究中，而城市区域相对于自然流域更复杂，其应用具有广阔的前景。但现有的基于多源数据融合的洪涝监测感知仍有一部分局限性，较少考虑能够体现人的活动的数据类型，这也是未来研究的趋势之一。

1.3.2 城市洪涝灾害预警研究进展

城市洪涝灾害预警通常是以气象、水文、地理等自然规律的研究分析为基础，充分考虑人类、社会、经济等，把洪涝灾害监测、模拟等结果与城市特性相结合，发布具有指导作用的预警信息，使个人、社区、政府、企业等能够在灾前和灾时采取行动降低灾害风险[196-198]。近些年，暴雨造成的全球各城市洪涝灾害频发，对人类社会造成了巨大影响。有研究表明，洪水预警预报措施不仅在中国，而且在全世界都为保护生命和财产安全做出了重大贡献[13, 14]。据《中国水旱灾害防御公报》统计，我国洪水监测和预警预报平台已经减少了超过 70 万人受到洪涝灾害威胁。洪涝灾害预警作为减轻洪水灾害损失的有效手段，在减灾范式中占有重要地位[199-201]。国内外灾害管理部门和学者已在洪涝灾害预警模式、城市洪涝灾害预警方法与应用等方面已取得了许多成果。

1. 洪涝灾害预警模式

洪涝灾害预警是世界各国都在普遍开展的研究课题，关系着可能的受灾区域生命财产的安全。不同国家在洪涝灾害预警模式上有着各自的特点。美国的预警模式为中央和地方分级发布预警信息，联邦政府和地方政府在预警发布中的角色、职责、发布内容、覆盖范围和目的不尽相同。另外美国为增强预警信息的可读性，便于公众采取行动，将灾害预警又分为了公众预警和专业预警，专业预警主要面向涉灾政府官员、社会组织、专家、机构等，洪涝专业预警由低到高分为了洪涝公报、洪涝预报、洪涝警报和突发型洪涝影响警报[202]。澳大利亚由气象局负责国家洪水预报预警工作，并向各地气象部门、应急部门、水利部门提供预警服务，澳大利亚将洪灾预警分为两部分，即洪水预警观察和洪水预警。其中，洪水预警观察是气象局向各州政府、社会提供当下及未来一定时期的天气情况发展变化信息，通常在预计洪水来临前 4 天发布；而洪水预警是将灾害预警分为了一般洪水预警、较大洪水预警和重大洪水预警三个级别[203]。英国环境署和气象局于 2009 年联合成立洪水预报中心，融合两个机构的预报技术和水文信息，对强降水造成的洪涝风险发布预警，其中洪水预警分为黄色预警、红色预警、严重警告，且每一级对应着不同的应对措施[204]。我国灾害预警以气象预警为主，各类气象预警最多设置四个预警等级，预警等级从高到低分别以红橙黄蓝四种颜色对应 Ⅰ 至Ⅳ级。暴雨预警信息由县级以上的各级气象主管机构制作，洪水预警由防汛抗旱部门制作，县级以上人民政府防汛抗旱指挥机构、水行政主管部门或者水文机构按照规定权限统一发布洪水预警[16]。我国洪灾防汛预警研究和应用起步较晚，全国许多城市和地区尚未建立较为精细化的洪灾预警体系。目前，北京市、上海市、广东省佛山市等少部分沿海城市建立了较为完善的洪灾预警机制，如北京有一套完善的内涝预报预警服务保障体系，气象部门将降水数据输入城市洪涝模拟模型中，计算城区洪涝淹没水深，根据每小时淹没水深变化、最大淹没水深、道路积水情况等分析城市内涝风险，并根据风险等级发布预警信息[205, 206]。

2. 城市洪涝灾害预警方法与应用

现有的城市洪涝灾害预警指标研究主要侧重在以下三个方面。

（1）第一类是基于气象观测数据以获取降水量、降水强度等雨情信息预警为主，如通过高分辨率数值预报模式[207, 208]、卫星监测和全天候雷达探测等形式获取气象数据[209, 210]，利用遥感手段进行强降水及洪涝灾害的模拟与预警[211, 212]；根据多普勒雷达反射率因子，利用自动站雨量资料，运用相关算法合成降水产品来指导发布预报预警[213]；利用卫星云图、气象预测数据提高暴雨预警的准确率[214]。雨情信息预警可以为决策者提供高水平的预警信息，以便人们采取预防措施，降低洪灾对城市造成的影响，因此在世界各地被广泛采用[215, 216]。然而单一来源的降水数据不确定性较大，多源融合降水数据研究应运而生。部分学者基于大数据技术，通过数据集成、信息爬取、传感器采集等方式获取各类型降水数据等，并通过最优插值法、卡尔曼滤波法、贝叶斯模型平均法、卷积长短时记忆网络（convolutional long short-term memory，CLSTM）等多种多源降水数据融合技术提升降水数据的精度和空间分辨率[217, 218]。在降水信息准确度提高的基础上，通过降尺度等统计方法对气候、地形分布等信息进行分析，获取网格化降水数据，实现时空、相态等方面的精细化预警[207, 219]。

（2）第二类是基于洪涝模型以获取淹没水深、淹没范围等水情信息预警为主。随着城镇化进程的加快，城市下垫面、土地利用类型等发生显著变化，雨情信息指标无法反映城市地面的实际淹没情况[220, 221]。因此国内外学者提出对城市暴雨洪涝过程进行精细化模拟，洪涝模型模拟方法主要分为水文模型、水动力模型、简化模型和耦合模型[222]。水文模型法常把城市研究区按照出水口划分为多个子汇水区，运用“黑箱”原理、经验法或概念性简化计算每个子汇水区的产汇流过程，并通过管网或河道演算到研究区的出水口，常用的城市水文模型主要有 SWMM、UCURM（University of Cincinnati urban runoff model，辛辛那提大学城市径流模型）和 ILLUDAS（Illinois urban drainage area simulator，伊利诺伊州城市排水区模拟器）模型等[223]。相比于水文模型，水动力模型具有更高的空间分辨率，水动力模型根据水流运动空间尺度不同分为一维模型和二维模型[224, 225]。常用的水动力模型有 InfoWorks CS、MIKE Urban 等，利用水动力模型求解控制水流运动的偏微分方程，可以得到洪涝过程中的淹没水深、范围、历时等时空分布信息[226]。水动力模型对数据要求较高，建模效率较低，难以满足快速模拟的需求，因此，部分学者提出了简化模型。简化模型大致分为基于 GIS 的快速洪水模型和元胞自动机模型，但是简化模型只能确定城市洪涝淹没范围和水深，不能提供详细的流速和洪水淹没过程[227]。为了更好适应城市下垫面的复杂性，部分学者提出耦合模型，互相弥补各类模型的不足，如 SWMM 与 LISFLOOD-FP（LISFLOOD-Flood Propagation）①模型耦合[228]、MIKE Urban 与 MIKE 21 及 MIKE11 耦合[229]、SWMM 与自主研发的地表二维水动力模型耦合[230]等。

随着科学技术的快速发展，有研究考虑利用大数据分析、人工智能技术与水文水动力模型耦合，建立兼具计算效率和物理基础的洪涝快速模拟方法，如 Berkhahn 等构建了 HYSTEM-EXTRAN-2D 二维水文模型与支持向量机的混合模型，预测城市洪水的最大积水深度和最大流速[231]。Chang 等提出综合主成分分析（principle component analysis，PCA）、自组织映射（self-organizing maps，SOM）和外部输入的非线性自回归（nonlinear auto regressive with exogenous inputs，NARX）的洪水淹没模拟，研究表明 PCA-SOM-NARX 方法可以更稳定、更准确地预测洪水淹没深度，以及更能反映暴雨过程中洪水淹没的空间分布[232]。另外，有学者对水情信息预警阈值划分进行了研究，如尤凤春等求得道路积水的临界预警指标，并基于暴雨积涝综合风险区划指数和道路积水临界预警指标对北京市进行了细化预警[233]。刘媛媛等和张书函等对北京市道路交通设施暴雨预警进行了细化，量化分析了普通直道、交叉路口、桥区、地铁、地下建筑物出入口的内涝判定标准，并制定了淹没水深、范围和历时的判定阈值[234, 235]。

近些年，天气雷达的广泛布设和外推算法不断改进，为高时空分辨率降水信息的获取提供了重要技术支撑[236]。部分学者提出将气象数值预报信息与水文水动力模型耦合应用于高分辨率城市内涝预报预警研究中[237]，如 Thorndahl 等将 WRF（weather research and forecasting，天气研究与预报）模型与城市 1D/2D（一维/二维）水动力模型进行单向耦合，对丹麦吕斯楚普（Lystrup）地区进行城市内涝模拟[238]；周聂等耦合 GRAPES_MESO 数值预报模式和水文水动力模型，基于高分辨率地形数据生成精细化网格进行城市内涝预报预警[239]。目前，我国部分城市如北京、上海、佛山、东莞等已实现雨洪模型与网格化气象预报降水数据的实时耦合[240]。将高时空分辨率的雨情信息和水情信息结合进行城市网格化洪涝预警，可有效提升暴雨内涝模拟和预报预警的精度，对实现内涝近实时预报预警具有重要意义。

（3）第三类是洪涝风险预警。城市洪涝具有突发性强、预见期短和时空变化复杂等特点，各类风险区往往需要不同的风险管理措施。洪涝风险评估是风险管理的一个重要方面，其目的是识别暴雨下的高风险区域，反映洪灾风险的空间分布，

① LISFLOOD-FP 是一种二维水动力模型，暂无官方中文译名。

有助于实现城市洪涝预警可视化，对洪涝灾害应急管理具有重要的参考价值[241, 242]。洪灾风险评估方法大致可分为三类：历史灾害数理统计法、情景模拟分析法、多指标决策分析[243, 244]。如 Sado-Inamura 和 Fukushi 通过分析东京 1974～2010 年的降水数据和洪水损失数据，识别降水趋势和推导洪水损失率，计算洪水对城市的损失影响[245]。但历史灾害数理统计法需要足够的历史数据，不具有较好的应用普适性。情景模拟分析法是通过建立风险分析场景模拟评估洪灾风险大小，能够直观地反映出灾害的影响范围和程度[246]。如 Li 等结合 1D/2D 洪水模型与 GIS 结合建立洪灾评估模型[247]。然而，基于情景模拟的洪涝风险评估需要高分辨率的地形、水文、管网等数据。多指标决策分析通过选取相应的指标因子，建立综合指标体系对洪水风险进行分析与评估，是一种更为灵活的风险评估方式。如王成坤等基于 GIS 与 MIKE FLOOD，将反映城市内涝积水特征的积水深度、积水时间指标与反映城市内涝暴露脆弱性的人口密度和土地利用类型指标进行耦合，实现城市内涝风险评估预警[241]。Zang 等提出综合降水量、积水深度、洪灾损失结构，构建考虑雨情-水情-灾情信息的城市洪涝预警系统[200]。

随着大数据和计算机技术的发展，部分学者对洪灾风险评估进行了优化，并基于风险评估结果进行洪灾预警。吴志成等利用大数据技术获取城市历史涝情信息，融合城市历史降水和涝情、防洪标准等数据，建立城市洪涝预警机制[248]。Xu 等选取 7 个评价指标基于数据挖掘技术提出将城市洪水淹没模型、改进熵权法和 *k* 均值（*k*-means）聚类算法结合进行城市洪水风险评估，并利用聚类算法进行风险分级预警[249]。Wu 等使用网络爬虫技术从微博上获取降水信息，并利用层次分析法（analytic hierarchy process，AHP）确定洪涝灾害影响因素指标，进而评估郑州市的洪涝灾害风险性[250]。Chen 等将机器学习模型与洪水风险评估结合，从致灾因子、孕灾环境和承灾体方面选取 12 个评价指标，并利用历史洪水热点进行风险区验证[251]。Pham 等利用机器学习与洪水风险评估多标准决策分析相结合，开发了两种混合人工智能模型评估越南广南省的洪水风险[252]。

1.3.3 城市洪涝灾害风险管理研究进展

1. 城市洪涝灾害风险管理技术

近些年，极端天气频发，“逢雨必涝”“城市看海”已成常态，洪水是城市健康发展面临的最具挑战性的问题之一[253]。城市洪涝灾害风险管理被认为是城市规划和管理的关键问题[254]。在过去几十年中，防洪措施以工程措施为主，如堤防、河道整治工程、水库防洪工程和排涝工程等，防洪工程可以有效防治标准内洪水，但防洪效果随暴雨强度的增强而逐渐降低，当发生超标准极端降水时，洪灾造成的损失与影响剧增[255, 256]。鉴于城市特殊的下垫面条件，其调蓄能力有限，治涝与排水能力仍不足。随着经济社会快速发展和城镇化进程的加快，城市洪涝问题愈发严重，城市防洪愈发重要。因此，防洪措施调整为工程措施与非工程措施两手抓的新阶段，国内外多数城市实现了从“洪水控制”向“洪水管理”的转变[257, 258]。在与水共存、韧性建设理念的指导下，国内外相关部门和学者通过工程措施和非工程措施结合，形成整体性的洪涝应对体系[259, 260]，如美国和加拿大的最佳管理措施与低影响开发[261, 262]、英国的可持续城市排水系统[263]、澳大利亚的水敏感城市设计[264]和中国的海绵城市[265]等。

在城市洪水管理中，技术方案基本都由源头、中途以及末端控制三类所组成，包括屋顶花园、公园绿地、渗透铺装、雨水桶等。张云路等以通辽市为例，优化了城市绿地系统，探索了其对城市雨洪管理功能的指引[266]；Ahiablame 等利用长时期水文低影响开发模型分析了不同比例的多孔路面和雨桶、水箱改造等低影响开发措施在城市雨洪调控方面的效果和影响，并在此基础上提出了雨洪管理的相关对策[267]；张书函等认为在末端控制中，建立雨水储存收集装置、人工湿地或利用天然河湖进行雨水的集中调蓄，此举能有效减弱地表径流，减轻排水管网压力，减少道路积水，同时经过处理的雨水还可以进行重复利用[268]。将城市建筑、园林、交通、环保、水利等与雨洪管理合力统筹规划，建设一体化的绿色生态循环城市，降低雨洪风险。有学者从具体措施、社区、企业、人群等微观层面对城市韧性提升措施进行了针对性研究。部分地区通过改进工程措施提高城市抵御、承受洪水的能力，如德国汉堡港口新城结合建筑物的立体开发将新建区的“地面”高程进行抬升[269]。在美国纽约曼哈顿的大 U（The Big U）计划中，将已建居住建筑首层的居住功能置换为生活服务设施和临时失效对居民生活影响较小的功能，并通过防洪墙体、闸门等设施，形成建筑“湿脚”[270]。

除此之外，还需从管理的角度，提高群众对自然灾害的认识与防范、提高应急管理与响应能力等，如格罗宁根大学研究了来自政策制定者和当地社区的数据，以重构曼谷抗洪政策的战略、流程和预期结果[271]。英国和欧洲国家率先提出了更具体的韧性提升战略。英国气候影响计划（UK Climate Impacts Programme）[272]提出了应对洪水的两种主要行动：提高居民的应急应变能力（包括提高公众对自然灾害的认识和增强公众的应变能力），坚持基础设施可持续发展。欧盟第七框架计划调查了比利时、英国、法国、荷兰、波兰、瑞典 18 个脆弱城市地区的洪水风险应对策略[273]，指出韧性增强战略需要在以下方向实施：建立适应性管理，以帮助实施可以调整以适应不断变化的环境的防御和缓解措施；提供空间规划，以便在发生洪水时预防和减少不良后果；完善预报、预警和应急体系；为所有居民制定洪水恢复策略，激励他们采取预防和减灾措施；建立促进学习和创新的制度体系。另外，有学者从社区、企业、人群等角度进行了城市洪水韧性研究。苏黎世抗洪韧性联盟采用混合方法收集数据，开发了一种方法来测试和验证社区的洪水韧性能力，该方法可衡量社区韧性的损失水平和恢复时间[274]。Song 和 Wang 提出政府、保险公司和社区家庭的多方博弈风险分担模型，捕捉家庭在偏好和社交网络的作用下对社区均衡购买率的影响，研究可为多边风险分担提供激励的方法，提高城市抗灾韧性[275]。Musolino 等考虑提高疏散期间行人的安全性，基于洪水灾害率和拉格朗日法确定疏散路线的改进方法，提高洪水期间行人疏散的韧性[276]。

2. 城市洪涝应急管理体系

城市洪涝具有突发性强、致灾快、损失大的特点，应急管理可提高对暴雨险情、灾情的应对水平，有效降低突发极端降水造成的损失与人员伤亡[277]，以及对社会、经济、环境的影响[278, 279]。城市应急管理是针对城市洪涝灾前的预防、应急准备、监测与预警，灾中的应急处置与救援，灾后的恢复与重建等全过程的管理，是复杂开放的系统过程[280]。

国内外许多国家都有各自的应急管理体系，如美国自然灾害应急管理是五级管理体制，由联邦、州、县、市和社区组成，应急响应主要分为地域性和分级响应原则，应急管理具体分为四个环节：减灾措施、灾前准备、应急响应和灾后重建[281]。日本政府建立了专门的自然灾害应急管理决策和协调机构，从社会治安、自然灾害等不同方面，建立了危机管理体系，灾害应急采用中央—都（道、府、县）—市（町、村）三级垂直管理模式，分级制订防灾计划和应急措施。加拿大应急管理模式分为联邦、省和市镇（社区）三个层次，在联邦政府应对中心处于应急管理体系的核心，各省市均有相应的灾害应急机构。加拿大应急管理模式的法律健全，在灾害各个环节都有明确的规定，实现了应急救援联动机制有序、高效[282]。相较于国外的自然灾害应急模式，我国的应急管理体现为行政首长负责制，统一领导、综合协调、分类管理、分级负责、属地管理，市政府对下级及所辖部门具有绝对领导权[283]。另外，我国城市防汛救灾注重“一案三制”编制，截止到 2022 年，全国超过 99.5%的城市均制定了相应的防洪应急预案编制。部分城市形成了较为完善的预案体系和应急管理系统，如北京编制了市级防汛、重点河道、大中型水库、交通等应急预案[284]。

国内外现有的应急管理模式仍存在着许多问题，如应急响应主体权责分配不明、基层应急组织建设不足、应急预案针对性与可操作性不强、应急管理系统数据更新不及时等。因此有学者针对上述问题做了进一步研究。如 Aung 和 Lim 基于网络分析的纵向方法对缅甸洪水事件进行了分析，研究了政府、军队、非政府组织和民间社会组织等多方协同治理对洪水应急响应的影响[285]。Sperling 和 Schryen 提出了一个通用的多目标混合整数线性优化问题，基于洪水灾害的真实数据进行洪灾应急救援决策优化研究[286]。张念强等提出对应急预案进行细化，预案编制满足纵向到底、横向到边的要求，编制市、县（市、区）、街道（乡镇）、企事业单位的应急预案，涵盖城市应急管理的各行各业及重点关注对象，提高应急预案的针对性和可操作性[280]。杨为针对基层应急组织建设提出充分整合社区灾害信息员、网格员、社区辅警、社会志愿者等，构建综合志愿者队伍，定期对应急队伍进行应急知识培训和应急疏散与救援演练，实现常态化长效管理[287]。

然而，应急管理组织框架与应急预案只能给出灾害应对管理的大致框架，难以满足灾时快速应急响应的要求，因此在进入应急行动的实战阶段还需根据具体情况灵活安排。同时在极端暴雨情景下，依靠政府部门、救援部门为主导的应急救援响应的救援能力有限，难以将洪灾影响降到最低。社区是政府进行社会管理的最小空间单位和最终执行单位，也是人们日常生活的主要区域[288]。因此，社区是城市防灾减灾规划中最具有操作意义的空间单元，其在突发事件发生时的应对能力直接关系到社区居民的生命财产安全。社区应急疏散是对社区应急管理工作的细化，是群众应对突发事件的重要避险方式，可在短时间内迅速实现灾害风险区人口和财产的转移，保障居民的生命财产安全[289, 290]。同时也有助于实现不同地区采用针对性的风险防范和应急响应措施，提高应急资源的有效利用率，也有利于编制更具操作性的防汛应急预案，提升应急管理水平[291]。

3. 城市洪涝应急响应机制

社区层面应急响应内容包括制定应急预案、准备应急设施和物资、组织应急演练和培训、建立应急通信和联络机制、制订疏散和救援计划、提供心理援助和社会支持。这些措施可以帮助社区居民在应急事件发生时提高应对能力，减少损失并保障居民的安全。其中应急疏散是减少或避免自然灾害造成人员伤亡的最直接有效的方式，是灾害应急响应的重要组成部分，对于保证人民生命财产安全具有重要的现实意义[292]。应急疏散是指在灾害发生前或发生后，将处于危险区的群众和重要财产通过集中疏散、分流疏散等方式有计划有组织地转移至安全处或避难所，同时尽可能避免疏散过程中因群众疏散心理、疏散路径、疏散方式和疏散目的地选址不当等造成的人员伤亡和财产损失[293]。国内外学者对火灾、地震、台风、洪涝等灾害事件进行了大量的疏散研究，其中洪水应急疏散具有影响区域大、突发性强、疏散紧急性较强等特点，疏散人员常以家庭为基本单位，疏散方式多为步行疏散和车辆疏散[294]。

洪灾应急疏散研究主要集中在疏散模型模拟、疏散路径优化、疏散心理与行为研究。洪灾应急疏散模型可分为宏观模型和微观模型，宏观模型如用户均衡模型、系统优先模型、最近点分配模型可用于模拟洪灾中交通分配情况[295]。微观模型如社会力模型、元胞自动机模型、离散选择模型、代理（Agent）模型等可用于对灾害中的人群进行疏散模拟[296]。部分学者对疏散模型进行了改进，如 Insani

等开发了一种短期洪水疏散模型，利用公共交通工具疏散不确定数量的人员，旨在计算出疏散过程中所需的最少车辆数量和行程顺序[297]。Li 等考虑洪水期间的可疏散区域和人群不确定性，基于耦合的高分辨率流体动力学和元胞自动机构建行人路线规划模型[283]。在洪灾应急疏散研究中，选择合适的方法计算疏散点至安全处的最短距离或最短时间，争取在合适的时间内将群众和财产转移至安全区域至关重要[298]，最短的洪水疏散路径算法包括迪杰斯特拉（Dijkstra）算法、A*算法和网络分区算法。但是在暴雨情景下，城市内涝会造成道路容量降低甚至道路中断，上述未考虑疏散过程中洪灾水深和水速对道路的影响[299, 300]。由此，部分学者对动态路线规划进行了优化，如刘斐根据启发式疏散路径方案规划以及紧急交通事件应急疏散规划，对暴雨疏散前和疏散过程中的路径规划和疏散交通模型进行了研究，提出了基于多源多汇、多层次目标优化的疏散路径划分理论[295]；代文强等利用分布鲁棒优化算法基于道路容量的不确定性对应急疏散路径进行规划，并通过仿真实验，验证了疏散路径的可靠性。疏散人员的心理和行为也会影响应急疏散效率，如帮扶合作行为、最优路径与出口选择行为、自组织行为等有利于加快居民逃离风险区域，而竞争行为、折返行为、恐慌行为等会降低疏散效率[289]。Alonso 等通过耦合二维水动力模型、交通模型和代理模型分析了人类决策行为对洪水疏散期间造成人员伤亡的影响[301]。

1.4 本书研究内容

针对当前存在的诸如预警信息辨识难、预警精度差、管理决策碎片化等问题，本书基于大数据及人工智能技术，构建了城市洪涝灾害智能感知与风险预警理论框架，重点研究了城市洪涝灾害智能感知、数据驱动的城市洪涝灾害风险预测预警、城市洪涝灾害人群活动风险模拟预警、城市社区空间网格洪涝灾害应急响应，并以深圳市和景德镇市为例进行了应用研究分析，希望本书能够为研究和解决复杂变化条件下城市洪涝灾害预警与应急决策提供理论支撑。本书各章节的主要内容如下。

第 1 章是绪论。概述气候变化和城镇化进程对我国城市洪涝灾害的影响，分析大数据时代洪涝灾害风险管理所面临的机遇与挑战，通过归纳总结国内外城市洪涝灾害感知、预警、风险管理等研究现状和发展动态，结合中国城市洪涝灾害形势，提出我国城市洪涝预警管理研究的新思路和方法。

第 2 章是城市洪涝灾害智能感知与风险预警理论。首先从自然-社会耦合角度分析了城市洪涝灾害复杂系统的构成、特征与空间关联关系；其次，在此基础上论述了城市洪涝灾害风险的形成机制，并给出了其定量与空间表达方式；最后，运用情景切片与重构理念，提出了基于态势感知的城市洪涝灾害风险预警框架。

第 3 章是城市洪涝灾害智能感知方法。首先，基于机会感知的思想，利用图像视频数据构建城市洪涝淹没提取模型；其次，基于群智感知的思想，利用社交媒体文本数据提出了城市洪涝灾害灾情要素感知方法；最后，利用于卫星遥感数据，提出全卷积网络（fully convolutional networks，FCN）及条件随机场（conditional random field，CRF）的城市洪涝灾害承灾体感知方法。

第 4 章是数据驱动的城市洪涝灾害风险预测预警方法。首先，提出了基于深度学习的城市降水及洪涝淹没预测方法；其次，基于贝叶斯学习（Bayesian learning，BL）技术，构建了城市洪涝灾害风险预测预警模型；最后，针对城市洪涝灾害链式演化特点，提出了基于知识图谱（knowledge graph，KG）的灾害链风险预测预警方法。

第 5 章是城市洪涝灾害人群活动风险模拟预警方法。首先，探索了基于大数据的城市人群活动规律挖掘方法；其次，考虑人群活动，构建了城市暴雨洪涝灾害风险模拟模型，提出基于风险的城市暴雨洪涝灾害预警体系；最后，从出行风险的角度，提出了城市洪涝灾害出行风险预警引导建模方法，评估出行引导策略对洪涝灾害出行风险的影响。

第 6 章是城市社区空间网格洪涝灾害应急响应。基于技术和社会双重赋能洪涝灾害应急响应的现实需求，首先构建了即时信息交互下社区空间网格的洪涝灾害应急响应体系；其次探究了应急主体的信息交互和行为演化模式；最后以社区空间网格为基础响应单元对洪涝灾害应急响应疏散进行建模仿真。

第 7 章是深圳市实证研究。以深圳市为研究对象展开洪涝灾害智能感知与风险预警应用研究。首先，在分析深圳市洪涝灾害风险管理现状基础上，针对 2019 年“4 • 11”暴雨事件，利用智能感知技术提取洪涝淹没、预测降水、识别承灾体，并计算洪涝灾害风险；其次，以深圳市福田区为例，对洪涝灾害人群活动风险进行预警，并提出基于社区空间网格的应急疏散策略；最后，介绍深圳市洪涝灾害风险智能感知与预警平台的实现。

第 8 章是景德镇市实证研究。以景德镇市为研究对象展开洪涝灾害风险预警应用研究。首先，在分析景德镇市洪涝灾害风险管理现状基础上，利用改进贝叶斯方法实现景德镇市洪涝灾害风险的动态预测；其次，针对不同城市发展情景，评估预测不同土地利用情景的暴雨洪涝灾害风险；最后，从韧性角度提出了景德镇市暴雨洪涝韧性提升的适应性策略。

第 2 章　城市洪涝灾害智能感知与风险预警理论

城市洪涝灾害是一个自然水循环和人类社会活动耦合的复杂系统，其风险是洪涝现象作用于承灾体的结果，表现出“暴雨—淹没—承灾体”时空关联特征。随着物联网、云计算、大数据、人工智能等新兴技术迅猛发展，城市洪涝灾害管理正向大数据驱动的智能化转变。利用多源时空大数据及相关技术，对城市洪涝灾害多元情景进行时序性切片采样，并运用计算机模拟技术使离散的切片经多次融合并进行结构、行为、情景建模，实现全景式逼近与过程情景复原。本章首先从自然-社会耦合角度分析城市洪涝灾害复杂系统，其次，剖析城市洪涝灾害风险形成机制及空间表达方式，最后运用情景切片与重构理念，提出了基于态势感知的城市洪涝灾害风险预警框架，为城市洪涝灾害智能感知与风险预警提供理论基础。

2.1　自然-社会耦合下城市洪涝灾害复杂系统分析

2.1.1　自然-社会耦合的城市洪涝灾害复杂系统构成

洪涝是由暴雨或冰雪融化等自然因素、水库垮坝等人为因素引起的江河湖水量迅速增加，产生大量的积水和径流的自然现象。洪涝灾害是指由洪涝现象引发的广泛的、严重的不利影响，包括人员伤亡、财产损失、基础设施破坏、农田损害、供水和电力中断、公共卫生问题等。洪涝灾害通常是在洪涝事件的基础上考虑其对社会经济和环境系统的影响，而不仅仅是描述洪涝现象本身。因此，洪涝和洪涝灾害是两个不同的概念。城市洪涝灾害是指由强降水、风暴潮等引起的大量积水和径流，进而对城市社会经济系统造成广泛破坏的灾害事件。因此，城市洪涝灾害不单单是暴雨洪水的自然过程，而是洪涝现象作用于城市系统而产生的后果，是自然系统与社会系统之间的一种作用方式。

城市自然系统包括气象、水文、地质地形、土壤、植被等要素，各要素之间相互影响相互交融；社会经济系统涉及城市居民社会、经济及文化活动的各个方面，包括经济、人口、能源、交通、基础设施等要素，各要素之间相互关联且高度繁杂。城市洪涝灾害系统是由城市自然和社会经济系统耦合作用形成的复杂系统，主要体现在降水径流与道路管网、社会活动、土地利用等要素的交互作用上（图 2.1）。社会经济系统改变了城市自然系统的结构功能，加大了洪涝灾害发生的程度和频率，突发性的洪涝灾害逐步演化为周期性的洪涝灾害，演变趋势也更为复杂；反过来城市自然系统的改变对社会经济系统的可持续发展造成了更大的威胁。

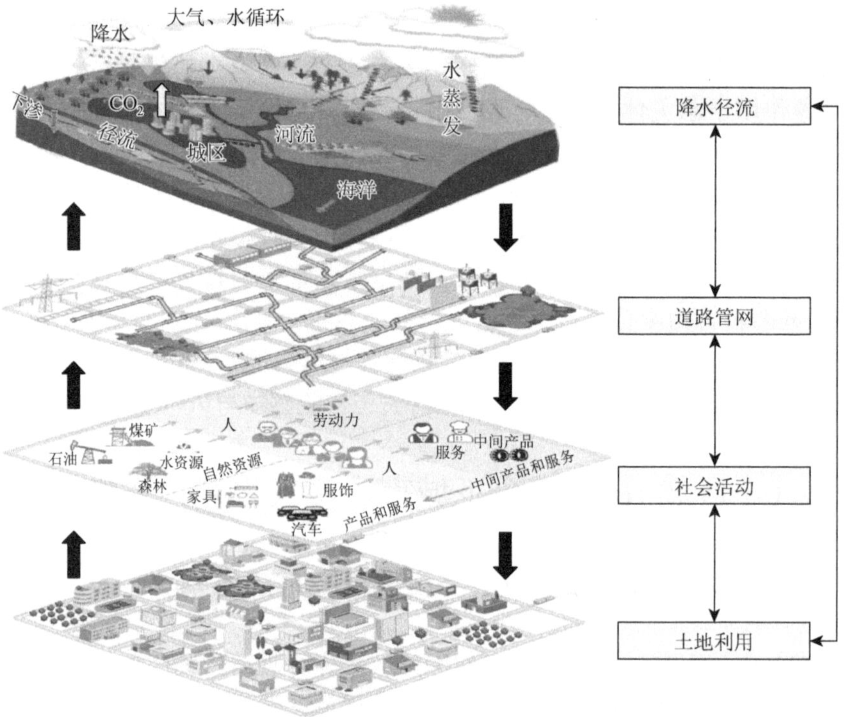

图 2.1　自然-社会耦合下城市洪涝灾害复杂系统

城市洪涝灾害与自然水循环系统密不可分，而快速城镇化导致城市水循环过程发生了重大变化，显著改变了降水径流、汇流的路径和方式等水文过程，增加了洪涝风险。首先，受到城市地区的不透水表面增加、降水分布不均匀、城市热岛效应和大气污染物的影响，城市雨岛效应显著；其次，城市地表形态的变化、城市河道渠化及排水系统管网化，改变了自然条件下的产汇流机制，导致了城市地表径流增加，汇流时间减少，洪峰出现时间提前。

社会经济系统包括了城市的人口、建筑、基础设施、经济活动等多个方面。复杂的社会经济活动进一步放大了暴雨洪涝灾害的损失并使其影响变得更为严重。首先，城市中人口密集、财富积聚，这可能导致在洪涝灾害中出现更大规模的人员伤亡和经济损失，同时还可能对整个国家或地区的社会和经济稳定产生连锁效应。其次，城市地区对供水、电力、交通和通信等关键基础设施高度依赖，一旦这些基础设施受到洪水的损坏或中断，将进一步加剧灾害的严重性。最后，大规模、高频率的人群活动加大了城市洪涝灾害中承灾体的暴露性和脆弱性，增加了人员伤亡和对人口生命安全的潜在威胁与可能性。

从系统论的观点来看，自然系统的气候、地理因素变化，如降水、下垫面条件变化等，以及社会系统的人口增长、土地利用方式不合理等压力刺激，会影响城市洪涝系统的状态，导致河湖容量下降、河网密度降低、人口密度增大等状态改变，同时导致洪涝灾害发生，而系统收到灾害信号后做出的响应措施，如河湖蓄洪、植物截留、防洪工程建设、洪水监测等，能够有效减缓系统压力，协调、改善系统状态。本章基于压力—状态—响应（pressure-state-response，PSR）框架分析城市洪涝灾害复杂系统各要素的交互过程[302]，如图 2.2 所示。

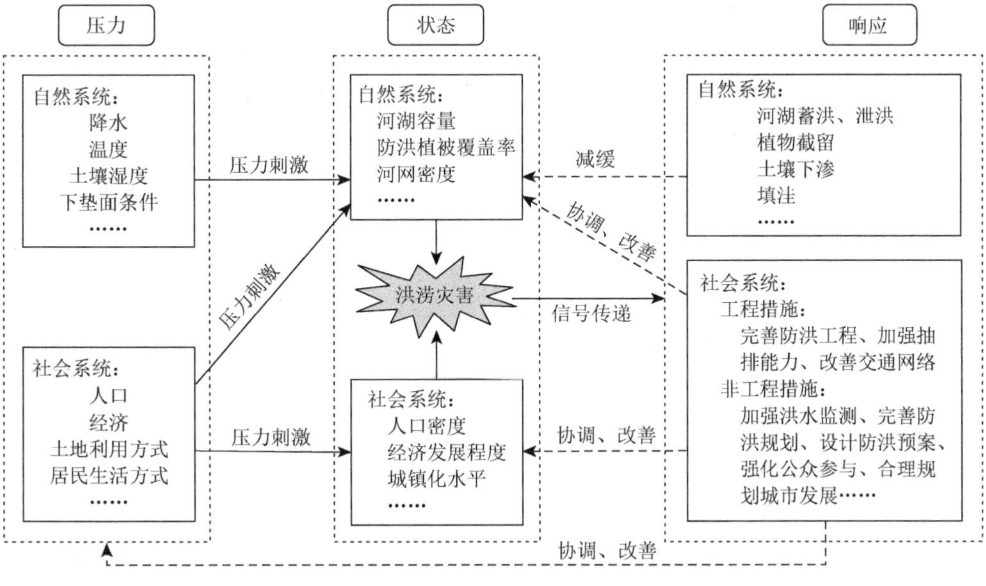

图 2.2　基于压力—状态—响应框架的城市洪涝灾害复杂系统分析

压力层表示对城市洪涝系统带来压力的因素。从自然系统角度出发，主要包括气候、地形两类因素，降水过多、时间过长都会引发洪涝灾害；地形海拔低，则不利于排放积水。从社会系统角度出发，人口、经济、土地利用方式、居民生活方式等，都可能给城市洪涝系统带来压力，改变自然系统和社会系统的状态。

状态层因素主要反映目前城市洪涝系统的状态，它和压力层因素的刺激有关。从自然系统出发，有河湖容量、防洪植被覆盖率、河网密度等因素，若防洪植被覆盖率低则不利于雨水土壤下渗，易引发洪涝灾害。自然系统状态受自然系统、社会系统两方面压力刺激作用，例如工业用地扩张可能会降低防洪植被覆盖率。

从社会系统出发，体现为人口密度、经济发展程度、城镇化水平等因素，社会系统状态主要由社会系统自身的压力刺激所形成。当自然系统与社会系统的状态不良时，容易引发洪涝灾害。

响应层因素反映了自然系统、社会系统所做出的针对城市洪涝灾害的风险管理措施。为了缓解洪涝压力，自然系统会自发采取河湖蓄洪、土壤下渗等减缓压力。而人类社会会针对洪涝灾害采用完善防洪工程、加强抽排能力等工程措施，以及加强洪水监测、完善防洪规划、强化公众参与、合理规划城市发展布局等非工程措施。社会系统的这些响应措施反作用于自然与社会系统，从而达到缓解城市洪涝系统压力、改善系统状态的效果。

2.1.2　城市洪涝灾害复杂系统特征

自然-社会耦合下的城市洪涝灾害复杂系统具有多要素复杂互动性、非线性响应、不确定性等特征。

1. 多要素复杂互动性

城市洪涝灾害系统由多个相互关联的要素组成，包括自然因素（如降水、水文过程、地形、气象等）和社会因素（如城市规划、排水系统、土地利用等）。这些要素之间存在复杂的相互作用和反馈机制，形成了一个动态系统。城市洪涝灾害的发生不是取决于单一因素，而是受多个因素的综合影响，不同因素之间的相互作用又是非常复杂的。例如，城市热岛效应可以影响降水模式，而城市排水系统影响径流和洪水的传播。这些相互作用可以在不同时间和地点产生不同的效应，增加了系统的不确定性。城市洪涝系统中的互动关系存在多个层次。从微观层面，城市内的建筑、街道和河道之间存在相互作用。从宏观层面，城市的规划、土地利用政策和气候变化等因素也会相互影响。这些多层次的互动关系增加了系统的复杂性。

2. 非线性响应

在自然-社会耦合的城市洪涝系统中，通常出现非线性响应特征。这意味着即使某些因素只发生轻微变化，系统的反应也可能是不成比例的。例如，在极端降水事件中，即使降水强度略有增加，洪水风险也可能会急剧上升，导致灾害后果变得更加严重。这是因为系统可能存在“临界点”，一旦达到这一点，系统的响应就会非线性增长。非线性响应还包括阈值效应，即当某个变量达到特定阈值时，系统的状态会突然发生转变。在城市洪涝灾害中，这可能表示洪水水位一旦达到一定高度，就会触发更广泛的淹水和损失。

3. 不确定性

城市洪涝灾害的发生和演化充满不确定性，包括天气预测的不确定性、自然因素的随机性、人类行为的变化性等。这些不确定性使得难以准确预测洪涝事件的时间、地点和规模。降水分布、降水量、河流水位等自然因素都具有一定的随机性，这意味着即使在相似的气象条件下，洪涝事件的发生和规模仍然可能不同，使得精确的预测和应对变得复杂。居民的决策、交通流量、排水系统的运行等都受到不同因素的影响，如交通拥堵、道路积水和居民的风险认知等，这些因素使得城市洪涝灾害的后果充满了不确定性，难以提前精确估计。

2.1.3　城市洪涝灾害复杂系统空间关联关系

城市洪涝灾害的发生和演化是一个动态的时空过程，自然和社会要素相互作用和相互影响，并通过承灾体呈现出一定的空间模式和互动规律[303]（图 2.3）。承灾体是人类以及人类社会的集合体，既包括不同的土地利用类型、各类建筑、道路等固定的承灾体，还包括每个承灾体上实时动态活动的人群。不同承灾体在洪涝灾害中受到的影响程度不同，与其地理位置、高程、建筑结构等因素有关，最终体现在洪涝灾害空间分布的差异性上。

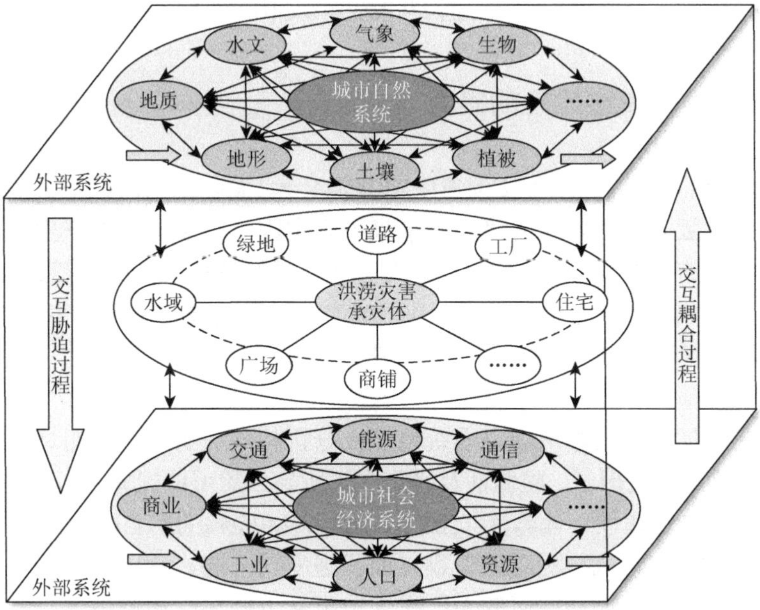

图 2.3　基于承灾体的城市洪涝灾害复杂空间关联关系

城市承灾体空间是社会经济系统的基础部分，承载着人类的生产、生活等各项活动，当城市自然系统中水汽在温度、湿度、云量、风速风向等要素的综合作用下形成暴雨时，地面的雨水会形成径流，超过了排水系统的处理能力，造成城市承灾体空间积水，淹没城市中的承灾体包括各类建筑物、道路、工厂等，影响城市社会经济系统的正常运行，给人的生产生活造成不便，包括直接受到洪涝灾害影响的人以及暴露在承灾体上实时动态活动的人。因此城市洪涝灾害复杂系统表现为“暴雨—淹没—承灾体”时空特征关联模式（图 2.4）。

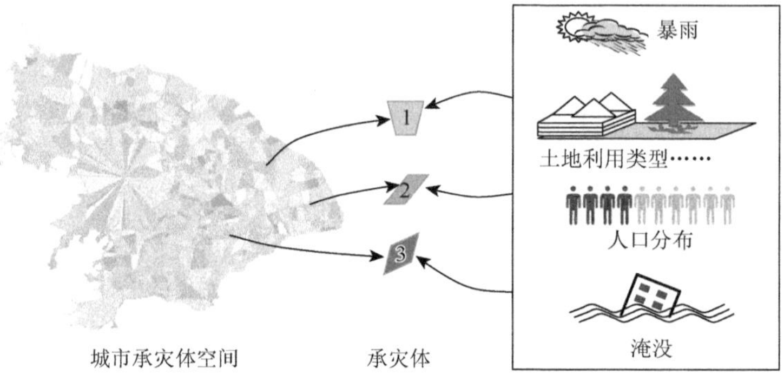

图 2.4　“暴雨—淹没—承灾体”空间特征关联模式

2.2　城市洪涝灾害风险形成机制及空间表达

2.2.1　城市洪涝灾害风险的概念

有关风险的定义，韦伯英文词典中将其定义为“面临的伤害或损失的可能性”，《辞海》（第七版）将其定义为“由于未来不确定因素的影响，而产生与预期不一致的负面结果的可能性”。对灾害风险的定义主要都是从两方面特征进行描述的：一方面是可能性，另一方面是后果。基于概率论，风险被定义为灾害发生的概率；基于损失论，风险被定义为灾害可能造成的损失，主要关注的是对灾害损失的度量以及风险概率的计算[304]。

联合国国际减灾战略从灾害系统角度，分析构成灾害系统的组成要素特性，认为灾害风险是致灾因子、脆弱性及暴露水平所导致的可能损失，其风险表达式为风险 = 危险性 ∩ 脆弱性 ∩ 暴露性（risk = hazard ∩ vulnerability ∩ exposure）。对于任何一个承灾体来说其风险程度随着致灾因子强度的升高、承灾体脆弱性增强、面对不利事件暴露水平的提高而变大。在这一定义下的风险通常以风险指数或等级的形式最终给出，风险指数或等级的大小一般不带有任何实际物理意义，但其相对大小是判断风险相对大小或高低的方法。这样的风险描述更容易被政府减灾部门管理者接受和理解，快速、有效地帮助确定风险管理的重点及防灾减灾策略，我国目前国家风险管理系列标准（如《风险管理 指南》（GB/T 24353—2022））中也采用这一风险定义。

从灾害系统的角度定义城市洪涝灾害风险时，对灾害系统的组成要素也有不同认知，主要分为以下三种。

1. 危险性、暴露性和脆弱性

城市洪涝灾害系统由危险性、暴露性与脆弱性组成（图 2.5），其中危险性是指洪涝灾害发生的强度及其空间分布，如淹没水深、历时和范围等[305]；暴露性一般是指洪涝过程中可能受影响的人口和经济的空间分布等[306]；脆弱性一般是指承灾体在城市洪涝灾害下的损坏程度，可利用历史灾情数据或以灾损率曲线来确定[307]。

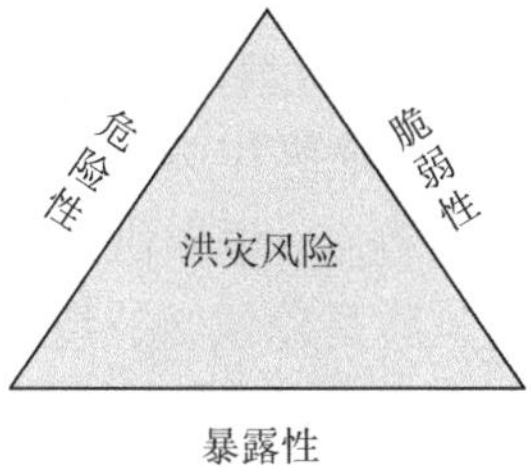

图 2.5　城市洪涝灾害系统三角形概念模型

2. 危险性和易损性

城市洪涝灾害的风险由危险性和易损性共同作用而产生，此处的易损性和脆弱性的英文表达均为“vulnerability”，但是对易损性和脆弱性的辨析存在不同的观点。目前较为一致的观点是，易损性的内涵更丰富，由脆弱性和暴露性共同决定，不仅包含承灾体的易损程度，还包含了社会经济等分布信息。

3. 危险性、暴露性、脆弱性和防灾减灾能力

有学者认为城市洪涝灾害危险性、暴露性、脆弱性和防灾减灾能力相互作用产生了风险，构成了如图 2.6 所示的城市洪涝灾害风险“四花瓣”概念模型[308]，认为防灾减灾能力对城市洪涝灾害的影响较大，它也是风险系统组成的重要内容，对防洪排涝工程的资金投入、洪涝灾害预警监测系统的建设、防灾减灾的群众教育、应急救灾场所的布置均为防灾减灾的重要内容。

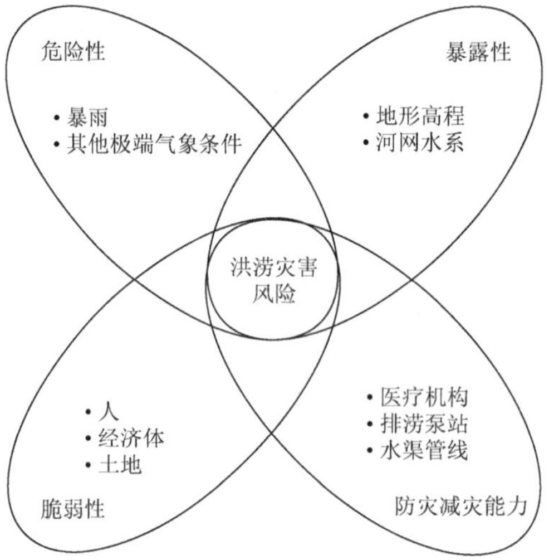

图 2.6　城市洪涝灾害风险“四花瓣”概念模型

城市洪涝灾害风险一方面指的是城市地区不同强度的洪涝灾害所发生的概率；另一方面则是指在暴雨洪涝灾害发生的过程中，对人类社会经济发展和自然环境系统的影响和危害，具体而言是指某一地区在某一刻洪涝灾害发生的危险性因子对承灾体的社会经济财产的威胁及损害程度。城市洪涝灾害风险不仅仅是承灾体在城市洪涝灾害中受到的损失，更多的风险是建筑物、道路、桥梁等承灾体被淹没后导致城市系统功能紊乱，给人民群众造成学习、生产、生活不便的影响，以及关键承灾体被淹没后对城市安全造成的影响。其中，城市洪涝会影响公交、地铁、火车、飞机等交通工具的通行，对人的出行造成影响；城市洪涝会影响学校、商场、医院等公共设施的正常运行，对人的生活造成影响；城市洪涝还会导致道路积水，造成交通拥堵，影响救援人员的救援行动；此外，人所处的位置与河流、湖泊等极易发生危险的地区，也会影响城市洪涝灾害对人的潜在危险。

2.2.2　城市洪涝灾害形成过程及风险机制

源—路径—受灾体（source-pathway-receptor，SPR）框架是一个简单的概念模型，用于表示导致特定结果的系统和过程，该框架于 1979 年首次在环境科学中被用于描述污染物从源头通过传导路径到达潜在受灾体的运动[309]，之后在 2004 年被应用到英国的沿海洪水研究中[310]。SPR 框架根据洪水的传播过程，在沿海洪水中描述洪泛区的洪水灾害过程，洪水源（source）从海岸线或者河流开始，然后根据地表的水文特征通过淹没路径（pathway），逐渐演进到承载特定后果的受灾体（receptor）。

SPR 框架通过一种对洪涝灾害系统分解的方式描述城市洪涝灾害的状态，而这样的状态的变化是由一系列空间和时间尺度上的因素驱动的，如在气候变化以及人类活动的背景下，短历时的强降水和城市的孕灾环境的变化。通过这种对洪涝灾害过程概念化的描述方式，可以刻画城市洪涝灾害系统与外部影响之间的因果反馈，基于 SPR 框架的城市洪涝灾害受灾过程分析[311]，如图 2.7 所示。

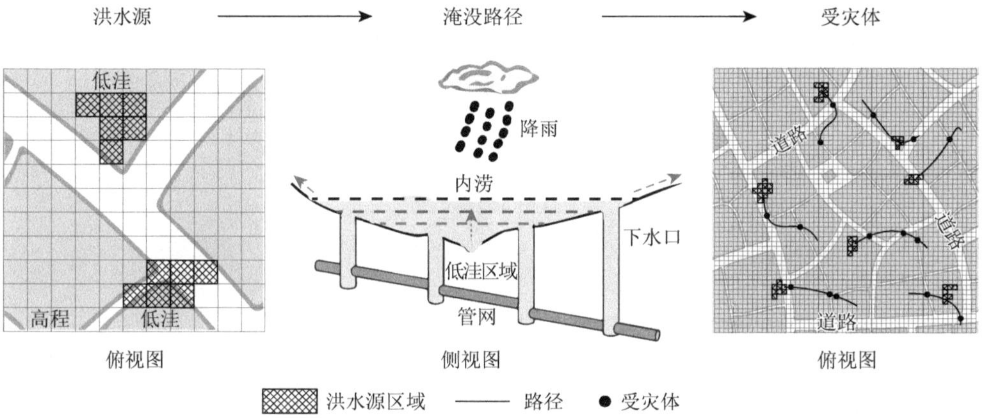

图 2.7　基于 SPR 框架的城市洪涝受灾过程分析

基于 SPR 框架描述城市洪涝灾害的受灾过程：在短历时强降水发生后，地表排水暂时失效或已达到市政管网容量上限，降水无法进入排水系统，地表径流与雨水储蓄积在低洼地区，导致局部地区的积水，产生城市洪涝现象[312]，这些低洼地区被视为城市洪涝灾害源，表示为图 2.7 中俯视图的网格矩形区域，因为雨水无法排出时，地表水首先会充满这些区域并在此区域累积。当城市排水系统的输入被阻塞或饱和时，城市中低洼区域的积水无法及时排出，此时如果降水还在持续，局部积水区域的淹没水位会逐渐升高，雨水会根据微地形特征遵循地表径流路径形成更大的淹没范围[313, 314]。雨水流动的基本原则是水流由于重力由高向低流动，根据坡度与坡向形成淹没路径，同一个洪涝灾害源区域会因为地形原因产生多条流动路径，积水沿着路径到达道路或者其他地块区域，洪涝淹没范围逐渐增大。不同土地空间上存在多种类型的受灾体，如道路、建筑物、基础设施、人口，淹没逐渐作用于受灾体，当洪涝强度超过受灾体的承灾能力时，城市洪涝灾害随之产生。

SPR 框架是一种更加面向过程的方法[315]。基于 SPR 框架的城市洪涝灾害风险形成要素包括洪水源、洪涝灾害的淹没路径及洪涝灾害的受灾体[316]，如图 2.8 所示。洪涝灾害风险源主要指洪涝灾害强度，当洪涝灾害强度越大时，风险也随之升高。洪涝灾害的受灾路径，主要是指受灾体在空间的位置、暴露时间以及暴露程度，当受灾体所处位置的淹没深度增加，受灾时间延长时，受灾程度和风险影响就越大。洪涝灾害的受灾体主要是受灾的人或物内在承受灾害的能力，当受灾体有较强的抵抗或防御洪涝灾害的能力时，洪涝灾害风险会减小，反之亦然。基于风险三个要素维度之间的关系，形成基于 SPR 框架的城市洪涝灾害风险框架，三个风险要素所围成的立体空间则为城市洪涝灾害风险的表达。

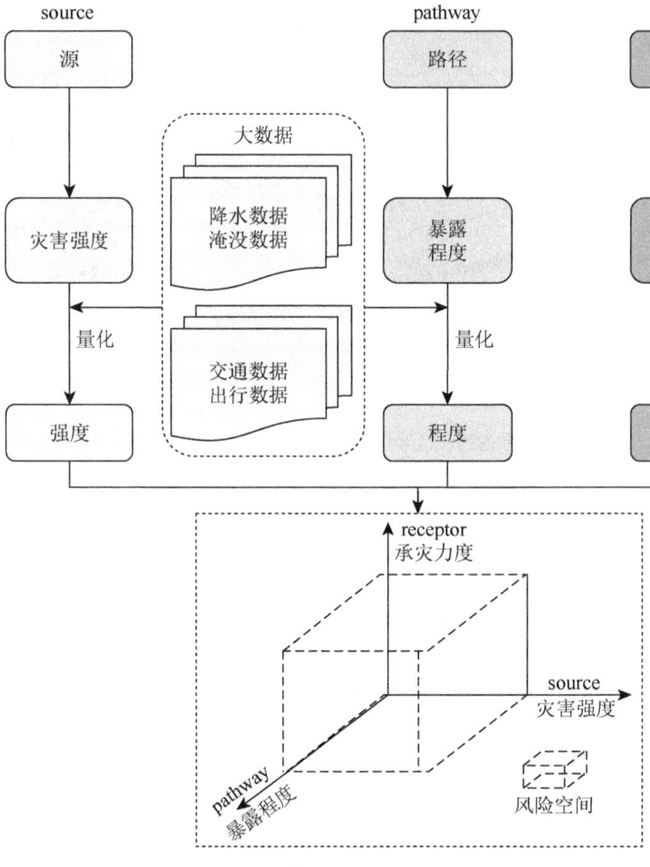

图 2.8　SPR 框架下城市洪涝灾害风险维度

1. 源维度

地表的积水与淹没描述了在暴雨事件中城市地区的洪涝灾害，城市洪涝灾害源包括洪水泛滥（在地表的积水进入任何水道、排水系统或下水道之前，或由于排水管道已满负荷而无法进入管网之前，降水产生的地表漫流和积水）、下水道泛滥、小型开放式洪水渠道和涵洞城市水道，以及来自地下管道的地表水流[317]。而地表水泛滥主要是由局部发生的持续时间短的强降水引起的。洪涝灾害强度一般包括两个要素，淹没水深与淹没范围，淹没水深是指城市区域中空间某一点的高程与淹没水平面之间的垂直距离，淹没范围则表示地面上有积水的覆盖范围。当淹没水深超过一定边界值时，会影响居民的出行以及交通活动的正常运转，而淹没范围越大，则居民越会受到洪涝灾害风险的影响。

2. 路径维度

地表的城镇化特征阻碍了城市雨水的排放，城市大量的不透水地表增加了地表径流的体积。因此，受灾路径是指城市中任何可能会发生淹没的位置，这些曾经已经发生过洪涝，以及可能发生洪涝的位置都是城市区域中可能的受灾路径。受灾路径通常可以通过受灾位置、受灾时间以及受灾程度来描述。受灾位置是受灾体在空间上遭受到灾害影响的空间位置，它是由灾害发生的范围以及受灾体是否存在于此位置两方面决定。受灾时间则与灾害的持续时间以及受灾体在空间上某一淹没位置的停留时间有关。受灾程度则反映了受灾体在空间某一位置，某一持续时间遭受灾害的受灾对象的聚集程度，当出现受灾体在城市某一空间位置越密集时，洪涝受灾程度越高，进而导致风险越高。

3. 受灾体维度

如果城市地区受灾体受到洪涝灾害的影响，特定的受灾体类型承灾后可能会对城市地区的功能产生负面影响。例如，关键基础设施、运输路线、配电变电站等被洪水淹没，既可能给城市居民带来不便，也可能对其他受灾体构成威胁。在城市中，受灾体主要是分为两类，一类是人口，另外一类是与经济相关的财产。然而，由于人口本身的易损性，相比于财产被动的受灾过程不同，人口之间承受灾害的能力不同。人口承灾能力可以通过人口在洪水中承受水流的速度和深度来刻画[318]。居民对灾害洪涝风险的意识，对于灾害风险的忍耐程度都会影响人口作为受灾体的承灾能力。居民在发生洪涝灾害时采取行动的能力可能受到年龄的影响，年轻的居民则有更强的应对洪涝灾害的能力，外界的信息传播也会影响居民的承灾能力，如果居民可以在洪涝灾害发生之前接收到预警或引导信息，便可以在早期阶段做相应的风险预防措施，受到更小的洪涝灾害风险影响。

2.2.3　城市洪涝灾害风险多元空间表达

1. 基于空间格网的城市洪涝灾害风险表达

以国家、省区市、县（市、区）、社区、街道等行政区划为基础的灾害风险评估［图 2.9（a）］，适用于宏观决策规划。例如，全球自然灾害热点计划（Hotspots）以全球范围为基础[319]，《自然灾害风险地图集》以国家尺度为基础，而美国联邦紧急事物管理局和美国国家建筑科学院合作研制的 Hazus 洪水损失及风险评估工具则关注省市级尺度的风险评估[320]。另外，社区灾害风险管理（community based disaster risk management platform，CBDRM）系统[321]以社区为基础。这种基于行政区划的空间表达，能够反映行政区域之间的风险差异，但却无法表现其行政单元内部的空间差异，不能准确反映洪涝灾害风险的客观规律。

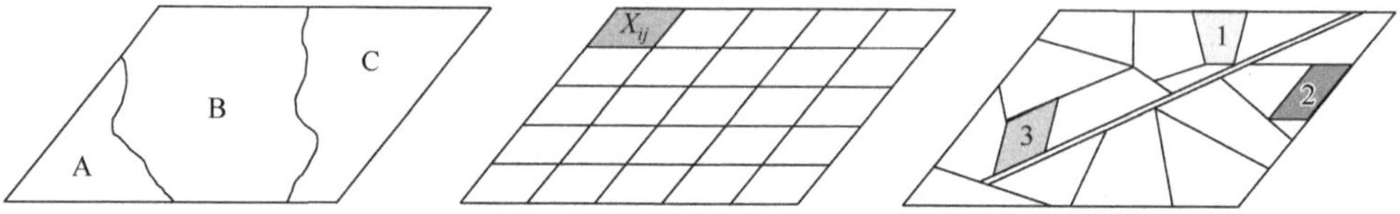

(a) 行政区划　(b) 格网化方法　(c) 承灾体空间单元

图 2.9　城市洪涝灾害风险的空间格网

在洪涝灾害风险研究中，大多沿用水文模型描述水流运动的空间变化的特点，将研究区域整体、独立的汇水区域或者规则的格网作为水文模拟及风险评估的基本单位，如图 2.9（b）所示。分布式水文模型将城市区域离散成一系列规则或者不规则的格网，其基本思路是保证各单元格网具有相对单一的下垫面，并与其他格网单元能显著区分，格网单元统一计算产流，各单元之间使用水动力学方法计算汇流。在水文水力学洪水演进模拟的基础上，耦合基于空间格网的社会经济要素进行风险综合评估或损失计算[322-325]。

在人类活动的作用下，城市区域的自然汇水网络被改变，如高密度建筑物阻隔自然径流，道路建设对自然径流起到一定的汇流和导流作用，城市排水设施等人工通道改变了原有的汇流结构。基于独立汇水区域或规则格网的灾害风险评估，高度抽象和概化了城市系统，无法精确反映不同承灾体的复杂的自然属性和社会属性，很难描述城市区域的实际风险程度。过大的格网粒度会导致面积较小的承灾体信息丢失，过小的格网粒度则会破坏独立承灾体作为一个整体的结构特性。因此，传统的格网化方法无法反映城市复杂空间环境和承灾体的精细化属性。

在城市复杂环境下，除了自然河道等因素，还有道路、连续阻水建筑等对城市水流过程产生影响，另外人类活动所赋予城市人工设施的社会属性也影响着城市洪涝灾害的风险程度。传统的基于汇水区域或规则格网的城市洪涝动态风险建模与评估方法无法反映城市复杂空间环境和承灾体的精细化属性，因此基于自然与社会要素识别致灾系统最小的均质空间单元，细化灾害系统的基本单元，如图 2.9（c）所示。

2. 基于承灾体的城市洪涝灾害风险表达

城市洪涝灾害是人类社会与自然界相互作用的复杂灾害系统，其承灾体是人类以及人类社会的集合体。在以往的研究中，将社会单元作为一个综合承灾体进行洪涝灾害风险研究，对单个承灾体单元的研究较少，对承灾体所处空间单元的自然环境变化和人文社会因素及其在洪涝灾害形成过程的作用认识不足，对城市洪涝灾害的性质、特点、内在规律的研究不够深入。由于致灾空间存在一些最小的均质空间单元，以这些基本单元为基础能够真实再现洪涝灾害的风险分布。

城市洪涝灾害承灾体是社会经济系统与自然系统交互下的灾害风险表达空间，承载着人类的生产、生活等各项活动。城市洪涝灾害承灾体主要可以分为人、财产、资源与环境三大类，如工业、农业、能源、建筑、交通、通信、教育、各种减灾工程设施和生产生活服务设施，以及人们所积累起来的各类财富等。不同的承灾体在遭受到相同强度的暴雨时，其受到的影响和损失是不同的，如图 2.10 所示。

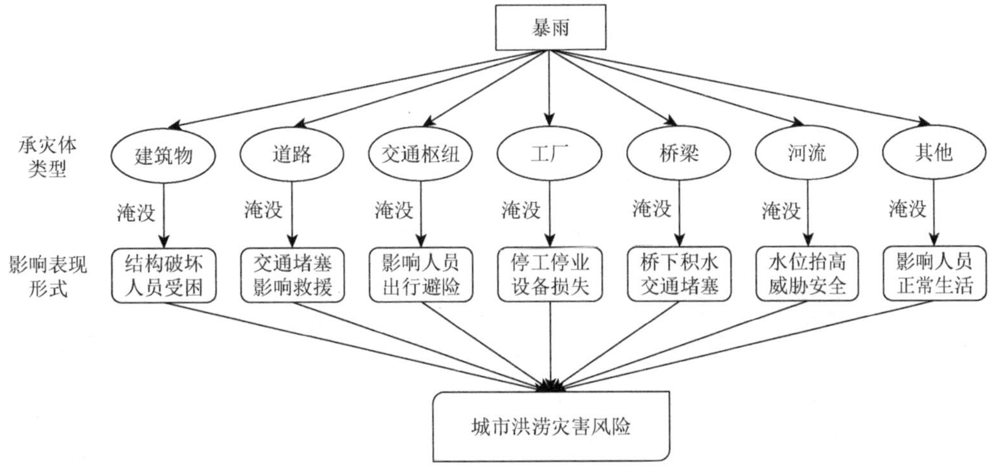

图 2.10　不同承灾体的城市洪涝灾害风险分析

承灾体是影响城市洪涝灾害风险的重要因素，此处的承灾体为广义上的承灾体，不仅包括城市土地上的各种人工建筑物，同时也包括在该城市土地上的人口分布。洪涝灾害承灾体是指承受洪涝灾害的对象，根据国家质量监督检验检疫总局、中国国家标准化管理委员会在 2016 年 4 月 25 日发布的国家标准《自然灾害承灾体分类与代码》（GB/T 32572—2016），我国的自然灾害承灾体共分为人、财产、资源与环境三个门类，包括人类本身和社会发展的各个方面，如工业、农业、建筑业、交通、通信、教育、各种减灾工程设施及生产、生活服务设施，以及人们所积累起来的各类财富等。不同的承灾体遭受到城市洪涝灾害破坏后的风险表现形式是不同的，具体如表 2.1 所示。

表 2.1 城市洪涝灾害承灾体类型及其损害形式

承灾体类型		具体含义	主要损害形式
人	人	分布在城市各地块上的人口	人员伤亡、影响正常生产生活
财产	房屋及建筑物	房屋以及其他建筑物，包括住宅、工业或商业建筑物等	建筑物倒塌、浸水、变形、沉陷等
	设备设施	供人们在生产生活中使用的具有实物形态和功能的生产资料和物质资料	设备浸水损坏、报废、遗失等
	产品及原料	用来供给市场和被使用消费来满足人们生产生活需求的物质，包括农、林、牧、副、渔业产品，工业生产中的成品、半成品以及服务业中的商品等	产品浸水损坏、丧失原有功能，农产品腐烂、变质、疫病等
资源与环境	交通运输设施	铁路、轨道交通、公路、交通服务场站、机场、港口码头以及配套的标识标志、机电设备、供电系统、维修维护等设施	交通运输设施积水、变形、失效，影响交通系统正常运行
	通信设施	人们之间的信息交流与传递的设施，包括电信服务、基站和邮政设施等	通信设施失效、损坏，造成通信中断
	能源设施	为人们正常生产生活提供能源动力的物质资源和设备，包括电力系统、油气系统等	能源设施运行中断、燃料泄漏，以及其引起的污染、触电、中毒等现象
	水利工程	对城市内的水进行控制、调节、开发、利用的设施设备与工程，包括堤防、渠道、水坝、排水管网等	水利工程损坏或超负荷运行，导致城市排水能力不足，积水严重
	公共设施	由政府或个人建立的行政机关、医院、学校、消防站、图书馆、博物馆、应急避难设施、人防工程、景区景点等	公共设施失效导致人员、财产得不到及时救助，以及城市洪涝灾害引起的次生衍生灾害得不到及时救助
	土地资源	为人类提供服务的土地，包括耕地、草地、森林等	水土流失、农作物损失
	生物资源	野生动植物和微生物	动植物死亡、伤病、流失
	水资源	城市内的河流、湖泊、水库等	水资源污染、泛滥等
	环境	城市内人类居住的环境如公园、绿地等	环境污染、积水、退化等

2.3 基于智能感知的城市洪涝灾害风险预警

2.3.1 城市洪涝灾害情景态势感知体系

1. 城市洪涝灾害情景切片与重构理念

城市洪涝灾害风险预警与管理过程是一个管理主体与管理客体融为一体，具有主体性、自治性、社会性的多尺度-分布式-多层次混杂动态演化的过程。城市洪涝灾害情景切片是将整个灾害事件划分为不同的情景过程，利用多源时空大数据及相关技术，对城市洪涝灾害情景进行时序性切片采样，形成时序性的数据集。通过“计算实验”运用计算机模拟技术使离散切片经多次融合与结构、行为、情景建模，实现全景式逼近与过程情景复原，形成预警、决策等管控过程的整体性情景，为深入理解灾害的动态过程、精准预测灾害的发生发展、有效防控灾害的风险提供理论与方法支撑（图 2.11）。

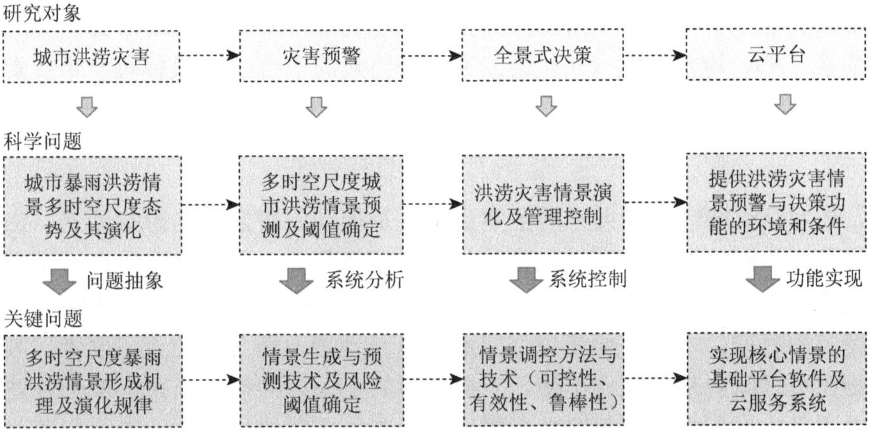

图 2.11　城市洪涝灾害情景切片与重构理念框架

2. 灾害情景态势时序性采样观测

采样观测是指从卫星、雷达、地面观测站网、统计资料、互联网等采集城市洪涝过程相关的气象水文、基础地理、人口分布、社会经济、网络媒体等物理上相互隔离的多源异构数据，并对这些数据从时间和空间维度进行融合和重构，得到特定时间、特定地点的城市洪涝灾害情景的时序性切片。

城市洪涝灾害是暴雨洪水、淹没、社会活动、土地利用等，特别是人类活动要素相互影响、相互作用的复杂灾害系统，而城市洪涝灾害风险态势感知就是要对每个灾害情景切片中的风险要素，即暴雨要素、承灾体要素、淹没要素进行感知，理解要素之间的关系，并将这些情景切片按时间顺序进行融合，对风险做出研判。其中暴雨要素和由暴雨要素引起的城市积水淹没要素是导致城市洪涝灾害的直接要素，而暴雨要素和淹没要素作用于承灾体要素造成损失和人员伤亡是城市洪涝灾害风险的主要来源。城市洪涝灾害风险态势感知首先要基于“暴雨—淹没—承灾体”对城市洪涝灾害情景进行分析，通过对城市洪涝灾害情景特征融合，刻画出不同关系下的灾情演化路径，对未来不同程度的洪涝灾害情景进行综合研判，从而给决策者提供决策依据。

城市洪涝灾害情景演化是多阶段的，是由多个某一时刻某一地点的一个静态情景切片组成的，即城市洪涝灾害情景演化是一个多阶段过程，由多个特定时刻和区域的静态情景切片组成，每个时刻的状态通过城市洪涝灾害要素综合体现。随着时间的推移，这些情景切片不断演化，具体表现为城市洪涝灾害要素状态的变化。该时刻的情景切片状态是通过前一时刻的切片状态演化而来的结果，所以可以根据降水量和降水时间与承灾体淹没状态的关系来对城市洪涝灾害发展趋势进行顺延性预测。

根据上述分析，每个城市洪涝灾害情景态势切片中都包含暴雨要素（R）、承灾体要素（B）、淹没要素（W）这三类特征要素的集合 C，具体每一个要素还要对应具体的时间空间属性。

$$C=\{R,B,W\} \tag{2.1}$$

其中，R 为导致城市洪涝灾害的主要诱因，是推动灾害发展的影响因素，在城市中一般是指短时间强降水或中长期连续中等强度降水；B 为描述城市洪涝灾害中致灾因子直接作用或间接作用的承受体，B 不仅包括承受洪涝灾害影响的人，也包括受灾的财产，本节主要考虑空间地物以及地物上所承载的人口要素，其中空间地物在短时间内基本保持不变，主要变化的是人口的动态分布；W 为描述城市洪涝灾害发生过程中灾情状况的主要要素，在城市洪涝灾害中一般是指不同承灾体要素的淹没程度。

在城市洪涝灾害发展过程中，降水量和降水时间在灾害形成过程中具有累计效应，是导致城市洪涝灾害、推动城市洪涝灾害发展的根源。降水的增加或减少会影响积水淹没区域的范围以及该区域内承灾体的数量和类型，增强或削弱灾情的严重程度，从而促进或抑制城市洪涝灾害的扩大化演变。承灾体是城市洪涝灾害中直接受影响的载体，其淹没程度的变化反映了灾情状态的变化，洪涝灾害的发展是通过灾情状态不断变化而推动形成的。

通过对城市洪涝灾害情景切片中的要素进行时间维度和空间维度分析完成城市洪涝灾害情景切片分析，进而分析城市洪涝灾害的情景演化，考虑城市洪涝灾害对人正常生活的影响实现城市洪涝灾害的风险研判，完成城市洪涝灾害风险态势感知[326]。如图 2.12 所示，城市洪涝灾害情景切片 C_1 为 T_1 时刻的某一城市区域，该区域暴雨要素为 R_1，受到影响的承灾体要素种类和数量为要素集合 B_1，该区域内被影响到的承灾体淹没要素为集合为 W_1；随着时间要素的变化，城市洪涝灾害情景切片 C_1 演变成 C_i，当影响该区域的暴雨要素 R_i 变强时，被淹没的区域面积会变大，影响到的承灾体要素种类和数量集合 B_i 也会随着淹没区域面积的扩大而增加，该区域内被影响到的承灾体的淹没要素集合 W_i 也会变得更加严重。

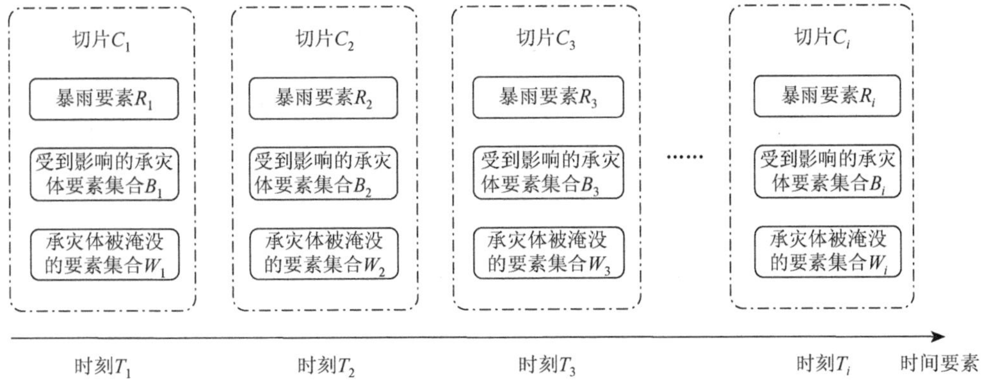

图 2.12　城市洪涝灾害情景切片演化过程

从时间维度来看，两个或多个情景切片在时间上重叠较多的情况下，通过把情景切片按照矩阵的空间维度切分，并取出空间特征相同而时间特征不同的情景切片，每一个情景切片上的空间特征是对齐的，根据时间是否相同来进行情景切片融合，即把相同空间特征的离散情景切片按照时间顺序进行融合。

从空间维度来看，两个或多个情景切片在空间特征上重叠较多的情况下，通过把情景切片按照矩阵的时间维度切分，取出时间特征相同而空间特征不同的情景切片，此时每一个情景切片上的时间特征是相同的。但是由于城市洪涝的流动性，相同时间不同空间的灾情要素是会相互影响的，所以两个空间特征上有重合情景切片的灾情要素不是简单相加即可得到新的灾情要素，而是要考虑城市洪涝流动性所产生的叠加效应。

城市洪涝灾害大数据包含了空间属性数据和非空间属性数据，这些数据存在着多源、多维度、多尺度、多形态交叠的多模态特征，这些复杂的特征会导致人们难以掌握其变化规律。通过对多源异构数据在数据、特征、决策层的融合，得到城市洪涝灾害情景中暴雨、承灾体、淹没等基本要素，然后根据时间、空间对这些要素进行离散化，即得到城市洪涝灾害情景态势时序性切片采样矩阵，如图 2.13 所示。

3. 灾害态势感知框架

随着互联网技术的发展，水文、气象、城市空间地理信息、水利调度、防灾减灾、社会经济、社交传媒等多种数据急剧增长，急需从时间、空间的维度对这些数据进行切片采样，然后通过深度学习技术从这些观测到的数据中进行特征提取和类型转化，利用大数据融合技术，构建全景式、全信息下的城市洪涝灾害大数据辨析模式，即建立基于“采样观测—要素提取—风险研判”模式的城市洪涝灾害态势感知框架，如图 2.14 所示。

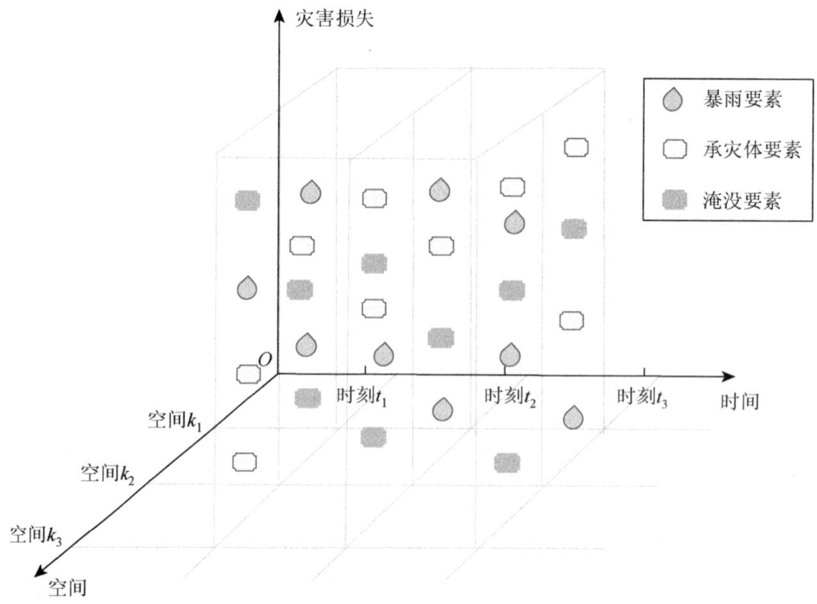

图 2.13　城市洪涝灾害情景态势时序性切片采样矩阵

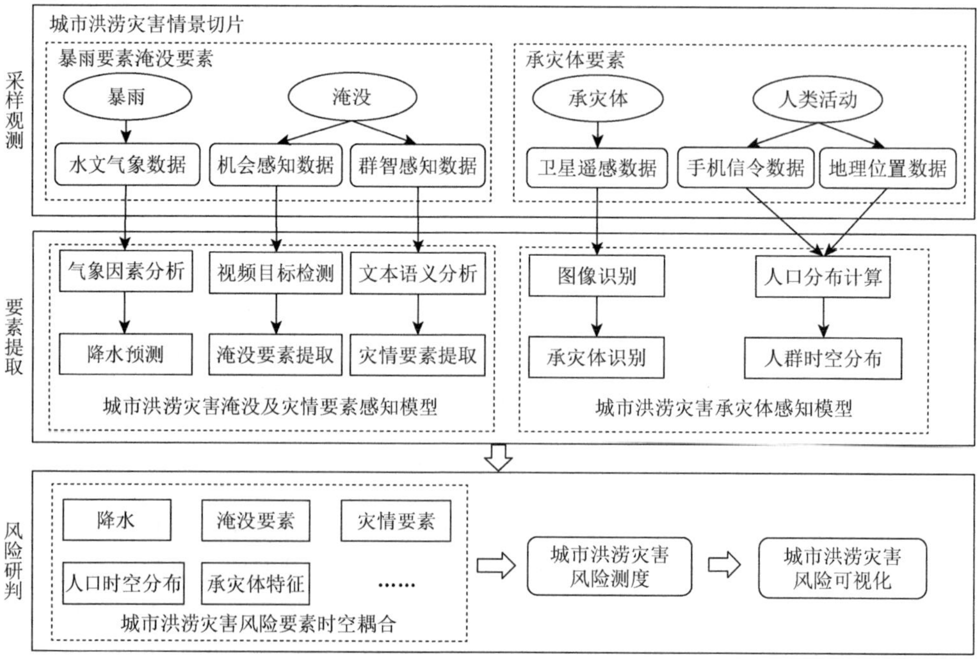

图 2.14　城市洪涝灾害态势感知框架

首先是城市洪涝灾害数据的采样观测，数据来自水文气象数据、机会感知数据、群智感知数据，并对这些数据进行重新整理和特征提取、关联模式挖掘，而后进行灾害情景时序性切片采样。其次是进行城市洪涝灾害要素提取，提取当前情景中的元素，提取环境中的相关元素的状态、属性和动态，而这些元素或者是要素往往来自灾害情景态势时序性切片采样的结果。最后对城市洪涝灾害风险进行研判，综合考虑城市洪涝灾害对居民生活、工作、出行等方面的影响，对城市洪涝灾害风险进行研判。

城市洪涝灾害态势感知是一种基于城市系统的、动态、整体地监测城市安全风险的能力，是以大数据为基础，从城市全局视角提升对城市洪涝灾害威胁的发现识别、监测预警以及应急救援能力的一种方式，最终用于助力城市洪涝灾害风险管理决策与行动。诺贝尔经济学奖获得者西蒙的有限理性理论指出，决策者的信息处理能力会影响其行为，迫使他们选择一个令人“满意”的或“足够好”的方案，而不是“最大”或“最优”方案。大数据技术不但可采集多源数据，还可以通过全数据分析而非样本数据分析获取事件的总体信息，不再是随机样本量的控制，而是采用全体数据来统计分析，必然使决策更加科学。另外，在城市洪涝灾害应急决策中，可以通过大数据提取出城市洪涝事件影响的关键要素，进而提前做出预警和采取相应的方法措施，对城市洪涝灾害事件进行应急决策。所以城市洪涝灾害风险的应对也应具有“要效率不要绝对精确”的理念，使城市洪涝灾害要素的获取更为快捷，促进应急救援效率的提升。

2.3.2 基于态势感知的风险预警框架

在城市洪涝灾害态势感知体系的基础上，构建了“观测—感知—辨析”的城市洪涝灾害动态预警框架（图 2.15）。

1. 大数据采集与观测

大数据已成为城市洪涝灾害风险态势感知的基础，涉及气象、水文、基础地理、历史灾情、社会经济、网络媒体等大数据，呈现出多源异构、海量高维、分布广泛等特征。遥感卫星、雷达、监测传感网、射频、互联网等信息技术的迅猛发展和深入应用，为城市洪涝灾害风险研究提供了大数据支持，而且数据的数量、规模还在不断扩大，并且呈现出规模性、多样性、高速性和价值性。根据城市洪涝灾害情景构建中大数据的特征以及其在基于“暴雨—淹没—承灾体”空间特征的城市洪涝灾害中表达的含义，本书将城市洪涝灾害大数据分为：①运用新型技术监测到的气温、风速、降水、水位等水文气象大数据；②运用

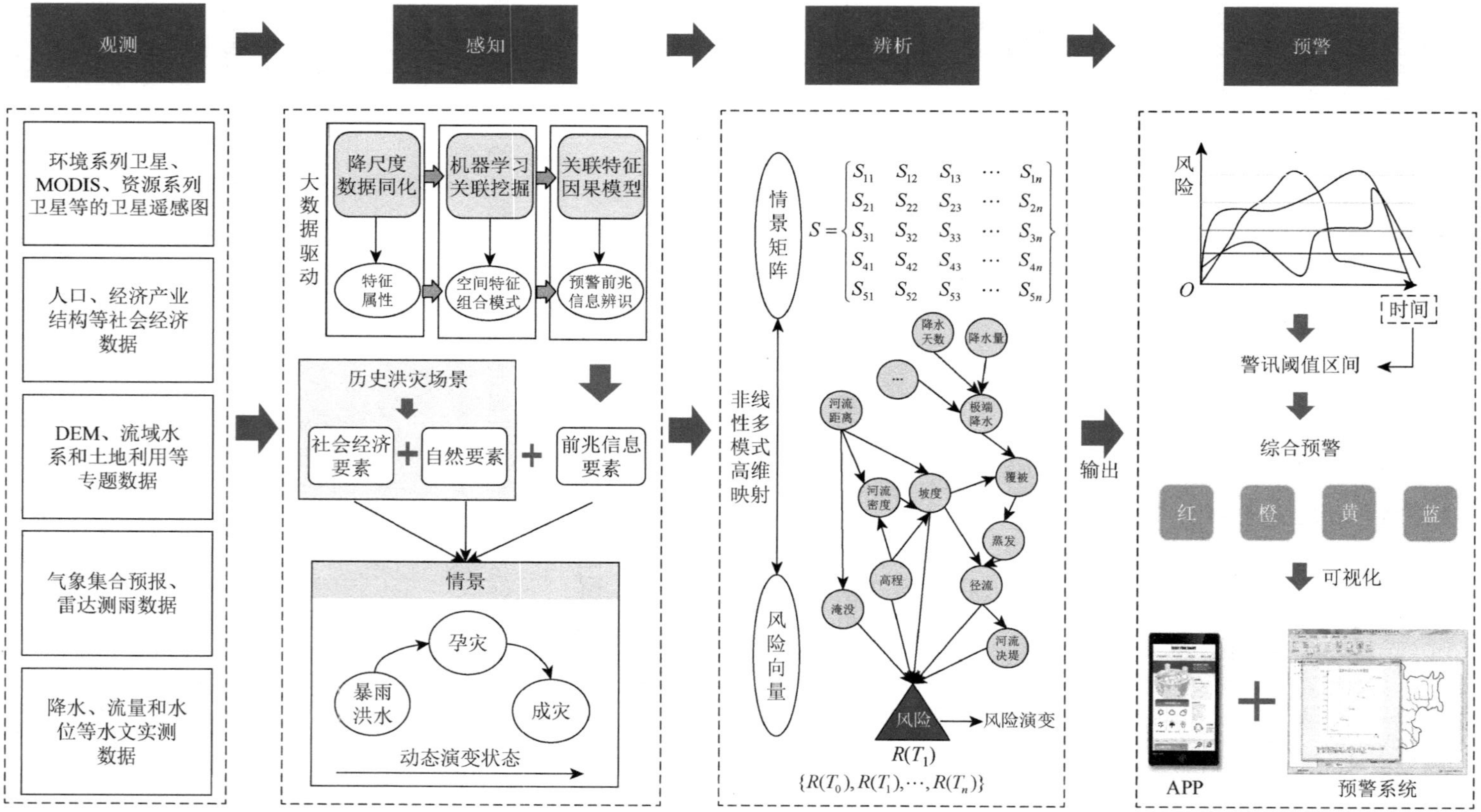

图 2.15　城市洪涝灾害动态预警框架

MODIS 为中分辨率成像光谱仪，英文全称为 moderate-resolution imaging spectroradio-meter；DEM 为数字高程模型，英文全称为 digital elevation model

卫星、雷达等探测的高分辨率遥感数据；③利用大量感知设备进行数据收集的机会感知、群智感知大数据，其中机会感知大数据是利用非常规来源（特别是原本不相干的传感器）低成本地获取的数据，群智感知大数据是基于众包模式利用人类携带的智能手机、车载感知设备、可穿戴设备等日渐普及的移动终端进行数据收集并上传至云端，通过云测数据汇聚分析提供各类服务。现代城市中道路、交通信号灯、各类建筑、路灯以及各种监控设备等都有信号探测器，这些探测器无时无刻不在进行高速信息交换，采集着大量的实时数据。这些数据在其领域发挥着重要作用，然而这些数据中同样蕴含着大量与城市洪涝灾害相关的信息，此时即可利用机会感知的思想挖掘其他领域数据中蕴含的与城市洪涝灾害相关的知识进行城市洪涝灾害态势感知，摆脱了以往研究需要在特定地点布设专用监测设备进行数据采集的应用场景限制。此外，还可以利用大量用户使用的手机等智能设备作为数据采集单元，通过移动互联网进行协作，实现海量数据的收集利用，并从中发掘有效信息，最终完成复杂的城市洪涝灾害感知任务。在城市洪涝灾害来临之时，通过对社交媒体数据的信息识别、辨析、理解和分析，可以获得城市洪涝灾害相关信息，从而成为监测城市洪涝灾害事件的新方法。

2. 大数据融合与灾害感知

从卫星、雷达、地面观测站网、统计资料、互联网等采集的与城市洪涝过程相关的气象、水文、基础地理、历史灾情、社会经济、网络媒体多源异构数据，在物理上是相互隔离的。通过本体模型构建、语义标注、本体关联表达等技术进行空间数据与非空间数据在空间尺度上的分解与融合，利用基于深度学习的大数据特征抽取与数据同化处理方法，提取城市洪涝灾害情景中暴雨、承灾体、淹没等基本要素，发现暴雨—淹没—承灾体空间特征组合模式。

对多源异构数据的采集、分析和处理可从海量的数据信息中分析出那些关键要素，进而描述城市洪涝灾害的动态过程，能够有效补充城市洪涝灾害监测、预警能力的不足。但是每一类的城市洪涝灾害大数据都是不完美的，不能全面地反映城市洪涝灾害情景态势的真实情况，而且每一类数据都受其自身特性的约束，都有其重点表现的情景属性，对这些多源异构的城市洪涝灾害大数据进行融合可以取长补短，更加全面地刻画出城市洪涝灾害的情景态势。

（1）数据层融合。对于不同源但数据结构相同且描述同一情景属性的数据，如不同种类传感器监测的降水数据，由于这些数据的结构相同可以在原始数据处理之前就进行数据的分析和融合，如图 2.16 所示。

原始数据的融合不会造成数据的丢失，可以最大程度地保存原始数据，提供最完整的数据细节，通过数据融合提取的特征非常准确。但其仍然存在一定的局

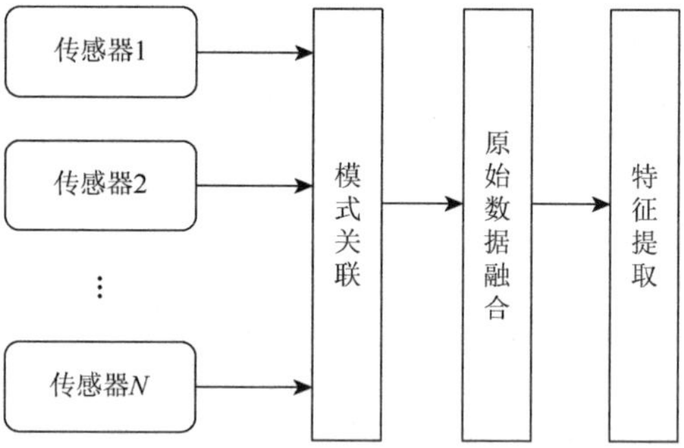

图 2.16　原始数据融合

限性，主要表现在数据冗余性高、数据通信量大、表现比较单一、容错能力较弱等，而且使用基于数据融合特征降维和特征提取的算法，如时间序列分析、PCA与独立成分分析（independent component analysis，ICA）等，不可以直接用于不同数据结构的更高层次的特征融合。

（2）特征层融合。如果不同源的数据结构不同或者描述不是同一情景属性的数据，数据就不可以直接融合，需要进行特征层的融合。特征层的融合先要从原始数据中提取目标的状态或特征，然后通过模式关联，最终得到目标的状态或特征，如图 2.17 所示。特征层融合的本质就是模式识别的问题，对于不同类型的数据可以相应采用不同的特征提取方法。

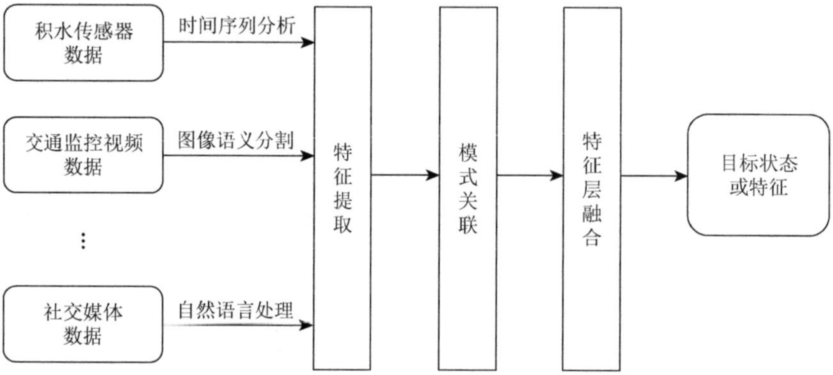

图 2.17　特征层融合

特征层融合首先要对原始数据进行特征提取，然后进行模式关联实现对原始数据的精炼，降低了原始数据的冗余，减少了数据缺失和数据噪声对结果的干扰，提高了结果的精确度。目前在高层次的决策系统中，如智慧城市系统、综合集成研讨系统，特征层融合为它们提供了大量的决策支持。但是，特征层融合在处理多源异构数据融合过程中需要先对不同结构类型的数据进行特征提取，不同的数据结构要用不同的特征提取方法，甚至相同的数据结构提取不同的情景属性都要采用不同的特征提取方法，大大提高了计算工作量和特征空间维度，对融合前的目标确定提出了较高的要求，降低了融合结果的实时性，而且特征提取方法和关联模式的选择对融合结果的精度影响较大。

（3）决策层融合。决策层融合是指不同源数据针对同一观测目标都具有独立的数据处理能力，包括原始观测数据采集、原始数据特征提取和对目标的识别，根据各自的数据源决策得出各自的初步结论，从而将得到的结论进行融合，得出观测目标的最终状态或特性，如图 2.18 所示。该方法可以灵活地选取多个数据源，提高了决策结果的容错能力，增强了多源异构数据的容纳能力。

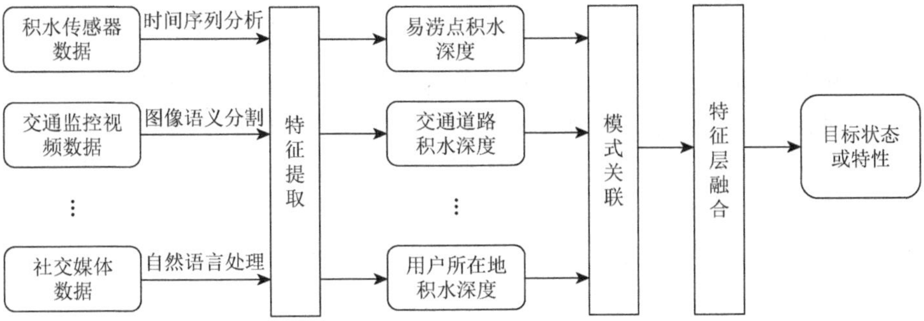

图 2.18　决策层融合

通过对多源异构的城市洪涝灾害大数据进行融合可以刻画出城市洪涝灾害的积水深度，在城市洪涝灾害淹没形成过程中，每个淹没点的高程信息起着重要作用，通常采集的积水点信息是以离散的点数据形式来进行存储的，没有监测的点则没有数据，积水点信息存在于已经采样的离散点中。但是，未采样点的积水深度数据对淹没图的生成有着重要意义。本节将采用数字高程插值法，将已知样本点的值经过插值的方法进行最近邻扩散，赋予未采集区域的点一个比较合理的值，然后和该点的淹没深度进行对比，得到城市洪涝灾害的淹没范围。但是不同积水淹没不同的承灾体导致的损失和对人的影响是不同的，因此需要考虑淹没范围内不同承灾体上的人员分布以及淹没深度，综合来感知城市洪涝灾害风险态势及其演化趋势。

3. 风险辨析与预警

融合数据驱动的关联挖掘方法与模型驱动的实验、统计模拟方法，基于数据驱动的关联关系挖掘与模型驱动的因果解析，辨析城市洪涝灾害风险变化，通过刻画情景-风险高维映射关系确定警讯阈值，实现“观测—感知—辨析”的城市洪涝灾害动态预警。主要的研究方法包括以下几类。

（1）基于神经网络的降水预测。在气象学中，降水是大气中的水蒸气在重力作用下凝结的产物。因此，气象变量是降水量的潜在有效预测因子。神经网络是一种模拟生物神经系统的计算模型，通过多个神经元之间的联结和信息传递，实现对输入数据的处理和学习。神经网络一般由多个神经元组成，包括输入层、隐藏层和输出层，输入层接收外部输入数据，隐藏层用于特征提取和数据转换，输出层产生最终的预测结果。在进行降水预测前，先要筛选与降水相关的气象变量，包括温度、压强、湿度、风速、风向、云量等；收集气象观测或卫星遥感数据，构建并训练降水预测的神经网络，实现对降水的预测。

（2）基于图像识别的灾害监测。由于卫星遥感图像、无人机图像、监控摄像头图像以及社交媒体图像中包含着城市洪涝灾害的灾情要素，可利用一种计算机视觉和机器学习技术对这些海量图像进行分析处理，提取出城市洪涝灾害淹没要素、承灾体特征等。利用图像处理和特征提取算法，获取图像中各类对象的特征图，将其映射成固定长度的特征向量，并与标签分布关联，在此基础上，利用条件随机场对结果进行优化，得到不同像素点不同颜色值的联合分布，从而实现对图像中各类对象的准确识别，最终实现淹没面积、深度、承灾体特征的提取。

（3）基于概率的风险预警。灾害发生的概率是对灾害事件发生可能性的定量描述，表达了洪涝灾害的发生具有不确定性，而风险是对不确定性的一种量化方式，概率则是对风险的定量表征形式。不同强度洪涝灾害发生的概率即是对不同严重程度的洪涝灾害发生可能性的定量预测。因此，概率统计分析是解决城市洪涝灾害风险评估及其不确定性问题的合理方法，可以探究未来情境下洪涝灾害发生不确定性的量化表达。城市洪涝淹没的发生受城市气候因子以及城市地表因子综合作用的影响，各因子的变化以及对洪涝灾害发生贡献的不确定性，使得城市洪涝灾害的发生及风险也具有了不确定性。因此，对城市洪涝灾害进行风险分析时需要考虑不同因子与洪涝灾害间的不确定性关系，风险评估也不只是对洪涝淹没发生进行简单的概率统计，而是探究因子与城市洪涝淹没概率之间的量化关系。

2.3.3 城市洪涝灾害风险预警研究范式

城市洪涝灾害是一个自然水循环和人类社会活动耦合的复杂系统，其复杂性体现在多尺度、多层次、多主体，加剧了城市洪涝灾害预警防控的难度，表现在：城市的多维空间、多变环境、多样行为直接带来了洪涝灾害信息的多源异构和多维海量，增加了灾变动因辨识匹配和预警前兆信息挖掘难度；传统的洪涝灾害预报预警仅考虑水文、气象等自然要素，而如何进一步考虑灾害对人类活动带来影响的系统预警是个难题；城市洪涝灾害的致灾、孕灾、报灾、防灾管理过程分离，使得管理决策多为碎片式或片景式，末端治理现象严重，如何实现全局视图的风险决策是灾害应对的难题。大数据、人工智能技术的迅猛发展，为城市洪涝灾害管理提供了新思路。事实上，城市洪涝灾害过程正以更细粒度的数据形式和精度呈现，透过数据世界可以更清晰地描绘灾害演变活动情境。建立数据驱动下城市洪涝灾害预警与风险决策范式是解决预警防控难题的新途径。

与传统的灾害预警和风险管理相比，大数据驱动的城市洪涝灾害防控应该由以管理流程为主的线性范式逐渐向以数据为中心的扁平化范式转变，灾害预警应从“因果假设”向“复杂相关”、从“经验推动”向“数据推动”、从“模糊滞后预警”向“精准快速预警”、从“碎片式预警”向“整合式预警”转变，灾害应对应从“片景式决策”向“全景式决策”“实时决策”转变。

城市洪涝灾害是自然过程与社会经济活动耦合的复杂系统，利用卫星遥感、气象水文、基础地理、社会经济、社交媒体等天空地网多源异构数据信息，通过信息挖掘融合技术，提出结合数据驱动的关联关系挖掘与模型驱动的因果解析方法，感知暴雨洪涝情景态势，实现情景模拟与重现；建立基于暴雨洪涝情景的空间动态网络风险研判模型，建立“观测—感知—辨析”的城市洪涝灾害动态预警模式；基于知识推理与场景推演，构建洪涝灾害全景式风险模拟及决策框架，包括城市洪涝灾害应急疏散、跨界多主体合作的应急响应、市场化风险分散、全社会减灾公共政策；最后，通过统一空间表达的洪涝灾害大数据资源池，研发出城市洪涝灾害全景式决策云服务平台，为大数据驱动下城市洪涝灾害预警与风险决策提供系统支持。城市洪涝灾害风险预警研究范式如图 2.19 所示。

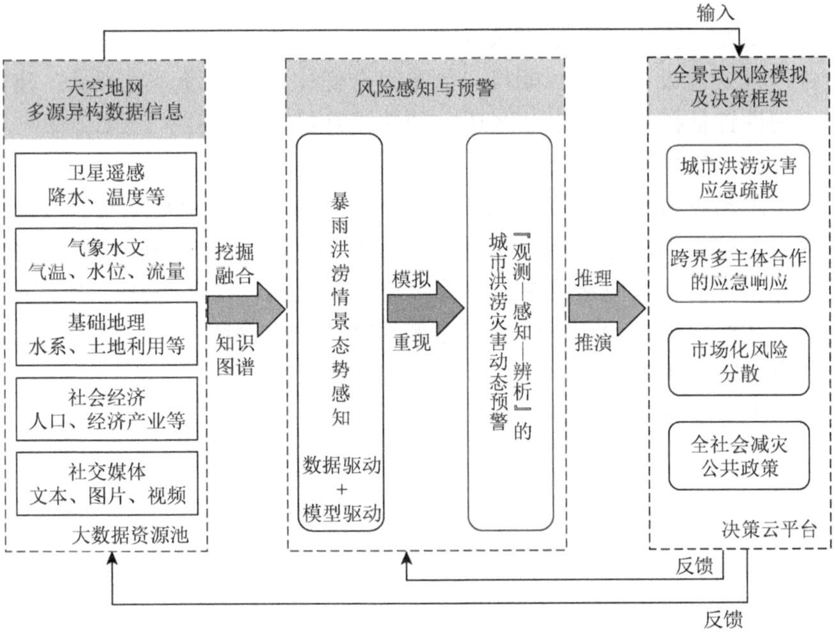

图 2.19　城市洪涝灾害风险预警研究范式

城市洪涝灾害风险预警研究范式包括以下几个方面内容。

1）洪涝灾害态势大数据智能感知技术

基于数据驱动的关联关系挖掘与模型驱动的因果解析方法，感知暴雨洪涝情景态势。包括：①基于机器学习算法，挖掘暴雨洪涝情景及其重要特征，发现暴雨—淹没—承灾体空间特征组合模式。②结合洪涝灾害演变过程的水文水动力学模型，感知暴雨洪涝灾害情景演化态势。

2）“数据”+“模型”的城市洪涝灾害模拟与预警方法

建立基于暴雨洪涝情景的空间动态网络风险研判模型，构建“观测—感知—辨析”的城市洪涝灾害动态预警模式。①风险研判。利用时空大数据识别人口、产业活动下的承灾体类别，建立暴雨洪涝情景与承灾体社会活动融合的灾害风险测度方法。②风险预警。基于暴雨洪涝情景态势的模拟与重现，构建洪涝灾害风险的时空动态网络预测模型，确定不同类别承灾体的洪涝灾害预警阈值区间矩阵。

3）多重赋能下城市洪涝灾害应急决策与韧性提升策略

借助全景式管理理论，从“跨界关联、粒度缩放、全局视图”视角出发，创建“宏观—中观—微观”帕累托优化反馈式决策框架，提出灾害应急合作响应与风险控制策略。包括：①洪涝灾害全过程风险推演模式。提出灾害全过程“暴雨洪涝情景-风险应对策略”的推演模式，基于宏观—中观—微观不同决策主体的利益协同目标，重构基于模糊推理的随机网络灾害应急业务流程，提出“资源-任务”跨界多部门应急响应行动计划。②提出多主体风险分担、城市韧性提升的洪涝灾害应对策略。提出符合中国国情的“政府-市场-公众”多主体合作的灾害应对风险分担模式；设计保险、期权、债券组合优化资本市场风险产品；建立城市洪涝灾害韧性评估模型，提出社区适灾韧性提升策略。

4）决策云平台开发与应用

①开发洪涝灾害大数据资源池。从卫星、雷达、地面观测站网、统计资料、互联网等采集城市洪涝过程相关的气象、水文、基础地理、历史灾情、社会经济、网络媒体等物理上相互隔离的多源异构数据，构建统一空间表达的洪涝灾害大数据资源池。②构建云平台。提供灾害监测预警、风险评估、应急管理、社会减灾等城市洪涝灾害云服务，开发包含暴雨洪涝情景及决策信息的全景式可视化组件，实现洪涝灾害业务化预警与风险决策。

第 3 章　城市洪涝灾害智能感知方法

城市洪涝灾害感知就是对每个灾害情景切片中的风险要素，即淹没要素、灾情要素、承灾体等进行感知，将这些情景切片按时间顺序进行融合，为后续风险态势研判及城市洪涝情景重构提供基础信息。本章利用从 OS、CS、RS 等收集到的图片、文本等多源异构数据，基于人工智能方法提取城市洪涝灾害情景中的淹没要素、灾情要素及承灾体，主要包括：基于 OS 的城市洪涝淹没深度提取模型、基于 CS 的城市洪涝灾害灾情要素感知方法、基于 RS 的城市洪涝灾害承灾体感知方法。

3.1　基于 OS 的城市洪涝灾害淹没要素感知

将通过 OS 获取的监控视频、社交媒体的等图像作为城市积水深度的监测数据源，基于图像识别方法构建城市洪涝灾害淹没要素感知模型，首先利用卷积神经网络检测出视频中的参照物，将参照物作为测量积水深度的标尺，其次利用高度差法和勾股定理法计算洪涝淹没深度。

3.1.1　基于深度残差网络的目标图像识别

1. 深度残差网络

在数理统计中，残差是指实际观察值与估计值（拟合值）之间的差，所以残差块可以理解为将输入跳过多层网络，直接传递到后续数据层的输入部分。假设 X 为输入，$F(X)$ 为残差块在第二层激活函数之前的输出，即为残差部分，其表达式为 $F(X)=W_2\sigma(W_1X)$，W_1 和 W_2 分别为第一层和第二层网络的权重；σ 为非线性激活函数 RELU（rectified linear unit，修正线性单元），即 $f(x)=\max(0,x)$，它可以很好地发挥神经元信息筛选的作用。

所以，通过残差块的输出 $H(X)$ 为

$$H(X)=\sigma(W_2\sigma(W_1X)+X) \tag{3.1}$$

深度残差网络是由一系列残差块组成的，根据残差块的原理可以将残差块表示为

$$y_l = h(x_l) + F(x_l, W_l) \tag{3.2}$$

$$x_{l+1} = f(y_l) \tag{3.3}$$

其中，y_l 为残差块；$h(x_l)$ 为恒等映射；$F(x_l, W_l)$ 为残差函数；W_l 为第 l 层的权重参数；x_{l+1} 为残差块的输出；x_l 为残差块的输入。

假设 x_{l+1} 和残差块前的输入 x_l 的关系式纯粹一个线性叠加的关系，这时残差块可以表示为

$$x_{l+1} = x_l + F(x_l, W_l) \tag{3.4}$$

当一个深度残差网络中有 L 层时，它和任意一个比它浅的 l 层的关系可以表示为

$$x_L = x_l + \sum_{i=l}^{L-1} F(x_i, W_i) \tag{3.5}$$

其中，x_i 为第 i 个残差块的输入；W_i 为第 i 层权重系数。

此时，定义残差网络的损失函数为

$$E = \frac{1}{2}\left(x_L - x_{\text{label}}\right)^2 \tag{3.6}$$

其中，x_{label} 为在当前样本和标签给定情况下某一层 x_L 所对应的理想向量值，根据链式法则，损失函数关于 x_l 的梯度可以表示为

$$\frac{\partial E}{\partial x_l} = \frac{\partial E}{\partial x_L}\left(1 + \frac{\partial}{\partial x_l}\sum_{i=l}^{L-1} F(x_i, W_i)\right) \tag{3.7}$$

从式（3.7）可以看出，在深度残差网络的训练中，反向传播一个线性叠加的过程而非连乘，L 层的梯度可以直接传递到任意一个比它浅的 l 层，且 $\frac{\partial}{\partial x_l}\sum_{i=l}^{L-1} F(x_i, W_i)$ 不可能一直为-1，所以深度残差网络中不会出现梯度消失现象。

2. 基于深度残差网络的目标图像识别模型

基于深度残差网络构建目标图像识别模型，首先分别构建含有目标图片模型的训练数据集、验证数据集和测试数据集，其次采用 50 层的深度残差神经网络对数据集进行训练，得到最优的网络参数，最后基于训练好的网络对实际数据进行分类，其主要步骤如图 3.1 所示。

（1）数据获取：从社交媒体平台和交通监控视频获取相关图像数据。

（2）构建数据集：将获取的数据打乱顺序重新排列，分别构建训练数据集、验证数据集和测试数据集。

（3）深度残差网络优化：确定深度残差网络的结构及相关参数，通过训练数据集对网络进行训练，优化权重矩阵和偏置项，使其在验证数据集的识别上达到要求，从而提高网络的识别准确率。

（4）目标图像识别：使用训练好的深度残差网络模型识别出含有目标参照物的图片。

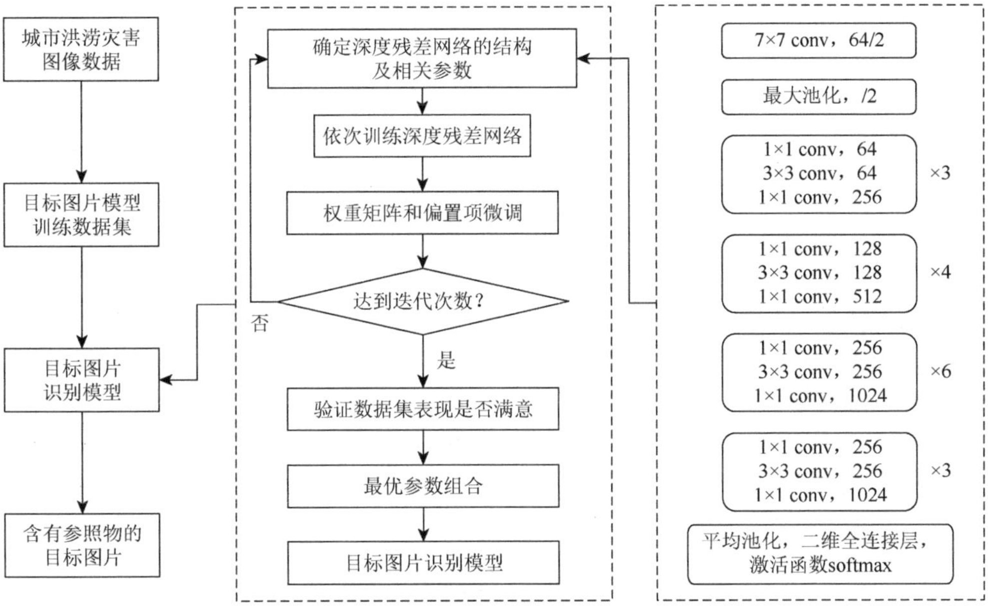

图 3.1　基于深度残差网络的目标图像识别流程

conv 表示卷积核

3.1.2　基于 Mask R-CNN 的城市洪涝淹没参照物提取

1. Mask R-CNN 概述

Mask R-CNN 是由 Facebook AI 研究院何恺明提出的用于实例分割的模型[156]，可以完成“目标检测”“目标实例分割”“目标关键点检测”等多种任务。Mask R-CNN 主要由三个部分组成，分别是 Faster R-CNN、ROI Align（region of interest align，感兴趣区域对齐）以及 mask（掩膜）分支，它在原始 Faster R-CNN 算法的思路上面增加了 FCN 来产生对应的 mask 分支，并将 ROI Pooling（region of interest pooling，感兴趣区域池化）改进为 ROI Align 策略来解决像素偏差的问题。

Faster R-CNN：主要包括四个模块，特征提取网络、ROI（region of interest，感兴趣区）生成、ROI 分类、ROI 回归。①特征提取网络：它用来从大量的图片中提取出一些不同目标的重要特征，通常由 conv + RELU + pool（池化）层构成，常用一些预训练好的网络（VGG[①]、Inception、Resnet 等），获得的结果叫作特征图。②ROI 生成：在获得的特征图的每一个点上做多个候选 ROI，然后利用分类器将这些 ROI 区分为背景和前景，同时利用回归器对这些 ROI 的位置进行初步的调整。③ROI 分类：用来区分前景和背景，区分不同种类的目标。④ROI 回归：对候选框进行调整。

ROI Align：在 Faster R-CNN 中 ROI Pooling 可以将不同尺寸的特征图池化成尺寸固定的特征层，但由于其不是按照像素一一对齐进行的，对候选框影响不大，但是对 mask 的精度会带来很大影响，因此选择 ROI Align 方法替代 ROI Pooling 方法。

ROI Align 的思路是取消量化操作，使用双线性插值的方法获得坐标为浮点数的像素点上的图像数值，从而将整个特征聚集过程转化为一个连续的操作。ROI Align 的操作过程包括：首先遍历每一个候选区域，保持浮点数边界不做量化。其次将候选区域分割成 $k \times k$ 个单元，每个单元的边界也不做量化。最后在每个单元中计算固定的四个坐标位置，用双线性插值的方法计算出这四个位置的值，然后进行最大池化操作。

mask 分支：在 ROI Align 之后，每个 ROI 对应的就是一个物体的特征图，mask 分支就是 FCN 对每个 ROI 产生对应的 $m \times m$ 掩码。所以，Mask R-CNN 的损失函数 L 包括分类 L_{cls}、坐标回归 L_{box} 和掩码的损失 L_{mask}，即

$$L = L_{\text{cls}} + L_{\text{box}} + L_{\text{mask}} \tag{3.8}$$

其中，掩码的损失函数为

$$L_{\text{mask}} = -\frac{1}{m^2} \sum_{1 \ll i,j \ll m} \left[y_{ij} \log \hat{y}_{ij}^{k} + \left(1 - y_{ij}\right) \log\left(1 - \log \hat{y}_{ij}^{k}\right) \right] \tag{3.9}$$

其中，y_{ij} 为第 i 行第 j 列像素点的真实标签；$\hat{y}_{ij}^{k}$ 为模型预测的第 i 行第 j 列像素点属于目标对象的概率。

2. 参照物提取

根据前文的分析，由于车辆的轮胎有着固定的尺寸，而且在城市中非常普遍，本节选择汽车轮胎作为检测积水深度的参照物，通过基于深度残差网络的目标图像识别模型可以识别出含有汽车的目标图片，然后从中提取其轮胎作为参照物，参照物提取流程如图 3.2 所示。

① VGG 英文全称为 visual geometry group，译为视觉几何组。

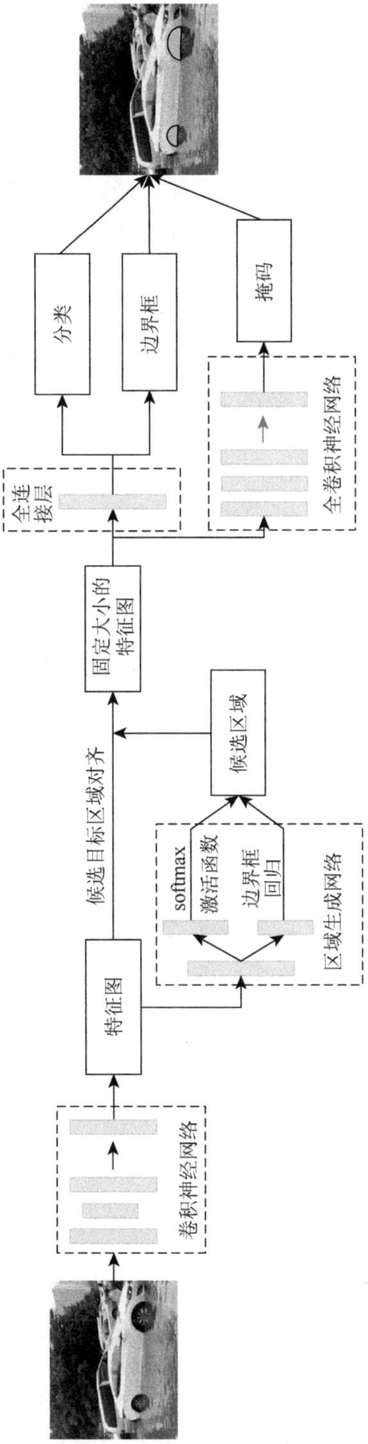

图 3.2　基于 Mask R-CNN 的轮胎提取流程

（1）对这些视频中的轮胎进行标记，标记出轮胎的轮廓。

（2）将标记后的视频作为输入，并将其传递给预训练后的卷积神经网络，返回该图像的特征映射。

（3）通过区域生成网络传递特征图，得到一系列轮胎的标记轮廓及其概率。

（4）对（3）中生成的特征图进行优化，通过双线性插值来得到固定四个点坐标的像素值，从而使得不连续的操作变得连续起来，返回到原图的时候误差也就更加的小。

（5）通过一个全连接层来探测视频中的轮胎，以及计算概率并对其进行标记。

（6）通过 K 组交叉验证法判断探测结果与真实视频的误差，调整参数，重复（1）至（5）中的操作，直到误差在可接受范围内。

3. 提取结果检验

在参照物提取建模过程中，为防止出现过拟合问题（即模型能够很好地匹配训练数据，但在实际数据上的表现很差），以及可以有效利用有限的数据，本节从训练数据中取出一部分作为验证数据，验证数据只用作评估模型的准确性，不参与训练，并循环训练多次，每次训练取不同的训练数据作为验证数据，这样可以相对客观地评估已经训练好的模型与实际数据的匹配程度。

如图 3.3 所示，将训练数据分成 k 组为 $\{S_1, S_2, \cdots, S_k\}$，对模型训练 k 次，在第 i 次训练中 S_i 为验证数据集，其余 $k-1$ 组数据作为训练数据集，最后求 k 次训练过程中偏差的平均值 E 作为对该模型的评估结果。

$$E = \frac{1}{k}\sum_{i=1}^{k} E_i \tag{3.10}$$

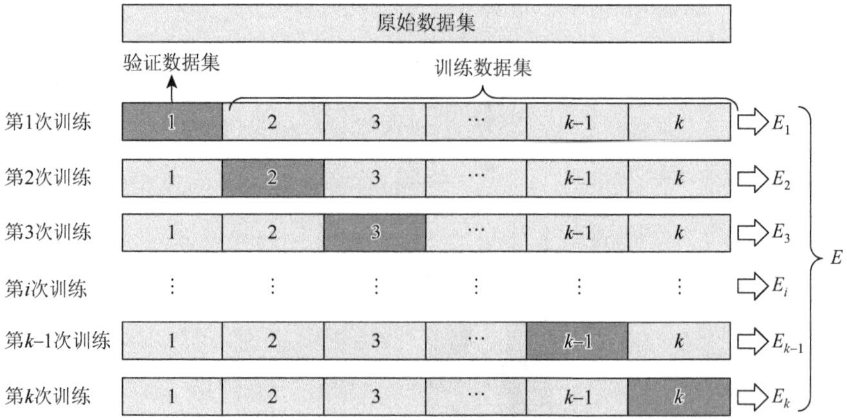

图 3.3　k 折（k-fold）交叉验证

3.1.3　城市洪涝淹没深度计算

将提取到的汽车轮胎作为积水深度计算的参照物，通过图片中参照物的像素高度与实际高度进行对比，计算真实的积水深度[167]。

由于轮胎高度无法直接提取，首先要根据轮胎的规格参数计算出轮胎的直径 D，如图 3.4 所示。

$$D = D_r + 2 \times H_s \tag{3.11}$$

$$\text{AR} = \frac{W_s}{H_s} \tag{3.12}$$

其中，D 为轮胎直径；D_r 为轮毂直径；AR 为扁平比；W_s 为断面宽度；H_s 为断面高度，所以轮胎的直径可由式（3.13）计算得出

$$D = D_r + 2 \times W_s / \text{AR} \tag{3.13}$$

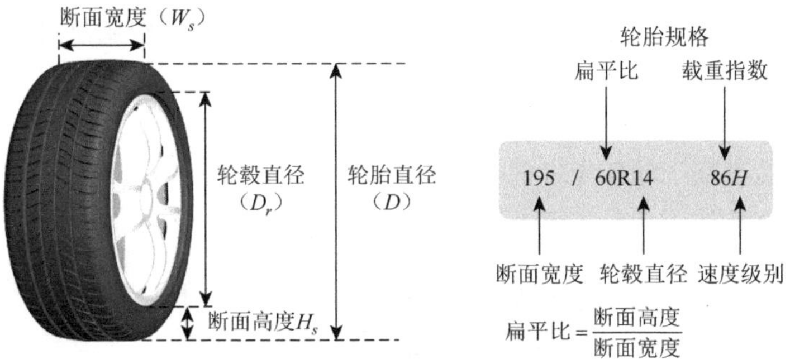

图 3.4　轮胎直径计算流程示意图

R 表示子午线轮胎

1. 基于高度差法的淹没深度计算

通过高度差法计算城市淹没深度，提取每张图片中的轮胎像素尺寸，通过对比没有积水时轮胎的像素高度和有积水时轮胎的像素高度差来计算淹没深度，通过和实际轮胎高度的比率相同来计算实际的淹没深度。

如图 3.5 所示，淹没深度在图片中的像素高度 h''_{px} 等于没有积水时轮胎直径的像素高度 D_{px} 减去有积水时轮胎露出水面部分的像素高度 h'_{px}，即

$$h''_{\text{px}} = D_{\text{px}} - h'_{\text{px}} \tag{3.14}$$

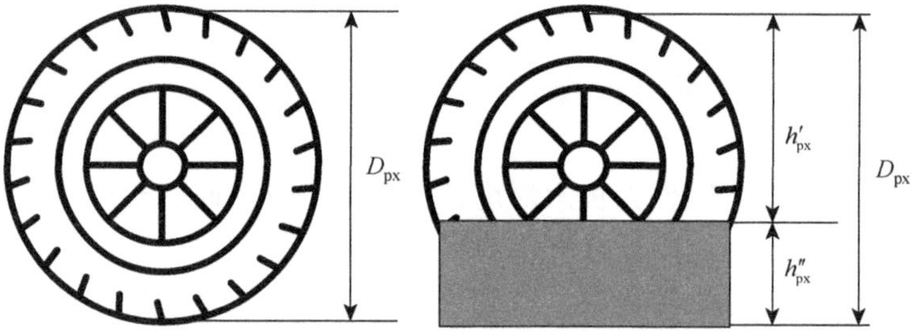

图 3.5　高度差计算法示意图

根据轮胎直径的实际高度和像素高度的比率与观察到的轮胎上部高度与其像素高度的比率相同，可得积水实际深度 h'' 为

$$h'' = \left(D_{px} - h'_{px}\right) \times \frac{D}{D_{px}} \tag{3.15}$$

2. 基于勾股定理的淹没深度计算

通过勾股定理计算城市淹没深度，提取每张图片中的轮胎像素尺寸，根据轮胎的圆形特性通过勾股定理来计算淹没深度，通过和实际轮胎高度的比率来计算实际的淹没深度。

首先判断淹没深度是否高于轮胎半径。

当淹没深度高于轮胎半径时，如图 3.6 所示。

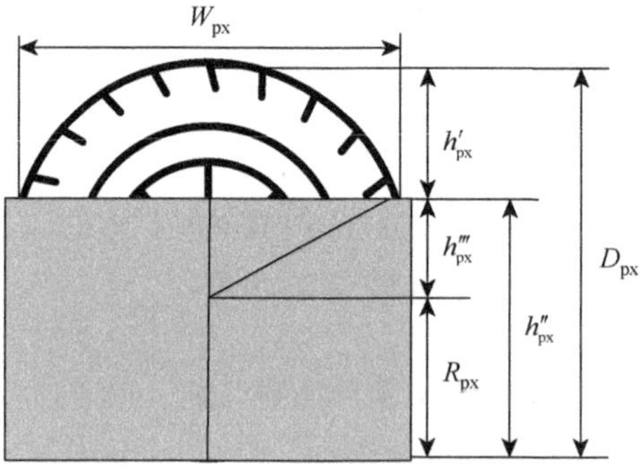

图 3.6　淹没深度高于轮胎半径时淹没深度计算示意图

$$h''_{px} = R_{px} + h'''_{px} \tag{3.16}$$

其中，h''_{px} 为轮胎被积水淹没的部分的像素高度；h'''_{px} 为轮胎被积水淹没部分超过轮胎半径的像素高度；R_{px} 为轮胎半径的像素高度；W_{px} 为轮胎露出水面部分的像素宽度，可以得出积水深度的像素高度 h''_{px}

$$h''_{px} = R_{px} + \sqrt{R_{px}^2 - \left(\frac{W_{px}}{2}\right)^2} \tag{3.17}$$

当淹没深度低于轮胎半径时，如图 3.7 所示。

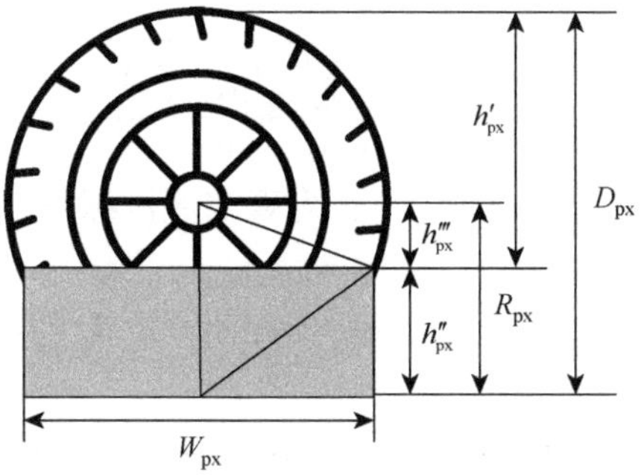

图 3.7　淹没深度低于轮胎半径时淹没深度计算示意图

$$h''_{px} = R_{px} - h'''_{px} \tag{3.18}$$

其中，h''_{px}为轮胎被积水淹没部分低于轮胎半径的像素高度，可以得出淹没深度的像素高度h''_{px}

$$h''_{px} = R_{px} - h'''_{px} \tag{3.19}$$

最后得出积水的实际深度h''为

$$h'' = \begin{cases} \left(R_{px} + \sqrt{R_{px}^2 - \left(\frac{W_{px}}{2}\right)^2}\right) \times \frac{D}{D_{px}}, & h'_{px} \geqslant R_{px} \\ \left(R_{px} - \sqrt{R_{px}^2 - \left(\frac{W_{px}}{2}\right)^2}\right) \times \frac{D}{D_{px}}, & h'_{px} < R_{px} \end{cases} \tag{3.20}$$

为了系统地检验模型的性能，即通过检验计算淹没深度与真实淹没深度的误差来确定模型的性能，采用 SMAPE（symmetric mean absolute percentage error，对称平均绝对百分比误差）和 RMSE（root mean squared error，均方根误差）来进行验证。

SMAPE 是指同一时期的预测值与实际值之间发生的差异，它是衡量预测准确性的常用统计指标，SMAPE 的值越小说明计算值越接近实际值，反之说明计算值远离实际值，其计算如下：

$$\text{SMAPE} = \frac{100\%}{n}\sum_{i=1}^{n}\frac{|F_i - A_i|}{|F_i| - |A_i|} \tag{3.21}$$

其中，A_i 为真实淹没深度；F_i 为模型计算出的淹没深度；n 为计算次数。

RMSE 是指预测值与真实值偏差的平方与计算次数 n 比值的平方根，即为均方差的平方根。它对同一组数据中特大或特小的误差反应敏感，可以很好地反映出一组数据本身的离散程度，RMSE 来衡量计算值同真实值之间的偏差，其计算如下：

$$\text{RMSE} = \sqrt{\frac{\sum_{i=1}^{n}\left(y_i - \hat{y}_l\right)^2}{n}} \tag{3.22}$$

其中，$\hat{y}_l$ 为模型计算出的淹没深度；y_i 为真实淹没深度；n 为计算次数。

3.2 基于 CS 的城市洪涝灾害灾情要素感知

CS 是结合众包思想和移动设备感知能力的一种新的数据获取模式。本节根据收集到的社交媒体文本资料，构建了基于 CS 的城市洪涝灾害灾情要素感知方法，首先分析了社交媒体中城市洪涝灾害相关文本特征，其次构建了面向城市洪涝灾害事件命名实体模型，利用双向长短时记忆网络（bidirectional long short term memory，Bi-LSTM）层对获取到的词向量进行学习，获取其中有记忆性的文本语义，得到命名实体，最后，结合条件随机场推理层的状态转移矩阵，根据相邻标签的关系，计算得到概率最大化的标签序列，完成城市洪涝灾害灾情要素提取。

3.2.1 城市洪涝灾害社交媒体文本特征

城市洪涝灾害文本分析的目的是从文本中提取与城市洪涝灾害相关的信息，如城市洪涝灾害发生的时间、地点以及积水深度等信息。社交媒体文本就是典型的语义复杂的文本，其中还可能包括表情符号等特殊字符，社交媒体文本既体现了部分人类语言规则，也包括和城市洪涝灾害相关信息的重要性和事实性的表达方法，有着主观性、时效性、稀疏性以及多样性等特征。

社交媒体主要是人们彼此之间用来分享意见、见解、经验和观点的工具和平台，所以很多社交媒体数据都是从个体主观感受角度出发的，是用户对现在所处环境的主观描述。每个用户所分享的信息仅仅代表其自身的主观感受，不同的用户甚至是同一用户在不同场景有不同心情时，对同一城市洪涝灾害情景状态有不同的理解和认知，因此，社交媒体数据带有强烈的用户主观性。而且社交媒体是大量用户自发贡献、提取、创造信息，然后传播的场所，由于用户个体特征和其所处的环境等因素的不同影响，社交媒体中与城市洪涝灾害相关的文本也会有着各自不同的侧重信息。

传统媒体受出版时间的限制，其时效性和信息含量远落后于网络，而且地域的限制导致新闻源和传播效果覆盖面有限。而社交媒体具有更加及时、实时、方便快捷的特点，给用户带来了不同的信息体验，也提供了更多样化的传播途径，不受时间、地点的限制。同时在社交媒体中，每个用户既是信息的创造者也是信息的接收者，大大扩展了信息的收集和传播渠道，而且不受时间限制，互联网还具有反复检索、长时间保留的特点，方便用户提取信息。

社交媒体中每条文本形式信息的长度都比较短，一般在 140 字左右，所以其所包含的有效信息也就比较少，甚至没有有效信息，这样造成样本的信息特征很稀疏，而且文本信息描述复杂没有统一的规律可循，很难从文本中抽取到准确而关键的城市洪涝灾害信息特征。

由于汉语表意的复杂性，不同的文本可能表达的是同一含义，如“下午五点一刻福田站口积水有半米”和“今日下午五点十五分福田地铁站出口有 50 公分[①]的积水”表达的是同一含义，但是两者用了不同的文本表达方式，所以城市洪涝灾害文本语义有着极其复杂的表现形式，对客观的事实描述需要做抽象的概括，难免与客观真实有所差距。

由于社交媒体中的文本数据往往是非结构数据，不同人对于同一实体的描述存在一定差异，尤其是对城市洪涝灾害发生位置的描述，有很多种描述都是指向同一个位置，因此需要判断多个实体是不是属于一个实体。为了解决文本数据所带来的实体描述不一致的问题，需要对这些数据进行实体解析，以保证对同一城市洪涝灾害事件的描述具有统一性、准确性和完整性。实体解析就是要将同一现实世界的不同描述识别出来，同时进行数据融合的过程，从而排除冗余数据，保证数据质量。

由于不同人对同一城市洪涝灾害事件描述存在一定差异，传统的词义消歧任务是在具体上下文环境中确定多义词的确切词义，其词义候选来源于专家编撰的词典，目标明确。而社交媒体中的实体消歧，往往不能提供实体概念列表或者提供的实体概念列表不完整，给实体消歧增加了难度，具体如下。

指称项的多样性：一个实体概念可以用多种命名性指称项指称，如全称、别名、简称以及拼写错误等。例如，“深圳市福田区福田地铁站”在社交媒体中可以用“福田站”“福田地铁站”等指称。

指称项的歧义性：一个命名性指称项在不同上下文中可以指称不同的实体概念。例如，社交媒体中出现“福田”，可能指的是深圳市福田区，也可能指的是福田地铁站，也可能是广东省普宁市高埔镇福田村。

① 1 公分＝1 厘米。

3.2.2 面向城市洪涝灾害事件命名实体模型

与城市洪涝灾害相关的信息往往隐藏在大量的无关数据中，而且这些信息往往以非结构化的文本数据的形式展现。命名实体识别是从中提取城市洪涝灾害相关信息最有效的方法，该方法可以将文本中的命名实体定位并分类为预先定义的城市洪涝灾害事件类别，如城市洪涝灾害发生位置、时间以及淹没情况等[327]。

1. 城市洪涝灾害命名实体结构

目前在命名实体识别研究中最有效的方法都是把命名实体识别问题转换为一个序列标注的问题，然后通过序列标注的方法来解决。Bi-LSTM-CRF（bidirectional long short-term memory conditional random fields，双向长短时记忆网络条件随机场）是综合双向长短时记忆网络和条件随机场序列的标注方法[328]，通过 Bi-LSTM 来捕捉双向的语义依赖，从而获取具有记忆性的文本语义，然后对已知的观测变量序列，标记序列发生的概率。

Bi-LSTM-CRF 模型由 Bi-LSTM 层和 CRF 推理层 2 个模块组成。首先，Bi-LSTM 层对获取到的词向量进行学习，获取其中有记忆性的文本语义，得到命名实体；其次，结合 CRF 推理层的状态转移矩阵，根据相邻标签得到概率最大的标签序列。

2. Bi-LSTM

LSTM（long short-term memory，长短时记忆网络）是一种特殊结构的循环神经网络（recurrent neural network，RNN），这种网络模型可以有效解决长序列数据依赖的问题[329]。但是 LSTM 在建模时还存在一个问题，无法从后向前编码，而在实际应用中，有效信息往往存在于整个输入序列中，其输出结果的准确性较低。在命名实体任务中，只能获取该序列上文的信息，无法获取该序列下文的信息，命名实体的准确性将会受到很大影响。Bi-LSTM 的基本思想就是将一个前向 LSTM 和一个后向 LSTM 组合起来，且每个 LSTM 都连接着输出层，其每个输出序列都包含完整的过去和未来的上下文信息，从而更好地捕捉双向的语义依赖。

Bi-LSTM 是由前向 LSTM 与后向 LSTM 组合而成，会同时按正向和反向来处理时间序列数据输入，然后将正向的输出和反向的输出拼接在一起作为网络模型的输出。在这个变化中，期望的模型不仅从输入训练到输出，而且可以从输出训练到输入。对给定的输入序列数据 Bi-LSTM 先将数据输入到一个 LSTM 层中，该层作为整个模型的反馈层，然后通过另一个 LSTM 层重复训练，此时训练的数据与输入的序列数据的顺序相反，两次应用 LSTM 可以提高模型的依赖性，从而提高网络模型预测的准确度。

Bi-LSTM 的输出充分考虑了前向 LSTM 和后向 LSTM 的输出，即

$$y_t = \mathrm{softmax}\left(W_y\left[\overrightarrow{A_t}, \overleftarrow{A_t}\right] + b_y\right) \tag{3.23}$$

其中，y_t 为模型在 t 序列的输出；W_y 为 t 序列的权重；$\overrightarrow{A_t}$，$\overleftarrow{A_t}$ 分别为前向 LSTM 和后向 LSTM 在 t 序列时的输出；b_y 为偏差。

3.2.3　基于推理的城市洪涝灾害灾情要素提取

Bi-LSTM 能够通过双向的设置学习到观测序列之间的依赖，可以根据识别的实体自动提取观测序列的特征，即可以得到城市洪涝灾害的时间、地点、积水深度等信息，但是无法学习到已标记城市洪涝灾害实体之间的关系。在命名实体任务中，对每个输入的文本都会输出其标注，这些标注之间是有一定关系的，但是 Bi-LSTM 无法学习到标注的上下文。此时，需要对标注序列建模，学习到标注序列的特征，可以对 Bi-LSTM 的结果进行补充，在命名实体任务中，语义标注是用于标记和分割序列数据的概率模型，假定 $X=(x_1,x_2,\cdots,x_n)$ 为输入的文本序列，P 为一个 $n \times k$ 的 Bi-LSTM 匹配度矩阵，其中k为要命名实体类别的个数，P_{ij} 为第 j 个标签对第 i 个文本序列的匹配度，该输入序列的输出结果为 $y=(y_1,y_2,\cdots,y_n)$，其匹配度矩阵为

$$s(X,y) = \sum_{i=0}^{n} A_{y_i,y_{i+1}} + \sum_{i=1}^{n} P_{i,y_i} \tag{3.24}$$

其中，$s(X,y)$ 为条件随机场模型的能量函数；A 为转移匹配度矩阵；P_{i,y_i} 为发射函数，通过 softmax 激活函数可以计算出所有标注的概率：

$$P(y \mid X) = \frac{\mathrm{e}^{s(X,y)}}{\sum_{\tilde{y} \in Y_X} \mathrm{e}^{s(X,\tilde{y})}} \tag{3.25}$$

此时，最大化正确标注的对数概率：

$$\log\left(P(y \mid X)\right) = s(X,y) - \log\left(\sum_{\tilde{y} \in Y_X} \mathrm{e}^{s(X,\tilde{y})}\right) = s(X,y) - \underset{\tilde{y} \in Y_X}{\mathrm{logadd}}\, s(X,\tilde{y}) \tag{3.26}$$

其中，$\tilde{y}$ 为真实标注序列；Y_X 为 X 所有可能的标注序列，然后获取匹配度最高的输出序列：

$$y^* = \underset{\tilde{y} \in Y_X}{\mathrm{argmax}}\, s(X,\tilde{y}) \tag{3.27}$$

y^* 即为最终的城市洪涝灾害信息命名实体标注，其得到的结果如图 3.8 所示，实体标签 B 表示实体的首个文字，I 表示非首个文字，TIM 表示时间实体，LOC

表示地点实体，HEI 表示深度实体。所以“下午五点一刻福田站口积水半米”这段文本共获取三个实体，其中“下午五点一刻”的标签表示为“B_TIM + I_TIM + I_TIM + I_TIM + I_TIM + I_TIM”，“福田站”的标签表示为“B_LOC + I_LOC + I_LOC”，高度的标签表示为“B_HEI + I_HEI”。

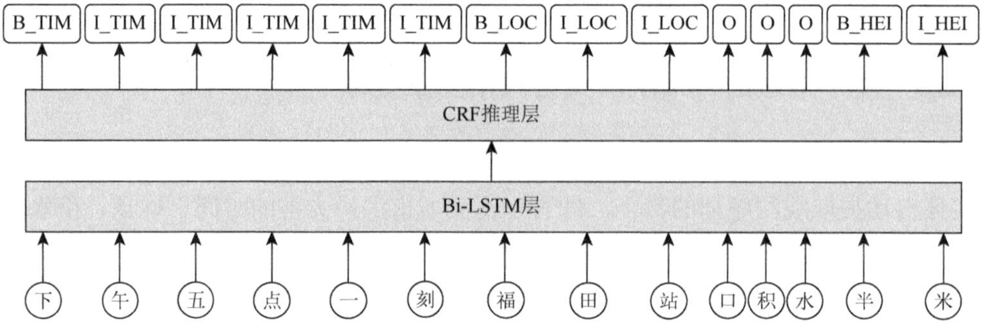

图 3.8　命名实体标注示意图

图中 O 表示非命名实体

3.3　基于 RS 的城市洪涝灾害承灾体感知

在快速城镇化的影响下，城市区域的复杂地表及地下结构日新月异，建筑物也迅速变化而且其形状也往往是不规则的，急需一种智能的方法根据城市下垫面的属性，快速识别出不规则的建筑物来对城市洪涝灾害风险进行全面精准评估。本节提出一种基于 RS 的城市洪涝承灾体感知方法，先根据土地用途、性质及其分布规律等基本属性以及城市洪涝灾害对土地造成的损失影响，将城市土地重新分为 11 类地物，在此基础上，利用 FCN 构建城市洪涝灾害的承灾体识别模型，采用条件随机场模型对结果进行优化，最终得到城市洪涝灾害承灾体。

3.3.1　城市洪涝灾害承灾体分类

城市洪涝灾害承灾体是承受洪涝灾害的对象，主要可以分为人、财产、资源与环境三大类，包括人类本身和社会发展的各个方面，如工业、农业、能源、建筑、交通、通信、教育、各种减灾工程设施和生产、生活服务设施，以及人们所积累起来的各类财富等。

土地利用类型是指不同土地的用途和利用方式，是根据土地利用的差异划分的，表现人类对土地利用、改造的基本地域单位。根据国土资源部在 2017 年 11 月 1 日修订的国家标准《土地利用现状分类》（GB/T 21010—2017），我国的土地共分为 12 个一级类、73 个二级类，其中城市土地利用类型主要涉及商服用地、工矿仓储用地、住宅用地、公共管理与公共服务用地、特殊用地、交通运输用地、水域及水利设施用地等 7 个一级类 27 个二级类，见表 3.1 城市土地主要利用类型。

表 3.1　城市土地主要利用类型

一级类	二级类
商服用地	零售商业用地、餐饮用地、商务金融用地、娱乐用地、其他商务用地
工矿仓储用地	工业用地、仓储用地
住宅用地	城镇用于生活居住的各类房屋用地及其附属设施用地
公共管理与公共服务用地	机关团体用地、教育科研用地、医疗卫生用地、社会福利用地、文化设施用地、公共设施用地、公园与广场
特殊用地	殡葬用地、风景名胜设施用地
交通运输用地	铁路用地、公路用地、交通枢纽用地、机场用地、港口码头用地
水域及水利设施用地	河流水面、湖泊水面、水库水面、水利建筑用地

考虑洪涝灾害对其带来的影响，依据承灾体的易损性和暴露性将城市土地主要利用类型重新划分归纳得到承灾体的分类，分别为高层建筑（包括商场、写字楼、办公楼等）、低层住宅（包括别墅、四合院等）、道路、广场（包括公园、露天停车场、学校操场等）、交通枢纽（包括火车站、汽车站等）、工厂（主要指加工制造业等工厂车间）、机场、高架桥、河流、湖泊、树林，共 11 类。

城市洪涝灾害承灾体不仅包括固定无法移动的建筑物、土地、河流、森林等，还包括受到影响最大的人类。当城市遭遇暴雨时，城市的蓄排水系统开始工作，当强降水或连续性降水超过城市蓄排水能力时，雨水无法及时通过排水管网排走，就会形成径流，会导致局部区域内产生积水，特别是在市区内地势比较低的地区，随着暴雨的持续，积水淹没的范围与深度继续增加，会导致更严重的损失。城市洪涝灾害对人类最直接的危害是，城市积水引起人员伤亡或因积水导致建筑物倒塌及人员伤亡。同时，当城市发生洪涝灾害时，城市积水会给人带来潜在的危险，同时积水还会影响公交、地铁、火车、飞机等交通工具的通行，对人的出行造成影响；城市洪涝也会影响学校、商场、医院等公共设施的正常运行，对人的生活造成影响；城市洪涝也会造成道路积水，造成交通拥堵，影响救援人员的救援行动；此外，人所处的位置与应急避难场所的距离也会影响城市洪涝灾害给人带来的潜在危险。

因此，对城市洪涝灾害中固定位置的承灾体类型和人的分布进行准确识别，有助于最大程度地减轻灾害造成的人员伤亡，及时救援，将城市洪涝灾害带来的影响降到最低。

3.3.2　基于 FCN 的城市洪涝灾害承灾体识别

随着科学技术的进步，卫星遥感技术迅速发展，遥感数据的精度得到了极大的提高，这就为精确识别城市洪涝灾害承灾体提供了基础。FCN 通过对图像像素级的分类分析出图像中各类对象的特征图，并将这些特征图映射成为一个固定长度的特征向量，并与标签分布关联。在此基础上采用条件随机场对结果进行优化，得到不同像素点不同颜色值的联合分布，进而对图像中各类对象进行识别，得到不规则形状的城市洪涝灾害承灾体[326]。

与其他监督分类相似，本方法分为两个阶段——训练阶段和识别阶段，其结构如图 3.9 所示。在训练阶段，使用像素级对应的图像标签来训练 FCN，利用链式法则计算预测的承灾体类型与实际承灾体类型之间的误差，然后利用梯度下降法对 FCN 的参数进行更新，当误差小于给定阈值时，将停止上述迭代。在识别阶段，在输入图像上训练 FCN 生成承灾体的识别结果。

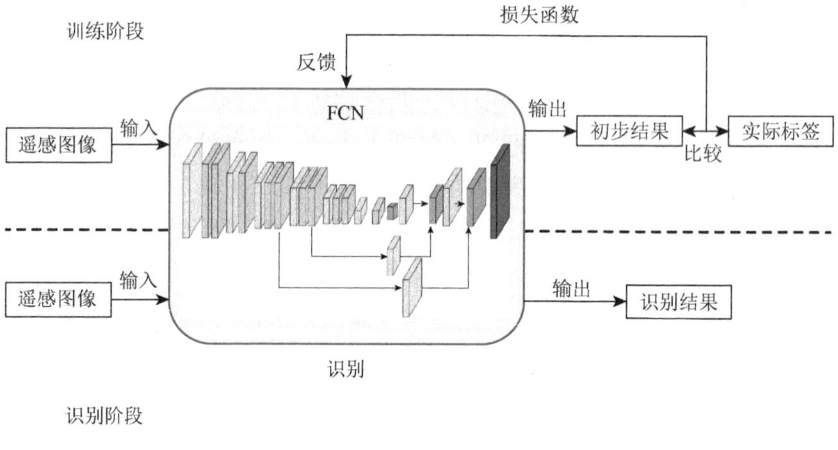

图 3.9　基于 FCN 的承灾体识别流程图

典型的卷积神经网络不是完全卷积的，它通常包含完全连接的层（不执行卷积操作），而 FCN 是一种仅执行卷积（以及下采样或上采样）操作的卷积神经网络，即 FCN 是一种没有全连接层的卷积神经网络，并且 FCN 可以输入任意尺寸的图像，输出每个像素所示的类别。卷积是卷积核在不断平移过程中得到每次平移后卷积核与输入重叠部分函数值乘积对重叠长度的积分，这个过程主要包括卷积核、步长和填充。其中，卷积核的大小可以设置为小于输入图像尺寸的任意值，卷积核的大小决定了输入特征的复杂程度，步长是指卷积核相邻两次扫过特征图时位置的距离，填充是为了得到固定尺寸的输出图像时，在特征图通过卷积核之前人为增大其尺寸以抵消计算中尺寸收缩影响的方法。在卷积过程后，使用激励函数将上一层的输出转化为下一层的输入，即可以得到输入图像的特征图。由于图像中相邻的两个像素点会有相似的部分，所以当图像通过所需数量的卷积层时，需要进行池化操作，来减少输出值的数量。

在承灾体识别计算过程中，在第一个全连接层中，由卷积池层维持的输入图像的二维结构丢失，其输出是一个类的一维分布，换句话说，给定一个图像，它预测一个类标签。在单场景分类中，“图像标签”模式具有很大的优势。然而，在承灾体识别过程中，需要一个二维密度的类映射作为输出。而 FCN 接受任意尺寸的输入图像，采用反卷积层对最后一个卷积层的特征图进行上采样，使它恢复到与输入图像相同的尺寸，从而可以对每个像素都进行一个预测，并在上采样的特征图上进行逐像素分类。FCN 最后卷积层输出结果的数量就是遥感图像中承灾体的数量，其结构如图 3.10 所示，其中 conv 表示卷积层，pool 表示池化层。

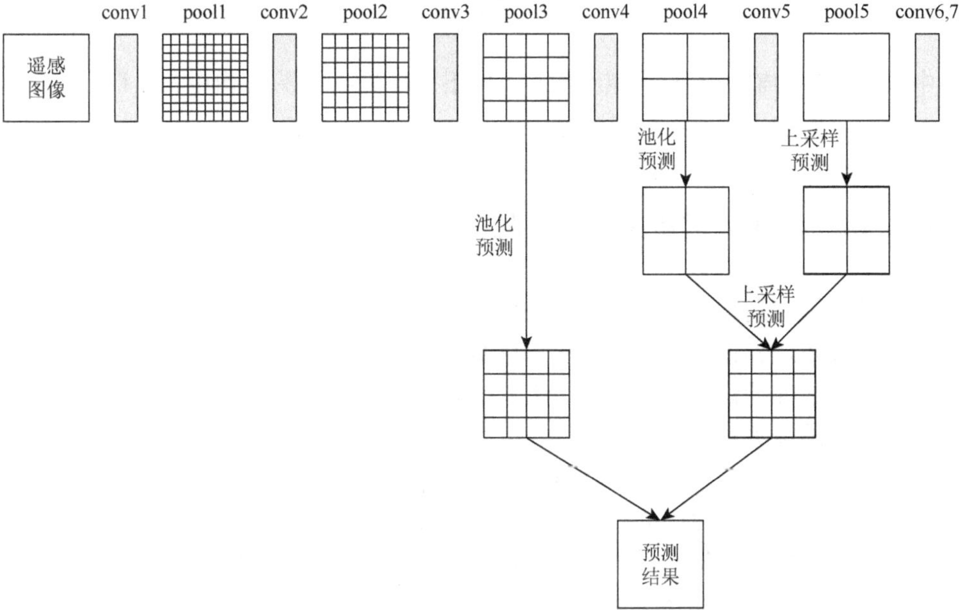

图 3.10　FCN 结构图

卷积神经网络的每层数据是一个 $h \times w \times d$ 的三维数组，其中 h 和 w 是空间维度，d 是特征或颜色通道维数。第一层是像素尺寸为 $h \times w$、颜色通道数为 d 的图像，卷积过程是通过卷积核以步长为移动距离进行平移的过程。在特定层记为 X_{ij}，X_{ij} 为在坐标 (i, j) 的数据向量，在下一层有 Y_{ij}，Y_{ij} 的计算公式如下：

$$Y_{ij} = f_{ks}\left(\left\{X_{s_i+\delta_i, s_j+\delta_j}\right\}, \quad 0 \leqslant \delta_i, \delta_j \leqslant k\right) \tag{3.28}$$

其中，k 为卷积核尺寸；s 为步长；δ_i 、δ_j 为卷积核在 i 和 j 方向上的偏移量；f_{ks} 决定了层的类型，表示一个特色的卷积或池化操作。当卷积核尺寸和步长遵从转换规则时，这个函数形式被表述为如下形式：

$$f_{ks} \cdot g_{k's'} = \left(f \cdot g\right)_{k'+(k-1)s'} \tag{3.29}$$

其中，$g_{k's'}$ 为第二个卷积或池化操作；$\left(f \cdot g\right)_{k'+(k-1)s'}$ 为两个卷积操作的组合结果。

图像分割任务中最常用的损失函数是逐像素交叉熵损失函数，这种损失函数会单独对每个像素进行预测，将预测标签（深度像素向量）与目标向量进行比较，得到误差结果。因为交叉熵损失函数会对每个像素向量的进行预测，然后对所有像素进行平均，所以本质上是在对图像中的每个像素进行平等的学习，如果损失函数是 FCN 最后一层的空间维度总和，即

$$l(x;\theta) = \sum_{ij} l'\left(x_{ij};\theta\right) \tag{3.30}$$

其中，$l(x;\theta)$ 为输入 x 和模型参数 θ 条件下的损失；x_{ij} 为图像中第 i 行、第 j 列的像素；l' 为单个像素的损失，则它的梯度将是它的每层网络组成梯度总和。

3.3.3 城市洪涝灾害承灾体条件随机场优化识别

经过训练的网络可用于承灾体的分类。然而，多尺度网络涉及上采样操作，导致了承灾体边界模糊，同时由于遥感数据的分辨率不同，有些建筑还有阴影，所以承灾体边界的识别不够准确。因此，我们采用完全连接的条件随机场来对粗略的类预测结果进行优化。

条件随机场是马尔可夫（Markov）随机场中的一种判别式概率类型，通常用于模式识别和机器学习中的结构化预测。FCN 在不考虑相邻像素样本的情况下预测单个像素样本的标签，而条件随机场可以考虑上下文特征进行训练和推理。运用条件随机场模型对 FCN 的分类结果进行优化可以得到更丰富的特征信息，并且可以解决承灾体识别边界不准确的问题。

条件随机场模型可以用定点间的连线表示变量之间的关系，在其中，X 为已知的观察输入，Y 为输出变量，需要对其条件概率分布进行建模计算。

常用的线性条件随机场，形式为 $X=(X_1, X_2, \cdots, X_n)$，$Y=(Y_1, Y_2, \cdots, Y_n)$，如已知随机输入序列 X，则欲获得的随机变量 Y 的条件随机场即为其条件概率分布 $P(X|Y)$。如果 $P(X|Y)$满足马尔可夫性，则称为线性条件随机场，如图 3.11 所示。

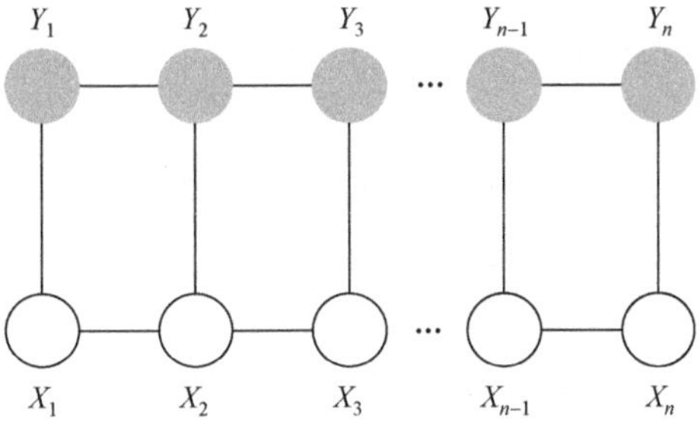

图 3.11　X 和 Y 图结构

马尔可夫性具有如下条件：

$$P\left(Y_i|X,Y_1,\cdots,Y_{i-1},Y_{i+1},\cdots,Y_n\right)=P\left(Y_i|X,Y_{i-1},Y_{i+1}\right),\quad i=1,2,\cdots,n \tag{3.31}$$

条件随机场的参数化形式如下：

$$P\left(y|x\right)=\frac{1}{Z\left(x\right)}\exp\left(\sum\nolimits_{i,k}\lambda_k t_k\left(y_{i-1},y_i,x,i\right)+\sum\nolimits_{i,l}\mu_l s_l\left(y_i,x,i\right)\right) \tag{3.32}$$

其中，$Z\left(x\right)=\sum\nolimits_y \exp\left(\sum\nolimits_{i,k}\lambda_k t_k\left(y_{i-1},y_i,x,i\right)+\sum\nolimits_{i,l}\mu_l s_l\left(y_i,x,i\right)\right)$ 为规范化因子；x 为输出序列；y 为输入序列；i 为序列中的第 i 个元素；t_k 为第 k 个转移特征函数，主要依赖当前位置和前一位置；s_l 为第 l 个状态特征函数，依赖于当前位置；λ_k 和 μ_l 为对应的权值。

可以从模型的参数化形式看出，线性条件随机场是对型模型。条件随机场可以将局部特征统一成一个全局特征函数进行简化，设转移特征有 K_1 个，状态特征有 K_2 个，总的特征数量 $K=K_1+K_2$。

$$f_k\left(y_{i-1},y_i,x,i\right)=\begin{cases} t_k\left(y_{i-1},y_i,x,i\right), & k=1,2,\cdots,K_1 \\ s_l\left(y_i,x,i\right), & k=K_1+l,l=1,2,\cdots,K_2 \end{cases} \tag{3.33}$$

其中，f_k 为特征函数。

对所在的位置特征求和，可得

$$f_k\left(y,x\right)=\sum\nolimits_{i=1}^{n} f_k\left(y_{i-1},y_i,x,i\right),\quad k=1,2,\cdots,K \tag{3.34}$$

用 w_k 表示特征 $f_k\left(y,x\right)$ 的权值，即

$$w_k=\begin{cases} \lambda_k, & k=1,2,\cdots,K_1 \\ \mu_l, & k=K_1+l,l=1,2,\cdots,K_2 \end{cases} \tag{3.35}$$

于是条件随机场又可以表示为如下形式：

$$P\left(y|x\right)=\frac{\exp\left(wF\left(y,x\right)\right)}{Z_w\left(x\right)} \tag{3.36}$$

$$Z\left(x\right)=\sum\nolimits_y \exp\left(wF\left(y,x\right)\right) \tag{3.37}$$

其中，$w=(w_1,\cdots,w_k)^{\mathrm{T}}$ 为权值向量；$F(y,x)=(f_1(y,x),f_2(y,x),\cdots,f_k(y,x))^{\mathrm{T}}$，为全局特征向量。

条件随机场还可以表示为矩阵形式，引入额外的起点 $y_0=\text{start}$ 与终点状态 $y_{n+1}=\text{stop}$，已知序列 X，将其定义为 m 阶方阵，其中 m 是输出标记 y_i 值域内的元素数目，方阵共 $n+1$ 个，具体形式如下：

$$M_i(x)=\left[M_i(y_{i-1},y_i\mid x)\right] \tag{3.38}$$

$$M_i(y_{i-1},y_i\mid x)=\exp\left(W_i(y_{i-1},y_i\mid x)\right) \tag{3.39}$$

$$W_i(y_{i-1},y_i\mid x)=\sum\nolimits_{k=1}^{k} w_k f_k(y_{i-1},y_i,x,i) \tag{3.40}$$

其中，$M_i(x)$ 为在位置 i 处的转移矩阵；$M_i(x)=\left[M_i(y_{i-1},y_i\mid x)\right]$ 为基于输入 x 和前后状态 y_{i-1} 与 y_i，模型计算得到的状态转移矩阵 M_i 的值；$W_i(y_{i-1},y_i\mid x)$ 为未归一化的转移得分，通过对所有特征函数的加权求和得到。

条件随机场的矩阵形式可以表示如下：

$$P_w(y|x)=\frac{1}{Z_w(x)}\prod\nolimits_{i=1}^{n+1} w_k f_k(y_{i-1},y_i,x,i) \tag{3.41}$$

$$Z_w(x)=\left(M_1(x)M_2(x)\cdots M_{n+1}(x)\right) \tag{3.42}$$

其中，$P_w(y|x)$ 为给定输入序列 x 时，模型预测标签序列 y 的概率。

即简化了归一化因子 $Z_w(x)$ 的计算方式，此时可以将承灾体的边界像素更准确地分布到承灾体上，得到不规则的承灾体类型与形状。

第 4 章　数据驱动的城市洪涝灾害风险预测预警方法

基于水力学的精细化洪涝模型可对城区暴雨和洪水在河道、地表、管网的流动过程进行模拟，获得地表内涝积水过程、范围、水深等信息，为城市洪涝灾害风险研判与预警提供支撑，但基于模型驱动的方法往往存在建模成本高、计算复杂且速度慢等不足。随着数据驱动方法的兴起，可以充分利用历史洪涝灾害数据，构建更具准确性和时效性的预测预警模型。因此，在构建的“观测—感知—辨析”的城市洪涝灾害动态预警模式基础上，本章提出了数据驱动的城市洪涝灾害风险预测预警方法：基于深度学习的城市降水及洪涝淹没预测、基于贝叶斯学习的灾害风险预测预警以及基于知识图谱的灾害链风险预测预警，旨在为城市洪涝灾害的风险预测预警提供更高效的解决方案。

4.1　基于深度学习的城市降水及洪涝淹没预测

本节提出了基于深度学习的城市降水及洪涝淹没预测方法，首先分析城市降水影响因素及洪涝淹没过程，其次采用 RNN 模型，通过水文气象数据来预测城市局部地区短时间的降水情况，最后建立了一个基于 LSTM 的城市洪涝淹没预测模型，可使用城市降水和淹没深度数据来预测城市中道路易涝点的淹没深度。

4.1.1　城市降水影响因素及洪涝淹没过程分析

1. 城市降水影响因素分析

暴雨型城市洪涝灾害在我国发生较频繁、影响范围较广，且具有很强的不确定性。城市降水受到多种因素的综合影响。首先，不同地区的气候差异导致了降水量的差异。其次，地形地貌因素，包括高山、河流和湖泊等地形元素会影响大气气流和水分蒸发，从而影响城市的降水模式。再次，城镇化水平。城镇化过程中，建筑物、道路和人工表面覆盖物改变了土地利用类型和地表特性，进而改变了降水的分布模式。最后，气象要素对城市降水也有很大的影响。城市洪涝灾害风险与降水量具有极大的正相关性，因此短时间降水预测可以更加准确地反映其风险的大小，而我国的天气预报主要是运用气象雷达来定量估测降水。在气象学研究中，降水是大气中的水蒸气在重力作用下凝结降落的产物，受到许多气象因素的影响，因此，通过气象因素预测降水量可以更好地反映气象条件对未来降水量的影响。本节通过两次筛选选择有效的气象变量，再利用 RNN 进行降水预测[330]。

2. 洪涝淹没过程分析

洪涝灾害的致灾因子，一般是不确定的降水事件，尤其是持续时间较短的强降水事件产生的大量雨水，在人工改造后的城市孕灾环境中，排水管网已满负荷而导致地表漫流和积水的产生，从而引发城市洪涝。城市洪涝事件包括淹没范围、淹没深度、淹没持续时间等信息，城市洪涝现象的发生不一定导致城市洪涝灾害。城市洪涝灾害通过积水深度与范围作用于城市中的承受体，在淹没持续的一段时间内逐步产生对于人口与财产的威胁，对居民的出行逐渐产生较大影响，灾害事件可能导致居民出行受阻，最终造成人员伤亡。在发生轻度洪涝时，城市中各项生产生活活动受到较小影响，交通系统可正常运行，居民可以规避相应路段，避免出行风险。在发生中度洪涝时，城市最低楼层或低于地面的房屋比位于较高楼层的住宅财产更容易受到洪涝影响，城市居民出行可能受到一些威胁与影响。在发生重度洪涝时，城市中的一切关键基础设施会被洪水淹没，如运输路线、配电变电站、供水或污水处理工程，医院或学校等的设施也会面临风险，工厂的厂房淹没，通信与交通设施中断，出行受到较大影响，发生出行受阻或出行中断，造成大量的人员伤亡。

机器学习是一类数据驱动的方法，它使用数据来识别系统中降水量和淹没深度之间的联系，因为 LSTM 是一种能够捕捉时间序列依赖关系的 RNN，它倾向于在具有更多固定成分的不稳定时间序列上预测，因此，本节将使用 LSTM 来构建洪涝淹没深度预测模型，并且此结构允许对多个输入和多个输出进行建模。在城市洪涝淹没深度预测过程中，LSTM 将历史序列输入其中，通过逐步迭代计算以获得下一个时刻的输出结果。经过反复训练和调整网络参数，LSTM 可以不断优化预测性能，提高淹没深度预测的准确度。

基于以上分析，本章首先利用水文气象大数据，基于循环相关性选取了影响降水的相关气象变量，并提出变量筛选及模型评估方法，构建了基于 RNN 的降水预测模型。其次提出了基于 LSTM 的城市洪涝淹没深度预测方法，使用城市降水和淹没深度数据作为输入数据实现积水点淹没深度的时间序列预测。城市洪涝淹没深度预测模型设计及参数设置完成后，自动积水监测站可以为 LSTM 训练、验证与测试提供数据支撑。

4.1.2　基于 RNN 的城市降水预测

1. 降水预测模型要素选择

在气象学中，降水是指大气中的水汽以不同方式冷凝下降的产物，是一种准周期现象。因此，气象变量是降水量的潜在有用预测因子。然而，并非所有的气象变量都与降水有很强的关系，其中一些可能会影响预测的准确性。因此，气象变量的选取是模型应用的重点和难点。循环相关性可以描述两个变量之间关系的一些特征，这两个变量是等长周期数据，因此，循环相关性被用于解决气象变量的选择问题。气象变量选择算法的步骤如下。

1）分类要素二值化

气象数据可分为两类，一类是分类数据，另一类是数值数据。因为 RNN 不能直接操作分类数据，有必要对分类数据进行二值化。one-hot（一位有效编码）方法可以用于将分类数据转换为所谓的 one-hot 数组，其中每个唯一的数据表示为新数组中的一列。分类特征的每个值都被视为一个状态。如果有 N 个不同的值，那么分类特征可以抽象为 N 个不同的状态。one-hot 编码可以确保每个值只能使一个状态处于“活动状态”，即 N 个状态中只有一个状态的值为 1，而所有其他状态的值为 0。例如，将风向转换为数值形式，风向标签编码和风向 one-hot 编码分别如表 4.1 和表 4.2 所示。

表 4.1　风向标签编码表

风向	标签
东	1
西	2
南	3
北	4
东南	5
西南	6
东北	7
西北	8

表 4.2 风向 one-hot 编码表

东	西	南	北	东南	西南	东北	西北	one-hot 编码
1	0	0	0	0	0	0	0	10000000
0	1	0	0	0	0	0	0	01000000
0	0	1	0	0	0	0	0	00100000
0	0	0	1	0	0	0	0	00010000
0	0	0	0	1	0	0	0	00001000
0	0	0	0	0	1	0	0	00000100
0	0	0	0	0	0	1	0	00000010
0	0	0	0	0	0	0	1	00000001

对分类特征进行一次 one-hot 编码后，每个维度的特征都可以看作连续特征。因此，它们可以用于 RNN。

2）数值要素归一化

假设有 n 条气象数据记录，每条记录有 m 个气象变量，$x_{ij}(i=1,2,\cdots,n;\ j=1,2,\cdots,m)$。由于每个气象变量的单位不同，有必要对记录进行归一化来抵消不同单位对预测结果的影响。

$$x_{ij}=\frac{x_{ij}-x_{\text{mean}\,j}}{x_{\max j}-x_{\min j}} \tag{4.1}$$

其中，$x_{\text{mean}\,j}$ 为某个气象变量的平均值；$x_{\max j}$ 为该气象变量的最大值；$x_{\min j}$ 为该气象变量的最小值；x_{ij} 为归一化后的气象变量值。

计算循环相关性：假设 $a=\{a_1,a_2,\cdots,a_n\}$ 和 $b=\{b_1,b_2,\cdots,b_n\}$ 分别是两个标准化气象向量，其循环相关性可以表示为

$$r=\frac{\sum_{i=1}^{n-1}\sum_{j=i+1}^{n}\sin\left(a_i-a_j\right)\sin\left(b_i-b_j\right)}{\sqrt{\sum_{i=1}^{n-1}\sum_{j=i+1}^{n}\sin^2\left(a_i-a_j\right)\sum_{i=1}^{n-1}\sum_{j=i+1}^{n}\sin^2\left(b_i-b_j\right)}} \tag{4.2}$$

其中，r 为循环相关性；n 为气象数据条数。r 的绝对值在 0 到 1 之间，当 r 为 0 时，表示两者之间没有相关，当 r 为负数时表示两者之间呈现负相关，反之，呈现正相关。

k 折交叉检验：为了防止模型过于复杂而引起的过拟合，本节采用 k 折交叉验证的方法来对 2 到 10 的隐藏层 RNN 进行训练。其基本思想是将原始数据进行划分，分成训练集和测试集，训练集用来对模型进行训练，测试集用来测试训练得到的模型，以此作为模型的评价指标。将原始数据 D 随机分成 k 份，每次选择 k–1 份作为训练集，剩余的 1 份作为测试集。交叉验证重复 k 次，取 k 次准确率的平均值作为最终模型的评价指标，它可以有效避免过拟合和欠拟合状态的发生，

k 值的选择根据实际情况调节。其具体步骤如下：首先将原始数据集随机打乱；其次将数据集平均分为 k 组；再次将其中一组作为测试集，k–1 组作为训练集来训练 RNN；最后计算 k 次训练后的准确率的平均值作为模型最终评价指标。至此，每一个不同隐藏层的 RNN 都进行了 k 次训练。

3）决定最大贡献气象变量

虽然降水量与气象变量之间有着密切的关系，但是并不是每一个气象变量都会在 RNN 中表现出积极作用，因此需要计算出每个气象变量对降水量预测的贡献度，剔除一些没有用或者起到反作用的气象变量会使降水量的预测更加准确，贡献度计算公式如下：

$$Q_{ik}=\frac{\sum_{j=1}^{L}\left|w_{ij}v_{jk}\right|\Big/\sum_{r=1}^{N}\left|w_{rj}\right|}{\sum_{i=1}^{N}\sum_{j=1}^{L}\left(\left|w_{ij}v_{jk}\right|\Big/\sum_{r=1}^{N}\left|w_{rj}\right|\right)} \tag{4.3}$$

其中，Q_{ik} 为每个输入变量对输出值的贡献度；w_{ij} 为输入变量 i 在隐层 j 的权重向量；v_{jk} 为隐层 j 和输出层 k 的权重向量；$\sum_{r=1}^{N}\left|w_{rj}\right|$ 为 N 个输入变量和隐层 j 的权重之和；L 为隐藏层的数量。

4）模型验证

为了系统地检验模型的性能，即通过检验预测的降水量与真实降水量的误差来确定模型的性能，根据国家气象中心的方法 TS 评分（threat score）可以用来表达降水量预测的准确度。其中，TS_1 用于表示正确预测的样本比例，包括降水或无降水的准确预测；TS_2 用于表示只能准确预测降水量的样本比例；TS_3 为 TS_1 和 TS_2 的平均值，其计算如下所示：

$$\mathrm{TS}_1=\frac{N_1+N_2}{N_1+N_2+N_3+N_4} \tag{4.4}$$

$$\mathrm{TS}_2=\frac{N_1}{N_1+N_3+N_4} \tag{4.5}$$

$$\mathrm{TS}_3=\frac{\mathrm{TS}_1+\mathrm{TS}_2}{2} \tag{4.6}$$

其中，N_1 为可以准确预测降水量的样本比例；N_2 为可以准确预测无雨的样本比例；N_3 为预测无雨但是实际降水的样本比例；N_4 为预测降水但是实际无雨的样本比例。

2. RNN 降水预测模型

RNN 可以刻画一个序列当前的输出与之前信息的关系，即网络序列中的每个元素都可以完成相同的任务，且当前序列的输出取决于上一序列的计算结果。这个过程是通过不断结合当前序列的输入和历史状态来实现的，所以 RNN 可以保存之前所有序列的信息，由于其具有记忆特性，可以处理前后输入有关系的序列数据，其结构如图 4.1 所示。

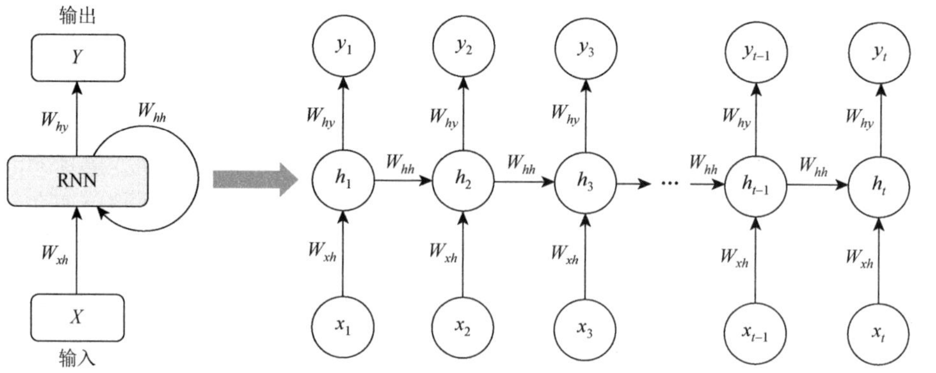

图 4.1　RNN 结构示意图

图 4.1 中，$\{x_1,x_2,x_3,\cdots,x_{t-1},x_t\}$为 RNN 的输入信息，$\{h_1,h_2,h_3,\cdots,h_{t-1},h_t\}$为记忆状态，$\{y_1,y_2,y_3,\cdots,y_{t-1},y_t\}$为输出结果，$W_{xh}$、$W_{hh}$、$W_{hy}$分别为每一步循环中输入信息、记忆状态、输出结果的权重，这些权重每一步都是通用的，所以其计算步骤如下：①x_t是 t 序列的输入；②h_t是 t 序列的记忆状态，$h_t=f_w\left(h_{t-1},x_t\right)$，其中 h_1 一般初始为 0，f_w 为激活函数 ReLU；③y_t是 t 序列的输出，$y_t=\mathrm{softmax}\left(W_{hy}\right)$，定义为 $S_i=\dfrac{\mathrm{e}^{V_i}}{\sum_i^C \mathrm{e}^{V_i}}$，其中，$V_i$ 为 t–1 序列的输出；i 为类别索引；C 为总的类别个数；S_i 为当前元素的指数与所有元素指数和的比值，所以 softmax 函数可以将多分类的输出数值转化为相对概率。

4.1.3　基于 LSTM 的城市洪涝淹没预测

1. 城市洪涝淹没深度预测模型设计

1）模型输入

输入变量的选择是构建机器学习模型的关键要素。正确的特征选择和设置对于训练和验证机器学习模型至关重要。近年来，各种输入选择策略已经成功应用，提高了预测精度。本节分析了降水数据在未来城市淹没深度预测建模中的有用性，并将降水数据和淹没深度作为输入来简化淹没深度预测模型中的复杂非线性关系，将降水监测站及积水监测站的降水量和淹没深度数据重构为时间序列数据[331]，如图 4.2 所示。

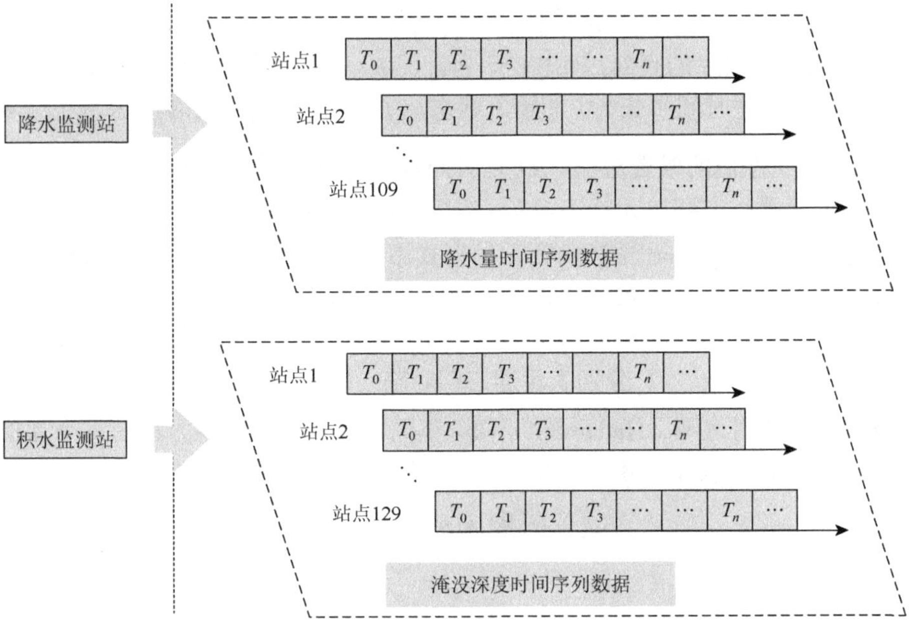

图 4.2　城市降水监测站和积水监测站的数据输入

2）模型结构

该模型假设预测前的时间步长（time steps）为 n，D_{t-n} 是 $t-n$ 时刻所有监测站点的淹没深度。$\vec{R}_t$ 是 t 时刻所有站点的降水量。n 是通过重复运行模型选择的最大时间滞后参数。由于下一个时间步长的预测精度对于降低城市洪涝灾害出行风险至关重要，因此在式（4.7）中将 D_t 作为最终淹没深度预测。在使用该结构预测深度时，使用前一个时间步长的观测值来预测下一个时间步长的深度，在这里定义了 LSTM 的一般结构，并描述了它们的应用，模型预测结构具体可以表示为

$$D_t = f(D_{t-1}, D_{t-2}, \cdots, D_{t-n}, \vec{R}_t, \vec{R}_{t-1}, \cdots, \vec{R}_{t-n}) \tag{4.7}$$

3）模型的算法结构

机器学习是一类数据驱动的方法，它使用数据来识别系统中降水量和淹没深度之间的联系。LSTM 是一个神经网络，负责计算时间序列中各个观测值之间的依赖性，它倾向于在具有更多固定成分的不稳定时间序列上预测。因此，本节使用 LSTM 来预测淹没深度，并且此结构允许对多个输入和多个输出进行建模。在本节中，使用 Graves 等的符号更详细地介绍了 LSTM 架构，它是一种特殊类型的递归神经网络[332]，克服了传统递归神经网络在学习时间依赖性方面的弱点[333]。

LSTM 的基本结构和单元中的算法如图 4.3 所示。LSTM 包含一个特定的状态，

称为细胞状态 C，其中包含每个时间步长的长期记忆信息。时间序列输入表示为 x_{t-1}，x_t，x_{t+1} 在图 4.3 的底部，输出表示为 h_{t-1}，h_t，h_{t+1} 在图 4.3 的顶部。图 4.3 中 x_t 是输入向量，i_t 是时间步长 t 中的输入状态，f_t 是时间步长 t 中的遗忘状态，并且 $\tilde{C}_t$ 是新细胞状态值的候选对象，O_t 是时间步长 t 中的输出状态，h_t 和 C_t 是时间步长 t 中的隐藏状态和单元状态，h_{t-1} 和 C_{t-1} 是时间步长 t–1 中的隐藏状态和细胞状态，以 tan$h$ 和 sigmoid 激活函数 σ 的形式添加非线性关系。每个 LSTM 单元在每个时间步长中更新六个参数，图 4.3 的详细算法如式（4.8）～式（4.14）所示，其中 W_f、W_i、W_C、W_o 分别为遗忘门、输入门、记忆单元和输出门的相应的权值向量；b_f、b_i、b_C、b_o 分别表示遗忘门、输入门、记忆单元和输出门的偏差变量，* 是矩阵的阿达马（Hadamard）积，不同时间步长的线性方程在每个 LSTM 单元中具有不同的权重（W）和偏差（b），第一个需要更新的参数是遗忘门。

$$f_t = \sigma\left(W_f * \left[h_{t-1}, x_t\right] + b_f\right) \tag{4.8}$$

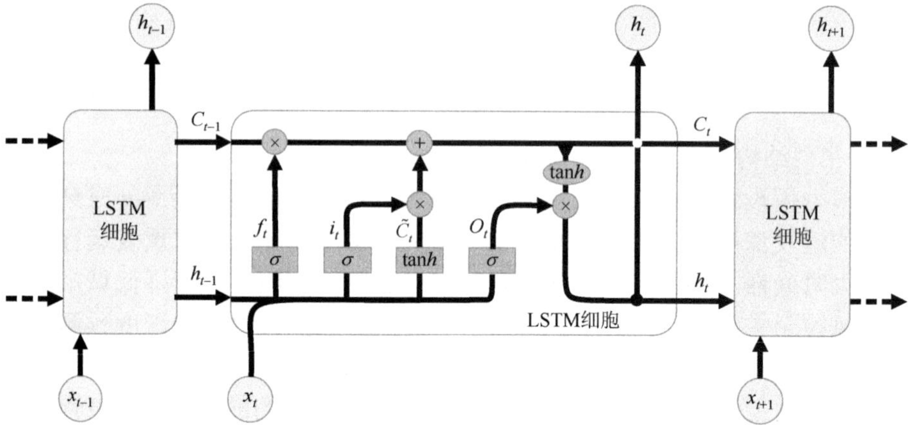

图 4.3　LSTM 细胞结构

第二个需要更新的参数是输入门，它通过将新信息添加到细胞状态来决定记住哪些新信息。首先，输入门参数 i_t 由 sigmoid 函数计算。

$$i_t = \sigma\left(W_i * \left[h_{t-1}, x_t\right] + b_i\right) \tag{4.9}$$

$$\tilde{C}_t = \tanh(W_C * [h_{t-1}, x_t] + b_C) \tag{4.10}$$

其次，更新 C_t 细胞状态。在下一步中，将这两者结合起来以更新状态。

$$C_t = f_t \times C_{t-1} + i_t \times \tilde{C}_t \tag{4.11}$$

最后，通过拼接 x_t 和 h_{t-1}，经过线性变换和 sigmoid 激活函数计算输出参数 O_t。

细胞状态 C_t 允许有效学习长期依赖关系。由于每个像元和其余 LSTM 像元之间存在非常简单的线性相互作用，一个细胞可以存储一个周期步长内不变的信息。

$$O_t = \sigma\left(W_o * \left[h_{t-1}, x_t\right] + b_o\right) \tag{4.12}$$

$$h_t = O_t \times \tan h(C_t) \tag{4.13}$$

最后一个时间步长 h_n 的最后一个 LSTM 层的输出，通过传统的密集层连接到单个输出神经元，该神经元用于计算最终的输出预测。W_d 为特征层的权重矩阵，b_d 为偏置项，特征 y 使用式（4.14）计算：

$$y = W_d h_n + b_d \tag{4.14}$$

如前所述，$x = \left[x_1, \cdots, x_n\right]$ 是完整的降水观测序列的输入，其中 x_t 是包含时间步长 t 的降水输入的向量，它是按时间步长处理的，在每个时间步长中重复循环式（4.8）～式（4.14）在多个堆叠 LSTM 层的情况下，下一层将上一层的输出视为输入。然后使用式（4.14）计算最终输出，h_n 是最后一个 LSTM 层的最后一个输出。

2. 城市洪涝淹没深度预测模型参数设置

1）模型设置

在每个迭代步骤中，损失函数设置为预测值和观测值的均方误差（mean square error，MSE），MSE 表示为

$$\text{MSE} = \frac{1}{N}\sum_{i=1}^{N}(y_o - y_p)^2 \tag{4.15}$$

其中，y_o 为观测值；y_p 为预测值；i 为实例的个数；在预测中共有 N 个实例采用固定学习率为 0.001 的 Adam 优化器。Kingma[334]引入了这种方法，该方法基于对低阶矩的自适应估计，开发简单，计算效率高，需要最少的内存，非常适合处理大量数据的问题。Adam 优化器也适用于非平稳目标以及具有高噪声和稀疏梯度的问题，超参数具有简单的含义，在大多数情况下需要最少的调整。

2）模型参数化

在调整 LSTM 时评估了三个与特征相关的参数，包括降水量和深度观测的输入时间步长、批量大小（batch size）和隐藏层单元（hidden layer cells）数量。

模型中时间步长是指将先前多少个时刻的特征作为输入数据，它是影响模型性能的重要因素。由于数据来源有限，该项目侧重于降水强度。因此，测试了预测时间步长 1～36 的降水观测值，并将时间步长 6 的观测输入设置为基础模型中的默认值。

模型中批量大小是指一次学习样本的数量，这一重要参数应用于批量选择和训练实例。批量大小由项目类型决定，通常范围为 8 到 256。但是，如果批量太小，损失函数将难以收敛，因为每个批量都明显不同。如果批量太大，那么模型可能总体表现良好，但部分偏差过大[335]，在构建的基本模型中，先采用默认批量大小 256，并测试批量范围为 8 到 128 的值。

模型中隐藏层单元数量是指模型的一层隐藏层中的神经细胞的数量，它也是影响模型性能的重要参数。如果神经细胞的数量太少，那么网络就没有必要的学习和特征处理能力。相反，如果神经细胞的数量太大，那么网络结构的复杂性将大大增加。模型在学习过程中更容易落入局部最小值，学习速度会降低。根据 Berry 的数据挖掘测试的相关结果，测试了当细胞数为 5, 10, 20, …, 110 和 120 时对模型的模型性能的影响，并确定细胞的数量[336]。

3. 城市洪涝淹没深度时间序列建模

1）数据标准化

为了保证输入数据的标准化和模型训练的加速收敛，采用最小—最大缩放的方法来对所有输入数据进行标准化，并将其转化为监督学习问题，对于每个积水监测站，使用前 n 个时间步长的所有站点和深度的降水值作为预测因子。

2）模型训练

由于积水监测站分布于城市的不同区域，需要对每个监测站的数据集进行标准化，然后进行训练、验证和测试，最终得到每个监测站的模型参数。假设数据预处理后获得了 m 个实例（图 4.4），每个实例包含给定时间的深度值和降水量输入。在训练过程中，将这些实例分成多个批次，其中每个批次的实例数由时间步长决定，批次数量由批次大小决定。在每个迭代步骤之后，使用损失函数对模型参数进行更新，直到训练过程收敛。

首先，将 m 个实例分为两个部分，第一部分用于验证模型的泛化性能，通过比较预测值和观测值之间的差异来进行。然后，将其余实例（即第二部分）拆分为训练和测试数据集，其中 70%用于训练，30%用于测试。通过对训练数据集进行四重交叉验证，最终评估模型准确性的依据完全基于测试数据集，这些数据与训练和验证数据集是分开的。

3）模型精度评价准则

模型的精度使用 NSE（Nash-sutcliffe efficiency，纳什效率系数）、皮尔逊相关系数（r）、偏差和 RMSE 来评估测试期间预测值和观测值之间的准确性。NSE 是一个统计指标，通过比较观测值和模拟值来衡量模型的预测能力。NSE 的范围从 $-\infty$到 1，当其值与 1 更接近时，模型表现更好[337]。

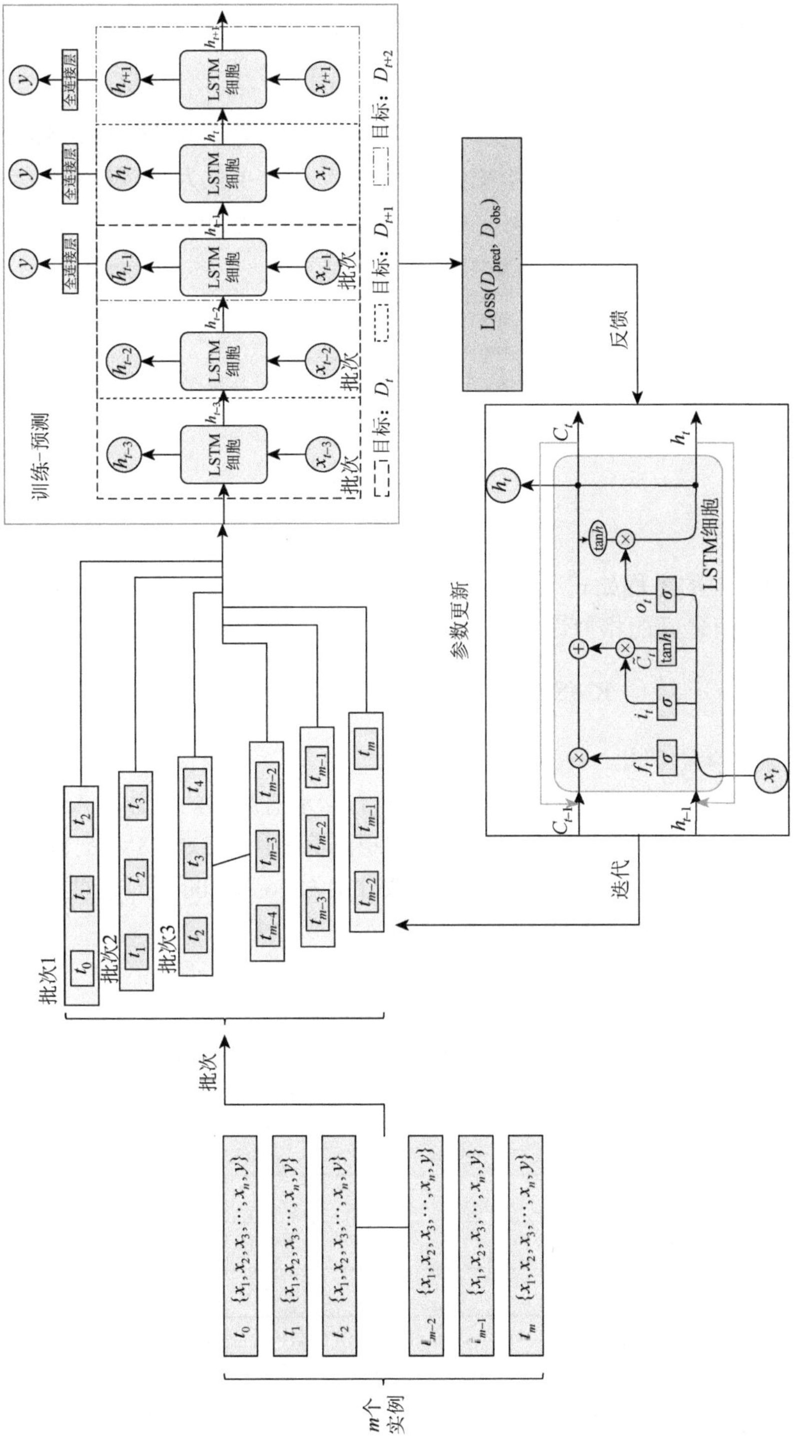

图 4.4　LSTM 训练过程

D_{pred}表示模型预测值；D_{obs}表示模型观测值

$$\mathrm{NSE}=1-\frac{\sum_{i=1}^{N}\left(D_o^i-D_p^i\right)^2}{\sum_{i=1}^{N}\left(D_o^i-\bar{D}_o\right)^2} \tag{4.16}$$

其中，D_o^i 为第 i 个站点观测到的淹没深度，单位为米；D_p^i 为第 i 个站点预测的淹没深度，单位为米；$\bar{D}_o$ 为观测到的淹没深度的平均值，单位为米。其他精度评价的数据包括皮尔逊相关系数（r）和偏差（Bias），r 的计算如式（4.17）所示：

$$r=\frac{\sum_{i=1}^{N}\left(D_p^i-\bar{D}_o\right)^2}{\sum_{i=1}^{N}\left(D_o^i-\bar{D}_o\right)^2} \tag{4.17}$$

Bias 偏差的计算为式（4.18），偏差值可以是正数或负数。取各积水监测站点偏差的绝对值，并应用平均偏差值计算最终的模型预测偏差。

$$\mathrm{Bias}=\frac{\sum_{i=1}^{N}D_p^i-\sum_{i=1}^{N}D_o^i}{\sum_{i=1}^{N}D_o^i} \tag{4.18}$$

此外，RMSE 的方程如式（4.19）所示，RMSE 用于根据数据的相对范围评估预测值和观测值之间的相似性。

$$\mathrm{RMSE}=\sqrt{\frac{1}{N}\sum_{i=1}^{N}\left(D_p^i-D_o^i\right)^2} \tag{4.19}$$

4）模型的超参数优化

深度学习模型训练结果表明，LSTM 对所有积水监测站的最佳输入时间步长为 6，前 6 个时间步长的降水量和深度数据的观测值适用于 LSTM 水文输入（t–1 至 t–6）。训练结果发现，当批量大小和细胞数分别为 16 和 100 时，模型的精度达到了最优，模型其他的超参数情况如表 4.3 所示。

表 4.3　LSTM 超参数优化结果

超参数	LSTM
输入步长	6
输出步长	1
批量大小	16
隐藏层单元数量	100
损失函数	MSE
优化器	Adam
学习率	0.001

5）LSTM 训练、验证与测试

在已配置的模型中，将 LSTM 的训练结果与传统的 BPNN（back propagation neural network，反向传播神经网络）模型进行比较，LSTM 算法在淹没时深度的预测 Bias 方面有较为明显的改善，在所有的积水监测站点的 r、NSE 及 RMSE 中，精度评价结果的差异很小，具体见表 4.4。

表 4.4　BPNN 与 LSTM 的训练、验证和测试结果

模型	数据集	NSE	r	Bias	RMSE
BPNN	训练集	0.894	0.951	−10.504	0.011
	验证集	0.861	0.936	−8.546	0.012
	测试集	0.766	0.885	−11.841	0.014
LSTM	训练集	0.877	0.937	−4.47	0.010
	验证集	0.910	0.956	−1.739	0.008
	测试集	0.864	0.931	−2.621	0.009

从表 4.4 可以看出两个模型在不同数据集（训练集、验证集和测试集）上的表现，评估指标包括 NSE（模型的预测能力）、r（模型的拟合优度）、Bias（模型的偏差）和 RMSE（模型的预测误差）。对于 BPNN，可以看出在训练集上表现最好，NSE 和 r 分别达到了 0.894 和 0.951，RMSE 也较小，为 0.011，在验证集和测试集上的表现相对较差。而对于 LSTM，可以看出在训练集和验证集上的表现都非常好，NSE 和 r 分别达到了 0.877 和 0.937（训练集）、0.910 和 0.956（验证集），RMSE 也较小，Bias 绝对值均较小，在测试集上表现虽有所下降——NSE 和 r 都有所下降，RMSE 增大，但 Bias 绝对值仍然很小，这表明模型的预测误差主要来自方差。BPNN 在测试集上的表现不如在训练集和验证集上的，可能存在过拟合问题，而 LSTM 在测试集上的表现虽然有所下降，但仍然表现不错。BPNN 和 LSTM 两个模型都具有相对较好的预测性能，但是 BPNN 的测试结果相对于 LSTM 表现出更大的误差，这可能是因为 BPNN 对于时间序列数据的建模能力相对较弱，无法充分利用数据的时序信息。而 LSTM 则具有较好的时间序列建模能力，所以在测试集上的表现相对更好。

本书所开发的机器学习模型具有很好的泛化能力，并且对于城市积水监测站的预测效果具有较高的接受程度。应用于深圳市洪涝积水深度预测，结果表明 LSTM 对峰形的泛洪曲线具有较好的预测能力，可以显著提高城市积水点洪涝深度的预测精度。

4.2 基于贝叶斯学习的灾害风险预测预警

贝叶斯学习以其在训练学习及概率预测方面的独特优势，在灾害风险管理领域的研究中，该方法得到广泛应用。本节构建了基于贝叶斯学习的城市洪涝灾害风险预测预警模型，首先对城市洪涝灾害风险的不确定性及其影响因素进行分析，其次提出了基于数据重构的改进贝叶斯方法，最后基于最优样本表构建城市洪涝灾害风险预测预警模型。

4.2.1 风险不确定性及其影响因素分析

1. 城市洪涝灾害风险不确定性分析

城市洪涝灾害的形成主要是城市气候子系统与城市地表子系统相互作用而形成的，如图 4.5 所示。从城市气候子系统来看，洪涝灾害的形成主要受降水这一主要致灾因子的影响[338]。全球气候变暖使得海洋河流等蒸发加快，水汽凝结形成降水的时间缩短，同时在一定程度上城市的局部气候特征也发生了改变，使得城市产生降水的可能性增加。另外，在城镇化进程中，城市及其周边地区的温度分布和环流条件受城市热岛效应和雨岛效应影响而发生改变，降水的时空分布也因此而变化，导致城市地区的降水现象频发。从城市地表子系统来看，与城市洪涝

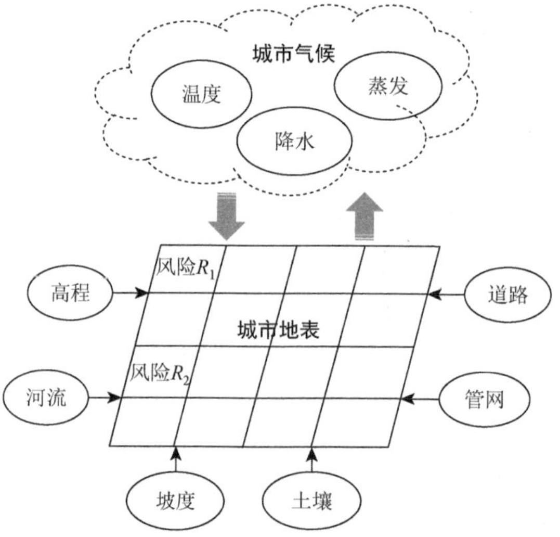

图 4.5 城市洪涝灾害风险形成机制

灾害密切相关的因子主要包括高程、河流、坡度、土壤、管网及道路等，城市产生降水后，透水地面会加快雨水的下渗，也有部分雨水会通过城市雨水管网排出，最终汇入河流，其余雨水会在城市地表形成径流，其中有部分会蒸发和汇入河流，而没有顺利排出的雨水，则会产生淹没风险。另外，外部洪水也可能会使得河流水位突然上涨，超过河道正常行水能力，从而导致河道的宣泄不畅通，则排水管道的作用也不能够得到充分发挥，同样会引发洪涝灾害。

城市洪涝灾害风险可以被定义为不同降水强度下城市洪涝灾害发生的概率，而淹没是城市洪涝灾害最重要的性质之一。分析淹没发生的概率可以具象描述城市洪涝灾害发生的概率，也就是风险。城市地区可以看作由多个空间格网组成的区域，不同的空间格网在同样强度的降水下，所面对的洪涝灾害风险是不同的，这主要受格网内部相关地表因子的影响，不同的地表属性使得城市洪涝淹没概率有所不同，如高程的差别、河网密度的差别等均会使不同空间格网面临不同的淹没风险。因此，单个空间格网在强降水发生时是否会产生淹没以及发生淹没的概率大小受其内部相关地表因子的影响，各因子所处的状态等级共同决定了该空间格网的淹没概率即风险大小。此外，从区域整体来看，外部不同的降水强度同样会带来不同的淹没风险，极端降水的可能性增加以及降水频次、降水量的增加均是导致城市发生洪灾、产生淹没的主要原因，也是风险形成的主要因素。综合来看，城市洪涝灾害风险的形成是内外部环境因子综合作用的结果，不同的因子状态决定着城市洪涝灾害风险的大小。因此，对城市洪涝灾害进行风险评估需考虑各因子对灾害风险的影响。

不确定性是指在人类生存发展过程中面临的外部世界和内部世界不可预见的事件或突变[339]，其中，内外部世界主要包括自然、社会、人类等要素。其具有随机性、模糊性、突变性等特点。自然灾害的发生具有不确定性，主要表现在灾害的发生时间、地点和规模等的不确定性。所以在全球气候变化及城镇化不断推进的这一大背景下，城市洪涝灾害受系统内部要素不断变化的影响而具有了不确定性，其不确定性主要体现在洪涝淹没事件的不确定性上，包括淹没是否发生以及淹没范围、淹没深度的不确定性上。城市洪涝灾害的风险是城市洪涝灾害不确定性的一种量化表达，因此不确定性问题是风险分析中需要重点关注的问题之一。风险不确定性问题分析包含对风险源的不确定性分析以及相关因子对灾害发生影响的不确定性分析。

1）不同重现期所带来的不确定性

从城市气候来看，未来发生的降水强度、范围、频次具有不确定性，会受气候变化和城镇化的影响发生改变。城市发生强降水后，在城市地表形成径流，当超过城市自身排水应对能力后便会造成淹没，淹没的程度和范围与降水强度有密切关系。因此，探究城市洪涝灾害风险的大小需要考虑到不同降水强度所带来的淹没范围和程度的不确定性。

在洪涝灾害中，重现期用于反映大于或等于某暴雨强度的降水出现一次的平均间隔时间，从而可以用不同重现期表明不同的降水强度。因此，采用代表不同降水强度的重现期作为洪涝灾害的影响因素，并用于探究不同重现期下的灾害风险。

2）城市地表因子变化所带来的不确定性

当城市发生洪涝灾害时，最直接的表现便是会产生淹没，然而城市每一个区域所面对的淹没情况是不同的，表现在有些区域会发生淹没而有些区域不会发生淹没，有些地区发生淹没的可能性较高而有些地区发生淹没的可能性较低。这是由于洪涝灾害的发生受城市地表因子属性差异的影响，如高程、坡度、雨水的下渗能力等，不同区域的各风险因子的状况不同，且各因子对洪涝灾害的影响大小具有不确定性，使得不同区域面对洪涝灾害时具有不同的淹没情况。此外，各影响因子也会随着时间的推移和城市发展而发生改变，使得各区域未来的淹没情况也具有不确定性。城市内部的产汇流过程随着城市自身发展而发生了变化。例如，城市建设过程中硬化地面的不断铺设，增加了不透水地面的面积，使得雨水的下渗和渗透过程变得困难，下渗量大大减少，同时地表径流量也随之增加，进一步诱发了洪涝灾害。

2. 城市洪涝灾害风险影响因素分析

进一步地，本节具体分析了导致城市洪涝灾害风险不确定性的相关地表因子，主要包括高程和坡度、土壤持水能力、水系河网、管网密度和道路密度相关因子[340]。

1）高程和坡度

高程和坡度是影响城市洪涝灾害发生和分布的关键地形特征因子。高程反映地表起伏，低海拔地区比高海拔地区更容易被淹没，因为在自然条件下，雨水很容易从高地流向低地。坡度则反映了地形随距离变化的程度。坡度较陡的地表被淹没的可能性较小，因为洪水很容易顺着坡流下去。

2）土壤持水能力

城市洪涝灾害与潜在的最大土壤持水能力有关，土壤持水能力越高则可以吸收越多的雨水，表明该地区发生淹没的可能性降低，反之，土壤持水能力越低则该地区越容易被淹没。因此提高城市土壤下渗持水性可以有效缓解暴雨带来的压力。

3）水系河网

城市内部河网在城市防洪与排水中有着关键作用，承担着蓄积雨水、分流下渗等功能，随着城市的发展，河道的洪水调蓄能力也会发生变化，上游水土流失使得同频率下的洪峰流量变大、洪水历时变短、洪水水位抬高，导致靠近河流的地区更容易发生洪涝灾害。本节选取河网密度和与河流的距离作为影响因素，河网密度是指单位面积内的河流长度，与河流的距离是指区域内各格网中心到最近河流的直线距离。

4）管网密度和道路密度

除了城市的自然地理条件外，还需要考虑城市的基础设施，这在一定程度上与洪涝灾害的发生相关。城市排水管网反映了城市的排水能力。管网铺设不充分或设计标准不够都会造成内涝。此外，随着城市硬化地面的不断增加，雨水的入渗能力变弱，这也是导致城市发生洪水的重要原因之一。本节选取管网密度和道路密度作为影响因素。

综合上述分析，城市洪涝淹没的发生受城市气候因子以及城市地表因子综合作用影响。各因子的变化以及对洪涝灾害发生贡献的不确定性，使得城市洪涝灾害的发生及风险也具有了不确定性。因此，对城市洪涝灾害进行风险分析时需要考虑不同因子与洪涝灾害间的不确定性关系，风险评估也不只是对洪涝淹没发生进行简单的概率统计，而是探究因子与城市洪涝淹没概率之间的量化关系。基于上述分析，城市洪涝灾害风险可以用公式（4.20）表达[341]：

$$风险 = f\left(P_{淹没}, F\right) \tag{4.20}$$

其中，$P_{淹没}$ 为城市洪涝淹没发生的概率；F 为对淹没发生概率有影响的相关因子，通过量化两者之间的关系以确定风险的大小。

概率统计分析是解决城市洪涝灾害风险评估及其不确定性问题的合理方法，所以贝叶斯方法以其对不确定信息的主观认识和它的表达能力以及推断预测能力在城市洪涝灾害风险评估研究中更具优势。但洪涝灾害淹没数据存在不均衡问题，会影响传统贝叶斯的训练预测精度，因此本节构建了基于贝叶斯学习的城市洪涝灾害风险概率预测模型，基于数据重构对以往的贝叶斯模型进行改进。总体框架如图 4.6 所示，主要分为空间因子选取及处理、基于贝叶斯模型的数据重构以及风险概率预测预警三个模块[342]。

首先在数据重建前，根据以往的研究，通过分析洪水淹没形成过程来选择影响因素。一旦被选择，这些基于网格的数据集将被标准化并分为几个类，作为朴素贝叶斯模型的输入，不同重现期的淹没图也分为淹没区和非淹没区。其次由于淹没数据与非淹没数据之间的不平衡，采用随机欠采样技术生成最优贝叶斯样本，最后基于最优贝叶斯样本，可以根据条件概率确定每个网格中的后验概率和条件概率以进行空间淹没概率预测。此外，为了确定导致洪水泛滥的最敏感的城市因素，本节进行了风险敏感性分析。

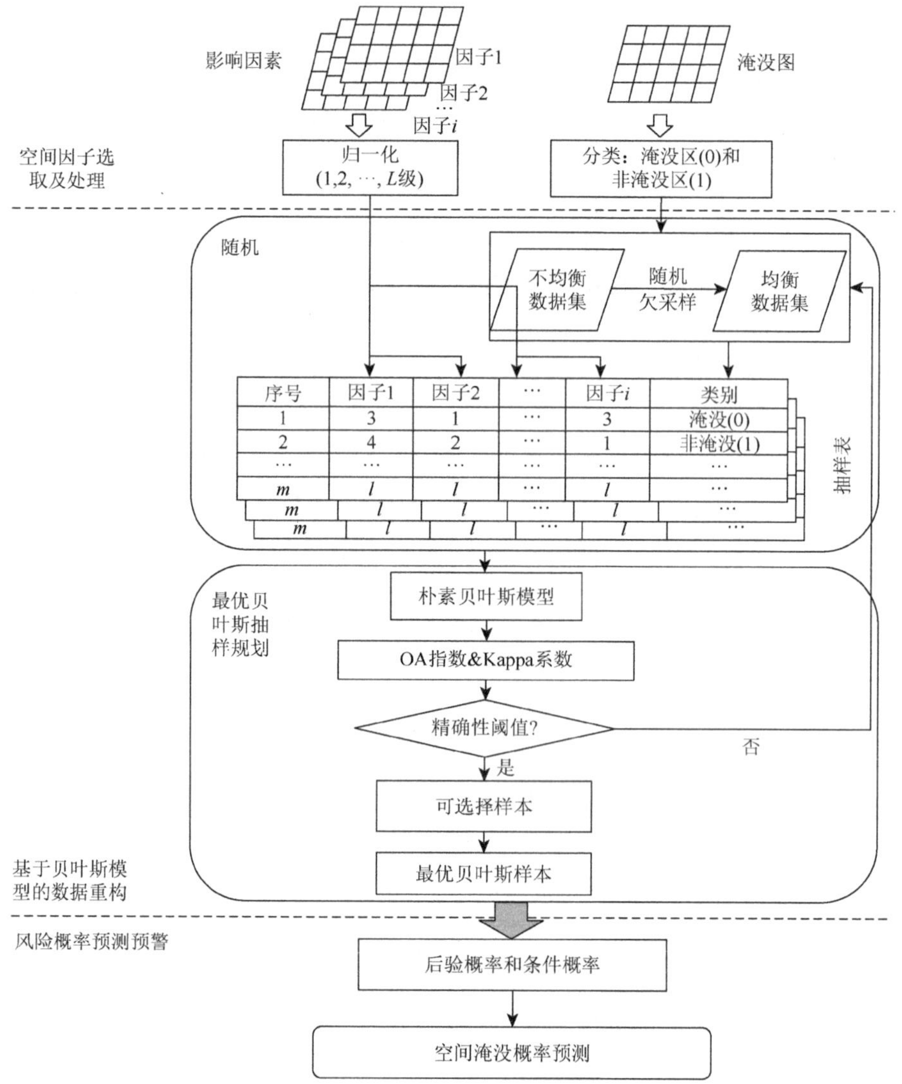

图 4.6　基于贝叶斯学习的城市洪涝灾害风险评估框架

OA 指总体精度，英文全称为 overall accuracy

4.2.2　不均衡淹没数据重构的贝叶斯改进

1. 洪涝淹没样本数据不均衡问题

在城市洪涝灾害风险评估研究中，需要基于研究区发生洪涝灾害时的淹没样本数据进行贝叶斯训练学习及概率推算。城市发生洪涝灾害时，被淹没区域大多集中在某些局部区域且很少会出现淹没区多于非淹没区的情况，因此对洪涝灾害淹没概率进行计算的过程中，模型训练样本会出现淹没数据不均衡的问题，即非淹没样本点的数量会远高于淹没样本点数量。这种不均衡势必会导致训练模型过多地关注非淹没样本数据，从而使得淹没样本点不能被很好地识别出来，影响模型训练精度。因此如何精准地识别出城市地区容易淹没的区域要解决样本点淹没类与非淹没类数据量不均衡的问题。

不均衡数据集是指在初始样本数据集当中，不同类别的样本数量存在着较为严重的不均衡现象[343]。在不均衡数据集中数量多的样本被称为负样本，数量少的样本被称为正样本。以二分类数据集为例，$D(M,L)$ 代表样本总数据集，其中 M 为负样本数据集，L 为正样本数据集。进一步地，用负样本数据集与正样本数据集的相对比例来表示整体样本的不平衡程度，如公式（4.21）所示：

$$R = \frac{|M|}{|L|} \tag{4.21}$$

其中，R 为一个大于 1 的值，代表了样本数据集的不平衡程度，R 值越大，代表样本数据集的不平衡程度越大，R 值越接近于 1，代表样本数据集越均衡。

传统的贝叶斯算法都是假设各类别样本数量大致相同，然而现实生活中经常会出现类别样本数量不均衡的问题，传统贝叶斯方法在处理非均衡样本时往往会将少数类样本错分到多数类，这是由于贝叶斯训练是为了整体精度最大化，当准确识别出多数类样本时，没有被准确识别并分类的少数类样本并不影响最终的训练效果。这会导致部分更具重要意义的少数类样本不能被准确识别，因此需要对其提出改进。

2. 洪涝淹没样本数据不均衡改进方法

为了精准识别少数类样本，需要改进传统贝叶斯方法。目前处理机器学习中不均衡数据问题的相关改进技术主要有数据重构层面的重采样技术和算法层面的经典分类算法改进技术。结合城市洪涝灾害淹没数据特点，本节主要从数据重构层面利用重采样相关技术对贝叶斯方法提出改进。

重采样技术是指在数据层面通过采样的方法对数据进行处理，该方法能够有效地解决各类别样本数据分布不均衡的问题，且采样算法的优化设计相对容易，能够显著提升少数类样本在分类正确率等方面的性能，使得少数类和多数类样本数量大致趋向于均衡，并将处理后的均衡数据集代入分类器中进行训练。其主要目的就是通过数据采样处理方法来解决不平衡数据集对模型分类预测性能的影响，以提高对少数类样本的识别度。重采样技术主要有过采样和欠采样两种方法。

过采样方法是指通过增加少数类样本数量来达到与多数类样本数量的平衡，从而提高模型对少数类样本的识别度，不需要对多数类样本作任何处理。过采样方法根据少数类样本的生成方式可分为随机过采样和启发式过采样。其中，随机过采样通过单纯地复制少数类样本来使得两类数据趋于平衡，但是这种方式会过分强调已有的少数类，如果样本中存在部分标记错误的样本点，这样错误也容易被成倍地放大，就会有对少数样本过度拟合的风险。启发式过采样方法（synthetic minority oversampling technique，SMOTE）是由 Chawla 等[344]提出，该方法通过随机为每个少数类样本选取几个邻近样本，并在该样本和相邻样本的连线上随机采点，进而生成新的少数类样本，目前该方法是过采样方法中较为常用的方法。

欠采样方法是通过减少多数类样本数量，使训练样本中两类样本数量达到相对均衡。最简单的随机欠采样方法是通过随机选取或舍弃多数类样本来使数据达到均衡。然而，一般的欠采样会导致多数类样本的一些重要信息丢失，可能使得模型训练结果有较大的偏差。为避免产生过大的偏差，可以通过反复做欠采样和对多数类样本进行分组，从而尽可能减少多数类样本丢失部分重要的信息。目前主要有基于聚类的欠采样和基于整合的欠采样这两个典型欠采样方法，其中，基于聚类的欠采样方法即是将多数类样本进行聚类，从中选取具有代表性的样本作为训练集以尽可能减少多数类样本的特征丢失。基于整合的欠采样方法是将多数类样本划分为和少数类样本数量相当的若干份，然后对每一份多数类样本和仅有的一份少数类样本进行训练，再综合每一份训练的结果集成得到最终结果。

3. 基于分组随机欠采样的数据重构方法

研究所采用的样本数据均是空间格网类型的数据。对于某一地区而言，空间格网数据量庞大，且样本的分布不均衡问题较为严重，需要选择适合的重采样技术。若采用过采样方法会使得训练样本点过多从而大大降低模型的运行效率，并且会出现过度拟合的问题，可能会将一些误差淹没点过度放大，从而进一步扩大预测的误差。欠采样方法是对多数类样本进行采样处理，适合用于样本数量不均衡问题非常严重的情况[345]，且对于数据量庞大的栅格类型数据，欠采样方法能够提高模型的运行效率。

随机欠采样相对其他复杂的欠采样算法而言是一种简单且有效的采样方法，该方法通过从多数类样本数据集中随机获取样本子集，将该子集与少数类样本合并构成新的均衡样本集，使用该均衡样本集进行模型训练会比原本不均衡的样本集在运行性能以及预测准确度上都要更好。一般的随机欠采样方法会导致忽略大部分非淹没样本点，造成预测结果出现较大的偏差。本节提出分组随机欠采样方法来弥补传统随机欠采样方法中会丢失重要样本的缺点，通过将非淹没样本点进行分组，分别从各组中进行随机采样，以最大限度地保证非淹没样本点中各类型的样本都可能被采集到。目前已有研究中[346]运用分组随机欠采样方法的形式来解决不平衡数据集问题，并验证了该方法能够得到优良的效果，具有可靠性。

1）分组随机欠采样的基本流程

图 4.7 为采用分组随机欠采样的基本流程，用于模型训练样本的选取。假设

研究区实际所含淹没样本点和非淹没样本点数量分别为 n 个和 m 个，且 n 远小于 m。欠采样即是从非淹没样本点中选择与淹没样本点数量相当的样本点和淹没样本共同组成训练样本，保持淹没样本数量不变，从非淹没样本点中随机选取与淹没样本数量相当的样本点数进行训练。具体采样方法上，将非淹没样本点按照研究区分布分为 t 个组，每组的样本数量基本相同。依据淹没样本点数量，分别从 t 组中随机采集样本点共同组成 j 个非淹没样本点，最终与淹没样本点共同组成均衡样本数据。

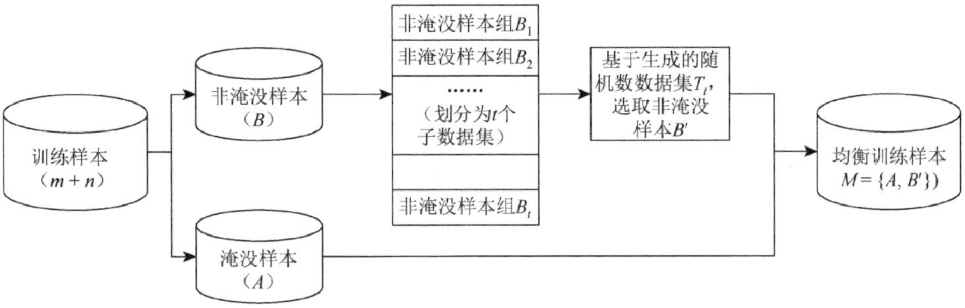

图 4.7　分组随机欠采样的基本流程

2）算法实现

本节提出的分组随机欠采样算法是针对洪涝灾害淹没数据不均衡特征的选择算法，通过 Matlab（矩阵实验室）的随机数生成函数 randperm 来具体实现该欠采样方法。其算法基本实现步骤如下。

（1）输入所有样本数据集，淹没样本数据集 $A=\left[a_1,a_2,\cdots,a_n\right]$，所有非淹没样本数据集 $B=\left[b_1,b_2,\cdots,b_m\right]$，其中 $n \ll m$。

（2）将非淹没样本数据集 B 划分为 t 个子数据集：

$$\left\{B_1=\left[b_1,b_2,\cdots b_{\frac{m}{t}}\right],B_2=\left[b_{\frac{m}{t}+1},b_{\frac{m}{t}+2},\cdots,b_{\frac{2m}{t}}\right],\cdots,B_t=\left[b_{\frac{(t-1)m}{t}+1},b_{\frac{(t-1)m}{t}+2},\cdots,b_m\right]\right\}$$

（3）根据各子数据集中的样本数生成随机数数据集：

$$\left\{T_1=\left[\text{randperm}\left(\text{length}\left(B_1\right)\right)\right],T_2=\left[\text{randperm}\left(\text{length}\left(B_2\right)\right)\right],\cdots,\right.$$
$$\left.T_t=\left[\text{randperm}\left(\text{length}\left(B_t\right)\right)\right]\right\}$$

（4）从随机数数据集各子集中选取前 $\dfrac{j}{t}$ 个序列数，将各子集所选序列数与非淹没样本点各子集序列数一一对应并输出对应数据，组成共 j 个非淹没样本点的随机非淹没样本数据集：$B'=\left[b_1',b_2',\cdots,b_j'\right]$。

（5）将淹没样本数据集 A 和随机欠采样生成的非淹没样本数据集 B' 组合成均衡的训练样本 $M=\left[A,B'\right]$。

4. 基于数据重构的贝叶斯改进流程

传统贝叶斯的学习训练过程比较简单，整体流程包括训练阶段以及应用阶段，训练阶段是对初始样本进行训练学习以得到先验概率及条件概率，应用阶段则是基于训练得到的先验概率及条件概率，推算每个类别的后验概率以进行分类预测。然而，对于不均衡的样本数据，传统的贝叶斯学习过程会使得不均衡数据集中的少数类样本数据的分类精度大大降低。

通过将分组随机欠采样方法与传统贝叶斯训练流程相结合，从数据重构层面对其提出改进，如图 4.8 所示为基于数据重构的改进贝叶斯基本训练流程。改进贝叶斯的学习训练流程比传统贝叶斯方法多了数据重构的过程，该过程的目的是通过对样本数据进行采样训练从而选择出具有最优预测精度的样本进行学习。整体来看，改进的贝叶斯训练过程可分为数据重构和分类预测两个阶段。

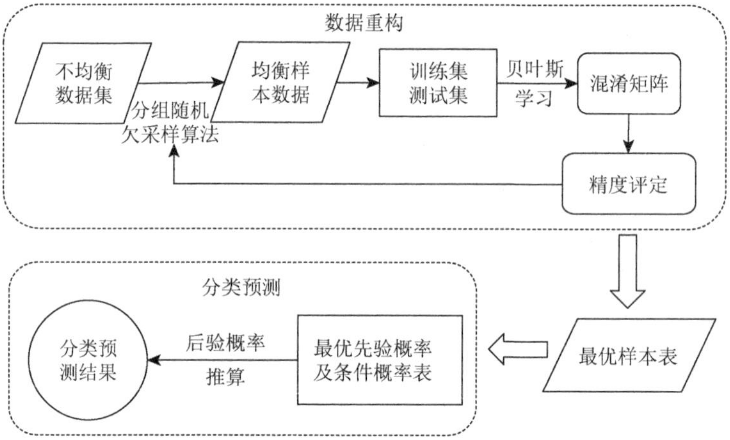

图 4.8　基于数据重构的改进贝叶斯基本训练流程

1）数据重构

基本流程：将不均衡的洪涝淹没样本数据集输入改进的贝叶斯模型，首先利用分组随机欠采样算法进行非淹没样本点的采样，构建一个均衡样本数据。其次，对该均衡样本数据进行训练集和测试集的划分，基于贝叶斯算法学习训练并测试分类预测的精度。由于一次分组随机欠采样所获取的均衡样本并不能够保证模型的预测精度，因此需要通过多次采样以及精度评定来筛选最优精度的样本，即进行多次循环采样、学习及精度评定等过程，直到在有限次数的采样内筛选出具有最高精度的最优样本表。

2）分类预测

基本流程：获取最优样本表后，对最优样本进行学习训练，获得最优先验概率及条件概率表，进一步基于最优先验概率及条件概率对待预测样本数据进行后验概率推算以实现分类预测。

4.2.3　城市洪涝灾害风险预测预警

1. 最优样本表的确定

最优样本表是对改进贝叶斯模型中的数据重构模块进行训练获取的，需要基于该最优样本构建风险评估模型以预测城市洪涝淹没概率及风险大小。最优样本表的具体训练流程如图 4.9 所示。

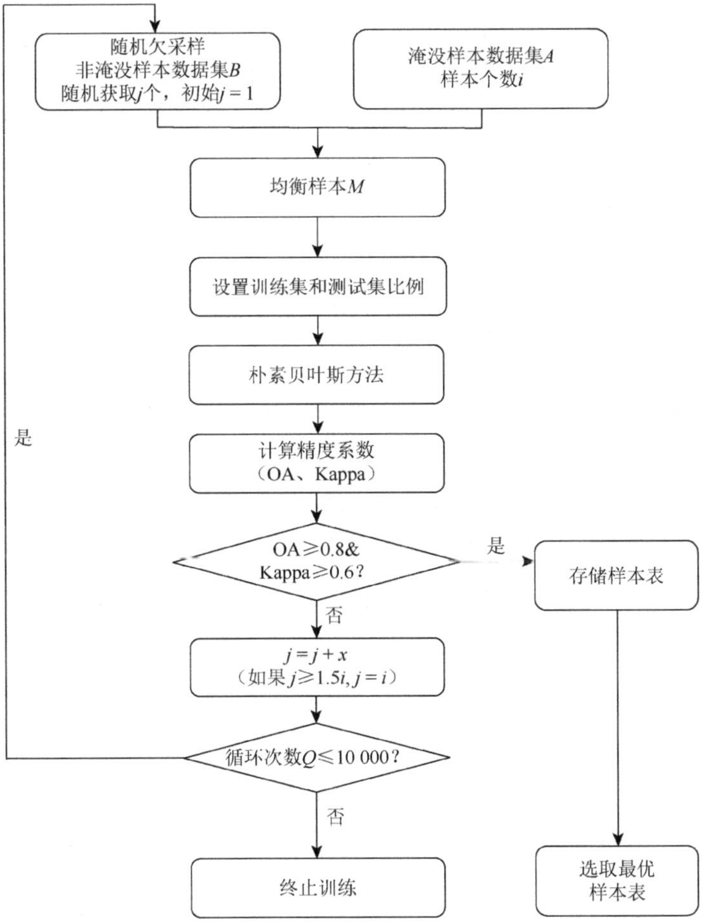

图 4.9　最优样本表的具体训练流程

图 4.9 的流程图可分为以下模块展开介绍。

1）循环设定

设定模型循环次数 Q 为 10 000 次，当运行超过 10 000 次模型运行结束。循环次数即代表了重复采样次数为 10 000 次，即会产生 10 000 个随机样本表，多次采样使得各因子的概率分布无限接近研究区中各因子的实际概率分布，以保证模型预测的精度。

2）随机均衡样本的获取

基于 4.2.2 节所提出的分组随机欠采样方法对非淹没样本点进行采样，使两类样本数量基本一致。不同重现期下的淹没范围不同，因此需要根据不同重现期下的淹没点个数设置非淹没样本点的采样数量，假设 20 年一遇、50 年一遇和 100 年一遇下的淹没样本点个数分别为 a、b 和 c，则各自的非淹没样本点采样数量设置在 $[a,1.5a]$、$[b,1.5b]$、$[c,1.5c]$ 三个区间内。

3）设置训练集和测试集比例

机器学习过程中需要将数据划分为训练集和测试集。训练集数据用来进行模型训练学习，估计参数。测试集数据用于验证模型训练精度，评估模型的好坏。将数据集中 80%的数据作为训练集，20%作为测试集，在每一次训练过程中训练集和测试集均为随机生成。

4）样本训练

基于随机欠采样获得随机均衡样本，总数为 N，其中淹没样本点数量与非淹没样本点数量相当。样本淹没属性中 y_0 代表非淹没，y_1 代表淹没。对应淹没属性的是与洪涝淹没相关的特征影响因子 $X=\{x_1,x_2,\cdots,x_r\}$，其中 $x_1,x_2,\cdots,x_r$ 表示 r 类不同的影响因子。根据所选的洪灾风险因子相互独立这一假设前提，运用朴素贝叶斯方法来训练洪涝灾害淹没的先验概率及条件概率，因此影响因子 $x_1,x_2,\cdots,x_r$ 之间是相互独立的。通过对训练集的学习能够获得研究区各空间格网淹没先验概率 $P_{\text{prior}}=P(Y=y_1)$ ①，各因子条件概率为 $P(x_r\,|\,Y)$。进一步基于极大后验估计，对测试集的淹没及非淹没后验概率进行推算。例如，淹没后验概率计算方法如公式（4.22）所示：

$$P(Y=y_1|x_1,x_2,\cdots,x_r)=P(Y=y_1)\prod\nolimits_{i=1}^{r}P(x_i|Y=y_1)Y=\{y_0,y_1\} \qquad (4.22)$$

其中，x_i 为特征。

采用朴素贝叶斯方法对训练样本进行训练学习，并通过训练所得的先验概率及条件概率进一步推算测试集数据的后验概率，对测试集的分类预测结果进行精度验证。

① 事件 Y 分为淹没属性 y_1 和非淹没属性 y_2。

5）最优样本表确定

运用精度检验方法来评估样本的预测精度，从而筛选出评价精度最优的训练样本。混淆矩阵是用来表示精度评价的一种标准格式。表 4.5 为贝叶斯算法基于测试集数据计算获得的淹没与非淹没预测分类混淆矩阵，矩阵对角线上的数据表示被分到正确类别的样本数，对角线以外的数据则是预测错误的样本数。行总计为各类别样本的总数量，列总计显示的是模型预测过程中被分到对应类别的样本数，N 为样本总数。

表 4.5　基于混淆矩阵的淹没及非淹没预测精度验证

	预测—淹没	预测—非淹没	行总计
真实—淹没	T1 真淹没	F1 假非淹没	T1 + F1
真实—非淹没	F2 假淹没	T2 真非淹没	T2 + F2
列总计	T1 + F2	T2 + F1	N

基于混淆矩阵，可以统计一系列评价指标对模型分类预测结果进行精度评价。研究借助 OA 指数和 Kappa 系数来对模型每一次的预测结果进行精度检验，比较不同随机样本的预测精度，从而找出精度最高的训练样本。

（1）OA 指数。OA 指数，代表分类正确的样本个数占所有样本个数的比例，在本节研究中表示测试集中对于淹没与非淹没情况预测准确的个数占所有样本点个数的比例。计算方法如公式（4.23）所示。

OA 指数：

$$\mathrm{OA}=\frac{\mathrm{T1}+\mathrm{T2}}{\mathrm{T1}+\mathrm{F1}+\mathrm{T2}+\mathrm{F2}} \tag{4.23}$$

（2）Kappa 系数。OA 指数的真实性依赖于采样样本及方法，因此即使已经对 OA 指数进行了分析，仍需要通过某个更加客观的指标对模型分类预测精度做进一步评价。Kappa 系数是一种用于一致性检验或精度评价的方法，它通过离散的多元方法更为客观地评价分类预测精度，克服了混淆矩阵过于依赖样本的问题。该系数的计算如公式（4.24）所示。

Kappa 系数 K：

$$K=\frac{\mathrm{OA}-p}{1-p} \tag{4.24}$$

其中，$p=\dfrac{(\mathrm{T1}+\mathrm{F1})\times(\mathrm{T1}+\mathrm{F2})+(\mathrm{F2}+\mathrm{T2})\times(\mathrm{F1}+\mathrm{T2})}{(\mathrm{T1}+\mathrm{T2}+\mathrm{F1}+\mathrm{F2})^2}$。

K 通常会落在[0, 1]区间，一般将值按一致性的高低划分为 5 个等级，Kappa 系数值在[0, 0.2]一致性等级为极低，(0.2, 0.4]一致性等级为低，(0.4, 0.6]一致性等级为中等，(0.6, 0.8]一致性等级为高，(0.8, 1]一致性等级为极高[347]。

在模型每一次训练过程中分别计算 OA 指数和 Kappa 系数，输出并存储 OA 指数大于 0.8 以及 Kappa 系数大于 0.6 的样本表。在运行结束之后，从存储的满足精度条件的样本表中选取精度最高的样本表作为最优样本表。

2. 基于最优样本表的风险预测预警模型构建

1）淹没及非淹没后验概率推算

在获得最优样本表后，基于最优样本表的先验概率及条件概率推算淹没及非淹没的后验概率。图 4.10 中的灰色栅格为研究区的某一栅格，不同因子在该栅格上都有一固定等级值，利用各因子对应取值的条件概率和极大后验估计公式推算出该栅格的淹没后验概率及非淹没后验概率，分别如式（4.25）和式（4.26）所示。

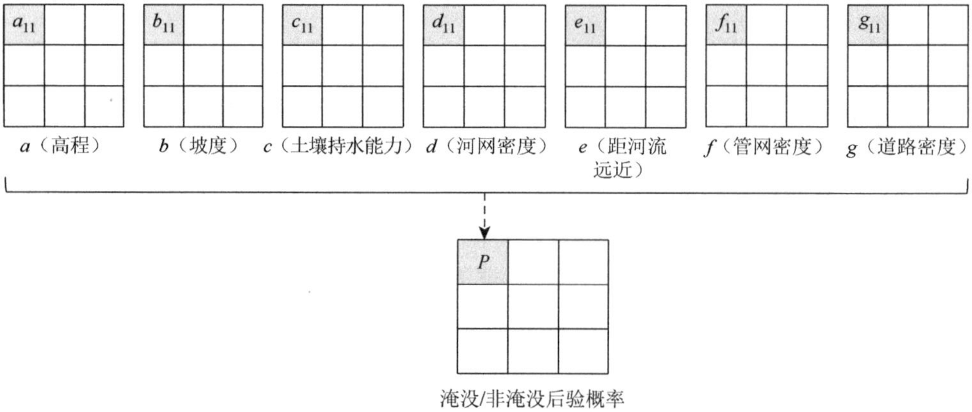

图 4.10　淹没及非淹没后验概率推算

$$P\left(Y=y_1\middle|a_{11},b_{11},c_{11},d_{11},e_{11},f_{11},g_{11}\right)$$
$$=P(Y=y_1)\prod\left(P\left(a_{11}\middle|y_1\right),P\left(b_{11}\middle|y_1\right),P\left(c_{11}\middle|y_1\right),P\left(d_{11}\middle|y_1\right),P\left(e_{11}\middle|y_1\right),P\left(f_{11}\middle|y_1\right),P\left(g_{11}\middle|y_1\right)\right) \tag{4.25}$$

$$P\left(Y=y_0\middle|a_{11},b_{11},c_{11},d_{11},e_{11},f_{11},g_{11}\right)$$
$$=P(Y=y_0)\prod\left(P\left(a_{11}\middle|y_0\right),P\left(b_{11}\middle|y_0\right),P\left(c_{11}\middle|y_0\right),P\left(d_{11}\middle|y_0\right),P\left(e_{11}\middle|y_0\right),P\left(f_{11}\middle|y_0\right),P\left(g_{11}\middle|y_0\right)\right) \tag{4.26}$$

其中，$Y=\{y_0,y_1\}$；y_0为非淹没；y_1为淹没。

2）风险测算

当确定淹没及非淹没后验概率后，对这两项结果进行归一化操作，得到对应栅格洪涝灾害发生的概率即风险（Risk），具体计算方法如式（4.27）所示。最后基于各栅格的风险值，绘制研究区洪涝灾害风险图。

$$\text{Risk}=\frac{P\left(Y=y_1\middle|a_{11},b_{11},c_{11},d_{11},e_{11},f_{11},g_{11}\right)}{P\left(Y=y_1\middle|a_{11},b_{11},c_{11},d_{11},e_{11},f_{11},g_{11}\right)+P\left(Y=y_0\middle|a_{11},b_{11},c_{11},d_{11},e_{11},f_{11},g_{11}\right)} \tag{4.27}$$

3. 风险敏感性分析方法

在对城市洪涝灾害进行风险分析时，敏感性分析是十分有必要进行的，通过研究某一风险因子发生变化时对洪涝灾害淹没风险的影响大小，有利于为提升洪灾应对能力提供决策依据。风险敏感性分析的目的是找到高敏感性的风险因子，具有高敏感性的因子发生微小的变化就可能会导致风险产生非常大的改变，因此这些敏感性高的风险因子需要被重点关注，以更好地应对洪涝灾害。

贝叶斯节点的敏感性可以通过方差缩减、互信息或者信念方差进行量化[348, 349]。敏感性的计算方法如式（4.28）、式（4.29）所示，敏感性的值越高，代表参数对洪涝淹没风险的影响越明显。导数函数用于帮助识别和估计每个因素对总体风险的贡献[350]。通过给定一组目标节点，利用导数函数来计算目标节点的后验概率分布对贝叶斯网络中每个数值参数的完整导数，得到所有节点的敏感性值。

$$P\left(y\middle|e\right)\left(x\right)=\frac{\partial x+\beta}{\gamma x+\delta} \tag{4.28}$$

其中，β、δ、γ 为常数项；x 为概率参数；e 为输入贝叶斯结构中的证据即确定的因子等级；y 为查询值即所需得到目标节点的结果；后验概率 $P\left(y\middle|e\right)\left(x\right)$ 为 x 的两个线性函数的分数。

$P\left(y\middle|e\right)\left(x\right)$ 对 x 的偏导表示为

$$S\left(x\middle|y,e\right)=\frac{\partial P\left(y\middle|e\right)}{\partial x}=\frac{\alpha-\beta\gamma}{\left(\gamma x+1\right)^2} \tag{4.29}$$

如果偏导值 $S\left(x\middle|y,e\right)$ 很大，表明这一因素的一个小变化可能会导致目标后验概率的大变化，具有较高的敏感性。如果偏导值很小，那么即使参数变化很大，对后验概率的影响也很小，即具有较低的敏感性。

4.3　基于知识图谱的灾害链风险预测预警

知识图谱作为一种由三元组构成的语义网络，为灾害链的挖掘和表达提供了新思路。本节提出了一种基于知识图谱的城市洪涝灾害链风险预测预警方法，首先分析城市洪涝灾害的链式演化过程，其次从灾害链角度出发提出城市洪涝灾害链知识图谱构建方法，为暴雨灾害链的风险预测奠定基础，最后基于贝叶斯网络构建城市洪涝灾害链风险预测预警模型。

4.3.1 城市洪涝灾害链式演化过程分析

1. 城市洪涝灾害链式演化过程

城市洪涝灾害的形成主要受城市气候子系统以及城市地表子系统相互作用影响。暴雨作为城市洪涝灾害的主要原因之一，通常是指在短时间内产生的强降水天气。按照降水强度可分为 24 小时降水量 50.0～99.9 毫米的暴雨、100.0～249.9 毫米的大暴雨以及 250.0 毫米以上的特大暴雨。当暴雨发生时，短时间内大量的降水会超过城市排水系统的承载能力，导致积水无法迅速排出，下水道、河道和湖泊的水位迅速上升，进而引发城市内涝及一系列链式灾害的发生。道路积水、交通堵塞将成为常态，居民的出行和物资供应受到影响，导致物价上涨，给居民的生活带来一定的负担。各种灾害相互作用和关联，最终造成的灾情后果远远超过单一灾种。而这种由一种灾害引发一系列其他灾害相继发生的灾害现象往往被称为灾害链。基于上述分析，将城市洪涝灾害链定义为暴雨作为直接或间接致灾因子，在一定孕灾环境下引发一系列次生、衍生灾害，并对承灾体造成严重灾情影响的过程。

1）城市洪涝灾害链形成机理及结构特征

城市洪涝灾害链从系统论的角度出发可以被解释为一个由致灾因子、孕灾环境、承灾体以及灾情来描述的复杂灾害系统。致灾因子通常指自然环境中对人类以及生存环境造成不利影响的极端事件；孕灾环境指特定区域的综合地理条件，可以放大或制约灾情影响；承灾体指城市洪涝灾害链事件中各灾害的主要受灾对象；而灾情的产生则是由致灾因子危险性、孕灾环境稳定性以及承灾体易损性在时间和空间上复杂的耦合作用所形成的。因此，城市洪涝灾害链一般可以描述为

$$D = \{E, H, S, R\} \tag{4.30}$$

其中，D 为灾害链系统；E 为孕灾环境；H 为致灾因子；S 为承灾体；R 则为三者之间的耦合作用关系，从而城市洪涝灾害链的形成机理可以描述为图 4.11。

运用灾害系统论对城市洪涝灾害链的形成机理进行阐述。如图 4.11 所示，城市洪涝灾害链的原生致灾因子主要为降水，孕灾环境主要包括水文条件、地质条件、植被土壤、社会环境等，承灾体主要包括人、房屋建筑、城市生命线系统、农业等。城市洪涝灾害链的形成可以解释为致灾因子与不同孕灾环境的作用，对

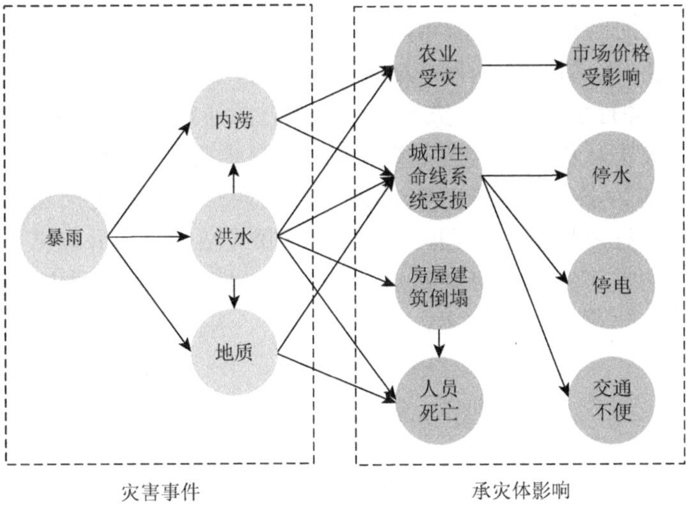

图 4.11　城市洪涝灾害链的形成机理

各类承灾体造成影响从而形成灾情的过程。由于暴雨引发各类次生灾害的致灾机理不同，因此可将城市洪涝灾害链分为暴雨—内涝、暴雨—洪水、暴雨—地质、承灾体影响 4 类，并进一步分析其形成机理。

（1）暴雨—内涝灾害链。暴雨产生的雨水与下垫面、排水管道等孕灾环境因素相互作用不断产生地表汇流，当地表汇流超过地表下渗能力和管道排水能力时，就很容易产生内涝积水。内涝对交通设施、电力设施、水利设施等城市生命线系统承灾体以及农业承灾体造成影响，从而进一步引发城市生命线系统受损、农业受灾等后果。

（2）暴雨—洪水灾害链。暴雨会与河网密度、河流距离等孕灾环境因素相互作用，河流水系丰富、靠近河流水系的地区在雨季极易发生洪水灾害。降水引发河流水位上涨，超过警戒水位线后，进一步与排水、下垫面、调洪能力等社会环境孕灾因素作用，留在地表的径流通常会形成洪水，对房屋建筑、人、城市生命线系统造成严重灾情影响。

（3）暴雨—地质灾害链。暴雨以及不利的地质条件相互作用会引发崩塌、滑坡、泥石流等地质灾害，如暴雨会浸润岩石表层的土壤，在一定倾斜角度地形下的土壤层可能会发生较大位移，从而形成滑坡。当滑坡作用到人、房屋建筑承灾体上时，则可能会造成房屋建筑倒塌、人员死亡等严重灾情。

（4）承载体影响灾害链。灾害对某一承灾体造成的影响在一定条件下可能会成为另一种致灾因子，对其他承灾体造成影响，如城市生命线系统受损会影响正常生产生活。

基于灾害链的结构可以将城市洪涝灾害链分为串联式结构、并联式结构以及混联式结构 3 类。如图 4.12 所示，H 为原生灾害，H_n、H_{kn} 为次生灾害，n 为灾害链的长度，k 为并行引发的串联灾害链的个数。图 4.12（a）串联式结构为一种灾害诱发另一种灾害从而推动灾害的演变的过程，也可称之为多米诺效应；图 4.12（b）并联式结构为多个串联灾害链的发生都由同一原生灾害所引发的过程，这些串联灾害链并行发展演化；图 4.12（c）混联式结构是在并联式的情况下，不同串联链路上的灾害实际上可能具有耦合效应，使得不同串联灾害链相互关联，灾害链的发展演化更为复杂多变。

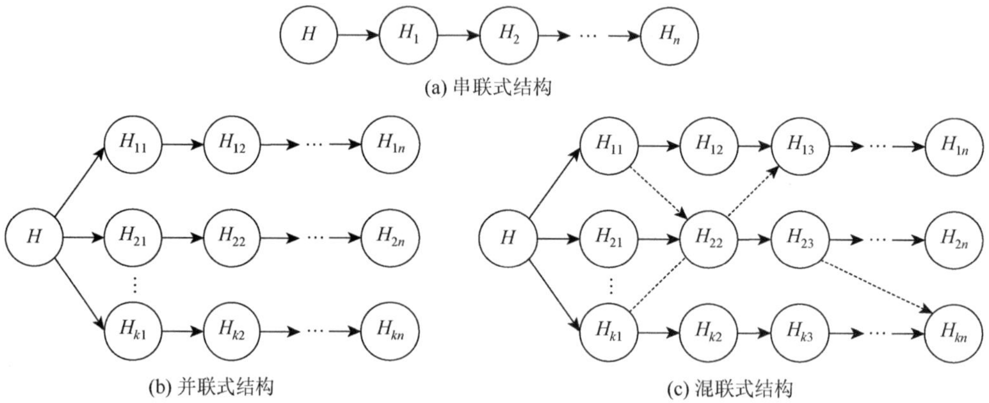

图 4.12　城市洪涝灾害链串联、并联和混联结构类型

实际城市洪涝灾害事件中，城市洪涝灾害链的结构通常不会是简单的串联或并联形式，而是常常表现为具有耦合作用关系的复杂混联式结构。如并联式结构的城市洪涝灾害链“暴雨—地质—人员死亡、暴雨—洪水—房屋倒塌—人员死亡”中，但两个串联链路中的“地质”与“房屋倒塌”实际上也存在一定的作用关系。因此，若仅仅对单一城市洪涝灾害事件链条进行演化分析，可能会割裂某些灾害之间的关联关系以及城市洪涝灾害链演化系统的整体性。为从整体上把握城市洪涝灾害事件的发展过程和演化趋势，应当从混联式结构的角度出发对城市洪涝灾害链中各灾害的一般引发关系进行挖掘。

2）城市洪涝灾害链的内涵特点

城市洪涝灾害链作为灾害链的一类，同样具有诱发性、累积放大性以及不确定性的特征。

（1）对于城市洪涝灾害链的诱发性，常常表现为短时强降水的主要诱发性以及人类活动的次要诱发性。如在城市地区暴雨导致滑坡发生，滑坡对挡土墙造成影响，从而挡土墙垮塌作为新的灾害压倒简易集装箱宿舍，最终造成人员死亡的灾害链事件中，暴雨作为原生灾害是城市洪涝灾害链的主要诱发因素，而私建不合规简易住宅这一不合理的人类活动则为城市洪涝灾害链的次要诱发因素。

（2）城市洪涝灾害链的累积放大性，通常表现为城市洪涝灾害易引发一系列次生衍生灾害，造成基础设施、自然环境破坏，导致灾害后果的累积放大。如暴雨以及暴雨引发的内涝都会先后对农业造成严重影响，进一步导致产出降低，影响市场价格。

（3）城市洪涝灾害链的不确定性，主要表现为城市洪涝灾害链过程涉及多种形式的灾害诱发关系，但仅为逻辑上的关联，在实际城市洪涝灾害链事件中并不代表一次灾害事件发生后，必定能引发次级灾害的发生。如暴雨过后，斜坡稳定性遭到破坏使得滑坡发生的可能性增大，但不一定会诱发滑坡灾害。

综合城市洪涝灾害链的概念和特征来看，暴雨作为直接或间接因素易引发多种灾害，各灾种之间存在明确的引发关系，但这种关系发生的可能性难以确定，灾害不断发展演变最终造成灾情累积放大，表现出明显的多样性和复杂性。因此，对城市洪涝灾害链进行挖掘实际上是对城市洪涝灾害链中的各灾种的引发逻辑关系进行挖掘，发现其一般演化规律。但基于城市洪涝灾害链的不确定性，需要进一步对其引发关系进行衡量，量化各灾害发生的可能性，从而探寻城市洪涝灾害可能的演化趋势和造成灾情的影响。

2. 城市洪涝灾害链风险分析

与单一灾害风险不同的是，灾害链的风险表现为灾害之间引发关系的可能性大小，以及这种引发关系形成的链式效应造成的更为严重的后果。通过确定各灾害的属性来表征其严重程度，对前种灾害导致后种灾害处于某一程度状态的可能性进行量化，从而得到城市洪涝灾害链中各灾害的风险（Risk）如式（4.31）和式（4.32）所示。

$$\text{Risk}_j = f\left(P_{i\to j}, L_j\right) \tag{4.31}$$

$$L_j = \left(l_{j1}, l_{j2}, \cdots, l_{jk}\right) \tag{4.32}$$

其中，$P_{i\to j}$ 为城市洪涝灾害链中灾害 i 引发灾害 j 的概率；L_j 为灾害 j 的严重程度，可分为 k 个等级，如洪水可分为一般、较大、严重、特大四级；l_{jk} 为灾害 j 的第 k 个严重等级。

根据上述对城市洪涝灾害链风险（Risk）的阐述可知，灾害链中的各灾害的风险受前种灾害风险大小的影响。如图 4.13 中的灾害 e_2 的风险 Risk_2 实际上表示了前种灾害 e_1 在不同严重程度 L_1 上引起灾害 e_2 发生不同严重程度 L_2 的概率。但灾害之间的影响关系并非仅仅为一个灾害影响另一个灾害的一对一关系，实际城市洪涝灾害事件中往往表现为多个灾害共同作用于一种灾害的多对一关系。如灾害 e_6 的风险 $\mathbf{Risk}_6$ 则表示了其前种灾害 e_3、e_4、e_5 处于不同严重程度的某一等级时引发的 e_6 处于 L_6 某一等级的概率。

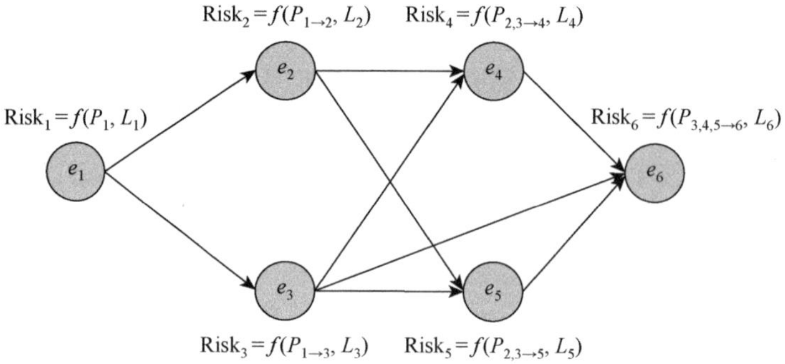

图 4.13　城市洪涝灾害链风险示意图

因此，本节的城市洪涝灾害链风险由灾害间的引发概率与不利后果组成，其预测实质上是对城市洪涝灾害事件发展演化过程中引发的各种次生、衍生灾害的风险等级以及造成的各类灾情影响的损失程度的概率进行预测，是一种不确定性的定量描述。

3. 城市洪涝灾害链风险预测预警框架

本节分析了城市洪涝灾害链演化发展的客观规律，在此基础上构建了基于贝叶斯网络的城市洪涝灾害链风险预测预警框架如图 4.14 所示，主要分为基于知识图谱的城市洪涝灾害链挖掘与基于贝叶斯网络的城市洪涝灾害链风险预测两个模块[351]。

1）基于知识图谱的城市洪涝灾害链挖掘

通过城市洪涝灾害相关概念与层级关系确定、语义关系设计以及属性描述三部分构建城市洪涝灾害链本体模型，实现知识图谱模式层的搭建；在此基础上对城市洪涝灾害相关文本数据，通过知识抽取、知识融合与知识存储构建城市洪涝灾害链知识图谱数据层，表现为实体三元组的形式。数据层和模式层相互补充形成城市洪涝灾害链知识图谱。然后基于得到的城市洪涝灾害链知识图谱，对其中的链路进行耦合，实现城市洪涝灾害链的挖掘。

2）基于贝叶斯网络的城市洪涝灾害链风险预测

将基于知识图谱挖掘得到的城市洪涝灾害链结构作为构建贝叶斯网络结构的依据，并结合各灾害节点的先验概率、条件概率以及证据信息对城市洪涝灾害链中各次生灾害及灾情影响程度的概率进行预测，从而实现城市洪涝灾害链的风险预测。

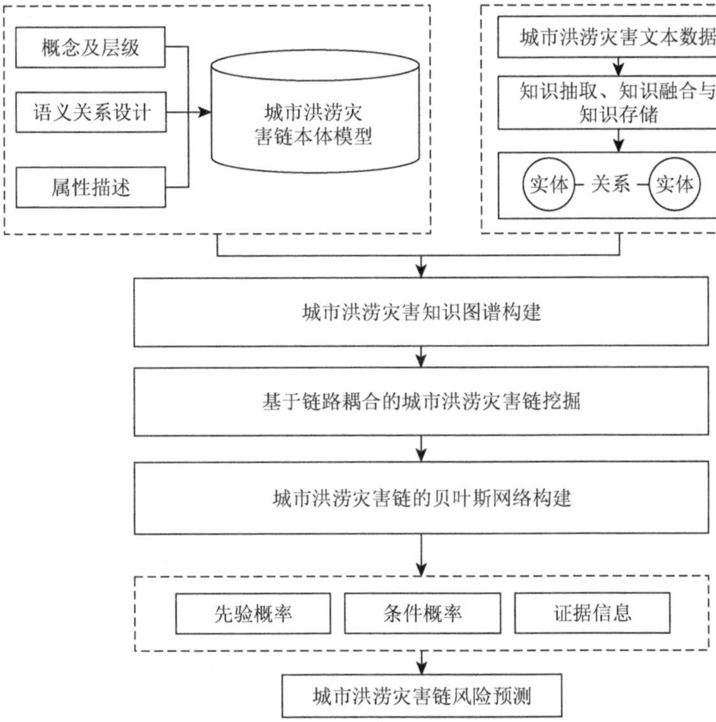

图 4.14　城市洪涝灾害链风险预测预警框架

4.3.2　城市洪涝灾害链知识图谱构建

1. 知识图谱构建流程

知识图谱以图模型在描述复杂知识和事物间关联关系上具有十分强大的优越性，基于现实世界中城市洪涝灾害链的混联式结构特性，知识图谱为灾害链的表达和挖掘提供了新的解决方案[352]。知识图谱是对真实世界的语义表示，可以从多源异构的数据中发现知识，并将其整理为图的形式。图谱中的每个节点代表一个实体，是知识图谱最为基本的元素，节点之间的边代表实体间的语义关系，最后形成一个包含大量实体节点和关系边的网状结构。由此可知，知识图谱本质上是一个结构化的语义知识库，具备强大的信息整合和知识表达能力。知识图谱的构建方式主要可分为自顶向下和自底向上两种方法，如图 4.15 所示。

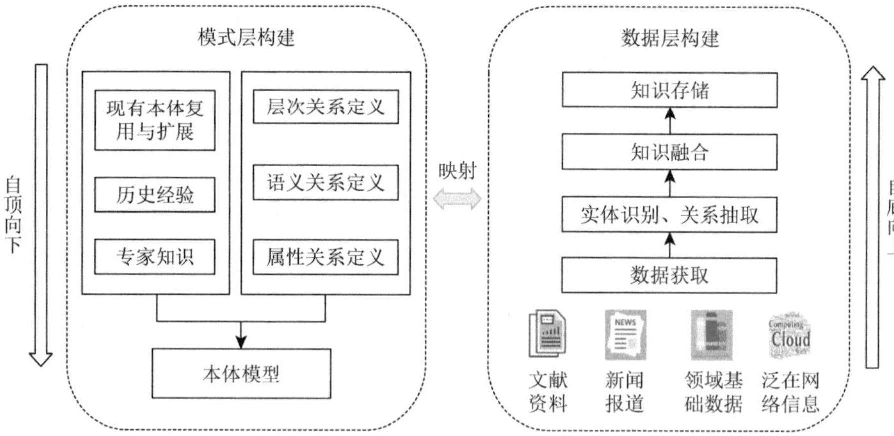

图 4.15　知识图谱构建流程

（1）自顶向下。自顶向下构建方法用来搭建知识图谱的模式层，主要通过设计本体模型搭建知识图谱的基础框架，大多运用于已有固定知识体系的领域。可以先对现有本体进行复用与扩展，并结合历史经验、专家知识预先定义概念的层次关系、语义关系以及属性关系等，搭建定义准确、结构清晰的知识图谱框架结构，最后可将具体实例数据逐渐加入到本体模型中形成自顶向下构建的知识图谱。

（2）自底向上。自底向上构建方法形成知识图谱的数据层，主要从文献资料、新闻报道、领域基础数据以及泛在网络信息这些结构化、半结构化或非结构化数据中，通过设计合适的实体识别、关系抽取方法抽取实体和关系，将不同来源和表述的实体进行对齐、融合，并选择合适的底层存储方式进行存储，形成数据层，最后对实例数据进行概念抽象搭建本体模型，形成多层次的实体关联关系，从而完成自底向下构建的知识图谱。对于缺乏系统知识体系的领域，多采用自底向上的构建方法。

自顶向下的构建方法仅适用已有固定知识体系、小规模的数据量，不能满足现如今海量的数据以及某些开放的知识体系的建模需求，因此自顶向下和自底向上相结合的方法成为构建知识图谱主要的方式。在知识图谱模式层中本体模型的指导下对各种数据信息进行抽取、融合与存储，形成知识图谱数据层；将知识图谱数据层的实例抽象到相关概念中，对已构建的本体模型进行完善和补充。模式层和数据层相互映射，不断补充完善，最终形成具有清晰准确的框架结构以及翔实丰富的实例数据的知识图谱。

知识图谱通常由三元组结构表示，如图 4.16 所示，知识图谱 $G=(E,R,S)$，其中 $E=\{e_1,e_2,e_3,\cdots,e_n\}$ 代表知识图谱中的实体集合；$R=\{r_1,r_2,r_3,\cdots,r_m\}$ 代表知识图谱中的关系集合；$S\subseteq E\times R\times E$ 为知识图谱中的三元组集合。对于 S 的形式，一般可以表示为<实体，关系，实体>，即(h,r,t)。其中h为三元组的头部实体，r为语义关系，t为三元组的尾部实体。由此可知，知识图谱通过三元组中的头尾部实体以及指向关系可以十分形象地表达事物间关联关系，具有强大的语义关系表征能力。

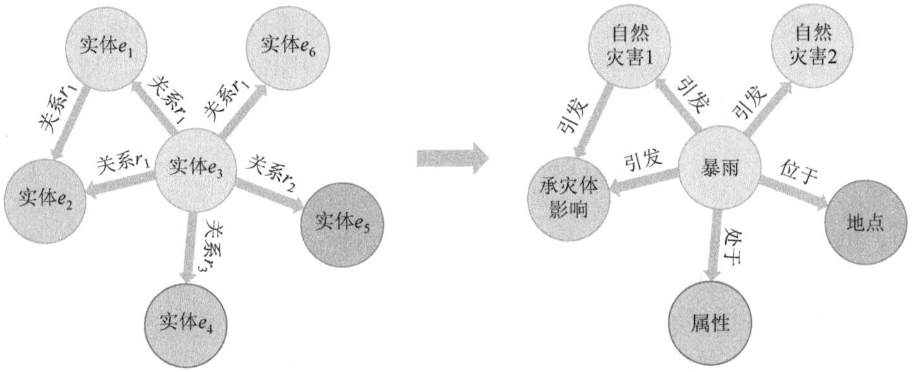

图 4.16　知识图谱示意图

城市洪涝灾害链中各灾害之间同样具有明确的引发关系，表现为混联式的结构特点，需要挖掘各灾害之间的作用关系从整体上挖掘其一般引发逻辑关系。基于两者在结构上存在一定的相似性，可以将知识图谱运用于灾害链的研究中，如图 4.16 所示，图谱中不同灰度的节点代表着不同类型的实体，从而可知城市洪涝灾害链知识图谱可以用暴雨-位于-地点三元组表示城市洪涝灾害发生的地点，用暴雨-处于-属性表示城市洪涝灾害的属性及属性值，暴雨-引发-自然灾害/承灾体影响表示暴雨引发的各类次生灾害或承灾体影响，暴雨/自然灾害-引发-承灾体影响表示各灾害造成的承灾体影响。由此可见，知识图谱对城市洪涝灾害链中各灾害的引发关系挖掘具有很强的适用性，此外，知识图谱的三元组还能对城市洪涝灾害链中各灾害的属性特征进行表达，有助于了解城市洪涝灾害事件的全貌和内在演化机理。

基于上述分析，本节主要是从灾害链角度出发提出城市洪涝灾害链知识图谱的构建方法，实现城市洪涝灾害事件信息获取以及城市洪涝灾害链中各灾害之间的引发关系的表征，为城市洪涝灾害链的风险预测奠定基础。

2. 本体模型构建

本体是一种对概念进行明确形式化规范说明的可共享框架[353]，可用来描述概念以及概念间的语义关系[354]，在自然灾害领域多运用于信息的集成和规则的推理。城市洪涝灾害具有明显的链式反应特点，一次城市洪涝灾害事件中暴雨作为直接或间接因素往往易引发一系列次生、衍生灾害，并对承灾体造成严重影响。城市洪涝灾害链的引发逻辑复杂多样，并不仅仅简单表现为串联或并联式结构，为从整体上把握城市洪涝灾害链的一般引发逻辑关系，需要对灾害事件的发展与演化进行探究。因此，不同于以往侧重于概念间关系的以静态实体为核心的知识图谱，本节创建了一个聚焦于描绘演变历程的以动态事件为核心的城市洪涝灾害链知识图谱。通过本体结构表征城市洪涝灾害链知识图谱的模式层，城市洪涝灾害链知识图谱（G）可定义为以下结构：

$$G = \big(\text{Event}\big(\text{Con}, \text{Rel}, \text{Prop}, \text{Ins}\big)\big) \tag{4.33}$$

其中，Event 为知识图谱（G）中城市洪涝灾害事件的集合；Con 为概念，是一系列具有相同特征的事物的总称；Rel 为关系，用于表示图谱各要素的关联关系；Prop 为属性，可用于多组属性表征概念的性质和固有特性；Ins 为实例，是灾害事件领域概念的具体化表达。

城市洪涝灾害链知识图谱本体框架中的概念实际上是对各种灾害和灾情数据进行抽象而形成的知识表达，是本体框架中的核心元素。因此，需要确定暴雨引发的城市洪涝灾害事件中的概念分类以及层级关系。将灾害事件概念分为自然灾害和承灾体影响，具体概念分类体系参照国家标准文件《自然灾害分类与代码》《自然灾害承灾体分类与代码》中的概念定义与分类，自然灾害包括洪涝灾害、台风灾害、暴雨灾害、大风灾害等 13 类，承灾体影响包括人员伤亡、财产损失、建筑物或构筑物破坏等 9 类，如图 4.17 所示。

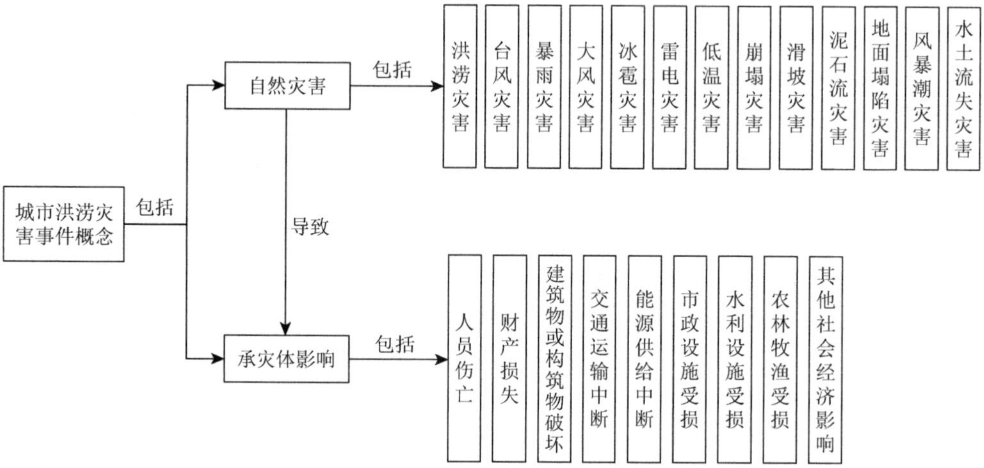

图 4.17 城市洪涝灾害事件概念分类及层级关系

一次城市洪涝灾害往往会引发一系列连锁反应，在确定灾害事件中各类次生灾害和灾情影响的基础上，需要进一步识别其关联关系。因此，城市洪涝灾害链知识图谱中的关系应包括概念与概念间、概念与实例间以及实例与实例间的语义关系，以清晰刻画城市洪涝灾害事件的发展与演化，如表 4.6 所示。

表 4.6　城市洪涝灾害事件语义关系设计

语义关系	解释说明	示例
子类（Has subclass）	B 概念是 A 概念的子类	城市洪涝灾害是气象水文灾害的子类
实例（Has individual）	B 灾害是 A 概念的实例	“4 • 11”强降水是一个具体事例
导致（Cause）	A 灾害导致 B 灾害/承灾体影响	暴雨导致内涝/房屋倒塌
伴随（Accompany）	A 灾害伴随 B 灾害	暴雨天气并伴有雷电

在城市洪涝灾害事件中，掌握各种灾害和承灾体影响的时空信息和属性值有助于了解灾害事件的全貌和内在演化机理。因此，城市洪涝灾害链知识图谱中的属性应包括专题属性如名称、类型、严重程度等，时空属性如开始时间和结束时间、地点。参照《自然灾害灾情统计调查制度》《气象灾害调查技术规范 气象灾情信息收集》等文件对城市洪涝灾害事件属性进行描述，如表 4.7 所示。

表 4.7　城市洪涝灾害事件属性描述

属性类别	属性名称	实例
专题属性	Name-名称	内涝积水
	Id-编号	137
	Type-类型	洪涝灾害
	Type_id-类型编号	010 200
	Degree-严重程度	严重
时空属性	Start_time-开始时间	2018 年 9 月 15 日
	End_time-结束时间	2018 年 9 月 17 日
	Loc-地点	深圳市

通过城市洪涝灾害事件核心概念确定、语义关系设计以及事件属性描述构建了城市洪涝灾害链本体模型，自顶向下搭建了城市洪涝灾害链知识图谱（G）的模式层，为实体数据层的映射奠定理论框架基础。城市洪涝灾害链本体模型可以表示为图 4.18。

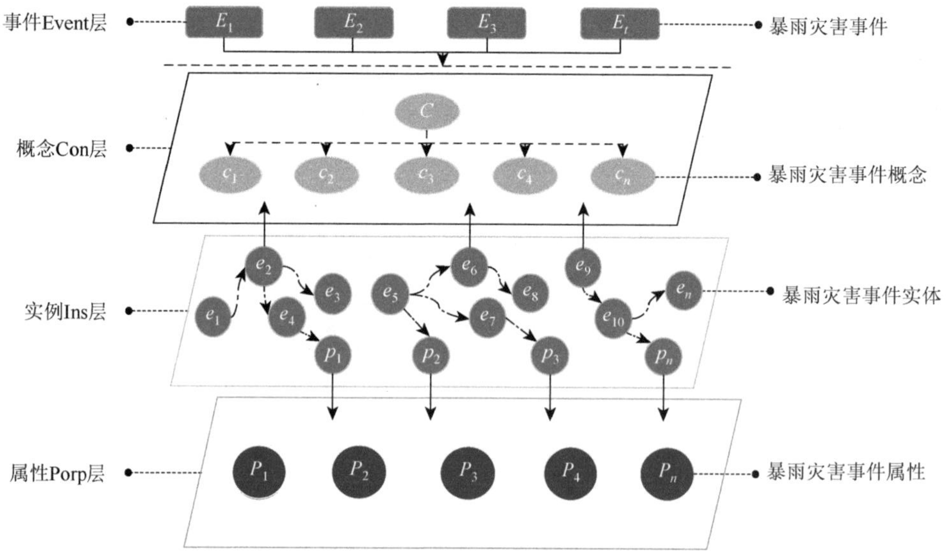

图 4.18　城市洪涝灾害链本体模型

n 表示第 *n* 个概念，*t* 表示第 *t* 个事件，p_n 表示事件属性，P_n 表示事件属性集合；- - - - -➤表示概念与概念间的语义关系，—·—·—➤表示实体与实体间的语义关系

3. 知识抽取与知识存储

1）基于依存句法分析的知识抽取

依存句法分析是自然语言处理中的关键技术之一，通过识别句子中词汇之间的相互依存关系，返回一个依存句法树。本节主要采用 HanLP 对待分析的句子进行词性标注、依存句法分析等[355]。词性标注主要用于标注语句中每个词语的词性，常见词性有名词（n）、形容词（a）、动词（v）、数词（m）、地名（ns）、时间（t）等；依存句法分析主要用于分析语句中词语与词语之间的语法关系，并将其表示为树形结构，常见的类型有主谓关系（SBV）、动宾关系（VOB）、定中关系（ATT）、状中结构（ADV）、动补结构（CMP）等。对一段文本“超强台风山竹导致深圳市普降大暴雨，造成树木倒伏 1.7 万多棵。”进行依存句法分析后得到的依存句法树如图 4.19 所示。

从图 4.19 中可以看出，该依存句法树是以句子的中心词“导致”为树根，其他词为节点，依存关系为有向边的多叉树。通过依存句法分析可以得到每个词的词性以及各个词语之间依存关系。因此，具体知识抽取流程可分为以下几个部分。

（1）语料库构建。①以一定数量的城市洪涝灾害气候公报、灾害新闻报道等作为基础语料，根据语句中所涵盖的灾害事件的信息量，通过人工标注的方式对基础文本数据中的各个语句进行分级。根据所涵盖的城市洪涝灾害事件的信息量，即语句与城市洪涝灾害事件的相关程度，将语句分为 1 级、2 级和 3 级。

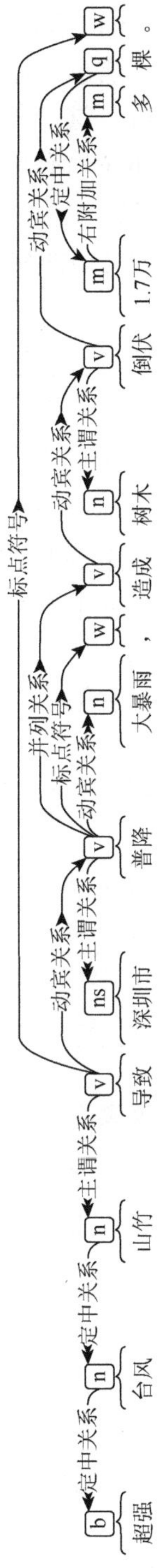

图 4.19　依存句法树示例

b 表示区别词；w 表示标点符号；q 表示量词

如“2017 年 6 月中下旬，我市北部出现强降水天气，局部路段有积水。”这一语句中包含了明确的城市洪涝灾害事件信息，标为 1 级；如“气温、降水和日照时数资料来自省气象信息中心整编资料。”这一语句涵盖的城市洪涝灾害事件信息量非常少，标为 3 级。②基于基础文本中所有语句的等级，为不同等级的语句进行赋值。将 1～3 级的语句分别赋值为 A_{D_1} 、A_{D_2} 和 A_{D_3} 。统计词语在基础语料中的频次，并结合语句的等级赋值，确定该词语的权重值，具体计算方法如公式（4.34）所示。

$$\mathrm{WEIGHT}(t_i)=\frac{\mathrm{tf}(t_i,D_1)\times A_{D_1}+\mathrm{tf}(t_i,D_2)\times A_{D_2}+\cdots+\mathrm{tf}(t_i,D_n)\times A_{D_n}}{\sum_{j=1}^{n}\mathrm{tf}(t_i,D_j)} \tag{4.34}$$

其中，$\mathrm{WEIGHT}(t_i)$ 为词语 t_i 的权重；$\mathrm{tf}(t_i,D_k)(k=1,2,\cdots,n)$ 为词语 t_i 在语句 D_k 中出现的频次； A_{D_n} 为语句 D_n 的等级分值。基于得到的所有词语的权重，将权重值高于 1.01 的词语确定为触发词存储至触发词词典，并构建专有名词词典与灾害程度词词典，分别存储城市洪涝灾害事件专有名词和灾害程度词，从而获得城市洪涝灾害事件语料库 C 如表 4.8 和表 4.9 所示，展示了城市洪涝灾害事件语料库中词语的所属类别、词性、权重值以及示例。

表 4.8　城市洪涝灾害事件语料库词典

词典类型		示例
触发词		带来、导致、触发、造成、引发、倒塌、停运、倒伏、故障、受灾……
专有名词	自然灾害	山竹、天鸽、暴雨、雷电、大风、阵风、龙舟水、山体滑坡……
	承灾体影响	房屋、航班、树木、水库、墙体、河堤、人员、列车、车辆……
灾害程度词		强、弱、级、大、严重、规模、等级、强度、范围……

表 4.9　城市洪涝灾害事件语料库词语权重

触发词	词性	权重值
带来	动词	1.20
暴雨	动词	1.20
山体滑坡	名词	1.20
倒伏	动词	1.17
航班	名词	1.16
导致	动词	1.12
倒塌	动词	1.08
……	……	……

（2）三元组抽取。①确定与城市洪涝灾害相关度高的有效单句。通过对文本数据进行分句得到由大量单句组成的目标文本数据后，再进行分词处理。为在目标文本中获取与城市洪涝灾害相关程度高的信息，将含有触发词的文本作为有效单句。即将每个单句中包含的词语依次与语料库中的触发词进行对比，若单句中涵盖语料库中的触发词，则将该单句确定为有效单句。如文本“2018 年 9 月 15 日，超强台风山竹导致深圳市普降大暴雨，引发山体滑坡，造成树木倒伏 1.7 万多棵。”中包含触发词“导致”“引发”“造成”“倒伏”，则可以将该语句确定为有效单句。②计算有效单句中词语的语义评分。通过句法分析，确定有效单句中的核心动词，并计算该句中每个词语与核心动词之间的序列距离和依存距离，从而进一步得到每个词语的依存距离评分。具体方法为：标注有效单句中的词语 LEMMA、序号 ID、词性 POSTAG、依存关系 DEPREL，计算词语与核心动词之间的语序距离 SQD、语义距离 DED、综合语义距离 DIS、语义评分 SCORE，计算公式为

$$\mathrm{SQD} = \left|\mathrm{word.ID} - \mathrm{core.ID}\right| \tag{4.35}$$

$$\mathrm{DED} = \mathrm{len}\left(\mathrm{corePath}\right) + \mathrm{len}\left(\mathrm{wordPath}\right) - 2\mathrm{len}\left(\mathrm{lcaPath}\right) \tag{4.36}$$

$$\mathrm{DIS} = a \times \mathrm{SQD} + b \times \mathrm{DED} \tag{4.37}$$

$$\mathrm{SCORE} = \frac{\mathrm{DIS}}{\mathrm{WEIGHT}} \tag{4.38}$$

其中，word.ID 为词语 word 的序号；core.ID 为有效单句中核心动词 core 的序号；len（corePath）为核心动词 core 结点到句法树根节点的路径长度；len（wordPath）为词语 word 节点的路径长度；len（lcaPath）为 core 和 word 节点的最低公共祖先的路径长度；系数 a、b 为权重系数，本节取 1∶10；WEIGHT 为词语 word 在语料库 C 中的权重。为提高实体抽取的准确性，若有效单句中的词语 word $\in C$，且 WEIGHT$\neq$0，按照公式（4.38）计算语义评分 SCORE；若 WEIGHT = 0，则 SCORE = 0；若 word $\notin C$，则 DIS = SCORE。从而“2018 年 9 月 15 日，超强台风山竹导致深圳市普降大暴雨，引发山体滑坡，造成树木倒伏 1.7 万多棵。”的语义评分可以表示为表 4.10。③结合词语的位置、词性和语义评分抽取灾害实体信息。抽取动词位置之前和之后区域范围内符合词性要求如名词（n）、地名（nz）、动名词（vn）等，且语义评分最低的词语作为三元组的主客体实体词；抽取符合词性要求［如时间（t）、地名（ns）等］，且语义评分最低的词语作为时空实体词。如在动词“导致”之前的词性为名词（n）的词语包括“台风（1.83）”“山竹（0.92）”，选择“山竹”作为三元组的主体实体词，同理客体实体词则为“大暴雨（1.92）”，从而抽取得到三元组“山竹—导致—大暴雨”。④针对提取的实体词，结合句法树提取修饰词。即将实体词在句法树中符合词性要求如形容词（a）、区别词（b）、名词（n）等的子节点作为修饰词。如“山竹”在句法树中的符合词性要求的子节点包括“超强”“台风”，因此将其作为“山竹”的修饰词。⑤实体信息标准化。

主客体实体词、对应动词按照设计的语义关系存储为实体三元组，其实体修饰词存储为程度属性；时空实体词及其修饰词标准化为实体的时空属性。

表 4.10　语义评分示意表

ID	LEMMA	POSTAG	DEPREL	SQD	DED	DIS	WEIGHT	SCORE
1	2018 年	t	定中关系	7	2	2.7	—	2.70
2	9 月	t	定中关系	6	2	2.6	—	2.60
3	15 日	t	状中结构	5	1	1.5	—	1.50
4	，	w	标点符号	4	2	2.4	0	0
5	超强	b	定中关系	3	3	3.3	1.05	3.14
6	台风	n	定中关系	2	2	2.2	1.20	1.83
7	山竹	n	主谓关系	1	1	1.1	1.20	0.92
8	导致	v	核心关系	0	0	0	1.12	0
9	深圳市	ns	主谓关系	1	2	2.1	—	2.1
10	普降	v	动宾关系	2	1	1.2	—	1.2
11	大暴雨	n	动宾关系	3	2	2.3	1.20	1.92
12	，	w	标点符号	4	2	2.4	0	0
13	引发	v	并列关系	5	1	1.5	1.20	1.25
14	山体滑坡	n	动宾关系	6	2	2.6	1.20	2.17
15	，	w	标点符号	7	2	2.7	0	0
16	造成	v	并列关系	8	1	1.8	1.16	1.55
17	树木	n	主谓关系	9	3	3.9	1.11	3.51
18	倒伏	v	动宾关系	10	2	3	1.17	2.56
19	1.7 万	m	定中关系	11	4	5.1	—	5.1
20	多	m	右附加关系	12	5	6.2	—	6.2
21	棵	q	动宾关系	13	3	4.3	—	4.3
22	。	w	标点符号	14	1	2.4	0	0

2）基于实体聚类的知识融合

知识抽取得到的实体三元组中，存在大量重复、冗余的实体，需要进一步对实体进行去重、融合。本节将时间、地点以及名称属性相同的实体认为是同一实体，对此类实体进行去重操作。如在同一事件中存在“山竹—大暴雨”、“山竹—山体滑坡”，“山竹”在本质上是指代的同一实体，对其进行去重从而得到：“山竹—大暴雨、山体滑坡”。此外，若时间、地点属性相同，同一实体在名称的表述上存在差异，如在同一事件中存在“暴雨”和“降水”、“台风”和“山竹”、“水浸”和“积水”等表述，则需要消除实体歧义，将相同含义的实体进行知识融合。具体步骤为：对实体名称进行中文分词，计算 TF-IDF（term frequency-inverse document frequency，词频-逆文档频率）值，将实体名称向量化，通过 k 均值聚类算法对实体进行聚类，结合本体结构概念层取 22 类，将实例层映射至概念层，在完善本体模型的同时利用实体类型属性判断实体是否为同一实体，最终实现实体融合。如“台风”和“山竹”同属于“台风灾害”概念，“水浸”和“积水”同属于“洪涝灾害”概念，将其分别进行实体融合为“山竹”“内涝”。

3）基于图数据库的知识存储

图数据库主要由节点（Node）、关系（Relationship）以及属性（Property）组成，如图 4.20 所示。图中的每个节点对应一个实体，可用标签进行标记，表征其在知识图谱中的类型。关系则为实体节点提供了定向、命名以及语义相关的连接，具有类型、开始和结束节点。属性则是一种键值对，节点和边都可以包含多个属性，其本质上是存储在节点和边上的数据。图 4.20 中一共有“洪水”“暴雨”“滑坡”三个实体节点以及“导致”两条关系边。由于同属于自然灾害，所以拥有同一个标签“自然灾害”。此外，还能存储属性如类型、地点、名称等，包含的信息丰富多样。图数据库用简单的图模型存储大量的知识和信息，在表达上类似于三元组形式。因此，本节采用图数据库来实现知识存储与可视化，为实体设置 Id 识别码，并以＜实体，关系，实体＞和＜实体，属性，属性值＞的形式存储至图数据库中，并利用 Cypher 语句进行信息的查询检索。

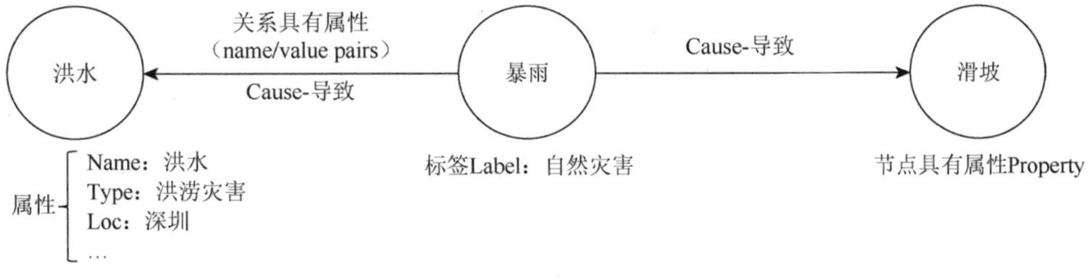

图 4.20　属性图模型示意图

4.3.3　城市洪涝灾害链风险预测预警

1. 基于链路耦合的城市洪涝灾害链挖掘

1）城市洪涝灾害实体节点泛化

对城市洪涝灾害事件实体进行融合，可以得到实体及实体关联关系所组成的关系链，即单个城市洪涝灾害事件的演化路径。然而这些演化链路信息可能是不全面的，割裂了某些事件节点间的关联关系以及城市洪涝灾害演化系统的整体性，因此，需要对城市洪涝灾害链知识图谱中的链路进行耦合，实现城市洪涝灾害链的挖掘，从整体上把握城市洪涝灾害的演化趋势和发展全过程。

对于不同的城市洪涝灾害事件，同一灾害存在多种表述，如内涝灾害可被表述为“水浸”“积水”“积涝”等，因此需要对这些表述不一的实体节点进行统一，即将具体的实体节点进行一般意义上的泛化处理，从而为挖掘城市洪涝灾害链的引发逻辑关系奠定基础。现有研究通常利用聚类算法实现泛化，具体步骤如下：①对城市洪涝灾害链知识图谱中所有的实体名称进行中文分词；②利用词袋模型以及 TF-IDF 值将实体名称向量化；③运用 k 均值聚类算法对实体进行聚类，从而得到每个实体节点的类别标签；④结合本体模型和实际情况将自然灾害或承灾体影响实体节点泛化为类型 c_n。实体节点聚类泛化如图 4.21 所示，在表述上相似的实体节点会识别为一类，如图 4.21（a）中“江水倒灌”“雨水倒灌”“河水倒灌”等被聚成一类，可被定义为类型“倒灌”；图 4.21（b）中的“供电柱”“供电线路中断”“高压线路”等都表明承灾体供电设施受到了影响，从而被聚类泛化为类型“电力中断”。

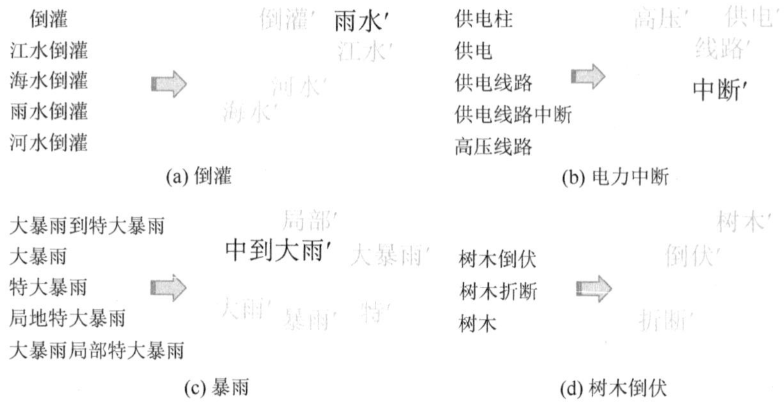

图 4.21　实体节点聚类泛化图

2）城市洪涝灾害链链路耦合

基于单一城市洪涝灾害事件的演化发展往往难以获取完整的城市洪涝灾害链链路关系，如从一次事件中可以得到“暴雨—房屋倒塌—人员伤亡”的城市洪涝灾害链，但实际上城市洪涝灾害链的致灾因子复杂多样，如“洪水”“泥石流”等都会对“房屋倒塌”造成影响。因此，需要对城市洪涝灾害链知识图谱中所有的事件进行链路耦合，避免单个案例对城市洪涝灾害事件理解的片面性，获取城市洪涝灾害所有可能的演化状况，形成城市洪涝灾害事件的引发逻辑知识流和全局认识，同时为城市洪涝灾害链的风险预测奠定基础。定义城市洪涝灾害知识图谱中城市洪涝灾害事件 $E=(c,r,p,e)$，即一次城市洪涝灾害事件 E 包括事件概念类 c，事件节点间关系 r，事件节点属性 p 以及事件节点 e，其中，概念类 c 为节点 e 的事件类型，可表示为 $c=\mathrm{Con}(e)$。如图 4.22 所示，给定任意 2 个单一的城市洪涝灾害事件 $E_i=(c_i,r_i,p_i,e_i)$ 与 $E_j=(c_j,r_j,p_j,e_j)$，若 $\forall E_i \neq E_j$，$\exists \mathrm{Con}(e_{in})=\mathrm{Con}(e_{jn})$，则 $e_{in}=e_{jn}=e_n$，如 e_{i2}、e_{j2} 都属于同一概念类，可将城市洪涝灾害事件 E_i、E_j 中的事件节点 e_{i2}、e_{j2} 进行合并为 e_2，删除重复边，由此，通过城市洪涝灾害链链路耦合实现灾害链的挖掘。

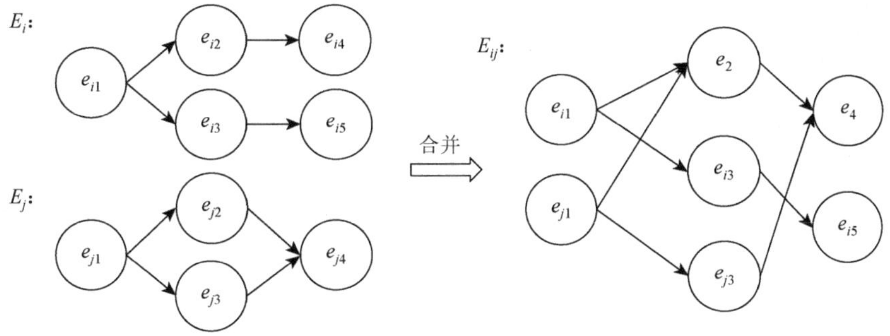

图 4.22　基于知识图谱的链路耦合

如图 4.23 所示，对于 E_i 中的城市洪涝灾害链路“大暴雨—滑坡—房屋倒塌—人员死亡”以及 E_j 中的“降水—滑坡—人员死亡”来说，实体节点“滑坡 i”和“滑坡 j”同属于类别“滑坡灾害”，因此将两者进行合并，删除重复的边得到 E_{ij} 所示链路。此外，对于 E_i 中的城市洪涝灾害链路“大暴雨—内涝—交通堵塞”和 E_j 中的“降水—水浸—农田受淹”，实体节点“内涝 i”和“水浸 j”的类型同为“内涝灾害”，因此合并为节点“内涝”，删除重复边得到 E_{ij} 所示链路。

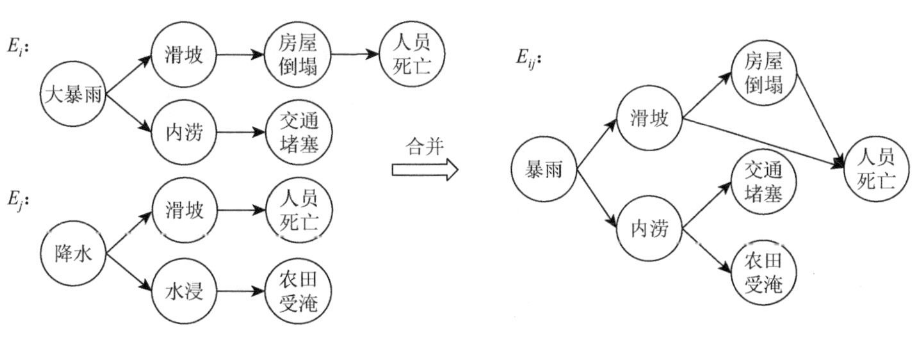

图 4.23　城市洪涝灾害链链路耦合示意图

2. 城市洪涝灾害链关键节点识别

构建城市洪涝灾害链知识图谱除了可以帮助理解城市洪涝灾害演化发展的中间过程外，更重要的目的是挖掘城市洪涝灾害链的引发逻辑，并以此为依据构建城市洪涝灾害链风险预测模型。本节采用贝叶斯网络对城市洪涝灾害链的风险进行预测，考虑到贝叶斯网络参数信息对于其网络复杂程度的敏感性，需要对挖掘得到的城市洪涝灾害链进行进一步的简化，以降低模型所需的参数数量。而基于中心性算法得到的城市洪涝灾害链关键节点，可以在简化贝叶斯网络模型复杂度的情况下，实现城市洪涝灾害链中重要灾害节点的风险预测。因此，在城市洪涝灾害链挖掘的基础上，需要进一步识别其中的关键节点，即城市洪涝灾害链中发生可能性较大的、对其他灾害影响较大的关键灾害。本节引入复杂网络理论，主要采用两种评价指标对城市洪涝灾害链中的重要节点进行定量分析。

1）度中心性

度中心性是衡量网络节点连通性最为常见和基础的指标，节点重要性与其节点度值成正比。节点度中心性由连接该节点的边数量所决定，计算公式如下：

$$D\left(e^i\right)=\sum\nolimits_{j=1,e^i\neq e^j}^{n}\sigma_{e^ie^j} \tag{4.39}$$

其中，$D\left(e^i\right)$为节点e^i的度中心性；n为城市洪涝灾害链链路网络中灾害节点总数；$\sigma_{e^ie^j}$为节点e^i和e^j间边的数目。

对城市洪涝灾害链链路网络中的灾害节点而言，导致该灾害节点事件发生的路径，称为入度，由该灾害引发其他灾害的路径称为出度。从而灾害节点的度是与其相关联的路径数，即关系边的个数相关。灾害节点度的大小在一定程度上表征了节点的重要程度，入度越大说明导致该灾害发生的路径越多，其在城市洪涝灾害事件中受到多个因素的影响，控制难度较大；出度越大说明该灾害可能造成的后果越严重。对灾害节点的度进行分析，可以发现城市洪涝灾害链中的关键节点。

2）中介中心性

中介中心性是指一个节点对其他节点起着桥梁的作用，衡量了该节点对其他节点的控制能力。中介中心性越高，表明该节点在网络连接中发挥着越重要的作用，可用网络中经过该节点的最短路径数目表示，具体计算方式如下：

$$B\left(e^i\right)=\sum\nolimits_{e^j,e^k\neq e^i}\frac{\sigma\left(e^j,e^k\mid e^i\right)}{\sigma\left(e^j,e^k\right)} \tag{4.40}$$

其中，$B\left(e^i\right)$为节点e^i的中介中心性；$\sigma\left(e^j,e^k\right)$为节点$e^j$与节点$e^k$之间最短路径的数目；$\sigma\left(e^j,e^k\mid e^i\right)$为节点$e^j$与节点$e^k$经过节点$e^i$的最短路径数目。

对城市洪涝灾害链链路网络中的灾害节点而言，灾害节点的中介中心性越大，表明其连接其他节点的桥梁作用越明显，对其他灾害节点的控制能力越大。应对该灾害节点采取应急措施，降低该灾害节点的风险，如此可以极大地降低后种灾害节点的风险，从而有效避免城市洪涝灾害链的演化升级。

3. 城市洪涝灾害链贝叶斯网络构建

1）贝叶斯网络结构构建

对城市洪涝灾害链进行风险预测是一种不确定性推理问题，利用贝叶斯网络不仅可以表达城市洪涝灾害链中事件节点间复杂的关联关系，还能通过丰富的概率表达能力定量衡量节点间的引发概率，最终实现城市洪涝灾害链风险预测。贝叶斯网络核心是网络拓扑结构以及参数信息。其中，网络拓扑结构主要包括节点集合和有向边集合，参数信息主要包括根节点的边缘概率和非根节点的条件概率。本节基于挖掘得到的城市洪涝灾害链构建贝叶斯网络的拓扑结构，并通过城市洪涝灾害链知识图谱获取灾害历史数据得到贝叶斯网络的条件概率信息。因此，城市洪涝灾害链贝叶斯网络模型可表示为

$$E=\left(e,r,p\right)\to \mathrm{BN}=(N,R,P) \tag{4.41}$$

其中，E 为链路耦合后的城市洪涝灾害链事件；$\to$ 为映射；e 为事件节点；r 为事件节点间关系；p 为事件节点的属性；BN 为贝叶斯网络；N 为贝叶斯网络节点集合，由 E 中的事件节点 $e_1,e_2,\cdots,e_n$ 组成；R 为有向边集合，由链路合并后得到的灾害链网络关系 r 决定；P 为节点条件概率信息，利用从事件节点属性 p 获取的灾害历史数据进行参数学习得到。基于上述映射关系可得到城市洪涝灾害链贝叶斯网络 $\mathrm{BN}=\left(N,R,P\right)$，其中网络结构 $D=\left(N,R\right)$，$N=\left(X_1,X_2,\cdots,X_n\right)$，$R=\left(X_1\to X_2,X_1\to X_3,\cdots,X_{n-1}\to X_n\right)$①。

从上述映射关系可知，基于挖掘得到的城市洪涝灾害链可以作为贝叶斯网络结构构建的基础。但为降低模型复杂度，预测城市洪涝灾害链中重要节点的风险，可以识别出的关键节点，得到城市洪涝灾害链的贝叶斯网络结构如图 4.24 所示。本节依据城市洪涝灾害链的致灾机理，从“致灾因子—次生灾害—灾情”出发，系统地分析了城市洪涝灾害链贝叶斯网络结构[356]。主要包括城市洪涝灾害事件的致灾因子如暴雨、大风等，城市洪涝灾害事件引发的次生灾害如内涝、洪水、崩滑流等，以及城市洪涝灾害事件造成的灾情如农业受灾、市政设施受损、房屋建筑倒塌、电力中断、交通中断、人员伤亡等。而各类致灾因子、次生灾害以及灾情节点之间的关系则仍由基于知识图谱挖掘得到的城市洪涝灾害链中的引发关系确定。

① $\to$ 表示导致。

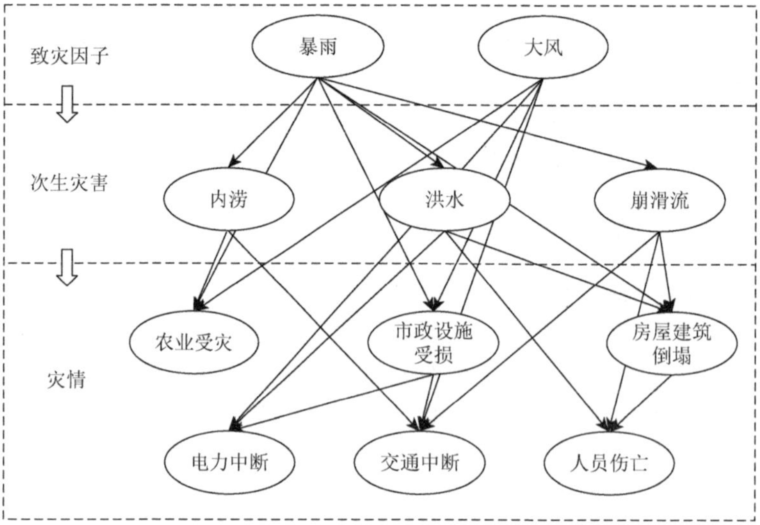

图 4.24　城市洪涝灾害链的贝叶斯网络结构

2）贝叶斯网络参数学习

城市洪涝灾害事件收集到的数据往往会存在一定程度的缺失，在这种数据集不完整的情况下，可以利用 EM（expectation maximization，期望最大化）算法进行参数学习。EM 算法作为一种通过不断迭代进行结果数值优化的算法，主要思想是求参数的极大似然估计，从而解决了含隐变量的参数学习问题。因此，本节运用 EM 算法从不完整城市洪涝灾害数据集中对参数进行极大似然估计，从而得到各次生灾害事件节点发生的条件概率 P。已知贝叶斯网络 $\mathrm{BN}=(N,R,P)$，即在网络结构和样本数据已知的情况下，令贝叶斯网络各变量节点的值为观测数据集 X，存在缺失值的变量或隐变量的值为隐变量数据集 Z，模型参数为 θ，算法流程如下：

（1）输入：观测变量数据集 X，隐变量数据集 Z，$X=\left\{X^{(1)},X^{(2)},\cdots,X^{(m)}\right\}$ 的联合概率分布 $P\left(X,Z;\theta\right)$，条件概率分布 $P\left(Z\mid X;\theta\right)$，最大迭代次数 J。①随机初始化模型参数 θ 的初始值 θ^0。②迭代次数 $j=1,2,\cdots,J$，开始 EM 算法迭代。③计算联合分布的条件概率期望，公式如下：

$$Q_i\left(Z^i\right)=P\left(Z^i\mid X^i;\theta^i\right) \tag{4.42}$$

$$L\left(\theta,\theta^i\right)=\sum_{i=1}^{m}\sum_{Z^i}Q_i\left(Z^i\right)\lg P\left(X^i,Z^i;\theta\right) \tag{4.43}$$

其中，$Q_i\left(Z^i\right)$ 为第 i 个观测变量数据的条件概率分布；$P\left(Z^i\mid X^i;\theta^i\right)$ 为在给定参数 θ 的情况下，第 i 个观测度量 Z^i 基于 X^i 的条件概率；公式(4.43)中 $\lg P\left(X^i,Z^i;\theta\right)$ 为第 i 个观测变量数据联合概率分布的对数。④极大化，由 $L\left(\theta,\theta^i\right)$ 得到 θ^{j+1}。

$$\theta^{j+1} = \arg\max L\left(\theta,\theta^{j}\right) \tag{4.44}$$

⑤判断 θ^{j+1} 是否收敛，若已收敛，则算法结束，否则返回③进行迭代优化。

（2）输出：输出模型参数 θ 。

4. 城市洪涝灾害关键致灾链识别与风险预测预警

1）基于影响强度的关键致灾链识别

城市洪涝灾害链中各个灾害事件会相互作用形成致灾链。基于历史城市洪涝灾害事件数据，通过计算灾害链节点间作用强度可以实现城市洪涝灾害链网络中致灾链的提取，如暴雨—崩滑流—房屋倒塌—人员伤亡是从城市洪涝灾害链网络中提取的一个致灾链。各个灾害事件之间的相互作用大小可以通过影响强度进行分析。影响强度可用给定节点的条件概率分布与该节点的先验概率之间的欧氏距离得到，计算公式（4.47）如下。

$$E\left(X_i,\mathrm{Par}_{X_i}\right) = \frac{\sqrt{\sum_{n=1}^{N}\left(P_n\left(X_i/\mathrm{Par}_{X_i}\right) - P_n\left(X_i\right)\right)^2}}{\sqrt{2}} \tag{4.45}$$

其中，X_i 为给定节点；Par_{X_i} 为该节点的父节点；P_n 为离散概率分布 P 的第 n 个分量；N 为分量个数；$E\left(X_i,\mathrm{Par}_{X_i}\right)$ 为给定节点与其父节点之间的影响强度值，值域为[0, 1]。依据计算得到的父子节点对之间的影响强度值，可进一步识别城市洪涝灾害的关键致灾链。

在对城市洪涝灾害链中的灾害事件节点进行风险分析时，敏感性分析是十分有必要进行的，通过敏感性分析可以帮助决策者识别城市洪涝灾害链中的敏感性节点，及时对节点事件进行监测和应对，以防止次生灾害事件的发生或影响，从而减少不必要的损失。敏感性分析的目的是找到设定目标节点的高敏感性的父节点原因事件，具有高敏感性的父节点原因事件发生微小的变化就可能会导致该目标节点的风险产生非常大的改变，因此这些敏感性高的父节点原因事件需要被重点关注，尽可能全面地对所有父节点原因事件采取由敏感度排序确定的、有针对性的风险管控措施，以更好地应对城市洪涝灾害链的防灾减灾。

2）基于概率推理的风险预测预警

城市洪涝灾害链的风险预测本质上是指在原生灾害等信息已知的情况下，预测城市洪涝灾害可能引发的次生灾害以及造成承灾体影响的可能性。在获得城市洪涝灾害链贝叶斯网络参数信息的基础上，将已知状态的根节点作为证据节点，非根节点作为目标节点，从而可以开展由已知证据预测目标节点的正向因果推理。正向因果推理的最终目的是获取非根节点的边缘概率，即非根节点在其父节点状态已知情况下的条件概率。

以贝叶斯网络的联合概率分布为基础，城市洪涝灾害链风险预测是在已知父节点状态的情况下，各次生灾害或承灾体影响子节点在不同状态下的发生概率。在贝叶斯网络中，给定节点 X 及其父节点集合 $\mathrm{Par}_X=\left\{\mathrm{par}_{X_i}\mid i=1,2,\cdots,n\right\}$，在父节点状态已知，且构成证据集合 E 的情况下，各父节点的状态可表示为集合 $S_E=\left\{s_{E_n}\mid n=1,2,\cdots,k\right\}$，待预测事件节点 X 的状态可表示为 s_{P_n}，假设 $n=2$，则此时 X_i 处于状态 s_{P_2} 的概率可由公式（4.48）得到。

$$\begin{aligned}P(X=s_{P_2})&=P(X=s_{P_2}\mid E)\\&=P\left(X=s_{P_2}\mid \mathrm{par}_{X_1}=s_{E_1},\mathrm{par}_{X_2}=s_{E_2},\cdots,\mathrm{par}_{X_i}=s_{E_i},\cdots,\mathrm{par}_{X_n}=s_{E_n}\right)\\&=\frac{P\left(X=s_{P_2},\mathrm{par}_{X_1}=s_{E_1},\mathrm{par}_{X_2}=s_{E_2},\cdots,\mathrm{par}_{X_i}=s_{E_i},\cdots,\mathrm{par}_{X_n}=s_{E_n}\right)}{P\left(\mathrm{par}_{X_1}=s_{E_1},\mathrm{par}_{X_2}=s_{E_2},\cdots,\mathrm{par}_{X_i}=s_{E_i},\cdots,\mathrm{par}_{X_n}=s_{E_n}\right)}\end{aligned}\tag{4.46}$$

其中，$P\left(X=s_{P_2}\mid \mathrm{par}_{X_1}=s_{E_1},\mathrm{par}_{X_2}=s_{E_2},\cdots,\mathrm{par}_{X_i}=s_{E_i},\cdots,\mathrm{par}_{X_n}=s_{E_n}\right)$为已知父节点状态组合时，子节点$X$处于 s_{P_2} 状态的条件概率；$P\left(X=s_{P_2},\mathrm{par}_{X_1}=s_{E_1},\mathrm{par}_{X_2}=s_{E_2},\cdots,\mathrm{par}_{X_i}=s_{E_i},\cdots,\mathrm{par}_{X_n}=s_{E_n}\right)$为已知状态组合的父节点和子节点 X 处于 s_{P_2} 状态的联合概率；$P\left(\mathrm{par}_{X_1}=s_{E_1},\mathrm{par}_{X_2}=s_{E_2},\cdots,\mathrm{par}_{X_i}=s_{E_i},\cdots,\mathrm{par}_{X_n}=s_{E_n}\right)$为已知状态组合的父节点的联合概率。当已有证据信息下，有 $P\left(\mathrm{par}_{X_1}=s_{E_1},\mathrm{par}_{X_2}=s_{E_2},\cdots,\mathrm{par}_{X_i}=s_{E_i},\cdots,\mathrm{par}_{X_n}=s_{E_n}\right)=1$。从而公式（4.46）可以转换为如公式（4.47）所示的求和式。基于城市洪涝灾害数据进行参数学习得到根节点边缘概率分布和非根节点条件概率分布，利用公式（4.47）即可完成城市洪涝灾害链的风险预测。

$$\begin{aligned}P(X=s_{P_2})&=\sum\nolimits_{\mathrm{par}_{X_i}\in E}^{n}P\left(X=s_{P_2},E\right)\\&=\sum\nolimits_{\mathrm{par}_{X_i}\in E}^{n}P\left(X=s_{P_2},\mathrm{par}_{X_1}=s_{E_1},\mathrm{par}_{X_2}=s_{E_2},\cdots,\mathrm{par}_{X_i}=s_{E_i},\cdots,\mathrm{par}_{X_n}=s_{E_n}\right)\end{aligned}\tag{4.47}$$

为衡量城市洪涝灾害链贝叶斯网络风险预测的准确性，引入贝叶斯网络模型评价常用的标准 Brier 指标对预测结果进行评价，具体表现形式如下：

$$\mathrm{Brier}=\frac{1}{N}\sum\nolimits_{i=1}^{N}\sum\nolimits_{j=1}^{M}\left(p_{ij}-o_{ij}\right)^2\tag{4.48}$$

其中，N 为待评价变量节点个数；M 为变量节点对应的状态个数；p_{ij} 为变量节点处于某一状态的预测概率值；o_{ij} 为变量节点的实际状态取值。若当前变量节点的状态取值恰好为该变量的实际取值，$o_{ij}=1$，否则 $o_{ij}=0$。Brier 是贝叶斯网络中待评价变量节点预测偏差的平均值，体现了模型推理预测的可靠性。当 Brier$\in[0, 2]$，认为模型预测结果的准确性符合要求，且 Brier 越小代表模型预测效果越好。

第 5 章　城市洪涝灾害人群活动风险模拟预警方法

暴雨洪涝灾害发生时，由于城市中的人口高密度聚集，灾害造成的各种经济损失和危害往往也更大。考虑到城市暴雨洪涝灾害是一个人类活动影响下多因素-多过程交互的复杂系统，为了更好地探究人群活动对城市暴雨洪涝风险的影响，本章探索城市人群活动带来的风险变化及风险预警体系。首先，提出基于大数据的城市人群活动规律挖掘方法；其次，将人群活动规律纳入城市暴雨洪涝灾害风险模拟中，构建基于 ABM（agent-based modeling，基于主体建模）的城市暴雨洪涝灾害风险模拟模型，并构建了基于风险的城市暴雨洪涝灾害预警体系；最后，从城市居民洪涝灾害出行风险的角度，通过设计城市洪涝灾害出行引导策略，构建城市洪涝灾害出行风险预警引导模型，评估不同出行引导策略对居民出行风险的影响，为政府部门发布预警引导信息提供科学参考，完善城市洪涝灾害风险预警管理决策体系。

5.1　基于大数据的城市人群活动规律挖掘

本节提出了在城市洪涝风险管理中基于不同人口活动大数据的人群活动规律挖掘方法，包括基于手机信令大数据的人口时空分布挖掘方法、基于 POI（point of interest，兴趣点）大数据的人口移动规律挖掘过程以及基于交通大数据的人口出行暴露性分析方法，可用于分析城市洪涝灾害对人类活动的影响以及计算人口暴露性。

5.1.1　基于手机信令大数据的人口时空分布挖掘

1. 数据基础

人口的时空分布是研判城市洪涝灾害风险最重要的因素，准确的人口时空分布数据对于研判城市洪涝灾害风险，提高城市减灾备灾和应急救援等工作有重大意义。过去，城市人口和岗位总量数据均出自统计局、民政局、公安局等部门，受限于数据获取方式和统计方法，这些数据只能按年度更新，且由于城镇化过程中，人员流动日益频繁，传统的数据口径已经不能满足动态化的人口变化跟踪需求。而且，由于城市洪涝灾害的突发性，过去以天、月、年为周期的人口空间分布很难用来研判城市洪涝灾害的风险。近些年，随着移动互联网、地理信息系统以及我国北斗卫星导航系统等技术的成熟和应用范围的扩大，人口分布数据在时间和空间上可以更加精细，尤其是手机信令数据和社交媒体数据等的广泛应用，为人口在时空的分布提供了全新的研究方法[326]。

手机信令数据是手机用户与发射基站或者微站之间的通信数据，手机进行拨打/接听电话、发送/接收短信、上网浏览网页等所有通信行为，都会和手机附近的基站产生通信关系，由于通信基站的位置是固定且已知的，基站的位置信息就反映了用户的位置，因此手机信令数据字段中始终带有时间和位置等信息。这些数据经过脱密、脱敏、扩样等处理后可用于居民行为偏好、移动轨迹分析、城镇空间布局等研究。手机信令数据的数据空间分辨率多为基站，时间分辨率则可以精确到秒。此外，手机信令数据字段中包含时间和空间位置属性，还有通话和信息记录等信息，如表 5.1 所示，通过上述信息的关联可以反推用户的出行轨迹，是用于研究城市居民行为与空间分布较好的数据源。

表 5.1　手机信令数据结构表

序号	字段名称	字段类型	字段长度	字段说明
1	sim	可变长字符串（varchar）	30	SIM（subscriber identify module，用户标志模块）卡号（由运营商加密消除用户个人信息）
2	datetime	时间戳（timestamp）		采集时间
3	lac	文本（text）		位置区
4	cell	十进制（decimal）	14	基站小区
5	event	国家/地区可变长字符（nvarchar）	72	事件类型或原因，包括主叫、被叫、挂机、接收短信、发送短信、正常位置更新等
6	bsc	十进制（decimal）	14	基站控制器号
7	msc	十进制	14	交换机号

截至 2020 年 12 月，中国手机网民规模已达 9.86 亿人，可以覆盖绝大多数城市人口。手机信令数据具有如下特征：①全覆盖性，只要是携带开启的手机，定位系统将自动捕获用户全天候的动态实时信息，并且范围不局限于手机运营商的属地范围，多数用户都可以获取全国范围的活动轨迹，而全球通等用户还能捕获到其全球范围的活动轨迹；②高精度性，手机信令的位置信息有准确的经纬度信息，而且时间精确到秒，数据精度高，便于精确推算用户的活动轨迹；③实时动态性，用户在不同时刻的空间信息将发生变化，位置信息处于不断变化中；④信息关联性，除了手机通话属性如通话时间和地点、短信的发送时间、通话对方的

号码信息等，还具有通话实时地点等关联的空间信息，两类信息具有关联性；⑤存储冗余性，手机信令数据非常海量，每天产生大量的存储信息，这些信息如果不经过及时处理，会形成非常占用硬盘和服务器空间的海量数据库，其中含有大量的冗余信息。

随着我国移动社交生态的发展，到 2020 年社交媒体用户规模将突破 9 亿人，社交媒体已经影响着人们生活的方方面面，这些用户在社交媒体上留下的数据也是估算人口分布的有效数据。微博作为我国用户最多的社交平台之一，是基于位置服务（location based service，LBS）的平台。微博签到数据是用户通过基于位置信息的移动设备平台分享并记录当前活动的相关信息时所获得的数据，如表 5.2 所示，包含当前活动的时间、位置、个人描述等信息内容，微博签到数据具有数据量大、成本低、信息丰富等特点。在对用户敏感数据进行脱敏后，这些海量的位置数据具有社会化属性的特征，一方面可反映人们的生活方式和个人喜好，另一方面通过挖掘和分析这些数据，可发现在一定地域内居民活动的时空特征。微博签到数据可以将数据与时间、空间位置有效结合起来，使得数据地理特征的展示更加明确生动，为理解居民人口结构及活动时空分布提供了良好的数据基础。

表 5.2　微博用户签到数据结构表

序号	字段名称	字段类型	字段长度	字段说明
1	id	可变长字符串	30	微博记录者唯一标识
2	user_id	可变长字符串	30	微博发布者唯一标识
3	context	文本		发布微博内容
4	datetime	时间戳		微博签到时间
5	address	国家/地区可变长字符	72	微博签到地址
6	latitudc	十进制	14	微博签到地址纬度
7	longtitude	十进制	14	微博签到地址经度

2. 基于数据挖掘的城市人口时空分布计算

人的每一项生产生活都离不开土地，不同的土地利用在空间上表现出不同结构与功能。根据承灾体的脆弱性和暴露性可将城市土地主要利用类型划分归纳为不同的承灾体。为进一步揭示城市洪涝灾害承灾体和人口时空分布对城市洪涝灾害风险的影响，需要按照人口的空间活动规律，对其主要的活动进行空间分析，同时结合城市承灾体的分布，可以得到发生城市洪涝灾害时人口的空间分布及流动，分析其对城市洪涝灾害风险的影响。

手机信令数据和微博签到数据都包含大量的用户实时位置信息，可以直接展布在城市空间内，但是仍然会缺少一部分当时没有使用手机或者没有在微博上签到的位置信息，可以通过手机信令数据、微博签到数据之和与城市总人口数的比例来计算出城市的真实人口分布。计算公式如下：

$$\mathrm{pw} = \frac{P_{\mathrm{total}}}{\mathrm{PC} + \mathrm{PS}} \tag{5.1}$$

$$P_{\mathrm{lat,lon}} = \mathrm{pw}\left(\mathrm{PC}_{\mathrm{lat,lon}} + \mathrm{PS}_{\mathrm{lat,lon}}\right) \tag{5.2}$$

其中，pw 为人口权重；P_{total} 为城市常住人口总数；PC 为手机信令用户数；PS 为微博签到用户数；$P_{\mathrm{lat,lon}}$ 为经纬度为(lat, lon)区域的人口数；$\mathrm{PC}_{\mathrm{lat,lon}}$ 为经纬度为(lat, lon)区域的手机信令用户数；$\mathrm{PS}_{\mathrm{lat,lon}}$ 为经纬度为(lat, lon)区域的微博签到用户数。

人口流动量是指某时段内较前一时段人口数量的人口的净流入量或净流出量，即 t 时刻某地区的人口流动量 P，为 t 时刻该地区的人口数量 P_t 减去 $t-1$ 时刻该地区的人口数量 P_{t-1}。

$$P = P_t - P_{t-1} \tag{5.3}$$

当 $P>0$ 时，表示该时段该地区人口为流入状态；当 $P<0$ 时，表示该时段该地区人口为流出状态。

人口流动指数（population flow index，PFI），是将常规人口流动数量简化成为单一的概念性指数值形式，并分级表征人口流动强度，适用于表示城市的人口流动状况和变化趋势，其公式表示如下：

$$I_{\mathrm{latlon},t} = \frac{P_{\mathrm{latlon},t} - P_{\mathrm{latlon},t-1}}{P_{\mathrm{latlon},t}} \times 100 \tag{5.4}$$

$$\mathrm{PFI}_t = \frac{\sum_1^n I_{\mathrm{latlon},t}}{n} \times 100 \tag{5.5}$$

其中，latlon 为经纬度区域，共有 n 个；$I_{\mathrm{latlon},t}$ 为 t 时刻经纬度为(lat, lon)区域的人口分布指数；$P_{\mathrm{latlon},t}$ 为 t 时刻经纬度为(lat, lon)区域的人口数量；$P_{\mathrm{latlon},t-1}$ 为 $t-1$ 时刻经纬度为(lat, lon)区域的人口数量；PFI_t 为 t 时刻经纬度在(lat_1～lat_n, lon_1～lon_n)区域范围内的总人口流动指数。

5.1.2　基于 POI 数据的人口移动规律挖掘

1. 数据基础

准确的洪涝风险评估需要决策者对人口的空间交互和活动模式有宏观和动态的理解[357]。因此，为了更好地进行洪涝风险管理，将城市划分为不同的风险区域，有利于根据各区域的人口活动进行有针对性的预警，从而降低风险。过去的研究利用遥感、地理信息系统以及全球定位系统技术提取地面建筑和城市空间结构的物理特征，将城市空间划分为规则或不规则单元来进行风险评估，如网格、社区边界、土地利用类型和行政边界。但是，从大的行政区域到细粒度的网格，传统的研究在考虑人口的因素时主要依赖于静态的人口数据，即人口数量数据，不能捕捉人口活动的动态信息。

作为城市洪涝风险评估的新视角，基于功能区的城市空间划分可以更好地反映人口的动态活动。城市功能区作为一个地理空间单元，是收集社会资源、有效执行特定城市功能的区域[358]。在功能区内，人们的日常访问和时间遵循一定的模式，这为量化地理单元之间的空间交互作用提供了可能性[359]。通过分析功能区内人口的日常活动和需求，可以评估不同功能区的洪涝风险，从而确定特定群体的需求和风险应对策略。

在过去，这些功能区通常是由经验丰富的个体根据各种类型的地图来描述的[360]。近年来，越来越多的学者将人类空间认知因素纳入功能区域的划分，将丰富的语义信息与功能类型联系起来[361]。构建认知地图可以帮助决策者制定更灵活的洪涝风险管理自适应策略。早期的认知研究使用了问卷调查[362]和现场访谈[363]等方法，这些方法耗时、耗力，需要进行大量的工作。然而，随着移动设备和信息技术的快速发展，POI 数据的可用性提供了通过高精度的位置和社会感知信息来探索城市空间的机会[364]。

POI 数据通常指一些与人们生活密切相关的地标建筑和地理实体的点数据，如学校、医院、商场、公园以及政府机构等[365]。POI 数据是基于位置服务的基础数据，可以从百度地图、高德地图、谷歌地图、开放街道地图（OpenStreetMap，OSM）等开放平台通过 API 获取。POI 数据描述了这些地理实体的空间位置和属性信息，它的数据样本量大、涵盖信息丰富，能在一定程度上反映出城市的各类活动。每个 POI 一般包含如下信息：编号、名称、地址、电话、类别、经度和纬度等，如表 5.3 所示。较传统土地调查数据、遥感数据和社会经济统计数据更易获取和处理，精细度和认知度也更高，弥补了人口、价格、夜间灯光等常规数据的不足，尤其是 POI 数据承载的城市社会经济部门的空间点位信息，不仅可以表征城市空间格局情况，而且能够提供隐含在部门属性之中的人类活动信息，为研究者定量挖掘人类活动的空间分布提供可能[366]。

表 5.3　POI 数据字段及含义

字段名	数据类型	含义
id	整型	POI 点编号
name	可变长度字符串	POI 点名称信息
address	可变长度字符串	地址信息
telephone	整型	联系电话
type	可变长度字符串	POI 分类类型
lng	浮点型	POI 经度
lat	浮点型	POI 纬度

因此，POI 数据在功能区划分方面具有的独特优势，在适当参数下划定的功能区可以更好地反映人们对空间格局的理解和感知程度[367, 368]。同时，通过挖掘和分析手机信令数据可以反映一定区域内人口活动的时空特征。因此，功能区划分结合手机信令数据可以分析人口在不同城市功能区中的时空交互特征。根据人口聚集的程度和人口分布在时间和空间上的变化，了解人口活动的特征及其相关的趋势，为提高城市洪涝风险评估精度提供了可靠的科学依据。

2. 基于 POI 数据的功能区识别方法

随着城镇化进程的快速发展，城市空间结构日益复杂。人们由于日常工作与生活的需要，在城市不同区域之间频繁互动，所以人口在不同时间、不同区域内具有不同的聚集特征，洪涝灾害风险存在动态变化的特征，导致洪涝风险评估与管理难度增加。从功能区视角进行洪涝风险评估，可以充分考虑到人们的日常活动和需求，通过分析人口在不同功能区的日常活动时空特征，了解人口的动态变化过程，可以有效地识别不同功能区的洪涝风险差异和波动，为精细化、针对性管理洪涝灾害风险与提供应对策略提供科学依据。

在功能区识别过程中，通常以各类型 POI 数据点的密度是否超过 50%为判断依据，将城市划分为单一功能区和混合功能区。如果某一类型 POI 在功能区单元中的比例达到 50%以上，则该功能区为单一功能区域，否则，认为该区域为混合功能区，分类结果取决于两种最主要的 POI 类型。功能区识别流程如下[369]。

（1）城市空间单元划分。将城市路网与社区单元结合，将城市划分为承受不同功能影响的不规则网格单元。

（2）POI 核密度计算。空间单元的 POI 核密度计算的基本原理是以任意点 i

附近一定范围内的规则区域作为密度计算的范围。该范围内的所有数据都根据距离中心点 i 的距离分配不同的权重。到中心点的距离越小，对应的权重就越大，反之亦然。实际操作时可利用 ArcGIS 核密度和 Kriging（克里金）插值分析实现 POI 可视化。相关公式如式（5.6）所示。

$$f_n(x)=\frac{1}{nh}\sum_{i=1}^{n}k\left(\frac{x-x_i}{h}\right) \tag{5.6}$$

其中，x_i 为样本数据中的第 i 个观测值；x 为希望估计概率密度的点；$f_n(x)$ 为在点 x 处的概率密度估计值；n 为样本数量；k 为核函数；h 为带宽。

（3）POI 强度计算。POI 强度的计算基于公众感知意识和区域面积。首先，根据现有数据和遥感图像可以确定各种类型 POI 的一般区域；通过问卷调查确定公众对每种 POI 的感知意识。其次，根据式（5.7）对各类型的 POI 进行相应的评分。

$$T_j=\left(G_j\cdot\omega_{\text{area}}+A_j\cdot\omega_{\text{public}}\right) \tag{5.7}$$

其中，T_j 为第 j 类 POI 的最终等级；G_j 和 A_j 分别为第 j 类 POI 的一般区域面积和公众感知等级；ω_{area} 和 ω_{public} 分别为区域面积和公众感知意识的权重，由于一般认为这两个因素同等重要，可都设置为 0.5。

（4）功能区类型的识别。由各种类型 POI 在每个城市空间单元的核密度得分比例确定每个空间单元内各类 POI 的等级，根据 POI 等级确定每个单元的最终功能分区结果。将等级最高的 POI 类型作为城市空间单元的功能类别。相关计算公式如式（5.8）和式（5.9）所示。

$$D_i=\sum_{j=1}^{m}d_{ij}\cdot T_j \tag{5.8}$$

$$C_{ij}=\frac{d_{ij}\cdot T_j}{D_i}\cdot 100\% \tag{5.9}$$

其中，D_i 为功能区 i 中所有类型 POI 数据的总核密度得分；d_{ij} 为功能区 i 中第 j 类 POI 的核密度值；C_{ij} 为功能区 i 中第 j 类 POI 的核密度得分的比例。如果某一种类型的 POI 在功能区单元中的比例达到 50%以上，则该功能区为单一功能区域，否则，认为该区域为混合功能区，分类结果取决于两种最主要的 POI 类型。

3. 基于功能区的人口移动规律挖掘

通过确定每小时不同类型功能区内的人口数，可以探讨人口流动与功能区类别的关系。根据人口聚集的程度和人口分布在时间和空间上的变化，了解人口活动的时空特征及其相关趋势，可以评估人口流动引发的城市洪涝的动态风险。

根据功能区内的手机信令数据计算人口密度时，由于各功能区面积大小不一以及缺少一部分没有使用手机的人口的位置信息，手机信令数据不能反映功能区内的全部人口。因此，通过功能区内的手机信令数据与研究区总人口数的比例来计算出功能区内的真实人口密度。式（5.10）和（5.11）如下所示。

$$\mathrm{mp}_i = \frac{m_i}{\sum_{i=1}^{n} m_i} \tag{5.10}$$

$$\mathrm{dp}_i = \frac{\mathrm{mp}_i \cdot P_{\mathrm{total}}}{S_i} \tag{5.11}$$

其中，m_i为功能区 i 中的实时移动信号数量；mp_i为功能区 i 中的信号占信号总数的比例；dp_i为功能区 i 中的实际人口密度；P_{total}为研究区的总人口数；S_i为功能区的面积。

5.1.3 基于交通大数据的人口出行暴露性分析

1. 数据基础

居民作为城市生活中的主体，研究其出行风险是进行城市洪涝灾害出行引导的重要基础，也是降低洪涝灾害风险影响的必要前提。近年来以人为核心的智慧城市理念备受重视，可感知的城市大数据类型越来越丰富，交通大数据是体现居民出行行为及模式的重要载体，并且为城市洪涝灾害出行风险的测度提供了新的手段。城市交通刷卡数据是一种重要的城市交通时空大数据，它可为出行风险的评估提供新的思路[370]。在深圳市交通大数据报告中，乘地铁出行居民人口数量在整体出行人口流量的占比超过 60%，在不利天气的影响下，城市居民更倾向于采取地铁出行的方式。受到城市出行数据采集的难度影响，可利用地铁智能卡数据推求城市出行人口暴露程度。

地铁刷卡数据共包含 11 个字段，字段名称、字段描述及字段示例如表 5.4 所示。进行数据处理时，首先需要对地铁刷卡数据的部分字段值进行重新编码，对于交易类型（deal_type）字段，利用“1”表示地铁入站，利用“0”表示地铁出站，以此更新字段值；对于公司名称（company_name）字段，提取地铁线路中的数字表示字段值，例如，利用“3”表示地铁三号线。其次，地铁刷卡信息中包含乘客进出站刷卡时间和地铁线路站点名称等信息，但是只有中文标识而无位置信息。在地铁线路站点的名称中，每个地铁站点均用唯一名称进行标识，为方便后续进行地理空间位置相关的研究，可将地铁站名作为主键进行地铁站点—地理坐标数据表的匹配连接，地铁站名坐标的检索通过百度地图的拾取坐标系统，将线路站点的名称作为关键字，调用坐标拾取系统的 API，返回线路站点的经纬度。可根据需要将线路站点经纬度坐标进行转换。

表 5.4　城市交通刷卡数据字段名称及解释

序号	字段名称	字段描述	字段示例
1	card_no	智能卡卡号	BEBJCCCFH
2	deal_date	交易日期时间	2018-09-01 06：17：09
3	deal_type	交易类型	地铁入站
4	deal_money	交易金额	400
5	deal_value	交易值	800
6	equ_no	设备编码	261 029 108
7	company_name	公司名称	地铁三号线
8	station	线路站点	丹竹头
9	car_no	车牌号	AGM-118
10	conn_mark	联程标记	0
11	close_date	结算日期	2018-09-01 00：00：00

2. 出行暴露程度动态分析

利用 Python 的 Pandas 数据处理包，将地铁刷卡数据集分类统计，可以得到每个站点的人口进出站数据，进出站的流量数据是长时间序列的，需要根据时间对人流量的数据做离散化处理，即得到在不同的城市洪涝灾害情景中，出行人口流量的动态切片采样数据，进而分析在不同时空尺度上的出行风险。当对长序列数据进行切片处理时，数据的采样精度将会直接影响风险模拟及引导的效果，因此需要设定合适的采样间隔，来实现出行暴露程度动态分析，动态切片的地铁站人流量计算方法如式（5.12）所示。

$$\mathrm{pop}_{it} = \sum_{t-\mathrm{start}}^{t-\mathrm{end}} \mathrm{POP}_{\mathrm{inbound}} + \sum_{t-\mathrm{start}}^{t-\mathrm{end}} \mathrm{POP}_{\mathrm{outbound}} \tag{5.12}$$

其中，pop_{it} 为 t 时刻切片在第 i 个地铁站的人流量数据，单位为人；$\sum_{t-\mathrm{start}}^{t-\mathrm{end}} \mathrm{POP}_{\mathrm{inbound}}$ 为 t 时刻切片从切片时刻开始到切片时刻结束的地铁进站的人流量，单位为人；$\sum_{t-\mathrm{start}}^{t-\mathrm{end}} \mathrm{POP}_{\mathrm{outbound}}$ 为 t 时刻切片从切片时刻开始到切片时刻结束的地铁出站的人流量，单位为人。城市中居民在乘坐地铁时，从理性人的角度出发，居民通常会选择最近的地铁站点乘车，根据一些关于城市地铁出行的研究[371]，从地铁站点到目的地的平均步行时间约为 8～12 分钟。因此，可以假设从地铁站到目的地的所需时长为 10 分钟，步行能到达的区域则是地铁能够辐射到的最远乘车距离。将地铁站点的缓冲区设置为步行 10 分钟可以到达的区域。根据对于 20～59 岁成年人平均步行速度的假设，成年人的平均步速为 1.37 米/秒，因此，可对地铁站周围约

820 米的空间范围内的出行人口空间分布进行分析，实现洪涝灾害中出行人口暴露程度的动态测度。

3. 地铁出行人口暴露度指数计算

传统的研究基于人口普查得到静态人口数据进行暴露度估算，忽略了人口的流动性。而依据交通大数据对地铁出行人口进行空间化展布，可以精细化测度人口空间分布，挖掘人口的地铁出行时空规律。通过分析人口离开、到达某一区域（站点）的时间，可以估计该区域内的人口出行暴露度以及估计地铁前往每个站点的洪涝暴露风险。地铁出行人口暴露度指数计算过程如下。

（1）城市人口分布格网化。城市人口的一般空间分布受到城市行政边界（人口普查的行政单位）的限制，在同一行政区域中一般显示为相同的人口密度[372]，但是洪涝灾害的空间分布并没有被行政边界所限制。为了更好地评估洪涝灾害的出行风险，需要打破原有的行政边界来模拟城市地区的实际人口分布。可以通过使用城市区域的街道人口统计数据和土地利用分类数据来对人口分布进行多元统计回归建模，以生成不同区域中每一类土地利用类型的人口密度，图 5.1 为基于城市土地利用与土地覆盖（land use/land cover，LULC）的城市人口空间化流程。

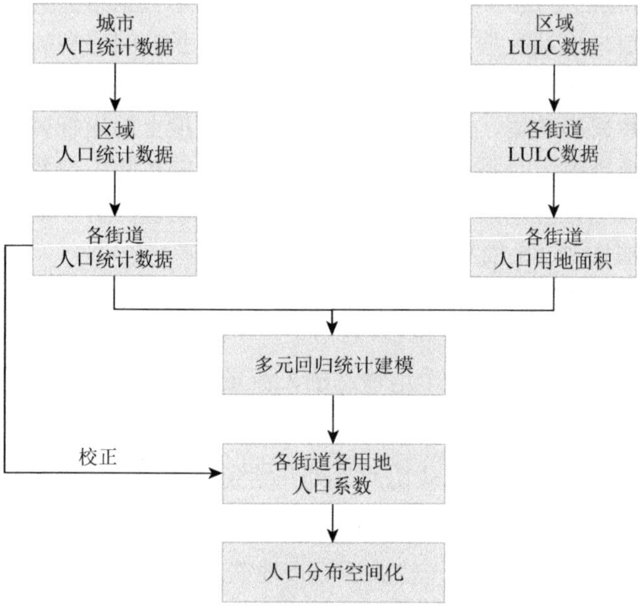

图 5.1　基于 LULC 的城市人口空间化流程

多元线性回归是估计静态人口密度的常用模型[373]，它用于匹配自变量和因变量之间的关系，将住宅用地、商业用地、工业用地、公共管理和服务用地、交通用地、人口稀缺地块和水域等用地的面积作为自变量，每一个街道人口统计数量作为因变量，根据“有土地有人口”的基本原则，构建了人口多元统计回归的基本模型：

$$\mathrm{POP}_i = \sum_{v=1}^{n} \beta_v x_{iv} \tag{5.13}$$

其中，POP_i 为第 i 条街道的人口统计值，单位为人；n 为用地类型的总类别数；β_v 为第 v 类用地类型的人口系数，单位为人/千米^2；x_{iv} 为第 i 条街道内，第 v 类用地类型的面积，单位为平方米。将水域以外的区域作为人口区，要求所有人口系数均是正值，因此根据之前的相关研究在系数上进行调整，将每个人口系数值均减去两倍的最低负值[374]：

$$\beta_v' = \beta_v - 2\beta_{\min} \tag{5.14}$$

其中，β_v' 为消除负值后的人口系数；$\beta_{\min}$ 为回归系数中的最低负值。人口的多元回归是假定用地格局在所有的街道对人口数量的影响都一致的回归方法，即假设每个用地类型的人口系数在所有的街道中都相同。在实际情况中，同一类用地类型在不同的街道中，人口密度也存在差异，为了使估算的人口数量更符合实际情况，利用人口估计值与实际人口统计值的比值，对人口系数进行修正：

$$\beta_{iv} = \left(\frac{p_i}{\mathrm{POP}_i}\right) \times \beta_v' \tag{5.15}$$

其中，β_{iv} 为第 i 条街道，第 v 类用地类型的修正人口系数，单位为人/千米^2；p_i 为第 i 条街道的人口估计值。通过上述计算，利用人口统计数据与土地用地数据实现了基于城市用地格局的人口分布空间化。

（2）出行人口空间化展布。城市洪涝灾害出行人口的空间化展布是指在城市洪涝灾害发生时，居民出行人口在城市空间中的分布情况。通过研究城市洪涝灾害出行人口的空间化展布，可以更好地了解哪些地区的居民更容易受到洪涝灾害影响，进而制定更有效的洪涝灾害应对措施。反距离权重（inverse distance weighting，IDW）法[375]是一种常用的空间插值方法，可用于在给定点集上预测或估计某一属性在空间上的分布，可以用来估算在城市洪涝灾害中出行人口的空间化展布。具体实现过程如下：收集城市人口数据以及洪涝灾害的影响范围数据，并确定空间插值的计算区域；在计算区域内选择一定数量的采样点，可以使用地图上的点、道路交叉口等作为采样点，对于每个采样点，计算其与目标点（出行人口密集区域）之间的距离，并计算反距离权重系数；根据距离和反距离权重系数，计算出行人口在目标点的预测值；对于目标区域内的每个点，使用相同的方法进行预测，得到出行人口的空间化展布。

需要注意的是，IDW 法的预测结果可能会受到采样点数量、距离权重系数等参数的影响，因此需要在实际应用中进行调整和优化，可以使用空间分割和分组计算的方法，提高展布计算效率和精度。IDW 法可以充分考虑多种因素间的地域性联系，并在空间中精确描述。IDW 法被广泛应用于地表的空间插值中，如对样本为 n、属性为 m 的数据样本进行插值，其表达式可表示为式（5.16）。

$$m=\sum_{i=0}^{n}\frac{1}{d^{\alpha}}m_i \tag{5.16}$$

其中，d 为插值点与中心点之间的距离；$\alpha=1$ 或 2；m_i 为第 i（$i=0,1,2,\cdots,n$）个样本点的属性值。本节使用该方法用于出行人口流量的空间化，城市中的居民在乘坐交通工具时，大多数人都去最近的车站。根据有关城市旅行的一些研究[376]，通过式（5.17）来计算不同交通站点的缓冲区人口分布，并模拟乘交通方式出行的人口空间分布。

$$\mathrm{Grid_{pop}T}=\sum_{i=1}^{n}\omega_i\times \mathrm{pop}_i \tag{5.17}$$

其中，$\mathrm{Grid_{pop}T}$ 为每个网格中的出行估计人口值；ω_i 为第 i 个交通站点周围每个网格的出行人口插值权重；pop_i 为给定时间段内在第 i 个交通站点刷卡的人口流量值。

$$\omega_i=\frac{1}{(\mathrm{dis}_i)^p}\left(\sum_{i=1}^{n}\frac{1}{(\mathrm{dis}_i)^p}\right)^{-1} \tag{5.18}$$

其中，dis_i 为每个网格到第 i 个交通站点的距离，单位为米；p 为距离的幂，无量纲，它显著影响空间插值的结果，通常选择为 2。

$$\mathrm{dis}_i=\sqrt{(x_0-x_i)^2+(y_0-y_i)^2} \tag{5.19}$$

其中，(x_0,y_0) 为每个插值网格的中心坐标；(x_i,y_i) 为第 i 个交通站点的坐标。通过以上计算步骤可得到由出行行为导致的人口空间分布值，为城市洪涝灾害出行暴露程度评估提供基础。

（3）地铁出行人口暴露度计算。地铁出行人口暴露度指数由每个网格上的地铁出行人口与人口估计数的比值计算得出的。该指数用于表示每个网格上地铁出行的暴露度。计算公式如下：

$$\mathrm{STEI}=\frac{\mathrm{Grid_{pop}T}}{\mathrm{Grid_{pop}}} \tag{5.20}$$

其中，STEI 为地铁出行人口暴露度指数；$\mathrm{Grid_{pop}}$ 为网格中的人口估计数；$\mathrm{Grid_{pop}T}$ 为网格中的地铁出行人口。

5.2　考虑人群活动的城市暴雨洪涝灾害风险模拟预警

本节分析了人群活动对城市暴雨洪涝风险的影响，提出考虑人群活动的城市暴雨洪涝灾害风险模拟方法与预警体系。首先，建立基于 ABM 的城市暴雨洪涝灾害风险模拟模型并进行灾害风险模拟，其次，构建基于风险的城市暴雨洪涝灾害预警体系，包括预警目的及原则、预警体系框架以及预警机制，提出要分级、分区、分情景预警。

5.2.1　城市暴雨洪涝灾害系统 ABM 建模

1. 考虑人群活动的城市暴雨洪涝灾害风险分析

暴雨洪涝灾害发生在城市中时，城市中的人口越高度聚集，灾害造成的各种经济损失和危害往往也越大。考虑到城市暴雨洪涝灾害是一个复杂的系统工程，涉及多种因素，为了更好地探究人群活动对城市暴雨洪涝风险的影响，本节基于灾害风险系统理论[377]，从致灾因子、孕灾环境和承灾体三个角度对考虑人群活动的城市暴雨洪涝风险的形成机理进行分析。

考虑人群活动的城市暴雨洪涝灾害风险形成机理如图 5.2 所示[378]。首先，城市暴雨洪涝灾害风险系统中的致灾因子一般是指暴雨洪涝灾害事件，致灾因子的危险性一般通过暴雨洪涝灾害强度，如暴雨面积灾害过程中的淹没深度、淹没面积等因素评估。城市暴雨洪涝灾害风险系统中的孕灾环境是承载暴雨洪涝灾害过程并约束承灾体活动的地理空间，可以将其分为两类，一是城市建筑物环境，承灾体通过城市建筑物间接地暴露在灾害系统中；二是城市路网环境，通过约束人口的移动规则实现其动态活动。其次，将脆弱性定义为对洪涝不利影响的倾向性，

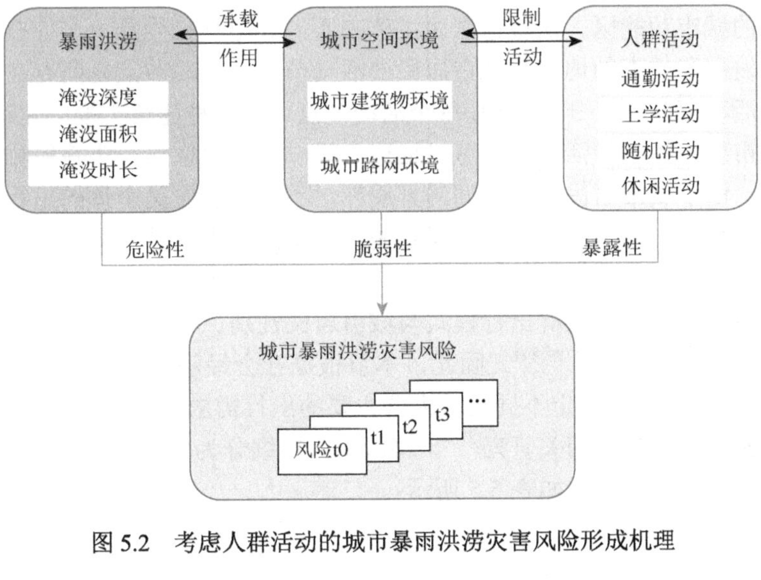

图 5.2　考虑人群活动的城市暴雨洪涝灾害风险形成机理

即脆弱性。最后，从承灾体角度出发，将人口作为城市暴雨洪涝灾害风险系统中的主要承灾体，并将人口的空间分布纳入承灾体暴露性的评估中。考虑到人口在暴雨洪涝灾害发生过程中仍处于动态活动状态，因此，精准定位并模拟人口承灾体的时空暴露性变化特征，是评估暴雨洪涝灾害风险的关键。人群活动对城市暴雨洪涝灾害风险大小的影响是通过城市人群的暴露性间接作用的，而不同时刻人群的暴露性，则由城市人群的日常活动所决定，所以，要对人群活动下的城市暴雨洪涝灾害风险进行模拟研究，必须精准刻画城市人群的日常活动，探究人群在不同时刻的暴露度空间分布。

2. 城市人群活动模式设计

人口作为城市暴雨洪涝灾害发生过程中的主要承灾体，有着复杂的时空分布，对城市暴雨洪涝风险变化有着显著影响。通过构建多智能体仿真模型可以基于不同的时间驱动改变人口智能体的时空坐标，更准确地描述人群复杂的个体异质性活动，实现对人口在洪涝灾害中的空间暴露性表达。人口智能体作为整个城市人群活动系统中最为活跃的部分，具有异质性、自主性、主动性等特征。人口智能体的行为多样且自发，具有独立决策的能力，可以随着时间的推移、针对环境的变化主动地完成自己的行动。因此，为了更好地设置人口智能体的行为规则，需要对城市人群活动模式进行分类设计，使人口智能体按照各自类别人群的活动模式开展一天的活动。

1）城市人群分类

城市人群的活动必然伴随着特定的目的，城市人群活动的目的地是主体实现特定需求的城市功能区。从城市居民主体来看，其出行行为是一个完整的活动序列，活动发生和结束的地方是城市居民的活动节点，活动节点之间存在连接，每完成一个活动便前往下一个活动，每个活动节点可用一种建筑类型的建筑物表示。因此，城市居民的出行活动模式可以描述为以一定的概率从一类建筑物前往另一类建筑物。由于城市居民个体之间的异质性，不同类型居民个体的出行活动类型和活动转移概率均有所差异，因此需要先对城市人群类型进行分类，进而探究不同类型城市人群的出行活动模式。

已有研究发现城市人群出行模式与城市居民性别、年龄、就业情况、教育背景等个体特征密切相关[379-381]。因此，本节根据社会经济特征和活动特征划分城市居民主体的类型，并确定不同类型人群主要的出行需求以刻画其出行行为模式。基于现有城市人口分类相关研究[382]，将城市人口细分为学生人口、就业人口、自由人口和老年人口四类，如表 5.5 所示。

表 5.5　城市人口分类说明

类型	属性
学生人口	3～14 岁的学生，有上学、回家、休闲等活动
就业人口	20～59 岁有固定工作的人，部分就业人口有孩子，有上班、回家、接送孩子、购物、休闲等活动
自由人口	无固定工作、有闲逛活动、部分拥有孩子的人
老年人口	59 岁以上老年人，有回家、休闲、购物等活动

2）人群活动场所分类

城市人群的出行活动必然出于一定的目的，如为了谋生、处理个人或家庭事务、满足社交和文娱需求等。同时，考虑到社会人口特征（年龄、教育和职业等）的异质性又导致不同的社区居民主体出行活动类型和所处的位置存在差异，因此，为了更好地刻画城市人群在城市地理空间上的分布变化，需要对城市人群的日常出行活动类型进行分类，以更好地确定人群的出行活动模式。根据中国城市居民出行行为调查和出行特征分析[383]，城市居民的日常出行活动主要包括回家、上班、上学、公务、购物餐饮、文化娱乐、社交和其他八种类型，如表 5.6 所示。从表中可以发现，三个城市的居民活动类型占比基本一致，其中城市居民主要活动是回家，其次是上班、上学，这三项出行活动占比超过了城市居民全天出行总量 60%，文化娱乐和社交等其他活动占比总和不超过 15%，这为生成社区居民主体的出行行为模式提供了参考和基础。

表 5.6　城市居民出行活动构成

城市	回家	上班	上学	公务	购物餐饮	文化娱乐	社交	其他
北京	46.44%	22.69%	6.81%	3.59%	7.61%	3.71%	5.4%	3.75%
天津	48.03%	17.39%	8.97%	1.08%	13.59%	4.71%	2.53%	3.70%
杭州	44.39%	23.09%	7.19%	2.9%	10.25%	3.52%	2.59%	6.08%

城市人群活动是在现实的地理空间上进行的，并基于不同的活动目的前往不同的城市功能区。利用建筑物类型来表征城市功能区，城市人群的出行行为则体现在不同建筑物类型的建筑物之间的移动和停留，以此刻画城市人口的空间转移分布。根据城市居民的出行活动类型和土地利用分类[384, 385]，对城市建筑物类型进行重新分类，将建筑物划分为公园景点、住宅区、工业区、商场、学校和其他六类，具体如表 5.7 所示，以对应城市居民主体的八大类出行活动。

表 5.7　城市人群活动场所分类

一级分类	二级分类	功能	本节分类
01 住宅	0101 住宅	住宅区或公寓类建筑物	住宅区
02 商业	0201 商务写字楼	工作的建筑，包括商业写字楼、办公室等	工业区
	0202 商场	商业零售、餐馆等	商场
03 工业	0301 工业	工厂、仓库等建筑	工业区
04 交通	0401 道路	人行道、城市主干道、次干道	其他
	0402 交通站点	地铁站、公交站等相关建筑	其他
	0403 机场	飞机场建筑	其他
05 公共管理和服务	0501 政府机构	政府、军队和公共服务类建筑	工业区
	0502 教育场所	学校、研究机构等教育类建筑	学校
	0503 医院	医院等应急服务用地	其他
	0504 休闲文娱	健身中心、博物馆、图书馆等建筑	公园景点
	0505 公园绿地	供娱乐和环境保护用途的公园和绿地	公园景点

3）人群行为规则设计

城市人群的日常活动可以被看作一系列出行活动的序列，其活动的开始地点和结束地点都是家，具有明显的时序性和规律性。概率有限状态机（probabilistic finite state machine，PFSM）可以以概率的形式量化人群活动系统中各个活动状态之间的转移函数，并且每一个主体从一个系统状态向所有可能的其他系统状态转移的概率总和始终为 1。因此，概率有限状态机可以很好地描述城市人群一天的活动模式，建立以家为初始地点和结束地点的人群活动模型，体现城市不同人群在不同活动状态之间的转换过程，模拟城市人群在不同时间段的空间分布。假定城市人群一天的出行活动主要包括——回家、上班、上学、公务、购物餐饮、文化娱乐、社交、其他，可以构建基于概率有限状态机的人群活动状态集合为 $S=\{$活动 1, 活动 2, 活动 3, …, 活动 $n\}$，各出行活动模式中的活动转移概率从已有关于城市人群活动模式的研究文献中获取[386, 387]。构建四种类型的人口智能体的活动规则如下。

（1）学生人口。学生的行为规则呈现出较为明显的动态规律，如图 5.3 所示：学生在早上 7:00 前后从家离开，前往学校；在学校停留到 11:30 左右，有 20%的概率直接返回家里吃午饭，然后在 13:30 左右返回学校继续学习；在 17:00 之后陆续放学，离开学校返回家中，或先到附近公园、商场、教育机构等进行休闲娱乐或学习，并在 21:00 结束一天活动，全部返回家中。

（2）就业人口。首先根据人口年龄分层，设置一定概率的就业人口，如图 5.4 所示，行为规则为：30%的就业人口在早上 7:00 前后送孩子上学再去工业区工作，

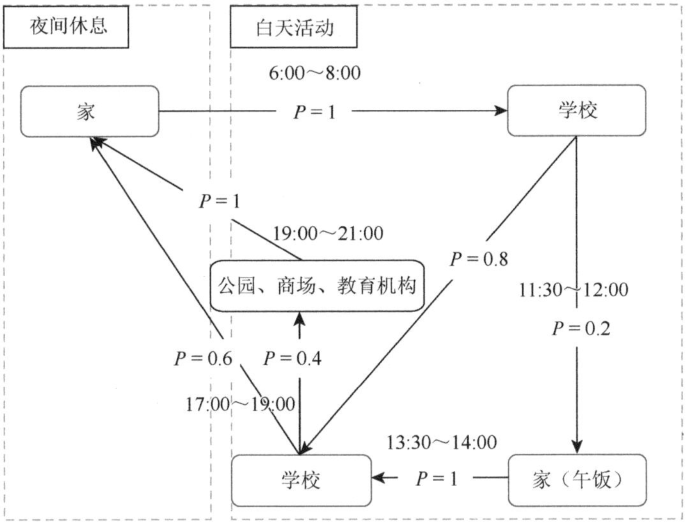

图 5.3　学生人口智能体活动规则

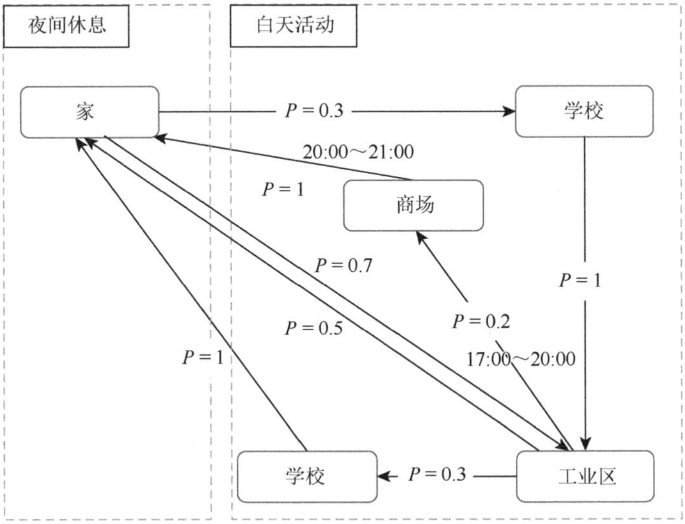

图 5.4　就业人口智能体活动规则

70%直接去工业区工作；在工作场所停留到 17:00 左右，30%的概率去学校接孩子放学并返回家中；在 17:00 之后，有 50%的概率直接回家，20%的概率去商场休闲吃饭，并在 21:00 结束一天的活动，全部返回家中。

（3）自由人口。自由人口是系统中处于自由活动状态的人口，就是指那些在空间上自由移动的人群，比如出租车司机、游客等。此类人口智能体的行为规则是在早上八点开始离家自由运动，晚上八点结束一天所有活动并返回家休息，如图 5.5 所示。

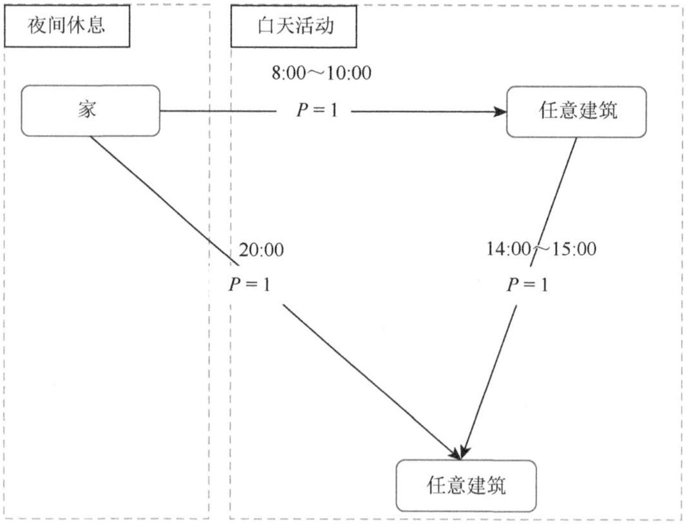

图 5.5　自由人口智能体活动规则

（4）老年人口。根据人口年龄分层设置一定比例的老年人口，其出行行为主要包括接送孩子、公园休闲、商场娱乐、回家等，如图 5.6 所示。在早晨 7:00 前后，有 60%的老年人开始送孩子上学，20%的留在家里，20%的去往景点公园进行休闲娱乐活动；从学校离开后，80%的人从学校前往景点公园、20%直接回家；50%的傍晚到学校接孩子，20%去商场。最终在晚上九点时结束所有活动返回家中休息。

3. 基于 ABM 的城市暴雨洪涝灾害风险建模

1）基于 ABM 的城市暴雨洪涝灾害风险建模框架

城市暴雨洪涝灾害风险系统是一个典型的复杂系统，系统中各个要素同时在时间、空间两个维度上相互作用、相互影响，共同构成了城市暴雨洪涝灾害风险。城市暴雨洪涝风险具有明显的时空动态性特征，这不仅是洪涝灾害演变的结果，也是人口承灾体时空动态流动、灾害与环境之间非线性相互作用的结果。对城市暴雨洪涝灾害风险进行模拟，需要先有效解决洪涝灾害系统和城市人群活动系统的内聚与耦合问题。

ABM 模型可以很好地体现城市暴雨洪涝灾害各要素微观个体动态变化到风险宏观涌现的过程，自下而上地模拟城市暴雨洪涝灾害风险的形成及演变过程，为城市暴雨洪涝灾害风险研究提供新的研究思路。基于 ABM 的建模方法，以时间因子作为驱动，构建暴雨洪涝灾害过程和城市人群活动两个模拟模块，将洪涝过程叠加在城市建筑物、道路城市空间环境中，并时刻更新城市受淹地图来展现暴雨洪涝灾害在时间和空间上的动态演进过程，从系统理论的角度出发对暴雨洪

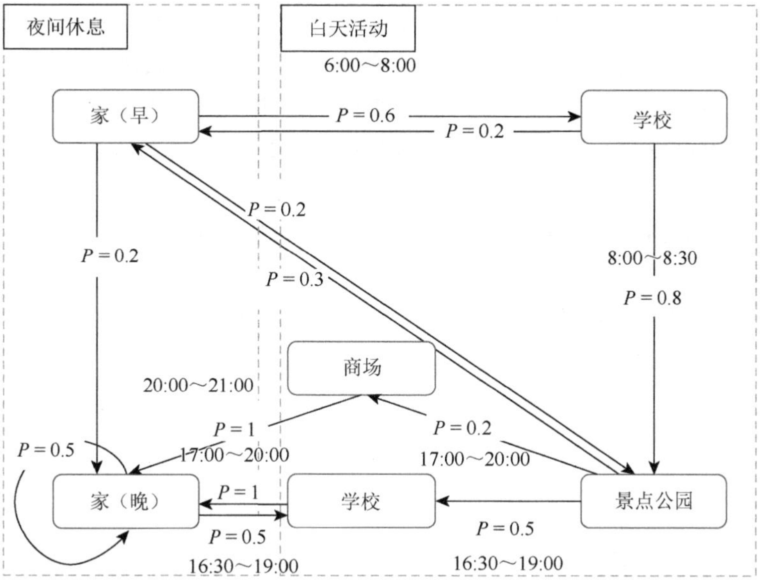

图 5.6　老年人口智能体活动规则

涝风险复杂系统中的风险进行综合计算，实现对暴雨洪涝灾害系统和城市人群活动系统的耦合，构建城市暴雨洪涝风险仿真模型框架[388]，如图 5.7 所示。

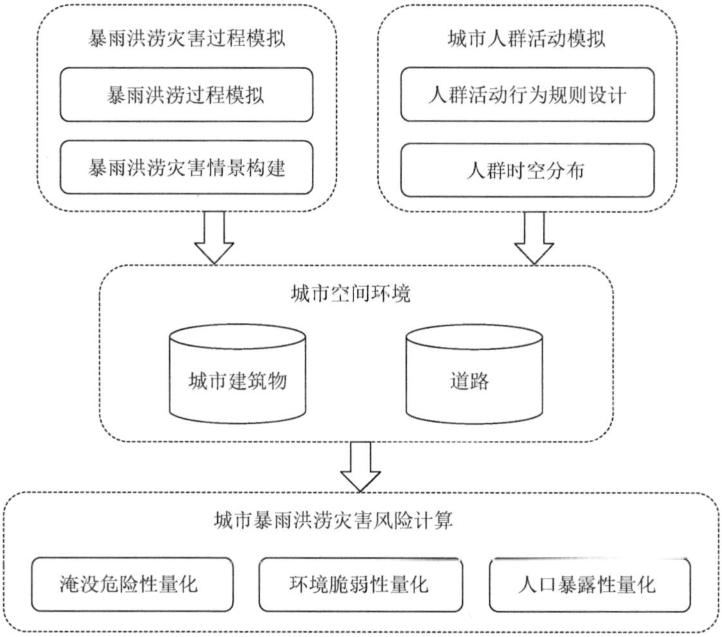

图 5.7　考虑人群活动的城市暴雨洪涝灾害风险仿真模型框架

首先对城市暴雨洪涝灾害过程和城市人群活动过程进行模拟，构建早高峰、晚高峰和夜间三个不同的暴雨洪涝灾害情景，其次在仿真模型中将其耦合至城市建筑物和道路的城市空间环境中，然后将模拟出来的暴雨淹没模拟数据转换为建筑物受淹、道路受淹数据，并基于“危险性—脆弱性—暴露性（hazard-exposure-vulnerability，H-E-V）”风险评估框架，对暴雨洪涝灾害风险展开计算，得出基于城市建筑物和道路的城市暴雨洪涝灾害风险模拟结果。

2）城市暴雨洪涝灾害风险建模流程

基于 ABM 的城市暴雨洪涝灾害风险仿真流程共分为三个步骤：模型初始化、模型运行、模型输出，如图 5.8 所示。

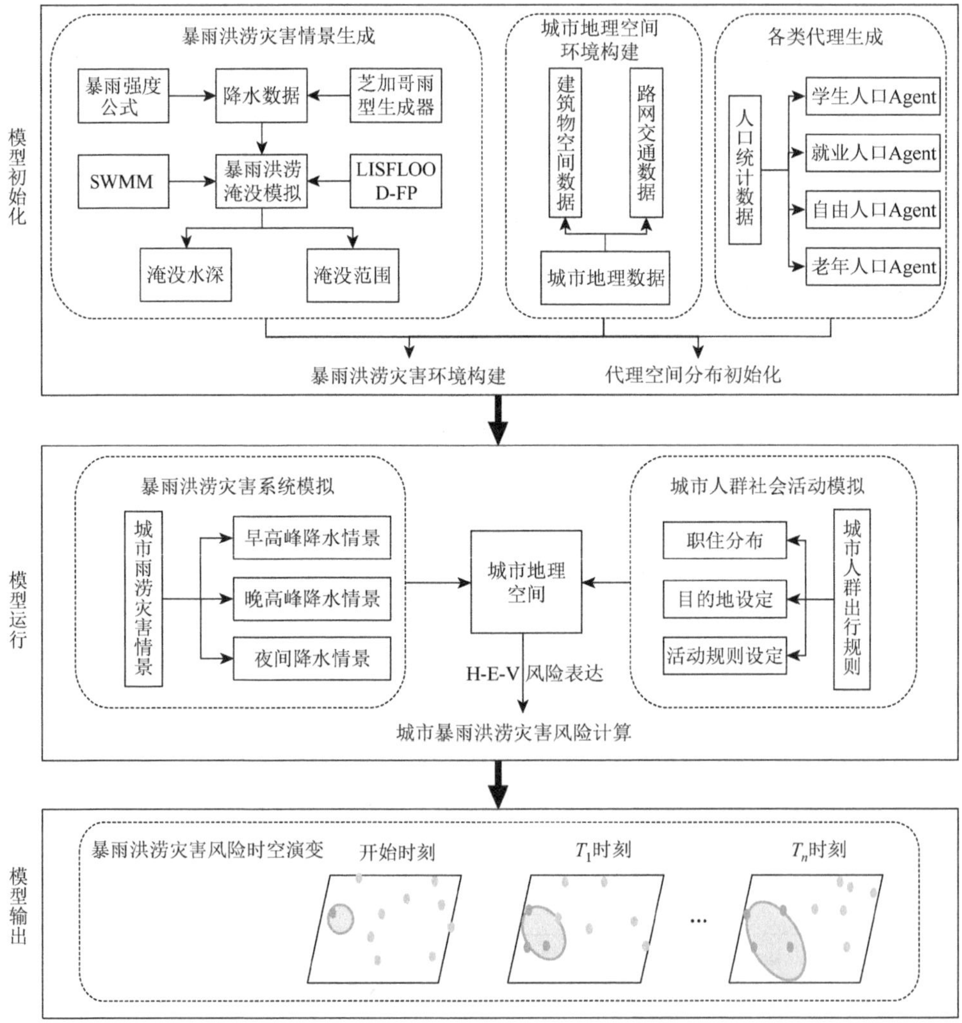

图 5.8 城市暴雨洪涝灾害风险仿真建模流程

（1）模型初始化阶段。主要包括：暴雨洪涝灾害情景生成、城市地理空间环境构建和各类 Agent 生成。其中，暴雨洪涝灾害情景是通过暴雨强度公式和芝加哥雨型生成器生成的，得到不同降水强度下的降水数据；然后，通过一维 SWMM 和二维水动力模型 LISFLOOD-FP 的耦合模型模拟不同降水强度下的洪涝淹没过程，包括淹没水深和淹没范围。城市地理空间环境构建是为各类 Agent 提供交互的环境，主要通过建筑物和道路搭建社区空间环境。根据城市人口统计数据，生成各类学生人口 Agent、自由人口 Agent、随机人口 Agent 和老年人口 Agent，并对各类 Agent 空间网格分布初始化，并对这些 Agent 设置对应的行为规则，使其按照各自类别人群的活动模式开展一天的活动。

（2）模型运行阶段。主要是建模框架中各个模拟模块的实现过程，具体包括暴雨洪涝灾害系统模拟和城市人群社会活动模拟。具体来说，暴雨洪涝灾害系统通过将一维 SWMM 和二维 LISFLOOD-FP 的耦合模型模拟的 100 年一遇的暴雨淹没模拟数据转换更新为建筑物受淹、道路受淹数据，模拟暴雨洪涝灾害演变过程，并设置早高峰降水、晚高峰降水和夜间降水三个暴雨淹没情景，以分析不同的灾害情景对城市暴雨洪涝灾害风险的影响。城市人群社会活动模拟是基于已有研究中对于不同类型的居民 Agent 出行行为模式的研究，引入概率推演模型，设置每个 Agent 的出行活动概率和出行轨迹，为洪涝灾害的承灾体动态转移提供基础。最后基于 H-E-V 灾害系统理论对城市暴雨洪涝灾害风险进行计算，实现人群活动下的城市暴雨洪涝灾害风险仿真。

（3）模型输出阶段。该阶段主要包括模型仿真数据输出、数据分析及可视化两个部分。从城市建筑物暴雨洪涝灾害风险和城市道路暴雨洪涝灾害风险两个维度出发，研究人群活动下的城市暴雨洪涝风险时空动态变化过程。从微观的城市人口 Agent 个体数量变化到宏观的暴雨洪涝灾害风险结果等多个层面，输出每次的仿真结果，具体包括：每个时刻位于各个建筑物、道路中的城市人口 Agent 的数量、每个时刻各建筑物和道路受淹情况、每个时刻各个建筑物和道路的风险计算结果、每个时刻道路交通网络状态、当前淹没时刻。通过数据分析及可视化从多个角度分析仿真结果，对比分析不同暴雨洪涝灾害情景下的城市暴雨洪涝灾害风险。

5.2.2　考虑人群活动的暴雨洪涝灾害风险模拟

1. 城市暴雨洪涝灾害模拟模型

一般来说，洪涝灾害过程模拟主要体现在淹没面积、淹没深度和径流速度方面。SWMM 是一种比较常见的一维模型，它可以模拟地下管网的水动力过程，在此过程中，可以有效表达排水管网的水力特征，然而，却不能描述排水管网对地表水流的影响过程。LISFLOOD-FP 模型作为一种二维模型能与之有效互补，在地下管网水力描述的基础上，对地表水流的过程与状态进行有效的模拟。将 SWMM 与 LISFLOOD-FP 模型进行耦合，从地上和地下两个视角对暴雨和洪水进行模拟，让这两个部分之间形成紧密的连接，能有效模拟地下管网和地表之间的水量交换，实现暴雨洪涝淹没面积与淹没深度的模拟。

首先采用 SWMM 模拟降水、地表产流、管网汇流以及管网溢流的过程。SWMM 将排水系统概化为一系列管段和管网节点（如雨水篦和检查井），排水管网内的径流传输遵守质量守恒与动量守恒，利用水动力学中的圣维南方程（Saint-Venant equations），对管道中的流速和水深进行计算，把连续方程和动量方程相结合，模拟渐变非恒定流，从而完成对管网中交汇过程的模拟。

圣维南方程组如下：

$$\frac{\partial Q}{\partial x}+\frac{\partial A}{\partial t}=q \quad \text{（连续方程）} \tag{5.21}$$

$$\frac{1}{g}\cdot\frac{\partial v}{\partial t}+\frac{v}{g}\cdot\frac{\partial v}{\partial x}+\frac{\partial H}{\partial x}=S_0-S_f \quad \text{（动量方程）} \tag{5.22}$$

其中，$\frac{\partial Q}{\partial x}$为进出控制单元体的流量变化项；$\frac{\partial A}{\partial t}$为过水断面面积随时间的变化率；$\frac{1}{g}\cdot\frac{\partial v}{\partial t}$为当地加速度；$\frac{v}{g}\cdot\frac{\partial v}{\partial x}$为对流加速度；$\frac{\partial H}{\partial x}$为压力项；$S_0$为重力项；$S_f$为摩擦力项；$Q$为流量（单位：米^3/秒）；$A$为过水断面面积（单位：米^2）；$q$为单位长度进流量/旁侧入流量；$t$为时间（单位：秒）；$x$为管渠长度（单位：米）；$g$为重力加速度（单位：米^2/秒）；$v$为流速（单位：米/秒）；$H$为水深（单位：米）。

基于 LISFLOOD-FP 模型模拟节点溢流水量和降水径流在城市地表的淹没过程。LISFLOOD-FP 模型基于规则网格，将一维河流水力运动和二维漫滩水运动结合起来，假设两个单元之间的流动是这些单元之间自由表面高度差的函数，对于二维水动力模拟，是基于研究区的 DEM，运用连续性方程和动量方程，考虑相邻格网之间的水量平衡，二维水动力演算控制方程为

$$\frac{dh^{i,j}}{dt}=\frac{Q_x^{i-1,j}-Q_x^{i,j}+Q_y^{i,j-1}-Q_y^{i,j}}{\Delta x\Delta y} \tag{5.23}$$

$$Q_x^{i,j}=\frac{h_{\text{flow}}^{5/3}}{n}\left(\frac{h^{i-1,j}-h^{i,j}}{\Delta x}\right)^{1/2}\Delta y \tag{5.24}$$

其中，$h^{i,j}$为节点（i，j）处的自由水面高度；i为节点在垂直方向的索引；j为节点在水平方向的索引；Δx，Δy为网格单元尺寸；n为漫滩有效网格尺度曼宁摩擦系数；Q_x，Q_y为漫滩单元沿 x，y 方向上的体积流速；水流深度 h_{flow} 为两个网格

之间水流的深度；d 为两个单元中最高自由水面与最高河床高程之间的差异。

排水管网和地表的水量交换可概化为：降水在地表产流汇集形成径流，从管网节点汇入排水管网，当排水管网排水能力不足时，水量通过管网节点溢流并汇入地表径流；当排水管网恢复排水能力时，地表径流重新汇入排水管网。定义 H_{1d} 为管网节点溢出水深；H_{2d} 为地面水深；H_h 为 H_{1d} 和 H_{2d} 的较大值，A_{mh} 为管网节点面积。

当 $H_h \leqslant \dfrac{A_{\mathrm{mh}}}{L}$ 时，流量大小计算参照淹没式溢流公式：

$$Q = C_0 L H_h \sqrt{2g\left|H_{1d} - H_{2d}\right|} \tag{5.25}$$

其中，L 为管网长度；C_0 为孔口流量系数。

当 $H_h > \dfrac{A_{\mathrm{mh}}}{L}$ 时，流量大小计算参照孔口出流公式：

$$Q = C_0 A \sqrt{2g\left|H_{1d} - H_{2d}\right|} \tag{5.26}$$

对 SWMM-LISFLOOD-FP 耦合模型开展必要的模型初始化及数据预处理工作时，例如 SWMM 概化管网及划分汇水区，LISFLOOD-FP 模型处理地形及划分二维格网等，初始值可以参照开源排水管网模型与地表漫流模型的手册进行设置，开展城市暴雨洪涝灾害模拟。

2. 城市暴雨洪涝灾害情景设置及仿真环境构建

传统的城市暴雨洪涝灾害风险的模拟一般直接采用一场实测降水数据或者设计降水模型，本节模拟了不同重现期的暴雨洪涝灾害变化过程，并考虑到人群活动在一天均处于不停的变化之中，承灾体暴露度在不同时间段内也会呈现出不同的空间特征。因此，针对城市人群活动较为频繁的早晚高峰和人群活动处于静止状态的凌晨，设置了早高峰情景、晚高峰情景和夜间情景三个典型的暴雨洪涝灾害情景，耦合了暴雨洪涝过程和城市人群的动态活动过程，构建了基于多智能体的城市暴雨洪涝灾害风险仿真模型，得到全链条、多维度的暴雨洪涝灾害风险变化过程，旨在聚焦于研究不同暴雨洪涝灾害发生时间段下的暴雨洪涝灾害风险时空变化趋势。

此外，环境作为承载暴雨洪涝灾害的自然空间，不仅为仿真模型中的智能体提供生存空间环境，同时也将洪涝灾害与人类活动联系起来。为了更好地探究不同降水情景下城市人群活动带来的暴雨洪涝风险演变规律，在此设置夜间情景、早高峰情景、晚高峰情景三个暴雨淹没情景，同时将暴雨淹没模拟数据转换为建筑物受淹、道路受淹数据，在 GAMA 平台（https://gama-platform.org/wiki/next/Overview）

中导入受淹后的地理空间数据，并构建建筑物和道路两类灾害仿真环境，具体如下。

（1）建筑物环境构建。建筑物是人口活动和生存的空间，不同类型的建筑物提供了不同的活动场地。作为孕灾环境的重要组成部分，建筑物主要为城市人口和暴雨灾害提供时空约束，其核心的两个指标是建筑物的功能分类以及建筑物对暴雨淹没的敏感程度。根据城市居民的出行活动类型和土地利用分类，将建筑物划分为公园景点、住宅区、工业区、商场、学校和其他六类，并参考《建筑工程抗震设防分类标准》[389]中对工业建筑、住宅建筑、公共建筑等不同类型建筑的设防级别，赋予上述六类建筑物对应的暴雨淹没敏感度，具体为学校一级敏感、商场和工业区二级敏感、住宅区三级敏感、公园景点和其他四级敏感。

在城市暴雨洪涝灾害环境系统中，构建建筑物智能体包含的建筑物基本属性如表 5.8 所示。

表 5.8　建筑物基本属性

属性	类型	描述
jzw_ID	整型	该建筑物的唯一标识
jzw_type	字符串型	该建筑物的居民日常活动类型
jzw_area	浮点型	该建筑物的面积
sensitivity	字符串型	该建筑物的敏感性
injzw_people	整型	位于该建筑物内的居民总数
jzw_street	字符串型	该建筑物所处街道名称
flood_depth	浮点型	该建筑物的被淹水深
jzw_risk	浮点型	该建筑物的风险值大小
……	……	……

（2）道路环境构建。道路作为人口动态活动的一个重要空间，既决定了人口的空间位置变换规则，又通过限制人口移动，使人口被直接暴露在暴雨洪涝灾害环境中。本节关注的道路关键性敏感性指标为道路等级和道路宽度。根据城区 GIS 矢量道路数据，将道路分为主干道、次干道、三级公路和社区支路四类，并根据《城市道路工程设计规范》[390, 391]中关于不同等级道路宽度、道路通行量等指标，赋予上述四类道路对应的暴雨淹没敏感度，具体为社区支路一级敏感、三级公路二级敏感、次干道三级敏感、主干道四级敏感。在城市暴雨洪涝风险仿真模型中构建道路智能体包含的道路基本属性如表 5.9 所示。

表 5.9　道路基本属性

属性	类型	描述
road_ID	整型	该道路的唯一标识
road_type	字符串型	该道路等级
road_length	浮点型	该道路长度
road_width	浮点型	该道路宽度
sensitivity	string	该道路敏感性
maxspeed	浮点型	该道路运行通行的最大速度
onroad_people	整型	位于该条道路的居民总数
road_name	字符串型	该道路名称
road_depth	浮点型	该道路的被淹水深
road_risk	浮点型	（计算得出）该道路的风险值大小
……	……	……

3. 暴雨洪涝灾害风险计算方法

本节基于系统思维构建城市洪涝灾害风险计算框架，结合地理学、灾害学、计算机等学科的理论及技术，围绕“城市洪涝灾害发生时，灾害风险的时空分布如何”这一问题开展研究。以时间因子作为驱动，以地理环境为空间约束，对面向人群活动的暴雨洪涝灾害风险进行量化，构建城市暴雨洪涝风险多智能体仿真模型，以模拟风险的时空演化特征。基于 H-E-V 框架，综合考虑承灾体、孕灾环境和致灾因子间的相互作用，将城市暴雨洪涝风险定义为由危险性、暴露性、脆弱性组成。危险性是指暴雨灾害过程中的强度、淹没深度等，用来表征洪涝事件过程中致灾因子危险程度的动态变化；暴露性是指受洪涝危险性影响的风险要素暴露程度，在本节中特指暴露于城市暴雨洪涝灾害中的城市人口，最能体现人口承灾体的暴露性特征的就是不同时刻人口密度的空间分布情况[392]，鉴于其在暴雨灾害发生过程中仍处于动态活动状态，因此，精准定位并模拟人口的时空分布变化，是评估暴雨洪涝灾害风险时空分布的一大关键要素；脆弱性即环境的敏感性，指城市地理环境对暴雨洪涝灾害不利影响的抵抗能力的统称[393]，在本节中特指城市内建筑物和道路两类地理实体对暴雨洪涝灾害的敏感程度。

在城市暴雨洪涝风险系统中，风险是由致灾因子危险性、承灾体暴露性和孕灾环境的敏感性三者综合作用的结果。因此，构建基于人群活动的城市暴雨洪涝风险仿真模型中风险计算的数学表达为

$$R_i = H_i \cap S_i \cap \left(P_i / A_i\right) \tag{5.27}$$

$$R_j = H_j \cap S_j \cap (P_j / A_j) \tag{5.28}$$

其中，R_i 为道路 i 的风险值大小；R_j 为建筑物 j 的风险值大小；H_i 为道路 i 的被淹没水深；H_j 为建筑物 j 的被淹没水深；S_i 为道路 i 的对暴雨洪涝灾害的敏感性程度；S_j

为建筑物 j 对暴雨洪涝灾害的敏感性程度；P_i 为位于道路 i 上的人口总数；P_j 为位于建筑物 j 内部的人口总数；A_i 为道路 i 的道路面积；A_j 为建筑物 j 的建筑总面积。

根据式（5.27）和式（5.28）在仿真模型中对城市暴雨洪涝灾害风险值进行计算。首先，对建筑物或道路的被淹水深 H_j 和 H_i、对建筑物或道路的敏感程度 S_j 或 S_i 做归一化处理，其次与模拟出来的当下建筑物或道路的人口密度相乘，即可得到当下时刻单个建筑物或路网的风险值大小。

5.2.3 基于风险的城市暴雨洪涝灾害预警体系

1. 城市暴雨洪涝灾害预警目的及原则

1）城市暴雨洪涝灾害预警目的

城市暴雨洪涝灾害预警是通过及时准确地向社会公众发布预警信号，对灾害可能造成的影响范围和影响程度发出预警信息，使群众提前采取相应的防洪措施，保障生命财产安全的活动[394]。在人员密集、财富集中的高度城镇化地区，城市人口作为灾害事件中受影响最大的承灾体，加强灾害前及洪涝灾害发生期间的居民风险引导及风险规避，降低居民的出行风险，能够有效减少人民生命财产损失。

因此，基于风险的城市暴雨洪涝灾害预警需要通过对洪涝灾害风险进行精准测度，根据科学有效的预警机制向公众发布包含洪涝灾害风险影响的预警信息，能够及时安全引导居民避险，最大程度减轻洪涝灾害对城市日常生产生活的影响，减少居民的生命财产损失。

2）城市暴雨洪涝灾害预警原则

预警本质上是“对信息监测、处理和扩散的过程”，风险预警管理系统主要由监测系统和预警系统两个部分组成。监测是预警发布的前提和基础，在监测的基础上对突发事件进行准确研判也是科学开展应急指挥的先决条件。监测的可行性、时效性、精准度等因素直接决定了预警发布与应急指挥的科学性与有效性。因此，本节从风险监测和预警发布的角度出发，明确了基于风险的城市暴雨洪涝灾害预警的原则应包括以下几点。

（1）风险科学研判。风险大小的精准测度是进行准确预警的基础和前提，在对未来的暴雨洪涝灾害发展态势进行估算的基础上，综合考虑暴雨洪涝灾情的实际危险程度，从实际出发，对暴雨洪涝灾害的发生时间、强度以及影响区域等进行科学研判。

（2）因地制宜、因时而异，分级、分区、分情景预警。城市洪涝灾害预警不断向精细化发展，面对不同的暴雨洪涝灾害风险大小、风险区域、灾害情景，洪涝灾害预警需要实现空间上的差异化，提供更准确和有针对性的风险信息，防止“一刀切”的预警方式。

（3）预警信息有效性。在进行精细化预警的同时需要保证预警信息的有效性，在预警信息发布中增加与预警等级相对应的引导信息，明确城市居民应该采取的预警行为与措施，提高预警有效性。

（4）预警信息统一发布。预警信息事关公共安全与公众切身利益，随意、虚假或多头发布预警信息的行为均会导致公众认知混淆与错误，影响社会秩序稳定，应由政府部门或其授权的权威机构统一、及时、准确向社会或特定机构发布预警信息[394]。在以社会公众为对象的预警信息发布过程中，政府、社会和媒体三者各司其职，由政府部门发布原始的预警信息，电视、广播、社交媒体等媒体对预警信息进行广泛分发与二次传播。

2. 基于风险的城市暴雨洪涝灾害预警体系框架

传统的自然灾害预警以气象预警为主[16]，我国以红、橙、黄、蓝四种颜色对应Ⅰ级至Ⅳ级预警级别。传统基于气象预警或水情预警的洪涝灾害预警，无法体现城市洪涝灾害带来的影响，因此城市暴雨洪涝灾害预警需要考虑对社会经济系统带来的风险或影响，发展“基于影响和风险的洪水预报预警”。

将洪涝灾害风险信息纳入灾害预警体系，构建基于风险的城市暴雨洪涝灾害预警体系框架（图 5.9），为进行全面、精确的风险度量，提升基于风险感知的预警精度提供科学依据。

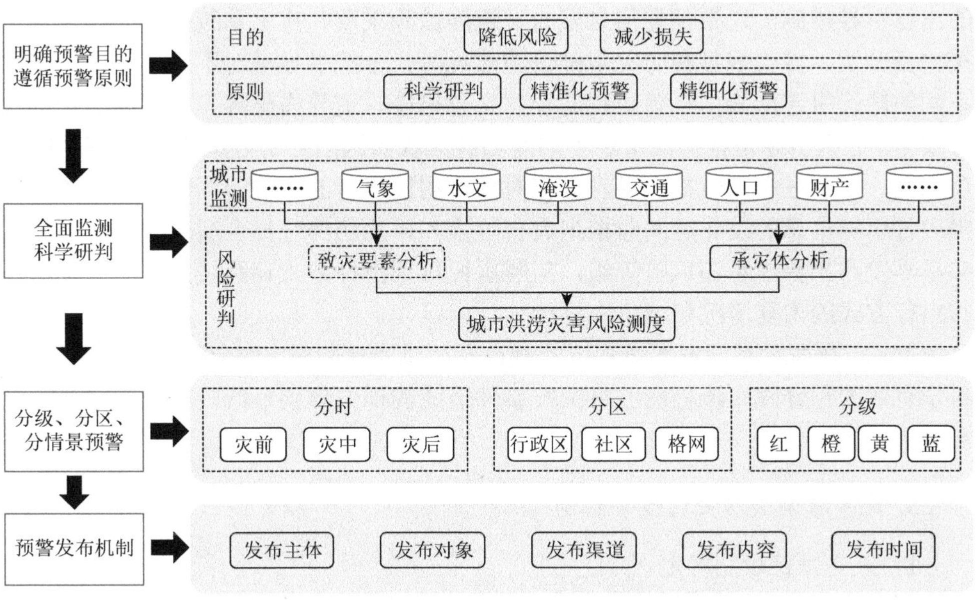

图 5.9 基于风险的城市暴雨洪涝灾害预警体系框架

首先，需要明确城市洪涝灾害预警的目的与原则，在“最大限度降低城市暴雨洪涝灾害风险、减少人民的生命财产损失”目标指导下，对城市暴雨洪涝风险进行科学研判，实现精准化、精细化预警；其次，在“明确预警目的、遵循预警原则”的基础上，采用科学的技术方法对城市大数据进行数据处理与分析，以对城市暴雨洪涝灾害风险大小进行精准测度；再次，结合洪涝灾害风险大小，因地制宜、因时而异，构建分级、分区、分情景的城市暴雨洪涝灾害预警机制；最后，统筹预警信息发布，通过多种渠道对社会公众以及机构进行预警信息发布，为全社会、受灾人群和机构争取宝贵时间，做好预防准备工作。

第一，预警信息应由政府部门或其授权的权威机构统一发布。从城市暴雨洪涝灾害风险预警的全过程考虑，气象监测部门负责全面搜集暴雨洪涝灾害相关灾情信息，包括地面数据、遥感数据、气象数据等。由应急管理部汇总各方信息，分析未来灾害风险演变趋势，判断预警等级。根据判断结果，由各省市县等相关应急指挥管理部门统一协调，启动对应的灾情预案，然后经由相关事务部门和媒体等发布预警信息。

第二，基于风险的城市暴雨洪涝灾害预警发布内容应包括灾害风险大小以及出行引导信息。出行引导信息的内容应包括气象预报、交通出行信息、安全避险信息和公共设施信息等。具体地，将城市内不同区域根据风险大小划分为红、橙、黄、蓝四级预警等级，然后根据城市区域及风险预警等级分时、分级、分区对居民进行引导。城市洪涝灾害出行分时引导是根据洪涝灾害的不同阶段，采取不同的出行引导措施，包括预警信息发布、避险措施采取、排水系统建设和维护、救援物资分发、城市规划和防灾基础设施建设等。分级引导是对不同等级区域采取不同的出行引导措施，包括限制通行、紧急措施、疏导措施等，以保障居民的人身安全。分区引导是根据城市中不同的功能区块实施出行引导策略，包括商业区、住宅区、工业区等，以减少洪涝灾害对城市居民出行的影响。同时，城市洪涝灾害出行引导信息的发布时间应根据灾害阶段和风险趋势选择合适的时机。在灾前应尽早发布预警信息和风险等级，提醒居民规划出行方式和路线，灾后应及时发布出行方式的恢复情况和城市恢复计划。

第三，在面对不同灾害情景下的城市暴雨洪涝风险时，健全的预警联动机制、科学有效的预警发布流程能够将突发事件造成的损失降到最低，有效减轻暴雨洪涝灾害后果。

3. 城市暴雨洪涝灾害预警机制

1）灾害预警级别确定

在全球变暖和人类活动的综合影响下，城市洪涝，特别是超标准洪涝事件发生的概率明显增加，城市洪涝防治呈现出极端性、复杂性、艰巨性和长期性。考虑到百年一遇暴雨重现期下的暴雨洪涝灾害风险已经足够反映极端降水的罕见性，因此，设定暴雨洪涝灾害强度为百年一遇，选择城市暴雨洪涝灾害风险仿真模型模拟出来的灾害风险作为预警指标，并基于四分间距法对预警等级划分，确定预警阈值。

首先对暴雨洪涝灾害风险模拟的风险值进行统计归纳，确定暴雨洪涝灾害发生过程中的开始和结束时间，其次查找并统计不同时刻下模拟的建筑物风险值、道路风险值以及对应的起止时间，计算暴雨洪涝灾害风险模拟过程中灾害风险的区间大小，具体计算公式为

$$R_{ti\max} = \max\left(R_{t,i}\right)\left(i = 1,2,\cdots,N\right) \tag{5.29}$$

$$R_{tj\max} = \max\left(R_{t,j}\right)\left(j = 1,2,\cdots,N\right) \tag{5.30}$$

其中，$R_{ti\max}$ 为灾害发生 t 时间段下，道路 i 的最大风险值；$R_{t,i}$ 为道路 i 在灾害发生时间段 t 的风险值大小；$R_{tj\max}$ 为灾害发生 t 时间段下，建筑物 j 的最大风险值；$R_{t,j}$ 为建筑物 j 在灾害发生时间段 t 的风险值大小；$R_{t,i}$ 和 $R_{t,j}$ 的最小风险值大小为 0。

最后用四分间距法确定暴雨洪涝灾害风险阈值。四分间距法应用于统计学中的箱线图绘制，是统计学中分位数的一种，即把所有数值由小到大排列并分成四等份，处于三个分割点位置的数值就是四分位数，设下四分位数、中位数和上四分位数分别为 Q_1、Q_2、Q_3。

在已知城市暴雨洪涝灾害风险临界值的基础上，把模拟出来的风险值划分为四个等级，将百年一遇灾害情景下的城市暴雨洪涝灾害风险按大小顺序排列，然后将此数列分成四等份，对风险模拟结果进行分级，确定城市暴雨洪涝灾害风险预警的阈值。

四分间距法可以巧妙地避开暴雨洪涝灾害预警极值的影响，在考虑灾害后果的基础上把城市暴雨洪涝灾害风险预警划分成四个级别，结合《深圳市气象灾害风险提示（2022 年版）》，对城市暴雨洪涝灾害风险四级预警信号表征的风险内涵做出解释。城市暴雨洪涝灾害风险预警等级及其内涵如表 5.10 所示。

表 5.10　城市暴雨洪涝灾害风险预警等级及其内涵

预警等级	风险指数区间	预警内涵
Ⅳ级	$(0, Q_1]$	1. 不影响居民正常出行 2. 道路交通受影响，可能引发道路交通安全事故
Ⅲ级	$(Q_1, Q_2]$	1. 可能影响在校和上下学学生安全 2. 可能导致低洼、易涝区积水，有人员被困、淹溺，车辆熄火、被困的风险 3. 可能影响高空、户外作业（活动）安全
Ⅱ级	$(Q_2, Q_3]$	1. 可能影响在校和上下学学生安全 2. 低洼、易涝区的积水规模扩大，人员被困、淹溺，车辆熄火、被困的风险较高 3. 影响高空、户外作业（活动）安全 4. 低洼水浸区域室外用电设施可能存在漏电隐患，周边行人有触电风险

续表

预警等级	风险指数区间	预警内涵
Ⅰ级	$(Q_3, +\infty)$	1. 影响在校和上下学学生安全 2. 低洼、易涝区的积水规模扩大，人员被困、淹溺，车辆熄火、被困的风险高 3. 危及高空、户外作业（活动）安全 4. 可能导致地下商场、地铁站、地下通道、地下车库等地下空间水浸风险 5. 低洼水浸区域室外用电设施可能存在漏电隐患，周边行人有触电风险

（1）第Ⅰ级：重度风险，对整个城市的财产与人身安全带来严重威胁，导致交通系统严重瘫痪。

（2）第Ⅱ级：中度风险，对整个城市的财产与人身安全带来一定程度的威胁，且导致交通系统的正常运营受到严重影响。

（3）第Ⅲ级：轻度风险，居民的出行受到影响，出行也较正常情况下存在一定阻力。

（4）第Ⅳ级：基本安全，不影响居民正常出行，道路交通受一定程度影响。

通过以上步骤，可以确定百年一遇暴雨洪涝灾害下的城市暴雨洪涝灾害预警阈值的划分标准，然后将四级预警结果与应急管理部现有的应急预案相结合，确定暴雨洪涝灾害风险预警信号。如图 5.10 所示，红色区域表示城市暴雨洪涝灾害风险极高，橙色区域表示城市暴雨洪涝灾害风险较高，黄色区域表示城市暴雨洪

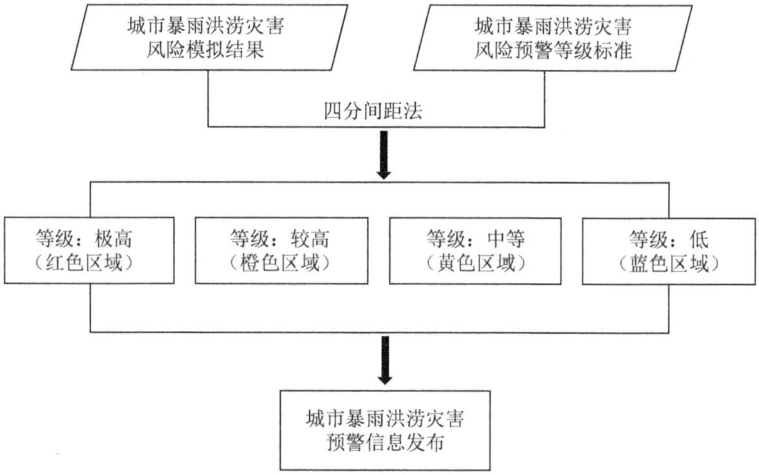

图 5.10　城市暴雨洪涝灾害风险预警信号

涝灾害风险中等，需引起注意，蓝色区域说明暴雨洪涝灾害在该区域形成了风险，但预警等级为关注级，需根据该区域内灾害风险的演变趋势做出进一步预警措施。最后通过多种渠道，准确及时地向公众发布气象预警信息，提升发布信息的频次，确保各类信息的全覆盖，为公众应对灾害争取足够的时间，将城市暴雨洪涝灾害造成的损失降至最低，保障居民生命、财产安全。

2）分区预警

灾害预警的目的是使人们能够采取有效措施规避风险，减少人员的伤亡。然而目前我国自然灾害预警以气象预警为主，精细化程度不高，基本上按县级以上行政区域发布，在粗略的空间尺度上对居民发出的相同预警信息只能反映整体区域的总体灾害影响，并不总是反映居民面临的实际风险，所以，需要将基于县级行政区域的灾害预警改为基于灾害实际影响范围的灾害预警发布。通过将灾害实际影响范围划分为更细粒度的网格单元、社区单元或者功能区，精细划分灾害的影响范围，并在此基础上评估风险的大小。可以对不同风险大小的不同风险区域进行更精细的灾害预警，降低城市洪涝灾害风险。

3）分情景预警

城市洪涝灾害预警不断向精细化发展，但面对不同的暴雨洪涝灾害情景，需要制定更合理的洪涝灾害预警策略。面对较小的暴雨洪涝灾害情景，统一的、低级别的预警，使得公众无法辨识洪涝威胁，容易产生麻痹思想。这类情景下，建议使用精细化预警，实现空间上的差异化，提供更准确和有针对性的风险信息，引导处于相对安全区域的城市居民正常活动，也能保障社会的正常运行。而面对极端暴雨情景时，理应规避和减少居民出行，此时选择较高级别的基于降水预报的统一预警，能够尽可能地减少出行人数，降低城市洪涝灾害风险。总之，“一刀切”的预警方式背离了精准化、精细化灾害预警与防治的理念，城市洪涝灾害预警需要因地制宜、因时而异进行分级、分区、分情景的预警[395]。

4）预警发布

基于《国家突发事件预警信息发布系统运行管理办法（试行）》，本节提出城市暴雨洪涝灾害风险预警的发布流程如图 5.11 所示。

①由暴雨洪涝灾害气象监测部门及时监测并整合暴雨洪涝灾害信息，实现对重点区域气象灾害的全天候、高时空分辨率、高精度连续监测。当检测到有特大暴雨时，就将灾情数据信息发送给应急管理部。②明确发布暴雨内涝灾害预警信息。由应急管理部汇总各方信息并进行数据处理和分析，研判灾情未来变化趋势，判断预警级别，确定内涝点、内涝范围及应采取的应急措施等信息，与农业、交通、水利、水文等暴雨洪涝灾害相关部门建立协同应急工作机制，及时发布预警信息。③明确预警信息发布渠道。在以社会公众为对象的预警信息发布过程中，政府、社会和媒体三者各司其职，分别由政府部门发布原始的预警

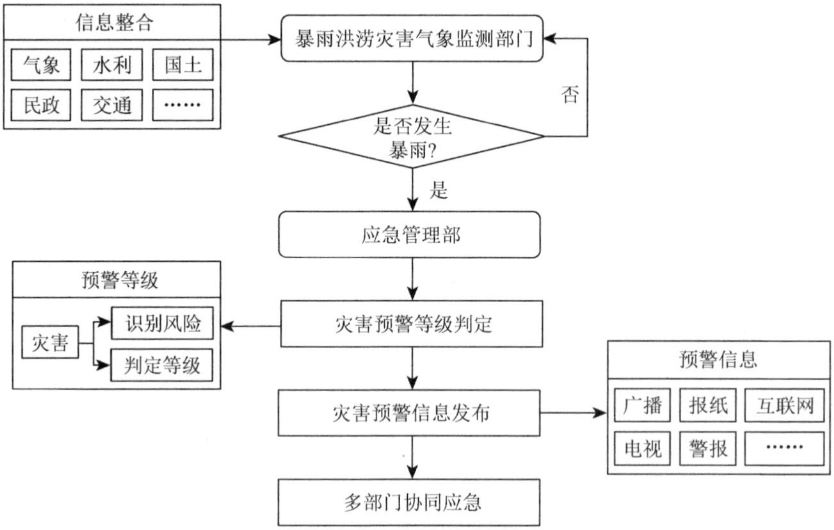

图 5.11　城市暴雨洪涝灾害风险预警的发布流程

信息，广播、电视等对预警信息进行广泛分发与二次传播。多渠道、准确及时地向公众发布气象预警信息，确保灾害信息能够实时有效地传送到民众手中。

5.3　城市洪涝灾害出行风险预警引导建模

本节针对城市洪涝灾害中的居民出行风险，首先提出基于 SPR 框架的城市洪涝灾害出行风险测度方法，其次基于出行过程，从引导信息发布以及出行引导措施两个角度设计预警引导策略，最后构建城市洪涝灾害出行风险预警引导策略模型，计算不同引导策略下城市洪涝灾害出行风险，并根据平均出行风险降低值这一引导策略效果评价指标实现出行风险预警引导策略的比较与选择。

5.3.1　城市洪涝灾害出行风险测度

1. 基于 SPR 框架的城市洪涝灾害出行风险测度框架

1）出行风险测度框架

城市洪涝灾害会对出行产生严重的影响，构建测度模型需要考虑出行居民对于洪涝灾害的承灾能力，评估城市洪涝灾害出行风险。本节基于 SPR 框架对城市居民洪涝灾害出行风险进行测度（图 5.12），测度框架包含三个关键部分，分别是城市洪涝灾害出行危险强度、出行暴露程度、出行承灾力度[311]。

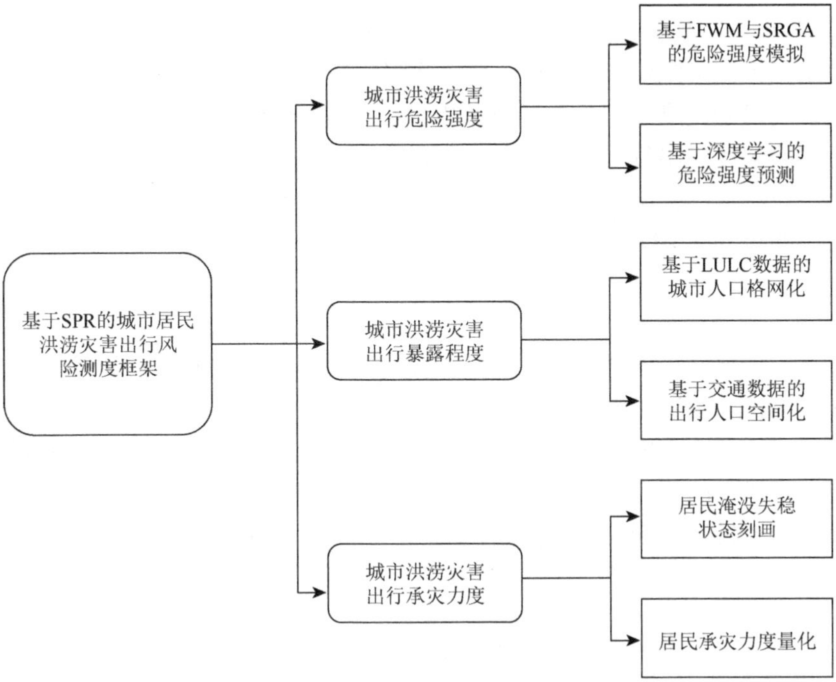

图 5.12　基于 SPR 框架的城市居民洪涝灾害出行风险三维测度框架

FWM 英文全称为 flat-water model，译为水量平衡模型；SRGA 英文全称为 seeded region growing algorithm，译为种子区域生长算法

本框架主要考虑的是居民作为洪涝灾害的直接承灾体时所面临的直接洪涝灾害出行风险，具体流程如下。

首先，计算城市洪涝灾害出行危险强度：基于 SCS-CN（soil conservation service-curve number，径流曲线数）模型模拟不同降水下的地表径流量，利用 FWM 计算城市区域的出行淹没范围，基于深度学习模型挖掘降水与淹没的非线性关系，预测城市积水点的淹没深度，将积水点的淹没深度作为种子，通过 SRGA 预测淹没范围，实现数据驱动的不同降水情景下城市洪涝灾害出行危险强度计算。其次，测算城市洪涝灾害出行暴露程度：基于城市 LULC 数据与城市人口普查数据，对不同的街道人口进行多元统计回归，利用智能卡刷卡数据实现出行居民的空间化，分析在各个时间段出行居民出行暴露程度的差异。最后，评估城市洪涝灾害出行承灾力度：通过人体失稳曲线刻画居民在洪水淹没中的失稳状态，将居民在洪涝灾害淹没中的承灾能力量化，构建城市洪涝灾害出行承灾力度指数。

2）出行风险测度函数

综合洪涝灾害风险测度一般基于 GIS 的叠加分析技术，在洪涝灾害系统的不同方面选取指标，构建洪涝灾害风险测度指标体系，通过层次分析法或熵权法赋值指标权重，获取研究区域的最终风险测度结果，这种洪涝综合风险测度方法通常是基于指标的半定量风险测度，受主观影响较大[396]。本节通过向量模法来构建洪涝灾害的风险测度模型。通过对城市出行中洪涝灾害风险要素的分析与识别，从出行危险强度、出行暴露程度和出行承灾力度来构建洪涝灾害出行风险测度指标框架，设洪涝灾害出行风险向量为$\overline{R}$，三个具体维度分别由确定的三个分向量组成的，即有式（5.31）。

$$\overline{R}=\overline{\mathrm{OI}}+\overline{\mathrm{OE}}+\overline{\mathrm{OC}} \tag{5.31}$$

其中，$\overline{R}$为出行风险向量；$\overline{\mathrm{OI}}$为出行危险强度分向量；$\overline{\mathrm{OE}}$为出行暴露程度分向量；$\overline{\mathrm{OC}}$为出行承灾力度分向量。

基于出行危险强度的模拟预测、出行暴露程度的动态分析结果，城市洪涝灾害动态出行风险的耦合方式是：在统一的时间约束下，进行洪涝灾害的淹没深度与淹没范围分析，结合出行承灾力度的变化曲线，将三者合成为时间轴上的出行风险值序列，动态出行风险耦合的形式化模型可表示为式（5.32）。

$$\mathrm{Risk}_t=\left|\overline{R_t}\right|=\sqrt{(\lambda_I\overline{\mathrm{OI}_t})^2+(\lambda_E\overline{\mathrm{OE}_t})^2+(\lambda_C\overline{\mathrm{OC}_t})^2} \tag{5.32}$$

其中，Risk_t为在t时刻的出行风险值，值越大则代表某一时刻的出行风险越大；$\left|\overline{R_t}\right|$为在$t$时刻合成的风险向量的模，其模的值增大则表示对应的风险值增加；$\overline{\mathrm{OI}_t}$为在t时刻洪涝灾害出行危险强度向量；λ_I为洪涝灾害强度分向量的权重；$\overline{\mathrm{OE}_t}$为在t时刻出行暴露程度向量；λ_E为出行暴露程度分向量的权重；$\overline{\mathrm{OC}_t}$为在t时刻洪涝灾害出行承灾力度向量；λ_C为出行承灾力度分向量的权重。在本节中，三个分向量对于洪涝灾害风险的影响同样重要，因此各分向量采用等权的方法来计算。

2. 城市洪涝灾害出行风险要素量化

1）出行危险强度计算

（1）出行危险强度分析。城市洪涝灾害出行危险强度是指在洪涝灾害发生时出行者面临的洪涝灾害严重程度，主要受到灾害的空间与时间两个维度影响。空间维度包括洪涝淹没范围、淹没深度、水流速度，时间维度包括淹没发生时间、持续时间以及是否与出行者的暴露时段相重合。例如，在洪涝淹没泛滥和洪水水流较快的地区，居民可能面临更大的出行危险性，水流速度慢的区域则面临较低的危险性；淹没发生的时间未与出行者的出行时段重合，以及淹没的持续时间较短，出行者则将面临较小的危险性，因此，出行危险强度分析对于出行风险的评估以及灾害防灾减灾具有重要作用。

（2）出行危险空间强度计算。出行危险强度的空间模拟通过构建数据驱动的模型实现。首先基于 SCS-CN 模型计算不同降水下的城市地表径流，其次利用 FWM[397]进行不同降水情景下的洪涝灾害淹没模拟，同时利用数据驱动构建降水与淹没的关系，使用区域生长算法模拟淹没范围，并将数据驱动与物理模型相结合实现出行危险强度的空间模拟。

基于 SCS-CN 模型的城市地表径流模拟：SCS-CN 模型中地表径流深度计算公式如式（5.33）：

$$Q=\begin{cases}\dfrac{(P-0.2S)^2}{P+0.8S}, & P>0.2S\\ 0, & P<0.2S\end{cases} \tag{5.33}$$

其中，P 为总降水量，单位为毫米；Q 为径流深度，单位为毫米；S 为集水区最大可能滞留量或渗透量，单位为毫米。

集水区最大可能滞留量与渗透量的参数 CN（curve number，曲线数）有关，CN 是一个反映降水前流域地表潜在径流深度的重要参数[398]，它与前期土壤类型、土壤渗透能力和土地利用状况等有关。SCS-CN 模型通过一个经验公式，利用参数 CN 来推求集水区最大滞留量 S，见式（5.34）。

$$S=\frac{25\,400}{\mathrm{CN}}-254 \tag{5.34}$$

SCS-CN 模型中提供了四组产流能力不同的水文土壤组（A、B、C 和 D），以代表不同的土壤渗透能力[399]，前期土壤湿润状况被划分为湿润（AMC① Ⅰ）、中等湿润（AMC Ⅱ）和干旱（AMC Ⅲ）三种状态，可根据 CN 表查得不同土地利用条件与土壤湿润状况下，不同土壤类型的 CN。在对比资料与土壤类型分布后，本节主要使用前期土壤湿度条件（AMC Ⅱ）来估计城市地表径流，CN 的确定见表 5.11。

表 5.11　研究区 CN 参数设定

研究区域	土地类别	土地利用类型	AMC	土壤类型	CN
深圳市	8	湿地	Ⅱ	B	58
		耕地			78
		林地			55
		灌木丛地			60
		草地			61
		不透水地面			98
		裸露地面			82
		水体			98

① AMC 英文全称为 antecedent moisture condition，表示前期土壤水分条件。

基于 FWM 的洪涝淹没计算：基于 FWM 的城市洪涝淹没模拟流程如图 5.13 所示。

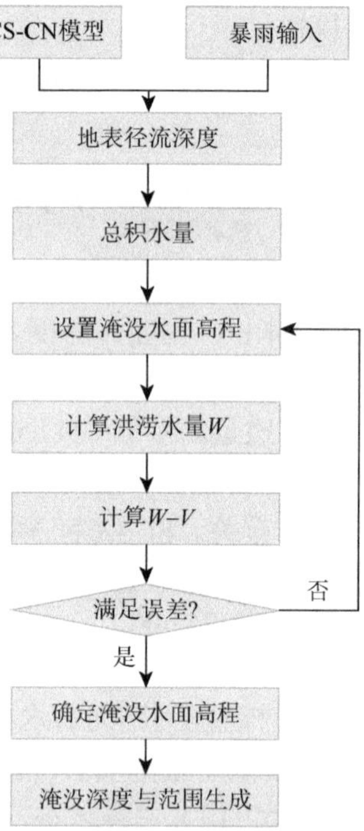

图 5.13　基于 FWM 的城市洪涝淹没模拟流程

V 表示总洪涝淹没水量

城市地表径流产生以后，各处径流汇集到流域出口断面的过程为汇流，根据集水区域的总积水量，采用地表水量平衡法来模拟不同降水条件下的城市淹没范围和淹没深度，水面高程最初被设定为集水区的高程最高点与最低点的平均值，然后将 W（洪涝水量）与 V（总洪涝淹没水量）进行比较，如果 W 与 V 差异较大，则使用二分法重新设定水面高度，直到 W 与 V 的差异小于允许误差，水面高程即为淹没水面高程。

本节基于集水区的总洪涝淹没水量，通过 FWM 模拟淹没范围和淹没深度。水量平衡法将需要模拟的较大区域根据地表特征划分成若干小的集水区，在小的集水区域模拟产汇流，最后在大的集水区汇合，其中内涝被视为被动的无源淹没，不考虑汇流的具体过程，只考虑水流的重力特性将降水产生的地表径流按照地形起伏由高到低填充至地表的各个洼地。根据中国《室外排水设计标准》（GB 50014—2021），城市排水容量是根据 120 分钟的降水持续时间计算的，集水区的总洪涝淹没水量的计算公式为式（5.35）。

$$V = Q \cdot S - C \tag{5.35}$$

其中，V 为总洪涝淹没水量，单位为立方米；Q 为由 SCS-CN 模型计算得出的地表径流深度；S 为土地面积，单位为平方米；C 为集水区的排水能力，单位为立方米。

根据排水管道的现状可以判断出深圳市排水管网系统排水能力较好，超过 70%的管网满足 1 年一遇的设计标准：其中小于 1 年一遇的管渠占 26.3%，1（含）～2 年一遇的管渠占 16.5%，2（含）～3 年一遇的管渠占 7.7%，3（含）～5 年一遇的管渠占 6.6%，5 年及以上一遇的管渠占 42.9%，其中将设计标准作为降水重现期，代入集水区的暴雨公式中计算总降水量，估计集水区的平均排水能力为 145.56 毫米。

FWM 的基本原理是降水产生的地表径流总量等于该区域的总洪涝淹没水量[314, 400]，计算原理见式（5.36）：

$$W = \iint_A \left[E_W(x,y) - E_g(x,y) \right] \mathrm{d}\delta \tag{5.36}$$

其中，W 为洪涝水量，单位为立方米；A 为淹没区域的面积，单位为平方米；$E_W(x, y)$ 为淹没水面的高程，单位为米；$E_g(x, y)$为地面的高程，单位为米；$\mathrm{d}\delta$ 为淹没面积单元。

在淹没分析前，先采用将 DEM 数据中伪洼地底点高程赋以该点周围点的最低点高程的方法对 DEM 数据做填充洼地处理。基于 DEM 数据的城市洪涝淹没计算需要考虑积水“流通”的情况，地面积水只能淹没它所能到达的区域。在这种情况下，考虑到部分地区短时间强降水情况下，低洼地区可能被淹没。随着降水的持续，洪涝淹没逐渐向各个方向蔓延，这种淹没计算方法通常被称为主动淹没，更适合主动淹没的计算方法是区域生长算法或面积增长算法[401]。区域生长算法的核心思想是将源点（种子点）作为一个对象，赋予种子点一种特定的属性，通过对栅格属性的比较，区域生长过程向八个相邻栅格方向扩展，找到满足水面高度条件，并具有连贯分布的栅格点集合，该集合给出的连续地表平面就是通过区域生长算法计算得到的洪涝淹没范围。满足水位条件但与种子点不具备连通关联性的其他连续平面，将不能进入集合区内。淹没区计算的准确性在很大程度上依赖 DEM 的分辨率，每一个像元都代表着地面上的一个栅格，每一个栅格都有高程值和精度。

本节将洪涝积水监测站的位置作为种子点的起始栅格，将监测站的淹没水位作为初始淹没条件。通过在地表平面上不断搜索满足淹没条件的关联连通淹没点，并将其存入待淹没栅格库中，不断进行累加，以扩大淹没区域。在选定的淹没分析范围内，根据 GIS 数据所采集的栅格精度，确定种子点探测步距，探测步距应与栅格的尺寸相适应。图 5.14 展示了基于 SRGA 的城市淹没模拟流程。

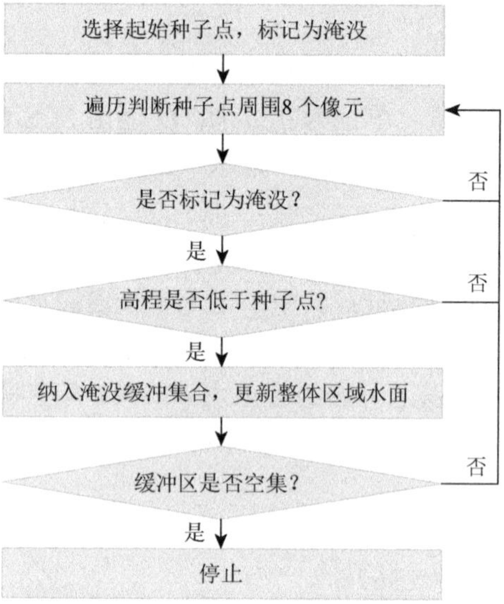

图 5.14　基于 SRGA 的城市洪涝淹没模拟流程

（3）出行危险时间强度计算。出行危险时间强度计算需要利用降水预报数据，预测洪涝灾害淹没范围及淹没变化情况，通过已构建的积水点淹没深度预测模型，以及降水径流转化模型，预测未来各个时间段的洪涝灾害出行危险强度，使居民更全面地了解洪涝灾害期间出行危险强度，为出行风险动态测度提供基础。

城市降水和积水监测站的淹没之间存在着复杂非线性的时间依赖关系，因此，在未来某一时间内的洪涝积水深度值在一定程度上取决于过去的降水量。这种时间依赖关系的复杂性还会受到很多其他因素的影响，例如城市地形、土地覆盖、排水系统的性能等。已有研究表明，可以通过建立机器学习模型来预测洪涝深度，且越来越多的研究表明，利用实时的深度传感器和降水数据作为机器学习模型的输入变量可以显著提高预测精度。因此，可以建立基于 LSTM 的城市洪涝淹没预测模型，使用城市降水和淹没深度数据来预测城市道路易涝点的实时淹没深度。相关计算过程见本书 4.1.3 节。

2）出行暴露程度计算

城市洪涝灾害出行暴露程度计算流程包括城市人口分布格网化、出行人口空间化展布以及城市洪涝灾害出行暴露程度计算。城市出行暴露程度由每个格网上的出行人口值与居住人口值的比率计算得出的，该指标用于显示每个格网上出行导致的洪涝灾害出行暴露程度。利用 GIS 技术结合城市洪涝灾害淹没分析结果，以每个网格为评估单元，评估出行暴露程度。相关计算过程如 5.1.3 节所示。

3）出行承灾力度计算

（1）出行承灾力度分析。城市出行是指居民在城市中移动的行为，包括步行、自行车、公共交通、私人车辆等，居民是城市出行的主体。城市洪涝灾害出行承灾力度是指城市居民应对洪涝淹没与出行影响的能力，这种出行承灾力度取决于多种因素，包括他们的洪水风险意识、应急措施知识以及疏散资源的可及性，一般通过调研、走访的方法来收集数据，实现能力评估，城市居民的社会经济状况也是影响居民的出行承灾力度的重要因素。例如，人类脆弱性指数（human vulnerability index，HVI）在一项研究中被提出，是由人口密度、知识水平和一些其他指标构建的[402]。此外，Liu 等通过死亡率与山洪特征之间的统计关系拟合了山洪暴发的人类脆弱性曲线，以快速估计灾害发生后的生命损失[403]。但以上的承灾力度通常是对一个群体或者一个地区居民的综合评估，缺乏对于出行居民洪涝灾害应对能力的考虑，人口脆弱性评估结果易受到主观性以及统计数据局限性的影响。因此，本节考虑了出行居民在洪涝淹没失稳状态的刻画，通过人体的稳定曲线结合出行居民的平均步行速度量化人口出行承灾力度。

（2）出行承灾变化过程。城市居民主要是通过步行方式实现城市的公共交通出行，本节通过人体在洪水中的稳定性曲线刻画在洪涝灾害淹没状态下的人口失稳状态。Chen 等在一项研究中基于现有实验数据校准了人体失稳公式中的两个重要参数[317]，提供了改进的洪水中人体稳定性曲线（图 5.15）。人体的稳定性曲线给出了人在水流流速与洪水水深的共同作用下失去稳定性而跌倒的边界条件，而在城市洪涝灾害中，降水产生的洪涝，在一般情况下城市区域的产汇流特性不能满足人体失稳公式中对于洪水水流流速的要求。

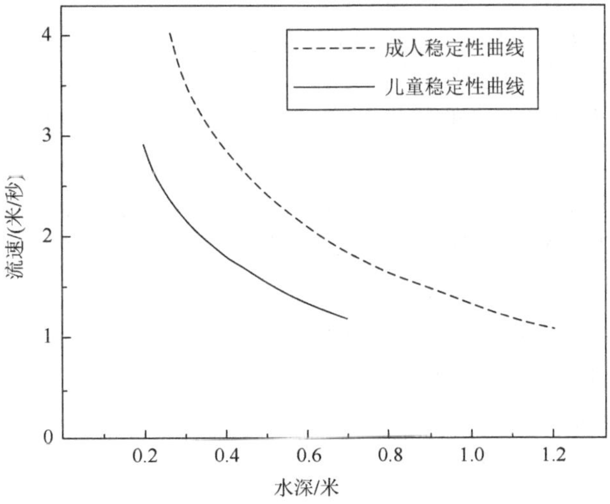

图 5.15　成人和儿童在洪水中的人体稳定性曲线

因此，本节假设城市淹没的水流是静态的，流速为零，而人相对于水流的速度则为人的步行速度，又考虑到成年人是城市中的主要出行者，所以将成年人的平均步行速度代入人体失稳公式中，进而计算不同水深情况下的人口失稳状态。

在一项统计分析成年人步态速度的研究中[404]，对 41 篇相关的实验论文进行了分析，不同年龄和性别的正常步速统计结果见表 5.12。通过统计分析，20～59 岁成年人的平均步速为 1.37 米/秒，为本节设定的成年人的正常步态速度，代入人体稳定性公式，计算在不同淹没水深中的人体失稳边界。

表 5.12　成年人步行速度分析

性别（年龄/岁）	来源文章数量/篇	样本数量/个	步速/(米·秒$^{-1}$)	总平减范围（95%置信区间）
男性（20～29）	10	155	1.358（1.270～1.447）	1.217～1.474
男性（30～39）	5	83	1.433（1.316～1.550）	1.320～1.538
男性（40～49）	4	96	1.434（1.353～1.514）	1.270～1.470
男性（50～59）	6	436	1.433（1.379～1.488）	1.122～1.491
女性（20～29）	11	180	1.341（1.239～1.443）	1.082～1.499
女性（30～39）	5	104	1.337（1.193～1.482）	1.256～1.415
女性（40～49）	7	142	1.390（1.339～1.411）	1.220～1.420
女性（50～59）	10	456	1.313（1.222～1.405）	1.110～1.555

注：表中步速列括号内的数值是本节后续实际使用的步速值，括号外的值是括号中的数值的中值

（3）出行承灾能力计算。本节基于物理模型，结合洪涝灾害淹没中人体的稳定性来量化城市中出行居民对洪涝灾害的承灾能力。当洪涝淹没深度达到临界值，即达到给定洪涝淹没深度阈值时，会发生人体失稳。根据成年人失稳阈值曲线，当洪水达到 1.2 米的临界深度，洪水速度小于 0.9 米/秒时，就会发生身体不稳定而在水中跌倒的情况；当洪水深度为 0.2 米，洪水水流速度大于 4 米/秒时，人体也面临失稳。因此，在洪涝淹没中，水流流速大于 0.9 米/秒的洪水就会使人发生滑倒或倾覆失稳。例如当洪水速度为 1.5 米/秒时，由于不稳定（洪水深度为 0.84 米）而发生失稳，而洪水速度为 3.0 米/秒时，由于滑动而失稳（洪水深度为 0.3 米）。根据阈值曲线，随着洪水流速的增加，临界深度减小，滑动失稳成为人体跌倒的原因。因为儿童体重较轻，身高较矮，阻力较小，所以儿童的临界深度和速度相对较小。

因此，本节将步态速度代入失稳公式中，即给定水流流速为 1.37 米/秒，淹没水深大于 0.87 米时，人体将在洪涝淹没中由于失稳而跌倒；当淹没水深小于 0.2 米时，成人在水中一般不会因为滑移而失稳。所以将 0.87 米作为人体对洪涝灾害承灾能

力的上限，将 0.2 米作为人体承灾能力的下限，由此来构建人体承灾能力与淹没深度的关系，Kron 认为在给定的阈值范围内洪涝灾害造成后果与淹没水深呈线性增加关系[405]。因此，人体承灾能力随着淹没深度的增加而呈线性降低，即当淹没深度小于等于 0.2 米时，人体的承灾能力最强；当淹没深度大于 0.2 米，小于 0.87 米时，居民的承灾能力随着淹没深度的增加而逐渐降低；当淹没深度大于等于 0.87 米时，居民的承灾能力最弱。综上，城市中居民出行受洪水影响指数 FIT 的分段函数被表达为式（5.37）。

$$\mathrm{FIT}=\begin{cases}0.526D,\ D\leqslant 0.2\\ 1.471D-0.279,\quad 0.2<D<0.87\\ 1,\ D\geqslant 0.87\end{cases}\tag{5.37}$$

其中，D 为淹没深度，单位为米。通过洪涝出行承灾能力分段函数，可以实现洪涝灾害发生期间出行居民承灾能力的量化。不同于以往的关于洪涝灾害易损性或脆弱性的研究，本节从出行居民的视角出发，评估洪涝灾害对每个居民的影响，进而实现洪涝灾害出行承灾能力的评估。

3. 城市居民洪涝灾害出行风险等级划分

在划分城市洪涝灾害出行风险等级时，所测度的灾害出行风险是一种可能的潜在影响，风险定义不同导致了在风险等级划分方面没有统一的阈值标准。部分研究通过对各级指标的具体分析，结合实际经验与以往研究成果，先对每一个指标划分阈值，赋予每个指标权重值，根据综合评价值实现对风险阈值的划分。这种方法在不改变数据的情况下，赋予了风险阈值更多的主观性，而在城市洪涝灾害出行风险预警时，风险会随着灾害发生过程，人口的空间变化而产生较大起伏，风险时空变化轨迹是一种相对风险值，需要通过一种自动化方法，将动态出行风险值自动评级。因此，本节采用基于风险数据样本本身的阈值分类方法，结合 5.2.3 节构建的基于风险的城市暴雨洪涝灾害预警体系中的预警等级来实现城市居民洪涝灾害出行风险等级的划分。

基于风险数据样本值本身的阈值分类方法，选择自然间断点（natural breaks）对城市洪涝灾害出行风险数据进行分级符号化，展示不同出行风险等级的空间分布。基于自然间断点的风险阈值划分计算过程需要迭代，利用不同数据间断点进行反复计算以求得类内差异最小的间断点集合。该分级方法也在灾害评估指标的数据处理中广泛应用[406, 407]。在迭代之前，需要将排序数据进行分级，设定初始的等级为四级。具体过程和步骤如下。

（1）求得类间平方差之和（sum of squared deviations between classes，SDBC）。

（2）求得均值平方差之和（sum of squared deviations from the array mean，SDAM）。

（3）计算类间平方差之和、均值平方差之和二者的差值，该值与种类内部元素均值平方差和（sum of squared deviations from the class means，SDCM）相等。

（4）计算方差拟合优率值 GVF，如公式（5.38）所示。

$$\mathrm{GVF}=1-\frac{\mathrm{SDCM}}{\mathrm{SDAM}} \tag{5.38}$$

其中，$\mathrm{GVF}\in[0,1]$，0 表示效果最差，1 表示效果最好。综合 Fisher（费希尔）统计算法，风险数据集间断点可以通过公式（5.39）迭代计算得出。

$$\mathrm{SSD}_{i,j}=\sum_{k=i}^{j}\left(A[K]-\mathrm{mean}_{i,j}\right)^2 \tag{5.39}$$

其中，$\mathrm{SSD}_{i,j}$ 为由 i 和 j 确定区间范围的类的离差平方和（SSD，sum of squared deviations）；A 为经过排序的风险数据集合；K 为风险数据集中的元素；$\mathrm{mean}_{i,j}$ 为由 i 和 j 确定区间范围的类均值，$1\leqslant i\leqslant j\leqslant N$；$i,j$ 定义数据集中的一个子区间，i 为起始索引，j 为结束索引；N 为数据集中的元素总数。

依据可能造成的风险影响，将城市居民洪涝灾害出行风险预警级别划分为 4 个区间等级：Ⅰ级（特别严重）、Ⅱ级（严重）、Ⅲ级（较重）和Ⅳ级（一般）依次用红、橙、黄和蓝表示。Ⅳ级，出行具有较低危险性，对出行存在较小影响，可出行；Ⅲ级，出行具有一定危险性，对出行存在一般影响，可勉强出行；Ⅱ级，出行具有较大危险性，对出行存在较大影响，较难出行；Ⅰ级，出行具有严重危险性，对出行存在严重影响，基本难以出行。设城市洪涝灾害出行风险对应的等级分界点（通过迭代计算出的间断点）分别为γ_1、γ_2、γ_3。风险预警根据特定的指标数值大小，发出不同程度的灾害风险信息，即当洪涝灾害发生后，根据洪涝灾害风险测度模型评估每个栅格的洪涝灾害风险（Risk），根据风险值大小可将灾害风险影响信息发布准则归纳如下。

（1）当$\gamma_1\leqslant\mathrm{Risk}$时，该区域发布洪涝灾害风险Ⅰ级红色预警信息。

（2）当$\gamma_2\leqslant\mathrm{Risk}<\gamma_1$时，该区域发布洪涝灾害风险Ⅱ级橙色预警信息。

（3）当$\gamma_3\leqslant\mathrm{Risk}<\gamma_2$时，该区域发布洪涝灾害风险Ⅲ级黄色预警信息。

（4）当$0<\mathrm{Risk}<\gamma_3$时，该区域发布洪涝灾害风险Ⅳ级蓝色预警信息。

5.3.2　出行风险预警引导策略集构建

1. 城市居民洪涝灾害出行过程分析

在分析城市洪涝灾害出行引导措施时，需要了解城市居民出行选择行为过程，洪涝灾害引导实施的具体方式与城市出行选择行为过程紧密相关。

1）出行需求产生过程

出行行为的产生是特定居民基于特定出行目的，对交通产生特定需求（如经济性、快捷性、便利性等），并在一定的交通供给条件下进行出行选择。出行行为包括出行目的地、出行方式、出行路径、出行时间等的选择（图 5.16）。

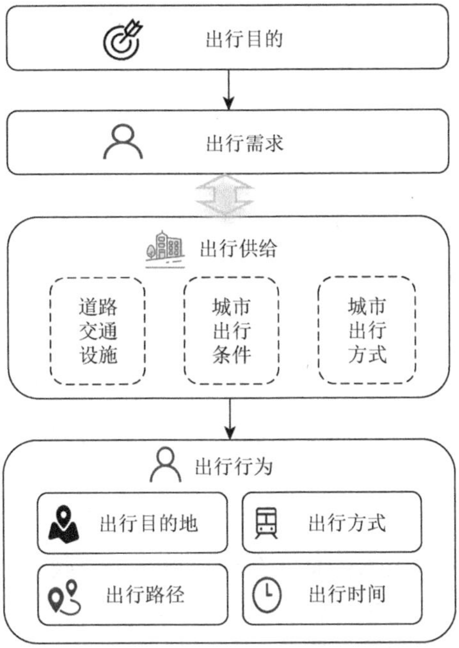

图 5.16　城市居民出行需求产生过程

2）出行选择行为过程

城市出行选择行为受到出行主体个人出行偏好以及城市出行环境综合影响。随着城市经济发展和城镇化进程加快，居民可选择的出行交通方式越来越多样化，在掌握了一定出行信息、总结了历史出行经验的基础上，出行者在做出行选择决策时通常会对出行方式的不可量化因素做较为详细的考虑和比较。因此，城市居民出行方式选择是一项动态、复杂的决策行为（图 5.17）。

根据出行行为先后顺序可将一次城市出行选择行为分为出行前、出行中、出行后三个过程。出行前的选择行为过程包括是否出行的选择、出行方式的选择、出行目的地的选择、出行路线的选择及出行时间的选择，出行中的决策包括更改出行目的地的选择，出行后的选择主要是决定是否再次出行。

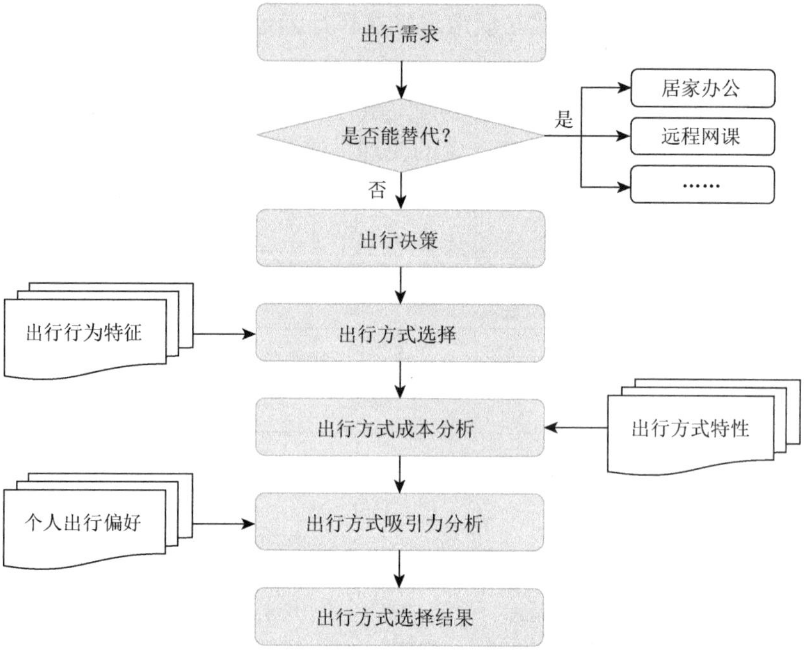

图 5.17　城市居民出行方式选择行为过程

3）出行引导措施分析

在城市洪涝灾害风险影响信息发布后，出行者接收到关于出行的实际风险信息，重新考虑自己风险偏好以及出行选择行为，可能会更改自己之前的行为决策，降低洪涝灾害对于出行的影响。因此，基于风险影响的出行引导措施需要在灾害信息发布时，介入到居民的出行选择过程，引导出行者避开高风险路线、高风险时段、高风险站点，最终实现风险控制及降低的效果。

城市洪涝灾害出行引导措施主要是包括出行决策引导、出行范围引导、出行方式引导、出行路线引导、出行时间引导，措施的具体分析如表 5.13 所示。出行决策与出行范围引导的本质是通过降低居民出行需求，达到风险降低的目的；出行方式引导是引导出行者采用风险较低的出行方式；出行时间引导通过引导居民规避出行风险的高峰时段来降低洪涝灾害对出行的影响。例如，在洪涝灾害即将发生时，发布洪涝灾害出行信息，实施出行决策引导、出行范围引导、出行方式引导以及出行时间引导。在洪涝灾害发生后，通过信息干预居民的出行决策，引导出行者减少出行需求，或者使用其他方式完成替代出行，以及通过发布风险引导信息，引导位于高风险区域的居民减少非必要出行，引导城市出行者减少以高风险地区为目的地的出行。

表 5.13　城市洪涝灾害出行引导措施分析

引导措施	具体说明
出行决策引导	引导出行者减少出行需求（非必要不出行） 引导出行者替代出行（居家办公、远程网课、线上购物） 引导出行者短距离出行
出行范围引导	引导高风险出行者减少出行需求 引导出行者减少高风险目的地的出行
出行方式引导	引导出行者更改公共交通出行方式 引导出行者采用低风险出行方式
出行路线引导	引导出行者规避高风险公交、地铁站点 引导出行者规避高风险道路路段
出行时间引导	根据风险信息引导出行者规避风险 引导出行者错时出行

2. 城市洪涝灾害出行引导策略集设计

城市暴雨洪涝灾害在我国发生较为频繁、影响范围最广，且带有很强的不确定性。对于一个即将发生的洪涝灾害事件，其发展面临很多不确定性因素，在分析城市中暴雨引发的洪涝灾害风险发展趋势，确定洪涝灾害出行风险变化后，为应对这些风险变化，政府决策者应该选择合适的出行引导策略，实现风险降低的目的。本节从两个角度出发设计城市洪涝灾害出行引导策略集，一是引导信息发布，包括信息发布时间、信息发布与传播程度以及居民对信息的接受程度；二是出行引导措施，从居民出行需求出发，通过引导出行者在洪涝灾害发生时采取合理的出行决策和行为，规避洪涝灾害出行风险，包括出行需求引导、出行方式引导以及出行时间引导。

1）城市洪涝灾害出行引导信息发布策略集

城市洪涝灾害通常是突发事件，及时发布引导信息可以帮助民众及早了解灾害情况、采取正确的应对措施，从而降低出行风险。城市洪涝出行引导信息策略可以包括信息发布时间、信息发布与传播程度、居民信息接受程度，如表 5.14 所示。不同时间段的洪涝灾害影响范围、强度和持续时间都可能不同，因此出行引导信息发布时间对于出行风险的降低有重要影响。如果发布时间过早或过晚，可能会对民众的出行决策产生误导，增加出行风险。另外，出行引导信息发布时间与信息传播渠道有关，如果出行引导信息的传播渠道广泛且覆盖面广，能够快速传递给民众，就能及时地提醒民众采取正确的出行决策，相反，如果信息传播渠道受到限制（例如在某些社交媒体平台上发布），那么可能会导致部分民众未能及时收到信息，增加出行风险。

表 5.14　城市洪涝灾害出行引导信息策略集

引导信息	引导策略	策略具体说明
信息发布时间	更改出行引导信息的发布时间	考虑信息发布的时机，选择适合的出行引导信息发布时间
信息发布与传播程度	增加出行引导信息的覆盖程度	考虑到出行引导信息的覆盖程度，选择增加信息覆盖率，提升出行引导信息传播效果
居民信息接受程度	提升出行引导信息的居民接受程度	居民的洪涝灾害感知程度差异，选择提升信息接受程度增加居民有效引导

出行引导信息覆盖程度会显著影响信息传递及传播的效果，出行引导信息的覆盖程度越高，越多居民能够及时了解到出行风险信息并采取相应措施，从而提升风险防范意识，降低人员伤亡风险；如果出行引导信息的覆盖程度低，会导致许多居民得不到及时的风险提示，无法及时采取措施，从而导致人员伤亡和财产损失。

城市洪涝灾害出行引导信息接受程度受到居民自身对于洪涝灾害感知程度与关注程度的影响，接受程度不同会导致不同的出行决策行为。在洪涝灾害来临时，如果居民能够积极接受并根据引导信息所提示的规避区域和安全路径出行，就可以减轻洪涝灾害带来的不利影响。如果居民不能有效地接受洪涝灾害出行引导信息或者无视相关指引，就有可能增加出行风险，从而增加洪涝灾害带来的危害。

2）城市洪涝灾害出行引导措施实施策略集

在人口规模及居民构成一定的情况下，出行总量中必要性出行在一个周期内是比较稳定的。城市必要性出行需求指生产与生活过程中必须发生的人口流动需求，它们在确定时段内是相对稳定的，受交通供给条件的影响较小。因此，必要性交通出行的数量变化性较低，而非必要性交通需求变化频率、变化程度以及变化预测难度都比较大，受交通供给条件影响较大，非必要性交通需求随机性更为明显。对非必要性需求引导与控制就成为交通出行引导管理中最常见的一部分，也是见效最快的一部分。出行需求引导策略是指通过引导出行者在洪涝灾害发生时采取合理的出行决策和行为，规避洪涝灾害出行风险，提高出行可靠性与安全性的策略。

在面临洪涝灾害等突发事件时，出行需求引导策略可以帮助出行者避免出行风险，缓解政府相关部门的应急救灾压力。出行需求引导策略包括多种手段，如发布出行建议、提供实时路况信息、限制非必要出行、调整出行模式等。当出现洪涝灾害时，交通状况会受到影响，出行风险会增加，而出行需求引导策略可以帮助出行者避免不必要的出行，减少洪涝灾害事故，保障出行者生命财产安全。因此，将出行决策引导、出行方式引导、出行时间引导作为出行引导策略集合，如表 5.15 所示。

表 5.15　城市洪涝灾害出行引导措施策略集

出行决策阶段	引导策略	策略具体说明
出行产生	引导出行决策更改	考虑居民出行必要性，通过引导居民减少出行需求、降低出行意愿来实现出行风险的控制
出行方式选择	出行方式引导	考虑到居民出行方式的比例，通过引导居民更改出行方式或者采用安全出行方式来降低出行风险
出行时间选择	出行时间引导	考虑到出行风险的时间变化趋势，引导居民规避出行风险、错时出行

出行决策引导是指降低居民出行需求，减少或避免非必要性出行。出行方式引导是指在洪涝灾害发生时，针对不同地区实际情况，劝导居民更改出行方式并避开高风险路段，引导选择低安全性出行方式的居民尽量选择其他高安全性出行方式，避免出行路线与洪涝灾害淹没范围发生重合。出行时间引导主要是通过发布城市洪涝灾害风险预警信息，让出行居民提前知悉洪涝灾害风险范围及等级，以便调整出行时间，避免在洪涝灾害高风险期间出行，从而减少洪涝灾害的威胁，保障城市居民的出行安全。

5.3.3　出行风险预警引导策略模拟

1. 城市洪涝灾害出行风险预警引导策略模拟

1）预警引导策略模拟

城市洪涝灾害出行引导策略模拟模型旨在分析在洪涝灾害发生时如何引导城市居民选择安全的出行方式，以避免或减少洪涝灾害带来的出行风险。在本节构建的模拟模型中，先将城市划分为一个由网格组成的矩形地图，每个网格代表一个模拟单元，多个单元可组成居民区、商业区、道路等。在模型开始运行前，需要确定模拟区域的大小（网格数量）、每个网格的初始出行人口数量、每个网格的初始出行比例以及每种出行方式的初始相对吸引力，在构建的模型中引入了洪涝灾害的时间变化因素，根据灾害不同时间段，制定不同的出行引导策略，策略制定需要考虑出行居民行为选择模式、出行方式比例、洪涝灾害情况等多个因素。

在模型中采用了随机漫步方法来模拟居民的出行选择，根据出行引导因素计算出每种出行方式的吸引力和选择概率，并根据选择结果更新每个区域的出行比例[311]。在模型运行时，从洪涝灾害发生前一时刻开始模拟每个网格的出行比例，并根据引导策略在不同时间段更新出行比例，同时模拟每个网格居民的出行选择，并再次更新出行比例。在模拟结束后，可以通过统计每个时间段内各种出行方式使用情况、洪涝灾害情况等指标来评估出行引导策略的效果，从而为实际应对城市洪涝灾害提供参考。城市洪涝灾害出行引导策略模拟流程如图 5.18 所示。具体步骤如下。

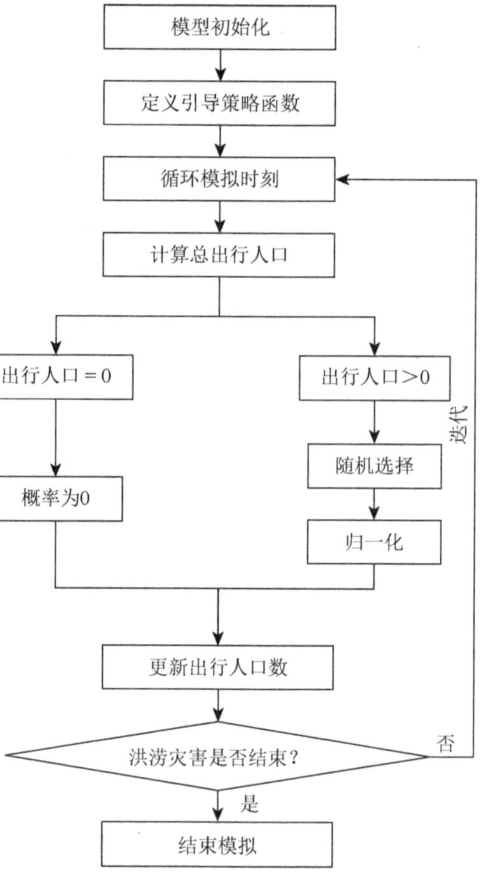

图 5.18　城市洪涝灾害出行引导策略模拟流程

（1）模型初始化。将城市模拟范围划分为 10 米×10 米网格，每个网格表示为矩阵的一个元素，初始化每个网格的出行居民数量、不同交通方式出行比例。出行居民数量由实际城市出行刷卡数据计算而来。出行比例数据表示网格内居民选择每种交通方式的比例。在洪涝灾害发生时的出行行为中，根据不同出行方式承灾能力的差异，将城市出行分为步行、乘车（出租车、私家车）、骑车（自行车、电动车），这里主要探究以步行为主要交通方式的出行比例变化情况。

（2）定义出行引导策略函数。首先，量化不同交通方式的吸引力，在洪涝灾害出行中，出行方式吸引力排序为：乘车大于步行大于骑车；其次，定义出行引导策略函数，将引导策略定义为时间的函数，随时间发生变化，在洪涝灾害发生的各个时刻，通过随机选择方式更新不同出行方式的吸引力，它以当前时刻 t 为输入，根据时间依赖的引导规则返回一个新的出行方式吸引力指数；通过循环遍历洪涝灾害事件中的所有时刻，基于已定义的出行引导策略函数，按照时间步长更新不同交通方式的吸引力指数，实现居民不同出行方式的选择，模拟引导策略对居民出行的影响。

（3）出行引导策略模拟迭代。模型的每一个迭代步骤中，循环遍历每个网格，对于每个网格单元，计算网格中的总出行居民数量，再根据出行引导策略实施后的出行方式吸引力指数与初始的交通方式出行比例相乘，将出行居民分配到每种出行方式；若出行居民的人口数量为 0，则将每种出行方式选择概率设置为 0，若出行居民的人口数量大于 0，利用随机漫步的概率分布选择每个居民的出行方式。

（4）引导策略模拟结果输出并更新。将本时刻出行方式选择概率归一化，确保三种交通方式的选择概率之和为 1，模拟步行、乘车和骑车的出行居民的人口数量；根据每种交通方式出行人口数量更新不同出行方式的比例，将更新后的网格出行居民数量及出行比例作为参数代入下一时刻继续模拟。

将基于概率的线性阈值模型应用到城市模拟的网格中实现信息扩散，在这种情况下，每个城市中的 10 米×10 米网格被视为一个信息扩散网络中的一个节点，而每个节点的阈值和传播情况被视为节点属性，可以将节点之间的连接表示为城市网格之间的邻接关系，从而形成一个邻接矩阵，使用该邻接矩阵和每个节点的属性来计算线性阈值模型中每个节点的激活状态，通过蒙特卡罗模拟来模拟信息的传播过程，利用 Python 中的随机模块来生成随机数，模拟每个节点的传播情况，从而模拟城市洪涝灾害出行引导信息在城市网格中的扩散情况。

2）不同引导策略下城市洪涝灾害出行风险测度

出行引导策略一般通过两个路径对城市洪涝灾害出行风险产生影响，一是出行引导信息发布及传播效果，二是出行居民基于出行引导信息做出选择行为。本节通过两个路径，基于已构建的洪涝灾害出行引导策略模拟模型，评估不同引导策略对出行风险的影响。

（1）基于引导信息的出行风险变化分析方法：①洪涝灾害出行引导信息的发布时间旨在提高引导信息的传递效率和覆盖范围，在适当的时刻发布引导信息，并根据时间引导策略函数进行调整。引导信息的发布时间应该考虑到居民日常活动规律和洪涝灾害发生时间，以便更好地引导居民采取避险措施，通过改变引导信息的发布时间，可以更好地适应不同的情况，提高引导信息的针对性和实效性。②洪涝灾害出行引导信息居民覆盖程度（接收比率）是指在某一特定时间段内，接收到引导信息的居民人数占总人口数量的比例，该指标可以反映出相关部门发布的引导信息覆盖到的居民数量，较高的覆盖率可以有效减少洪涝灾害对居民的影响。③洪涝灾害出行引导信息接受率是指在某一特定时间段内，接收到洪涝灾害出行引导信息并做出相应的出行行为选择的居民人数占总人口数量的比例，该指标可以反映出居民对引导信息的接受程度，较高的接受率可以有效减少洪涝灾害对居民出行的影响，它与居民的洪涝感知程度密切相关。三种引导信息策略的量化指标见表 5.16。

表 5.16 城市洪涝灾害出行引导信息策略的评估指标

引导信息	策略量化指标	评估方法
引导信息发布时间	引导信息发布时间	改变引导信息发布时间，根据时间引导策略函数调整引导信息发布时间
引导信息覆盖程度	引导信息覆盖率	增加引导信息覆盖程度参数，调整引导信息发布的覆盖程度
引导信息接受程度	引导信息接受率	增加引导信息接受程度参数，调整引导信息接受程度

（2）基于引导措施的出行风险变化分析方法：①出行决策引导是指引导居民根据实际需要来决定出行的必要性，量化指标是必要性需求比例，即通过降低不必要的出行，更改出行的必要性比例，改变在洪涝灾害事件中的出行必要性程度来评估出行风险。②出行方式引导是指引导居民在洪涝灾害发生时选择更为安全的出行方式，量化指标是出行方式吸引力，即根据居民更改出行方式的概率来调整不同出行方式的比例，这个指标可以根据居民对不同出行方式的偏好来进行评估。③出行时间引导是指引导居民根据风险趋势来选择出行的时间，量化指标是引导出行时间，即根据风险的变化趋势，引导居民调整出行时间，在特定时间段内减少出行，帮助居民规避出行风险（表 5.17）。

表 5.17 城市洪涝灾害出行引导措施评估指标分析

引导策略	策略量化指标	评估方法
出行决策引导	必要性需求比例	根据居民降低不必要出行的比例，更改出行必要性比例
出行方式引导	出行方式吸引力	根据居民更改出行方式的概率，调整不同出行方式的比例
出行时间引导	引导出行时间	根据风险的变化趋势，引导居民调整出行的时间

总体来说，这三种引导策略旨在引导居民在洪涝灾害期间合理、安全出行，提高城市洪涝灾害风险监测能力及防灾减灾能力。通过量化指标和评估方法的应用，可以更好地了解居民出行行为和出行需求的变化趋势，对出行引导策略进行优化和调整。

3）城市居民洪涝灾害出行风险的动态输出

利用不同出行引导策略联结所有灾害风险中的要素，实现了洪涝灾害出行风险的系统分析与评估，并且根据策略分析方法的特性，考虑了出行风险随时间发展的变化量，通过时间序列动态分析出行风险，输出的风险结果可用于风险可视化及引导信息发布，为城市洪涝灾害风险管理的决策工作提供技术支持。在洪涝灾害出行危险强度、出行暴露程度以及出行承灾力度分析的基础上，动态评估了城市洪涝灾害出行风险，构建了城市洪涝灾害出行引导策略模拟方法，通过对不同引导策略的模拟，利用空间表达方式可视化动态风险评估结果的空间不确定性与时间动态性。

在图 5.19 中，不同引导策略情景的动态出行风险评估结果是由引导策略 S、风险时间序列 T 和出行风险值 Risk 共同组成的。引导策略 S 可被称作出行引导策略的集合，S 由 $\{S_0,S_1,S_2,\cdots,S_n\}$ 等不同引导策略组成，S 是同一灾害过程同一时刻在不同引导策略下造成不同风险后果及影响的组合。风险时间序列 T 是洪涝灾害出行风险动态变化的时间轴，T 由 $\{T_0,T_1,T_2,\cdots,T_n\}$ 等灾害未来可能发生的时间点构成。

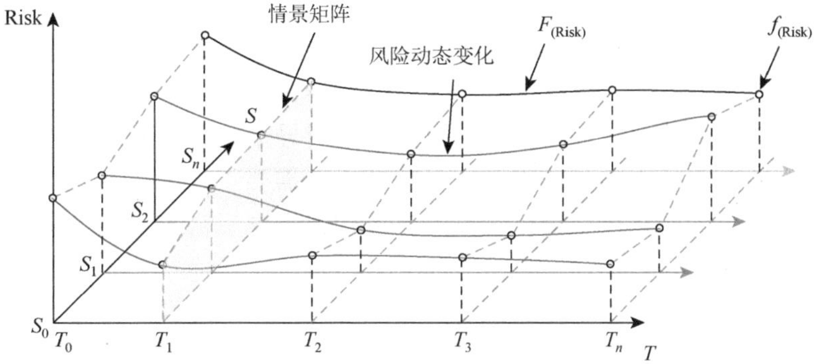

图 5.19　城市居民洪涝灾害出行风险动态输出

在情景发生的过程中，未来任一时刻的风险值 Risk 表示洪涝灾害出行引导情景中风险变化的连续分布值，出行风险值起伏波动通过风险变化曲线来刻画，表明了风险在不同引导策略中不同时刻的差异，充分体现了灾害出行风险变化动态性和发展不确定性。通过不同情景中同一时刻的出行风险差异可观察不同引导策略实施后的风险降低效果，本节通过时序采样的方法，得到 $\{\mathrm{Risk}_{t_0},\mathrm{Risk}_{t_1},\mathrm{Risk}_{t_2},\cdots,\mathrm{Risk}_{t_n}\}$ 等不同时刻出行风险值的集合。为了区别出行风险在不同引导情景和时间序列上的多维表达，将某一时间发生的风险组合称作不同出行引导策略的风险集，由时间轴 T 串联的出行引导情景序列为动态出行引导策略集。

2. 城市洪涝灾害出行风险预警引导策略比较与选择

1）城市洪涝灾害出行引导策略选择原则

基于以下原则对城市洪涝灾害出行引导策略进行比选。

（1）风险降低的原则。城市洪涝灾害出行引导策略，是以风险测度模型为基础，以出行风险降低作为首要目标的风险管理措施，应将“风险降低”原则作为引导策略比选的指导方针，对城市空间中没有出行风险的区域、风险逐渐加重的区域采取相应的时空引导措施，在空间上避开高风险区域，在时间上引导错峰出行；而对于已经存在出行风险的空间，则需要及时根据出行风险的变化实施不同的引导策略，避免灾害出行风险的演化。

（2）实用性原则。策略比选的实用性原则是指比较选择能实现风险降低目的且可操作性强的引导策略。城市大范围的空间、出行行为的变异性及灾害演变的不确定性、复杂性给城市管理人员在灾害应急与决策方面带来了较大的困难与挑战，如何在城市洪涝灾害出行中实施切实可行的引导策略，是实现有效引导与出行风险降低的前提。在引导策略实施时，需要引导策略在日常灾害风险管理中有实际应用的价值，具有较强的可操作性。

（3）便捷性原则。策略比选的便捷性原则是指不同的出行引导策略在洪涝灾害过程中以及出行行为决策的流程中，不同引导策略对比与选择的方便程度，影响到策略对比的效果以及策略实施的时效性。引导策略会导致出行风险的时空变化，实时与快速刻画不同引导策略的风险效果，需要引导策略比选更加快速与便捷，因此在不同的出行风险变化阶段，需要构建引导策略的比选指标来快速实现不同引导策略的差异对比。

（4）适用性原则。策略比选的适用性原则是指在不同洪涝灾害情景中实施多个引导策略时，都可以通过一致性评价标准对不同的引导策略效果实现比较与选择。适用性是用来评估所提出的引导策略比选方法在洪涝灾害风险分析中的适应程度。城市洪涝灾害风险时空轨迹多变且瞬时，策略的比选应该在任何时候下都可以实现策略效果差异对比，为策略的科学合理实施提供支撑。

2）城市洪涝灾害出行引导策略效果比选

基于洪涝灾害风险影响的城市居民出行引导目的是在不同洪涝灾害情景中，通过风险信息引导居民的出行行为，降低洪涝灾害事件中的城市出行风险，利用不同策略实现城市出行的良性引导。出行风险时空变化分析的尺度通常包括两个维度，即时间维与空间维，表征的是经历时间上的长短和空间上覆盖范围的大小。

为了解特定时空范围内出行风险的细节特征，需要引入时空粒度。从空间粒度可以获得风险的空间分异特征，从时间粒度可以获得风险的时间动态特性。在实际出行风险分析应用中，可以单独考虑空间分异特征或时间动态特性，出行风险的三维时空表达为时间维、空间维与风险维。风险在空间上的影响范围表达为空间的广度，风险在时间上的变化幅度表达为时间的广度，出行风险的衡量主要是通过动态出行风险的评估模型计算而来。风险在时间上的分辨率被表达为时间粒度，在空间上的分辨率表达为空间粒度。考虑到风险分析的范围以及出行风险的特性，将空间分辨率设置为 10 米，时间上的分辨率设置为 30 分钟，风险时空尺度可形象化地利用图 5.20 表达。

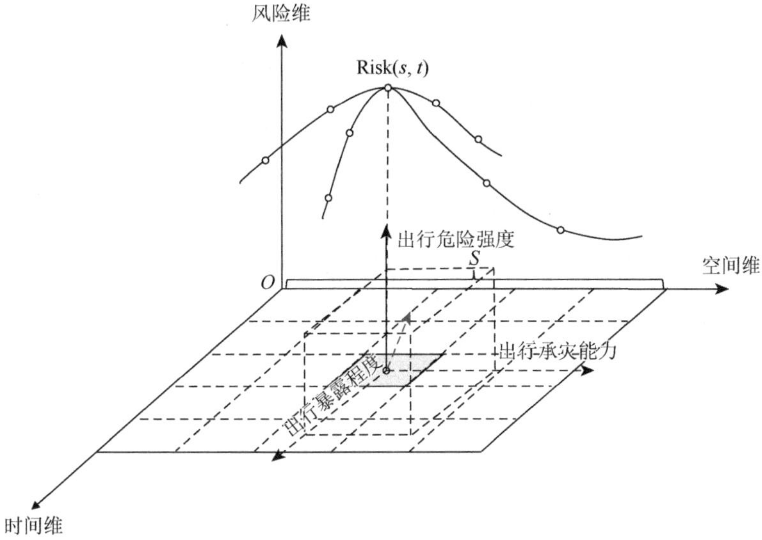

图 5.20　城市居民洪涝灾害出行风险的时空表达

大多数研究分析了洪涝灾害风险在空间上的差异，通过灾害风险分布图或风险区划图的制作来体现风险的空间差异。较少的研究分析风险在时间维度上的差异，在数据方面也缺乏对于开展时间差异分析的支撑。但是风险在时间上的动态特性对于全面认识风险以及发布适宜的出行引导措施有着至关重要的作用，尤其是灾害的出行风险在时空耦合上的差异分析对掌握风险时空变化格局有较大意义。

出行风险的时空差异分析存在较大难度，需要解决如何在一个洪涝灾害事件中，定量化的评估出行风险的空间差异与时间差异，风险的空间差异利用出行风险的分级表示，而时间差异的分析一般是通过风险曲线来表征风险的变化及大小，但还没有一个统一的方法分析风险变化，因此，本节构建了一个实施出行引导策略前后的出行风险时空轨迹的分析方法（图 5.21），评估引导策略实施前后的效果。

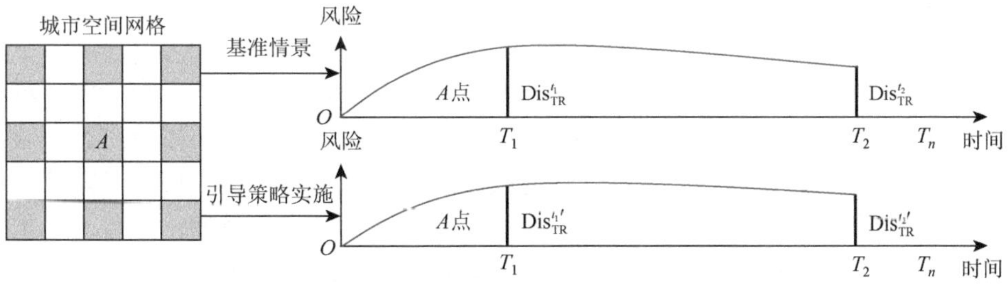

图 5.21　城市洪涝灾害出行风险时空轨迹分析办法

风险分析的区域根据设置的空间粒度被划分为栅格单元，每个栅格单元基于已构建的风险测度模型，结合洪涝灾害淹没与出行居民的空间分布，计算随时间变化的风险向量的时间序列$\left\{R_{t_0},R_{t_1},R_{t_2},\cdots,R_{t_n}\right\}$，在实施出行引导策略后，人口空间分布会因为引导策略干预在时间序列上发生改变，出行风险也随之改变，计算引导策略实施后的风险向量序列$\left\{R'_{t_0},R'_{t_1},R'_{t_2},\cdots,R'_{t_n}\right\}$。根据城市居民洪涝灾害出行风险测度模型中的定义，将风险向量的模作为风险值的大小，引导策略干预前后的出行风险序列则可以表示为$\left\{\mathrm{Dis}_{\mathrm{TR}}^{t_0},\mathrm{Dis}_{\mathrm{TR}}^{t_1},\mathrm{Dis}_{\mathrm{TR}}^{t_2},\cdots,\mathrm{Dis}_{\mathrm{TR}}^{t_n}\right\}$与$\left\{\mathrm{Dis}_{\mathrm{TR}}^{t_0}{}',\mathrm{Dis}_{\mathrm{TR}}^{t_1}{}',\mathrm{Dis}_{\mathrm{TR}}^{t_2}{}',\cdots,\mathrm{Dis}_{\mathrm{TR}}^{t_n}{}'\right\}$。

出行引导策略效果比较是以降低城市洪涝灾害出行风险为目标的引导策略有效性评价分析。根据引导措施实施后的风险降低效果，比较不同引导措施对于出行行为影响的效果，即策略实施前后居民出行行为和城市洪涝灾害出行风险状态的对比分析，给出在不同风险情况下如何实施适合的引导策略方案。现有的不同引导措施效果常采用层次分析法和模糊决策评价等方法，但是指标权重与隶属度函数易受到多种因素的影响，评价结果一般是引导措施是否可实施，而无法评价不同引导策略的实施效果差异。因此，构建了一个基于出行风险的不同引导策略效果评价指标，平均出行风险降低值（average risk reduction，ARR）来刻画不同引导措施实施后的效果，其计算方法见式（5.40）。

$$\mathrm{ARR}=\frac{\sum_{i=1}^{m}\left|\mathrm{Dis}_{\mathrm{TR}}-\mathrm{Dis}'_{\mathrm{TR}}\right|}{m} \tag{5.40}$$

其中，ARR 为在一个时间周期内平均出行风险降低值；$\mathrm{Dis}_{\mathrm{TR}}$为栅格单元在实施引导策略前的出行风险值大小；$\mathrm{Dis}'_{\mathrm{TR}}$为栅格单元在实施引导策略后的出行风险值大小；$m$ 为在区域中存在出行风险的栅格单元个数。将引导策略实施后的情景出行风险的时间序列代入评价指标的计算公式中，得到风险降低的变化曲线，评价建议实施的各项引导措施的引导效果，进一步分析引导措施可行性，为灾害不同发展阶段引导策略发布提供技术支持。

3）城市洪涝灾害出行引导策略动态选择

城市洪涝灾害出行时空动态引导策略选择过程主要包括以下四个步骤：城市洪涝灾害出行风险预测、出行引导策略选择、出行引导信息发布以及出行风险监测。在洪涝灾害即将发生时，实时监测城市洪涝灾害出行风险，根据风险状况，选择相应引导策略并发布引导信息，城市居民根据引导信息改变出行行为，出行风险随之变化，更新城市洪涝灾害出行风险并监测，进入到下一次策略选择流程中，城市洪涝灾害出行引导策略动态选择流程见图 5.22。

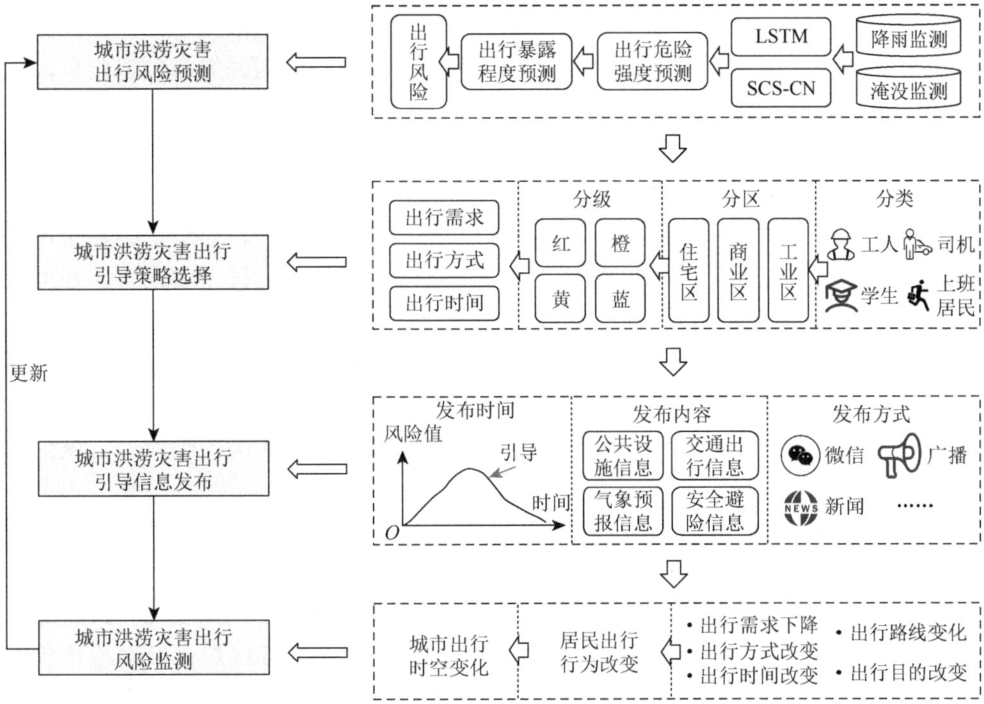

图 5.22　城市洪涝灾害出行引导策略动态选择流程

（1）城市洪涝灾害出行风险监测。城市洪涝灾害出行风险监测主要包括以下内容：①对城市洪涝灾害的气象、水文数据进行收集。城市洪涝灾害通常与强降水有关，因此，气象监测是监测城市洪涝灾害风险的关键，城市气象部门利用气象雷达、卫星遥感等技术，监测城市气象条件，预测降水强度和降水分布；水文监测可以监测河流、水库、下水道等水域的水位、流量等信息。②向居民征集洪涝灾害的实时信息，如易涝区域淹没水位、城市积水点等，可以形成一个居民监测网络，及时了解灾害发生及发展情况。③对收集的降水、水位等洪涝灾害相关数据进行分析，利用测度模型评估城市洪涝灾害出行风险，实现对未来出行风险的评估与预测。④根据风险评估结果，制定洪涝灾害风险等级标准，将城市内不同区域划分为不同风险等级，如高风险区、中风险区、低风险区等，根据风险等级标准，制订相应的预警信息方案，将不同风险等级区域划分为不同的预警级别，如红色预警、橙色预警、黄色预警等。

（2）城市洪涝灾害出行引导策略选择。基于出行引导策略的比较结果，可对城市洪涝灾害出行引导策略进行选择，城市洪涝灾害出行引导策略可分为以下四类。

第一，城市洪涝灾害出行分时引导。城市洪涝灾害出行分时引导可根据洪涝灾害孕灾、致灾、受灾、承灾、减灾多个阶段实现不同引导措施选择。在孕灾阶段，可以利用降水预报进行监测和预警，提前采取措施向居民发布预警信息，提示居民关注天气变化，防止出现安全隐患。在致灾阶段，可以通过监测降水量、水位、积水深度等指标，判断洪涝灾害严重程度，及时发布警报，引导居民采取避险措施，如撤离高危区域、转移到安全地带等。在承灾阶段，可以通过加强排水系统维护等方式，减轻洪涝灾害带来的影响和损失。同时，对于已经发生灾害的地区，引导居民避开洪涝灾害发生区域，尽快恢复城市居民正常出行。在受灾阶段，可以通过发布救援队伍、救援物资等相关信息帮助居民进行应急疏散，采取临时安置措施，确保出行居民的生命安全。在减灾阶段，可以通过加强城市规划、建设基础设施、提高居民防灾意识等方式，降低城市洪涝灾害的风险和影响，同时向居民发布防灾减灾相关知识，提高居民灾害防御及风险控制能力，减少灾害带来的损失。

第二，城市洪涝灾害出行分级引导。城市洪涝灾害出行分级引导可将城市按照风险等级，分为红、橙、黄、蓝四个风险预警等级，对不同等级区域实施相应的出行引导策略。针对红色预警等级的区域，采取紧急措施，如撤离、封路等，禁止通行，发布高频率出行引导信息，引导居民避免进入该区域；针对橙色预警等级的区域，采取限行措施，限制交通工具通行时间和路线，发布适度频率的出行引导信息，提醒居民减少不必要的出行；针对黄色预警等级的区域，适当减少通行量，采取疏导措施，提高交通效率，发布较低频率的出行引导信息，提示居民关注天气变化，做好出行准备；针对蓝色预警等级的区域，正常通行，但是仍需关注天气变化和路面情况，发布较低频率的出行引导信息，提醒居民注意安全出行。通过城市洪涝灾害出行分级引导策略，可以针对不同等级的区域实施不同的出行引导措施，减少城市洪涝灾害对居民出行的影响，保障居民人身安全。

第三，城市洪涝灾害出行分区引导。城市的洪涝灾害出行分区引导根据城市中不同功能区块实现引导策略的选择。在不同风险等级下，城市中商业区、住宅区、工业区、教育区等多个区块洪涝灾害出行引导策略可能会有所不同。风险等级为红色（极高风险）：在住宅区、工业区内，需要对居民和车辆的出行进行限制，以确保他们的安全；商业区和教育区需要尽快疏散人员，而住宅区和工业区则需要加强防汛措施，防止洪水侵害。风险等级为橙色（较高风险）：在商业区、工业区需要进行交通管制，对交通流量进行控制，确保车辆和出行居民的安全，住宅区、教育区需要提醒居民采取一些防范措施，如尽量不要开车上路、不要走低洼路段等。风险等级为黄色（中等风险）：可能需要发布出行提示信息，提醒居民注意洪水风险，并加强巡查和监测，及时发现问题。同时，可能需要加强排水设施的清理和维护。风险等级为蓝色（低风险）：在多个区域内，可能需要发布注意事项和建议，提醒社区注意保持排水畅通，以防止局部积水影响出行和生活。在不同区块内，居民出行需求和引导内容也有所不同，在商业区，居民需要了解商业场所的关闭情况以及周边的交通状况；而在住宅区，居民可能更需要了解附近的避难点、救援站等信息；不同的区域中存在不同的引导对象，在工业区，需要针对工人、厂家等职业人群制定出行引导策略，而在教育区，需要更加关注学生、教师等人群的出行安全。

第四，城市洪涝灾害出行分类引导。针对不同职业群体出行特点和需求，对城市居民实现分类引导，制定不同的洪涝灾害出行引导策略。城市中的工人在洪涝灾害中需要维护基础设施和实施抢险救援，因此需要引导工人为自己准备适当的安全装备和抢险工具，提供出行建议，避免进入深水区域，选择较为畅通的道路等；对于以开车为职业的司机，需要为司机提供路况、道路封闭、淹没区域等风险影响信息，以帮助他们更加安全地驾驶；对一般处在城市洪涝灾害高风险区域中的学生提供安全撤离的引导信息，包括撤离路线、避难所信息，同时进行相应的抢险技能教育等，提高学生安全意识和抗灾能力；城市中上班居民在洪涝灾害中可能存在通勤出行，因此可以提供目的地周边的交通状况、可靠出行方式、避免淹水区域路线等，还可以提供应急物资和疏散路线等信息，提高安全保障和风险应对能力。在选择洪涝灾害出行引导策略时，应根据具体情况综合考虑，根据不同职业特点和可能发生变化的出行需求，也需要及时调整和更新引导策略。

（3）城市洪涝灾害出行引导信息发布。在确定城市洪涝灾害出行引导策略的情况下，需要发布城市洪涝灾害出行引导信息，发布出行引导信息需要关注以下三点。

第一，出行引导信息发布时间。城市洪涝灾害出行引导信息发布应该根据洪涝灾害发生阶段以及风险变化的趋势，选择合适时机发布引导信息。在洪涝灾害即将发生时，应尽早发布洪涝灾害预警信息以及风险等级信息，以提醒出行居民采取相应的应对措施，提前规划出行方式、出行路线以及出行时间。当洪涝灾害发生且风险持续上升时，应立即发布相关出行引导信息，包括受灾影响区域、交通状况等，以便于还未出行的居民提前知悉城市出行风险情况，对出行居民生成提醒信息，及时了解灾情、避险路线、救援措施等，避免进入高风险区域。在洪涝灾害持续过程中，风险逐渐下降时，及时发布洪涝灾害风险及变化趋势信息，引导低风险区居民恢复正常出行。当进入到洪涝灾害恢复期时，应及时发布城市道路、地铁、公交等出行方式的恢复情况和进展情况等信息，以便居民通过出行引导信息了解灾后城市恢复情况和相关计划，为灾害出行提供支持和帮助。除了在洪涝灾害期间发布信息外，还应定期向居民宣传防灾知识、天气预报、交通出行等信息，以便居民在日常生活中了解相关情况，增强防灾意识和应对能力。

第二，出行引导信息发布内容。城市洪涝灾害出行引导信息的内容应包括公共设施信息、气象预报信息、出行风险等级、交通出行信息、安全避险信息。出行引导信息中应提供气象预报信息，包括当天和未来几天的天气情况、降水量等信息，以便居民做好防范准备；引导信息应告知居民当前的城市洪涝灾害出行风险等级，让居民了解当前出行起始地及目的地的洪涝灾情严重程度，从而改变相应出行决策；出行引导信息中应包含交通出行信息，包括道路、公交、地铁停运或仍可通行的相关消息；出行引导信息中提供安全避险信息，包括高出行风险区域警示、城市安全区域提示、应急避难场所位置、各个区域安全疏散路线等信息；出行引导信息中还应提供公共基础设施运行信息，医院、消防局、警察局、救援中心等地的位置及联系电话等信息，当居民在出行中遇到危险时，可通以上机构获取及时的帮助和救助。

第三，出行引导信息发布方式。城市洪涝灾害出行引导信息发布方式包括以下几个方面：电视、广播和网络媒体、短信和语音通知、移动应用程序、公告栏和标语、社交媒体平台以及人员宣传。电视、广播和网络媒体可以广泛覆盖城市居民，以文字、图片、视频等形式发布洪涝灾害出行引导信息，如受灾区域、交通状况、避险路线等；利用短信和语音通知等方式，将洪涝灾害出行引导信息直接发送给居民，使居民及时了解灾情，采取相应的应对措施；也可通过开发移动应用程序，为居民提供实时的洪涝灾害出行引导信息，如路况、公共交通状况、避险路线等，方便居民随时查看和使用；在城市重要的公共场所，如车站、广场、社区等地，设置公告栏和标语，发布洪涝灾害出行引导信息，引导居民采取相应行动；通过社交媒体平台，如微博、微信等，向广大居民发布洪涝灾害出行引导信息，借助社交网络的传播，让出行引导信息在居民范围内更加广泛地传播；在洪涝灾害期间，可派遣专门的宣传人员，利用广播、传单等方式向居民宣传洪涝灾害出行引导信息。

（4）城市洪涝灾害居民出行行为改变。出行引导策略对于城市居民在洪涝灾害中出行行为改变的影响主要包括以下几个方面。①出行需求下降：受洪涝灾害影响，居民可能感到出行风险增加、出行不便利等，因此出行需求可能会下降，尤其是对于长途出行等较为复杂的出行行为；②出行方式改变：受洪涝灾害影响，城市交通可能出现中断、拥堵等情况，因此居民可能选择改变出行方式，例如步行、骑行、搭乘公共交通工具等；③出行时间改变：洪涝灾害可能导致城市道路封闭、交通拥堵等情况，居民可能会调整出行时间，避开高峰期或避免在洪涝灾害发生时出行；④出行路线变化：受洪涝灾害影响，城市道路可能存在交通管制、封路等情况，因此居民可能需要改变出行路线，选择更加安全或畅通的道路；⑤出行目的改变：洪涝灾害可能会导致城市部分区域停电、停水等情况，因此居民可能会改变出行目的。

第 6 章　城市社区空间网格洪涝灾害应急响应

大数据时代下，手机、电脑等移动终端设备的普及和发展使得微信、腾讯 QQ 等即时通信工具和服务渗透到了人们日常生活工作的方方面面，这种即时通信工具的成熟和大量普及改变了城市居民等应急主体在灾害情景下的信息获取、传播方式，由传统的以政府为主导的从上至下的单向信息传递方式逐渐转变为不同层级应急主体之间的即时信息交互。相应地，即时通信工具和服务的存在也使得不同社会力量参与洪涝灾害应急响应的形式更加多样化、便捷化。由此，本章考虑了大数据技术和多元社会力量赋能洪涝灾害应急响应的现实需求，以社区空间网格为依托，首先构建了即时信息交互下的洪涝灾害应急响应体系；其次探究了社区空间网格下应急主体的信息交互模式以及即时信息交互下的应急主体行为演化；最后基于多 Agent 建模方法对洪涝灾害应急响应疏散进行建模仿真。

6.1　城市社区空间网格洪涝灾害应急响应体系

社区作为社会基本单元，是洪涝灾害应急管理的主要阵地和前沿哨口，而社区空间范围往往巨大，需要对其进行网格划分，以实现对社区的精细化管理。本节首先界定了基于社区空间网格的洪涝灾害应急响应的内涵，其次设计了以社区空间网格为依托的洪涝灾害应急响应流程，最后构建了即时信息交互下的洪涝灾害应急响应体系。

6.1.1　社区空间网格洪涝灾害应急响应信息交互

在大数据时代下，随着电脑、平板和手机等智能终端的大量普及和推广，以微信、腾讯 QQ 等为代表的即时通信工具和服务已经成为人们工作生活的一部分。这种即时通信技术和服务的成熟使得应急主体在灾害情景下的信息获取、传播、接受等方式也发生了巨大的变化，传统以政府为中心的单向信息传播模式已经逐渐转变为即时信息交互。具体来说，当洪涝灾害发生时，应急主体为了做出更可靠的决策或囿于自身知识和水平的限制，会产生大量的信息需求，从而促使其产生信息搜寻行为，通过电脑、平板、手机等智能终端，借助即时通信服务平台，将各类文字、图片、视频、音频等信息即时传播到网络中，其他应急主体能够即时接收并对信息进行反馈，主体之间会针对相关的应急观点、响应行为、响应需求、疏散路线等内容进行持续不断的交互，在交互中逐渐形成一致的观点或行为，通过政府部门在即时通信服务上提供的灾害信息交互平台的接口，即时上传信息交互的内容或行为，灾害信息交互平台基于大数据处理技术可以实现对不同形式的信息进行解析和处理，生成一定的应急决策，利用洪灾信息服务即时反馈给应急主体，应急主体接收到即时反馈，满足了自身的信息需求，从而实现了不同应急主体洪涝灾害应急期间的即时信息交互[408]，如图 6.1 所示。

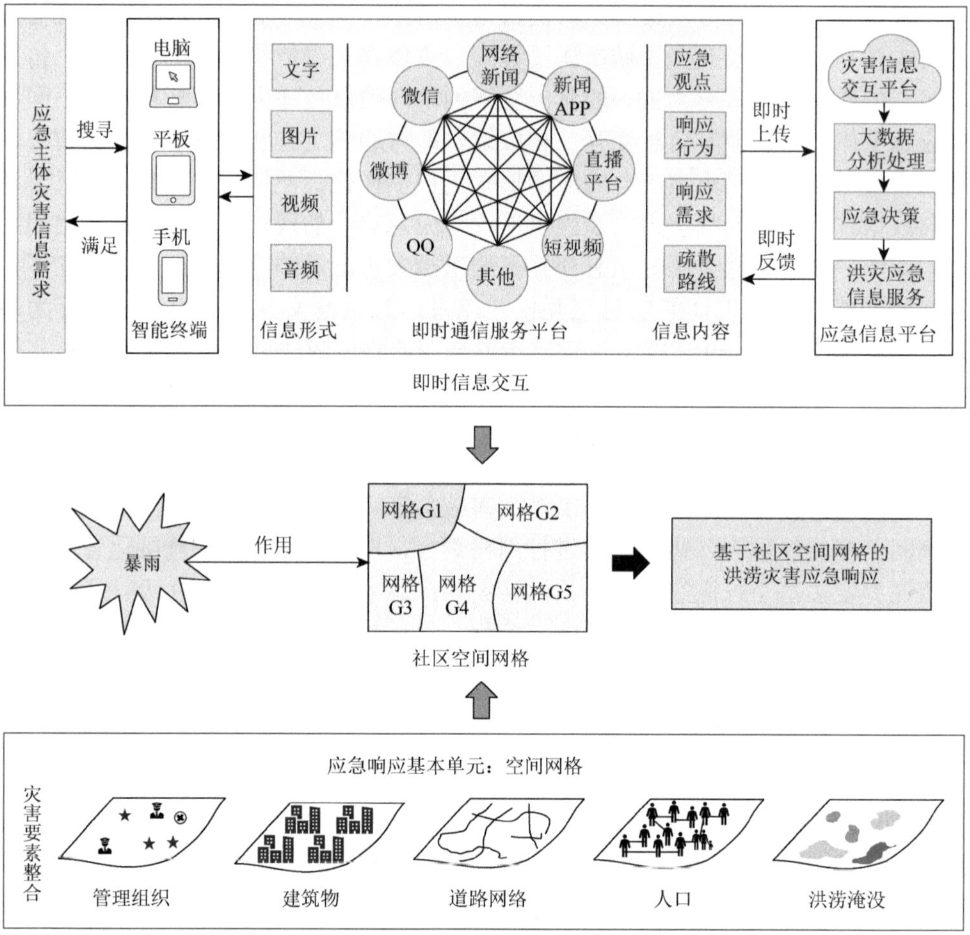

图 6.1　基于社区空间网格的洪涝灾害应急响应内涵

洪涝灾害应急情景下的即时信息交互具有以下明显的特点：首先，不存在明显的信息主客体关系，任何主体都是信息的发送主体也是信息的接收客体，人人都是洪涝灾害信息源，人人都可以通过即时通信工具在平台上发表观点并上传周边灾害情况，这极大丰富了灾害应急的信息数据；其次，即时通信工具能够实现信息即时的发布、传播和交流，任何信息在发布时就已经在快速传播，人人都可以对该信息进行评论和交流，应急主体的观点一致性和行为一致性也就越容易在高频的信息交互中快速形成；再次，图片、文字、音频和视频等多种形式信息能够给应急决策提供丰富的灾害现场信息，改善了传统洪涝灾害应急响应时的不确定性、沟通不畅、需求不明等问题，进而可提升灾害应急响应的准确度；最后，即时信息交互能够跨越地理空间的限制，在任何时间任何地点都能够即时发送当前的应急状态、观点、需求，支撑政府部门快速响应和发布指令。

即时信息交互改变了传统的单向的、滞后的、延迟的信息交互模式，加快了灾害信息的传播，加速了应急主体一致性观点和行为的形成。同时，社区作为城市细胞和社会基本单元，是城市居民居住生活的场所，也是洪涝灾害应急管理的主要阵地和前沿哨口。社区空间往往范围巨大，需要对其进行网格划分，以便在灾害日益复杂和严重的情况下对社区进行精细化管理。在此背景下，本节将社区空间网格思想与即时信息交互模式进行结合，研究社区洪涝灾害应急响应问题，如图 6.1 所示。这是因为应急响应本质上是应急主体行为决策的结果，而任何行为决策是基于信息交互的，特别是即时信息交互强化了和加快了信息的传播和反馈，即时信息交互是推动应急响应行为发生的动力。此外，将社区空间网格作为应急响应的基本单元，既能精准把握应急响应需求，又能充分吸纳空间网格内各类主体的力量，同时也利于各类新兴技术的实施和应用。

根据上述分析和认识，基于社区空间网格的洪涝灾害应急响应是指将社区划分成不同的、彼此独立又具有联系的空间网格，作为洪涝灾害应急响应的基本单元，并利用社区空间网格整合洪涝灾害相关的人、地、物、组织、数据、关系、事等要素，通过智能终端和即时通信服务进行多主体、多形式、无界限的即时信息交互，连接不同空间网格和同一空间网格内的不同主体，实现空间网格应急响应信息的有效、即时共享与反馈，精准把握空间网格应急响应需求和状态，在洪涝灾害来临前或者发生后，将处于危险区域即目标空间网格的人员有计划、有组织、高效地、精准地转移至安全避难所的过程。

6.1.2　社区空间网格洪涝灾害应急响应流程设计

面对复杂且不确定的洪涝灾害，及时有效的洪涝灾害应急管理是减少人员伤亡和财产损失的唯一途径，而科学的应急响应流程则是提高洪涝灾害应急管理效率，实现灾害低损失、低影响目标的重要保证。基于应急全过程的洪涝灾害应急响应流程是指在预警、响应和灾后三个应急阶段中，由市政府、区政府、基层机构等多个级别，空间网格员、社区居民、楼道长等多种类型的应急主体共同参与的，依托于社区空间网格洪涝灾害应急响应基本单元，为了防范和减少洪涝灾害损失所开展的一系列应急响应行动的集合。这些应急响应行动遵循了洪涝灾害时间变化特性，反映了洪涝灾害应急响应的客观规律，通过人力、资金、物料、信息、技术等的投入，达到控制或者减缓洪涝灾害灾情的预期目的。图 6.2 给出了具体的基于社区空间网格的洪涝灾害应急响应流程，左侧部分为应急响应的直接行动流程，右侧部分是不同层面不同类型的应急主体在不同阶段相应的工作职能、任务分工和响应诉求。

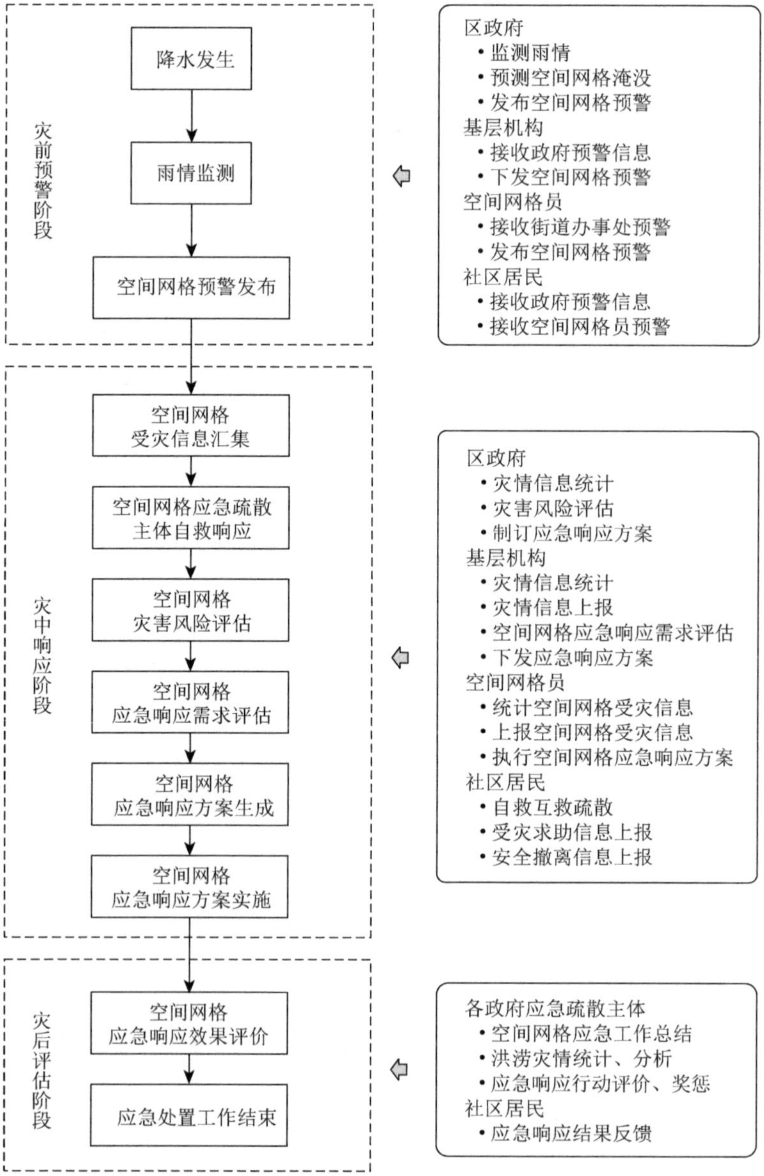

图 6.2　基于社区空间网格的洪涝灾害应急响应流程

1. 灾前预警阶段

洪涝灾害是自然灾害，人类无法阻止其发生，但随着信息技术的发展，能够进行洪涝灾害的预报和预警，促使各应急主体及时防范，有效减少灾害损失和影响。在灾前预警阶段，伴随着降水的发生，区政府实时监测雨情，预测每个空间网格的淹没情况，并及时发布空间网格预警；基层机构及时接收政府发布的预警信息，并进一步将预警信息下达给每一个空间网格；每个空间网格负责人和空间网格员在接收基层机构的预警信息之后，又进一步地将该预警信息及时传递给其所管辖的空间网格内的社区居民主体；社区居民主体不仅接收政府统一发布的洪涝灾害预警信息，也接收来自其所处的空间网格员传递的预警信息。通过信息的不断传递下达，实现洪涝灾害的预警。

2. 灾中响应阶段

当降水达到一定程度时，部分地区开始形成灾情，道路和建筑受淹，人群的活动受到影响，各种类型的应急主体开始应急响应，同时各社区空间网格的受灾信息开始汇集，不同的应急主体展开自救互救响应，同时区政府开始评估空间网格的风险，确定每个社区空间网格的应急响应需求，生成并实施应急响应方案。具体到每一类应急主体来说，社区居民展开自救互救疏散，部分受困居民将受灾求助信息上报其所对应的社区空间网格员，已经完成疏散或处于安全区域的居民则将安全撤离信息上报给社区空间网格员；社区空间网格员持续不间断地统计和上报空间网格受灾信息，同时执行空间网格应急响应方案；基层机构则是及时进行洪涝灾害灾情信息统计和上报，评估每个空间网格的应急响应需求，下达上级制订的应急响应方案，及时组织和协调应急力量和物资；区政府实时统计灾情信息，评估灾害风险，及时制订和调整应急响应方案。

3. 灾后评估阶段

在灾后阶段，洪涝灾害风险逐渐降低直至消除，各类应急主体则从应急状态逐渐恢复到日常工作状态，各类应急主体开展其管理范围内的应急响应工作总结，评价每个社区空间网格的应急响应效果，并结束应急处置工作。具体而言，各政府应急主体对空间网格应急工作进行总结，统计和分析洪涝灾害灾情，并对应急响应行动进行评价和奖惩；社区居民针对应急响应中的问题向各级政府提出自己的意见和诉求，以不断提升社区洪涝灾害应急响应效率。

6.1.3 即时信息交互下洪涝灾害应急响应体系构建

我国现有的城市应急管理体系经过不断的发展和完善，已经能够应对大部分的城市洪涝灾害，但仍存在灾害预警不完善、灾害信息沟通不畅和多元主体协同不足等问题。伴随着大数据时代的到来和信息技术的发展，即时信息交互成为现实，各类灾害相关数据在高频、即时、多元的信息交互中不断产生，数据治理成为传统应急模式向数据应急模式转变的切入点。洪涝灾害应急响应作为城市应急管理中的重要一环，既要关注技术赋能下的应急数字化升级，也要在社会学视角下积极推进多元社会力量对洪涝灾害应急响应的参与。因此，推进新兴技术和社会力量融合到洪涝灾害应急响应中，实现技术和社会双重赋能洪涝灾害应急响应，是当前洪涝灾害应急响应体系变革的重要内容。

在技术赋能方面，云计算、移动互联、深度学习、智慧化平台等新兴技术在洪涝灾害应急响应实践中逐渐得到应用和推广，推动了城市洪涝灾害应急管理的现代化、信息化和智慧化。数据逐渐成为洪涝灾害应急管理中重要的决策因素之一，大数据和相应处理技术使得传统洪涝灾害应急模式逐渐转变为科学化洪涝灾害应急模式，即通过定量思维和数据核心来突破传统洪涝灾害应急响应中经验侧重的问题。在社会赋能方面，多元社会力量赋能洪涝灾害应急响应也是灾害应急管理的现实需求，得到了政府和社会各界的重视。事实上，洪涝灾害应急响应效率提高不仅需要所有应急主体对复杂环境的灵活应对，还需要集体的智慧和力量。随着智能移动终端设备的普及和社交网络的不断延伸，人人都可以成为信息渠道和媒体，信息传播的即时性得到了最大化的体现，改变了洪涝灾害应急信息的接收方式和反馈模式，使得多元社会力量参与应急响应的方式逐渐多样化，参与形式更加便捷化。多元社会力量的参与已经体现出了灾害信息沟通实时性、灾害互助及时性和灾害救援专业性等优势。

技术和社会双重赋能洪涝灾害应急响应是重塑科学化洪涝灾害应急响应的创新思路，也是我国社区洪涝灾害应急响应体系完善的必然趋势。在技术和社会双重赋能洪涝灾害应急响应的现实需求下，本节利用社区空间网格来承载技术和社会的赋能，并基于社区空间网格设计一套洪涝灾害应急响应体系。

1. 应急响应体系设计原则

基于社区空间网格的洪涝灾害应急响应体系的设计目标是构建出一个基于社区空间网格的、考虑技术和社会双重赋能的洪涝灾害应急响应体系，实现多元主体的无缝合作，提升社区洪涝灾害应急响应效率，降低洪涝灾害损失和风险。因此，基于社区空间网格的洪涝灾害应急响应体系的设计应遵循以下原则。

（1）以人为本，科学响应。一方面，洪涝灾害应急响应的首要任务和目标是保护人民群众的生命财产安全，在进行应急响应时，加强新兴技术和管理手段的运用，最大程度地降低洪涝灾害带来的人员财产损失和不良影响；另一方面，在应急响应过程中应充分发挥人的主观能动性，吸纳社会多元主体的力量和智慧，建立科学高效的应急响应机制，提高应急响应工作的科技含量和群智水平。

（2）平战结合，动态应急。未发生洪涝灾害时，统计社区易涝点和脆弱个体，考虑洪涝灾害演变的各种可能情景，生成针对性的决策方案，构建符合现实需求的洪涝灾害应急响应机制，加强社区洪涝灾害应急演练；在洪涝灾害发生时，根据灾情演变动态调整应急响应策略，实现日常工作与应急响应的无缝转换。

（3）目标导向，多元参与。打破传统上下级的行政权限约束，提倡多元主体合作交互，弥补传统单向应急指令响应模式中信息滞后、需求不准、指令不明等不足，同时适当放权于一线空间网格管理人员，增强参与主体抗灾救灾热情与积极性。

（4）资源整合，信息共享。为实现提高应急响应效率的最终目标，需要充分利用社区人力、物力、信息等资源并将其整合在社区空间网格上，提高资源利用效率；对洪涝灾情与救灾信息进行收集、筛选、整理等，建立信息交互平台，实现空间网格管理单元之间、空间网格管理单元与多元主体之间的即时通信和信息共享。

2. 应急响应体系构建

根据应急响应体系设计原则，本节构建的即时信息交互下的应急响应体系是指在洪涝灾害应急响应时，依托于空间网格，在技术和社会双重赋能下，利用科学技术手段和信息化技术，实现应急主体的即时信息交互，打破信息孤岛，同时借助社会多元主体参与，满足主体参与意愿并吸纳群体智慧，连接政府主体与社会多元主体，以实现洪涝灾害空间网格层面的精准响应，提升应急响应效率。该应急响应体系以社区空间网格作为洪涝灾害应急响应基本单元，将传统以政府为中心的洪涝灾害应急响应模式转变为多主体合作的、即时信息交互下的应急响应模式，具体的体系架构如图 6.3 所示。

即时信息交互下的洪涝灾害应急响应体系包含了三个层次：政策部门、执行部门和社区，其中政策部门负责宏观层面的应急响应政策的制定，执行部门负责应急响应政策下的具体管理制度和事务的执行，社区则作为政策实施的对象，负责应急响应过程中的各项具体任务，同时检验政策效果并总结反馈上级。政策部门在负责应急政策制定的同时，也负责执行部门的组织结构安排，执行部门也会参与应急政策制定；执行部门安排好管理制度后，会传达给社区基层，并指导社区基层开展应急响应工作；社区基层接收到执行部门的指令后会执行具体的应急

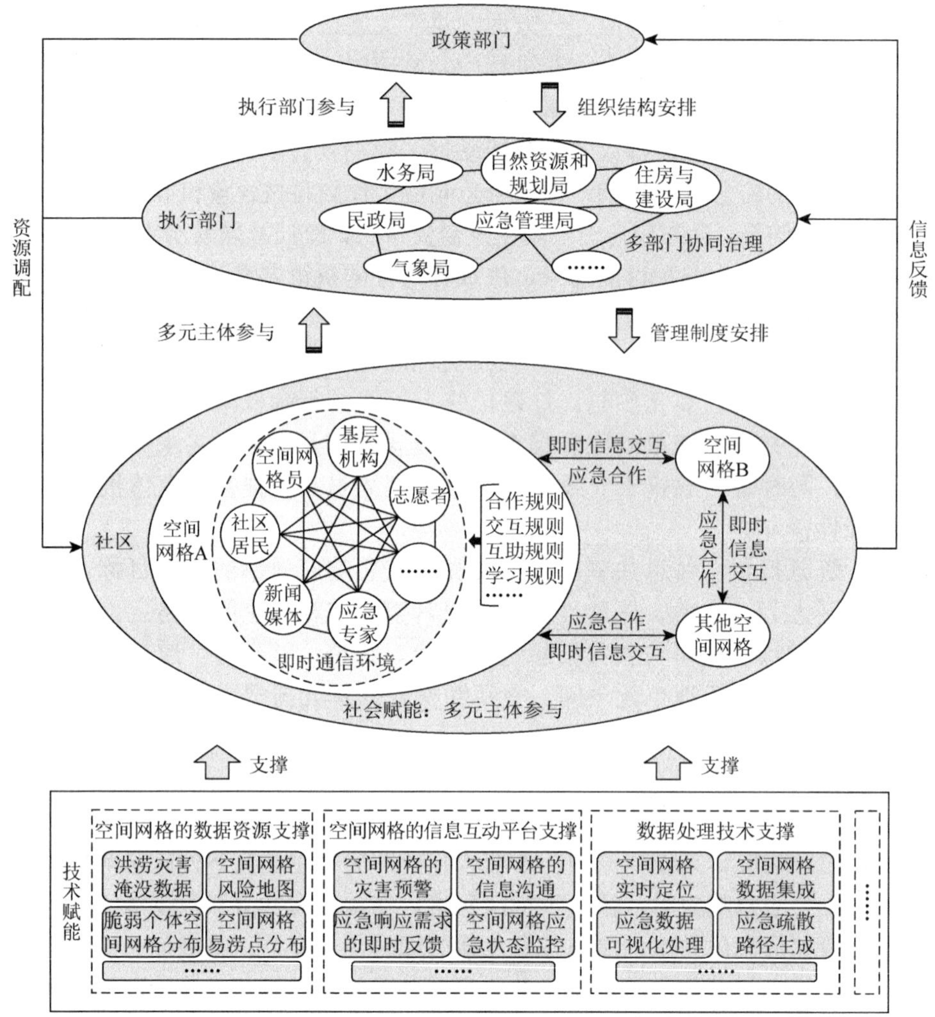

图 6.3　即时信息交互下的洪涝灾害应急响应体系架构

响应任务，同时也会积极参与执行部门的管理制度安排，总结应急响应的经验，不断地提升应急响应效率。此外，在洪涝灾害发生时，政策部门和相关的执行部门负责资源调配，以解决社区基层应急响应所需的人、力、物、财等各种资源，相关的执行部门之间也会积极地协同应急，社区基层则是将应急响应过程中的应急响应需求、应急响应状态、应急资源等各项信息反馈给执行部门以及政策部门，共同完成洪涝灾害应急响应。

需要注意的是，该应急响应体系与传统的应急响应体系的区别主要在于社区层面的差异，对社区进行进一步地细化处理，将其划分为不同的空间网格，并以社区空间网格作为洪涝灾害应急响应的基本单元，考虑主体间的即时信息交互行为，借助社区空间网格这一载体实现技术和社会的双重赋能。洪涝灾害应急响应的相关政策和管理制度安排传递给社区后，社区再传递给每个空间网格，每个空间网格内包含了不同的应急主体，通过合作规则、交互规则、互助规则和学习规则等不断强化空间网格内不同主体之间的合作与协同，此外每个空间网格之间也会相互联系相互合作，进行即时信息交互，共同提升应急响应效率。但是，如果要实现这个过程，则需要一定的技术支撑，也就是一系列的空间网格技术，例如空间网格的数据资源支撑、空间网格的信息互动平台支撑、数据处理技术支撑，以及在空间网格上形成的应急服务，从而实现社区空间网格应急响应。

1）即时信息交互下的社区空间网格技术赋能

大数据技术在社区应急层面已经得到部分应用，但是这些技术的应用未能与应急需求和目标较好地匹配，因此需要明确社区空间网格这一基础，形成一系列的基于社区空间网格的技术以支撑精准化应急响应，提升响应效率。首先，强化社区空间网格的数据支撑，以空间网格为载体承载洪涝灾害相关数据，具体包括洪涝灾害淹没数据、空间网格风险地图、脆弱个体空间网格分布、空间网格易涝点分布，这些数据是各个应急主体的决策依据和基础；其次，不同应急主体的参与、交互与合作，社区空间网格之间的响应联动，都需要借助空间网格交互平台支撑，完善即时信息交互环境的搭建，实现空间网格的灾害预警、空间网格的信息沟通、应急响应需求的即时反馈和空间网格应急响应状态监控；此外，也需要数据处理技术的支撑，实现不同应急主体的空间网格实时定位，空间网格数据集成、应急数据可视化处理和应急疏散路径生成等，如图 6.3 所示。随着技术不断发展和应急响应实践的推进，技术赋能内容也会持续拓展和完善。

2）应急主体参与的社会赋能

社区洪涝灾害应急响应中，社区居民的参与是基础，基层政府的帮助是关键，社会组织的参与是重要支持，新闻媒体的参与是必要。要想提高社区的应急响应效率，就要充分地了解各类应急主体的特征，洞察各类应急主体的利益诉求，明晰各类应急主体的责任定位，调动各类应急主体的参与积极性。为此，需要对社区应急主体进行合理的分类，确定各类应急主体的利益诉求和责任定位，具体如表 6.1 所示。

表 6.1　社区洪涝灾害应急主体利益诉求和责任定位

主体	利益诉求和责任定位
地方政府	制定应急响应预案相关政策，发布指令，提高社区居民风险意识
社区基层机构	执行地方政府政策，分配空间网格员具体事务，统计并上报灾情
空间网格员	熟悉所负责网格内各项信息和响应需求，根据指令进行响应

续表

主体	利益诉求和责任定位
社区居民	希望政府推动防灾减灾工作，灾害发生时根据自身意愿撤离
社会组织	愿意积极提供人员、技术等帮助，促进社区灾害管理发展
企业组织	在不损害生产和利润的前提下积极支持灾害管理
新闻媒体	发布政府新闻，提供信息技术支持，搭建信息沟通平台
应急专家	基于经验和评估模型等研究成果，为政府提供应急响应策略建议

地方政府、社区基层机构、空间网格员等政府类主体是社会利益的代表，参与洪涝灾害应急响应是义务和责任，在社区应急响应中占据了主导地位。社区居民、社会组织、企业组织、新闻媒体和应急专家等非政府类主体，在洪涝灾害应急响应中占次要地位。相比于政府类主体，非政府类主体应急响应参与意愿、参与途径、参与深度和利益诉求自由度更高，彼此之间的差异也较大。

3）应急主体的特性

在洪涝灾害发生时，应急主体的决策环境是非常复杂的和不确定的，在社区环境、灾情、自身属性等因素的影响下，应急主体的决策过程受到巨大干扰和影响，产生复杂的行为动机和结果，表现出主动性、适应性、自组织性、涌现性、异质性和交互性等复杂科学特征。

（1）应急主体具有主动性和适应性特征。首先，应急主体能够主动适应环境。洪涝灾害的发生对应急主体都会产生直接或间接影响，这些应急主体为了确保社会安全、自身生命和财产安全，会主动地调整策略和行动；其次，应急主体之间会主动地进行交互，与其他应急主体进行合作或竞争，例如社区居民主体在撤离期间产生的从众行为、结伴行为等。

（2）应急主体具有自组织性特征。洪涝灾害发生时，社区洪涝灾害应急响应系统不断地与外界进行能量、信息和物质交换，而系统的开放度和协同机制决定了系统如何从无序状态转变为有序状态。其中，政府主体作为主导角色主宰系统演化方向，而其他应急主体及环境的变化也影响着政府主体，这些应急主体相互联系、相互依赖，又在政府主体的引导作用下协同一致，共同朝向社区防灾减灾的目标自发地学习和适应，不断地调整自我行为和状态，促使应急响应系统自适应、自组织地从混沌无序的初态向稳定有序的终态进行演化。

（3）应急主体具有涌现性特征。应急主体的行为规律与应急响应的演化规律是有机联系的，在社区洪涝灾害应急响应中，随着洪涝灾情的不断变化，高层次的政府主体根据职能要求和责任定位，通过制定或执行洪涝灾害应急响应预案和措施，影响和改变下一个层次应急主体的行为，而非直接干预。微观个体因洪涝灾害应急响应预案和措施的实施，通过行为方式和状态的变化来反馈环境和规则的改变，从而涌现出新的结构、特征或行为，完成系统的演化。

（4）应急主体具有异质性和交互性特征。社区洪涝灾害应急主体的异质性主要表现在主体之间的组织属性、角色定位、资源禀赋、参与意愿、策略选择和预期效用等方面的差异。在洪涝灾害应急响应中，应急主体是有限理性的，在决策时无法获取全部信息，此时应急主体为了获取足够多的信息，会根据自身需求和偏好与其他应急主体进行有目的地交互。但是，应急主体角色定位和责任的差异，使得应急主体之间的交互既表现出指令服从、互助互救、信息共享等合作关系，又体现出道路拥堵、物资调配等竞争关系。

6.2 城市社区空间网格应急主体信息交互与行为演化

基于复杂适应系统（complex adaptive systems，CAS）理论中关于主体适应性的认识，本节首先对洪涝灾害应急主体的行为演化逻辑进行分析，确定应急主体“信息—感知—行为”这一演化路径；其次探究即时信息交互下的洪涝灾害应急主体的信息交互模式；最后，对社区空间网格下应急主体的风险感知更新过程和演化规则进行分析，并通过分析社区居民出行行为，确定社区居民出行行为模式，从而实现对社区居民主体时空分布的预测。

6.2.1 洪涝灾害应急主体演化逻辑及路径

1. 洪涝灾害应急主体演化逻辑

美国学者霍兰于 1994 年提出的复杂适应系统理论为研究系统复杂性产生机制和系统演化规律提供了有力的理论和工具[409]。该理论认为复杂适应系统中的成员是具有适应性的主体，而主体适应性是指其能够与环境及其他主体进行交互，并在交互过程中学习或积累经验，进而改变自身的结构和行为方式的特性。由于各种随机因素的作用，为了达到生存或发展的目的，主体在交互过程中会逐渐出现分化，使得整个系统逐渐变得复杂，即系统实现了从简单到复杂的演化。因此，主体的适应性及它与环境、其他主体间的相互作用是系统涌现的基础，也是系统发展和演化的内在动因，任何宏观系统层面的变化和微观主体层面的分化都可以从微观主体适应性行为中找到根源。

基于复杂适应系统理论中关于主体适应性的认识，对洪涝灾害应急主体的行为演化逻辑进行分析。在洪涝灾害应急响应中，微观应急主体的适应性引发了应急主体的交互作用，既有与其他应急主体进行灾害预警和观点的交互，也有与外界环境进行交互以获取洪涝灾害的实时动态。应急主体的交互作用导致了应急主体的行为变化，但是各类应急主体由于自身差异和随机因素的影响，表现出不同的适应性，在应急响应行为上存在统一或分化，例如原地等待、互助撤离或应急救援，进而形成系统层面的演化和涌现，即不同情况下的社区洪涝灾害应急响应效率和结果。

在微观主体层面，洪涝灾害对每个应急主体都会产生直接或间接影响，为了保证公共安全、生命安全或财产安全，各类应急主体由于其自身适应性会不断地调整自身应急策略和行动。然而，面对复杂的洪涝灾害事件，应急主体受到自身知识、心理和外界环境等非理性因素影响，无法获取应急响应决策的全部信息，则会和其他主体或外界环境进行交互，例如政府向其他主体发布预警，社区居民主体观察邻居的响应行为和接收外界的应急观点等。在应急主体的交互作用下，应急主体的行为也会不断地发生更新和改变，例如随着洪涝灾害的风险增加，社区居民主体在交互后决定是否原地等待或者进行互助撤离，社区空间网格员则积极联系和救援受灾居民等。

在宏观系统层面，由于应急主体的行为变化，一个或多个应急观点或响应行为逐渐形成，即应急主体行为演化的发生，形成系统涌现现象。应急主体行为演化也会影响外界环境，应急响应系统会不断更新直至响应结束。

2. 应急主体“信息—感知—行为”演化路径

应急主体的行为演化，既是过程的反映，也代表着最终的结果。从过程的角度来看，应急主体的行为演化在于对系统外部环境刺激的收集和感知。通过对洪涝灾害环境的识别和解析，适应性主体找出相应的规则应对外界刺激，便产生了应急行为，直至系统达到一个新的平衡状态。作为应急响应的主要对象和参与者，社区居民主体的演化过程能够影响和反映整个应急响应的最终结果。因此，从社区居民主体视角，分析应急主体的演化路径，并将其他应急主体之间的演化过程融入社区居民主体的行为演化中，图 6.4 给出了社区居民主体“信息—感知—行为”的具体演化路径。

从图 6.4 可以看出，当洪涝灾害事件发生时，形成了不同的灾害信息源，包括灾害环境、政府预警、空间网格员发布的消息、社交媒体消息、邻居行为、亲友信息和其他来源，这些灾害信息通过社交媒体、电话短信、新闻广播等多种途径进行传播，社区居民主体接触到这些灾害信息后转化为自身理解的风险信息，然后与其他应急主体进行信息交互，进而引发了社区居民主体的行为演化。具体来说，社区居民主体面对洪涝灾害时经历了信息交互、风险感知、行为决策、行为策略和空间网格分布五个过程，而行为决策和行为策略两个过程共同决定了社区居民主体的行为选择，空间网格分布则是社区居民主体进行行为选择后应急响应结果的体现。在这五个过程中，社区居民主体也与其他应急主体进行交互，这些交互受到个人特征、社会关系网络、职业属性和灾害经历等因素的影响。

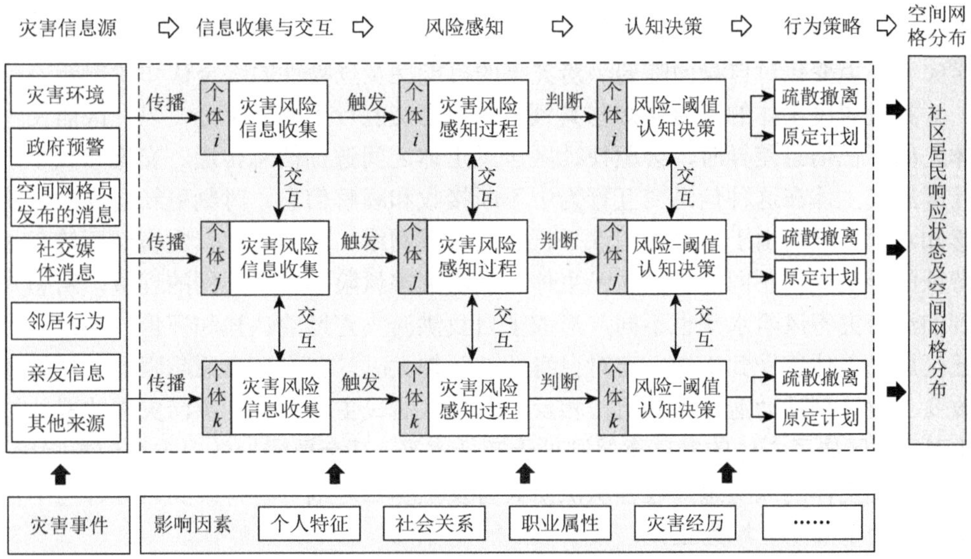

图 6.4　社区空间网格下社区居民主体行为演化路径

1）应急主体灾害信息交互

应急主体之间的信息交互行为贯穿了整个洪涝灾害应急响应过程。应急主体的信息交互行为是源于自身在洪涝灾害情景下的信息需求、社会性表现、利他主义和自我实现等动机，当该动机强烈到一定程度时则促使其产生内驱力，然后在一定外界诱因刺激下，应急主体由静态转向动态活动，从而产生信息交互行为。在应急状态下，及时、正确、完整的信息是应急响应和处置的基础，这是因为在应急状态下决策的非常规性、突发性，对信息质量的要求更高，信息失真容易给决策效果带来严重影响。

传统的洪涝灾害信息交互以政府向公众发布灾害信息为主，主要通过电视、报纸、广播和互联网等途径向处于洪涝灾害风险区域的人群发布信息，包括灾害预警、自救手段、灾害变化过程和政府部门应对措施等。随着社交媒体的发展，灾害信息交互逐渐从政府向公众单向的信息发布转变为公众与政府之间的双向信息交互。在信息交互过程中，社区居民主体从不同信息渠道接收和观察洪涝灾害风险信息，但并不是每个社区居民主体都能从所有的信息源接收到风险信息，而且每个社区居民对不同灾害信息源的偏好也会有所不同，例如部分个体更相信亲友的风险提醒，其他个体更愿意接收来自空间网格管理员的预警信息。因此，积极有效的信息交互是提高政府救灾行动针对性和应急效率的关键。

2）应急主体灾害风险感知

风险感知是指人们对存在于特定对象的风险发生概率及其后果的一种主观感觉与评价。风险具有客观存在性，而风险感知则具有主观估测性，是直观判断和主观经验的综合。社区居民主体的洪涝灾害风险感知则是指其基于自身位置和洪涝灾害环境变化对自身面临的洪涝灾害的可能性及危险性的综合认知和判断。

社区居民主体的风险感知与其频繁的信息交互行为密不可分，当社区居民主体之间存在信息差异时，会驱使社区居民主体之间进行信息传递、交流和共享。社区居民主体在这种信息交互行为中不断接收和理解信息，时刻更新自身的风险感知水平。然而由于自身知识水平、社会关系网络、职业属性、灾害经历等个人特征的异质性，不同的社区居民主体对洪涝灾害风险形成了不同的理解，所感知到的洪涝灾害风险水平也不同，形成了自我洪涝灾害风险认知和评价。因此，当社区居民主体感受到洪涝灾害对自身的威胁越大时，其撤离意愿越强烈，更愿意改变当前计划活动前往避难所；相反，当社区居民主体感受到洪涝灾害的威胁较小时，社区居民主体的撤离意愿则处于较低水平，其会更慢地做出灾害应急响应。社区居民主体的风险感知过程从洪涝灾害发生初始时刻一直持续到自身行为不再变化或处于安全区域为止。

3）应急主体认知与行为决策

应急主体行为决策主要包含政府主体、空间网格员主体的行为决策和社区居民主体的行为决策。其中，政府主体和空间网格员主体的行为决策是根据洪涝灾害实时风险等级及演变、受灾人员的应急状态等内容，决定风险预警等级、应急救援的力度和资源的调度。对于社区居民主体而言，当遭受洪涝灾害时需要不断进行行为决策，决定何时、和谁、如何、前往何地，这些行为决策内容根据时间先后顺序大致可划分为认知决策和撤离行为两个阶段，两个阶段的所花时间直接决定了完成撤离所需时间，具体如图 6.5 所示。

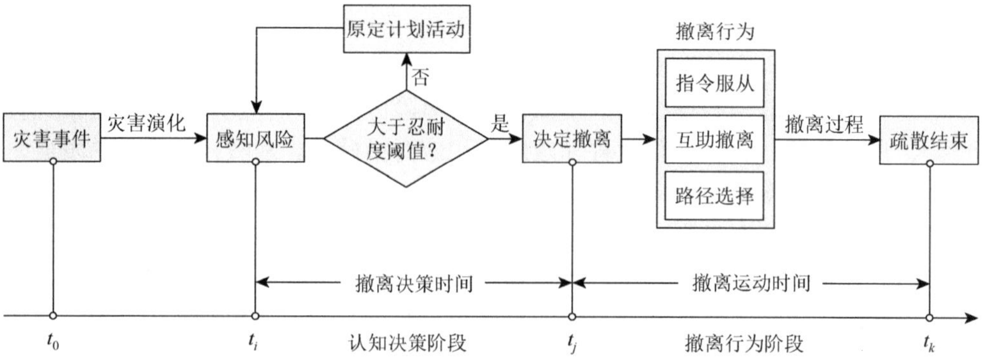

图 6.5　社区居民主体洪涝灾害应急响应行为决策过程

在认知决策阶段，主要解决的是社区居民主体撤离时机的问题。在这一阶段社区居民主体根据自身对洪涝灾害风险的忍耐度和偏好决定是否针对风险事件采取相应的应对措施的决策过程。当社区居民主体感知到的洪涝灾害风险大于其自身风险忍耐度时，会做出撤离决策，否则社区居民主体将继续按原定计划活动并持续进行风险感知直到自身做出撤离决定或在外力干预下撤离。社区居民主体的社会经济特征的差异会导致其对洪涝灾害风险的忍耐度不同，风险忍耐度高的社区居民主体自我主动撤离的时间相对更晚[410]。

在撤离行为阶段，主要解决的是社区居民主体如何撤离的问题。在认知决策阶段，社区居民主体已经做出撤离的决定，因此在撤离行为阶段主要考虑的是如何从自身当前位置前往避难所或其他安全区域，主要包含三个子过程：指令服从、互助撤离和路径选择。社区居民在撤离运动时会根据政府指令前往指定的地点，政府指令可以是灾害发生前提前告知社区居民的，也可以是灾害发生时发布的，政府指令的内容通常包含避难场所、道路信息、紧急联系人等应急信息。部分社区居民在撤离运动过程中会形成结伴关系，互助撤离这种行为多发生在属于同一社区空间网格内的居民和形成结对帮扶的居民之间。社区居民在确定好避难所目的地后，会不断地进行路径优化，一般是根据道路熟悉程度和路径长短进行调整，直至成功撤离到避难所或其他安全区域，结束疏散。

4）社区居民主体空间网格分布

在洪涝灾害应急响应中，每个时刻社区居民主体根据自身的行为规则和外界条件做出相应的行为决策，其本质上表现为每个时刻的灾害应对策略，在不同的应对策略下社区居民主体对应着不同的应急状态，也就是说行为决策的结果就是社区居民主体应急状态的改变。因此，通过分析不同应急状态下的社区居民主体在空间网格上的分布情况，便可以确定每个时刻每一个社区空间网格的应急状态和结果，进而可以判断整体应急响应结果和效率，如图 6.6 所示。

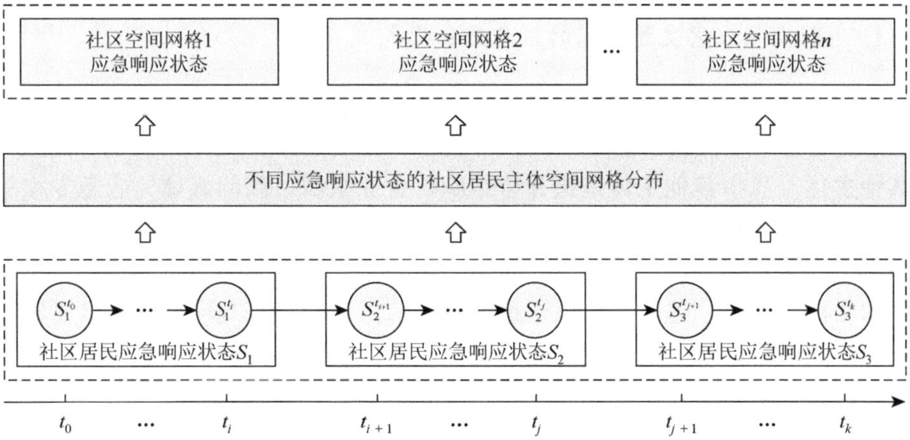

图 6.6 基于社区居民主体空间网格分布的应急响应结果判断

以社区居民主体为研究对象，在洪涝灾害响应中，社区居民主体的应急响应状态主要有三种：未撤离状态（S_1）、撤离状态（S_2）和安全状态（S_3），其中未撤离状态是指社区居民主体虽然感知到了政府预警或者洪涝风险，但是此刻尚未离开当前位置；撤离状态是指社区居民主体已经做出了撤离的决策，并从当前位置前往安全区域，但是尚未到达目的地；安全状态是指社区居民主体已经到达了安全区域，并停止了响应过程。从图 6.6 中可以看出，社区居民主体应急响应状态的演化具有明显的时间连续性，例如从状态 S_1 转化为状态 S_2，再从状态 S_2 转化为状态 S_3，三个应急响应状态之间的时间顺序是不可逆的，也就是说只能从未撤离状态逐渐转变为安全状态，或者停留在某个状态，但是无法返回之前的状态，这样处理是为了适度地简化模型以及避免逻辑上的混乱。

在确定了每个社区居民主体所面临的洪涝灾害风险及其响应状态之后，可以根据其地理空间位置判断其当前所处的空间网格，进而得到每个社区空间网格的应急响应状态。然后，政府主体和空间网格员主体则将社区空间网格作为基础应急单元，针对每个社区空间网格具体的响应状态和风险程度不断制定和更新相应的应急响应策略，提高整体的应急响应效率。

6.2.2 洪涝灾害应急主体信息交互模式

在洪涝灾害事件中，不同类型的应急主体在社区空间网格上的信息交互模式存在一定的差异。因此，分别对不同类型的应急主体之间的信息交互模式和社区居民主体之间的信息交互模式进行分析。

1. 不同类型应急主体之间的信息交互模式

通过社区空间网格洪涝灾害应急响应体系中关于主体类型及特性分析可知，社区洪涝灾害应急主体可以划分为政府主体、空间网格员主体、社区居民主体以及其他主体，其中其他主体是指社会组织、企业组织、新闻媒体、应急专家等主体的总和，本节将这些主体进行简化处理。在洪涝灾害情景下，不同类型的应急主体之间的信息交互模式如图 6.7 所示。虽然不同类型的应急主体各自的灾害应急诉求和任务不同，但是都可以通过即时通信工具介入到政府搭建的洪涝灾害应急响应空间网格信息平台进行沟通和交互，从而实现洪涝灾害应急响应的多元主体参与，接收多元主体的信息和观点，吸收群体的灾害应急智慧和力量，达到社会力量赋能灾害应急响应的目的。

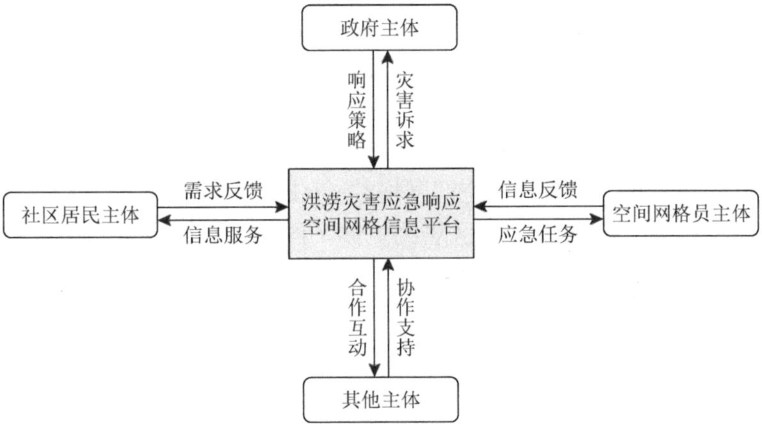

图 6.7　不同类型的应急主体之间的信息交互模式

从图 6.7 可以看出，社区居民主体将自身应急需求反馈给洪涝灾害应急响应空间网格信息平台，同时又从该信息平台获得灾害实时变化、政府预警和应急救援等信息服务。空间网格员主体是社区空间网格的管理人员，对社区空间网格的各类信息了解最为深入，需要及时反馈空间网格的人口数量、脆弱人群分布、高风险区域等信息，帮助政府主体及时地掌握关键信息以辅助决策。同时，空间网格员主体也通过该信息平台接收政府主体指定的应急任务，执行应急响应指令，例如指挥和帮助社区居民主体快速撤离危险区域等。政府主体是各级政府类主体的总称，主要负责确定社区应急响应策略，并通过空间网格信息平台传递给各类应急主体。政府主体会接收各类主体的灾害诉求，调整应急响应策略以提高应急响应效率。其他主体则是在应急响应过程中起到协助和合作的作用，帮助社区居民主体更快地撤离。

2. 社区居民主体之间的信息交互模式

社区居民主体除了与政府主体、空间网格员主体、社会组织主体等其他主体进行信息交互之外，社区居民主体之间也会频繁地进行信息交互，这是因为社区居民主体是洪涝灾害的主要承灾体，彼此之间需要不断地进行交互以更新自身的应急策略。此外，社区居民主体同属于一个社区，有着共同的社区认同感和归属感，彼此之间形成了稳定的社交网络关系，因此日常交流和联系也较为紧密。

社区居民主体之间的信息交互强度可以通过交互频次、社会关系距离等进行衡量，交互频次越多，社会关系距离越近，则主体之间信息交互强度和信息接受程度也越高。对社区进行网格划分时，社区被分为多个空间网格，社区居民主体之间的信息交互分为两种类型：第一种是同一个社区空间网格内的社区居民主体之间进行交互，第二种是不同社区空间网格内的社区居民主体之间进行交互。在同一个社区空间网格内，社区居民主体由于社会关系距离近，共同利益和联系更加紧密，彼此之间的交流次数和信息接受程度普遍具有较高的水平。不同社区空间网格内的社区居民之间的交流和联系则要稍弱于同一社区空间网格内的社区居民主体之间的信息交互。

图 6.8 给出了一个社区居民主体之间的信息交互模式示意图。该社区根据道路空间属性被划分为 5 个不规则的空间网格 $G = \{Grid1, Grid2, Grid3, Grid4, Grid5\}$，每个空间网格内有一定数量的社区居民主体。同一个社区空间网格内的社区居民因为自身属性的相似程度和同属关系等（如同一楼栋的业主），彼此之间的社会关系距离较近，因此信息交互频繁且直接，彼此之间的信息交互强度高，属于强交互关系。相应地，不同的社区空间网格内的居民之间也会进行信息交互，但是强度要弱于同一空间网格内的居民主体，属于弱交互关系，例如 Grid1、Grid2、Grid3、Grid4 和 Grid5 这五个空间网格中的社区居民主体的信息交互属于弱交互关系。在强交互关系下的社区居民主体对信息接收、接受概率和程度都要比弱交互关系更高。

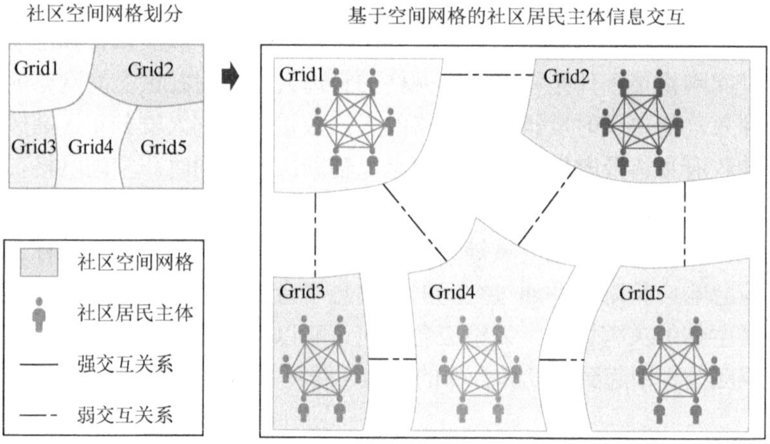

图 6.8　社区居民主体之间的信息交互模式示意图

6.2.3　洪涝灾害应急主体风险感知与行为

1.“接收—接受—更新—传播”风险感知更新过程

在洪涝灾害事件中，应急主体会持续地进行信息交互，并且对信息进行理解和分析以作为自身应急行为决策的依据，其中政府主体和空间网格员主体的信息交互行为更多是单向的信息传递、接收社区居民主体应急响应状态的反馈，而社区居民主体之间的信息交互本质上是彼此之间应急响应态度和看法的交换。社区居民主体洪涝灾害风险感知是指其基于自身位置和洪涝灾害环境变化对面临的洪涝灾害的可能性及危险性的综合认知和判断，因此利用风险感知量化社区居民主体的态度和看法，并以风险感知的更新体现信息交互的结果。

基于 Zaller 提出的“接收—接受”模型（receipt-accept-sample，RAS）[411]，本节对应急主体信息交互过程中的风险感知更新过程进行界定，提出了社区居民主体的“接收—接受—更新—传播”风险感知更新过程，具体如图 6.9 所示。

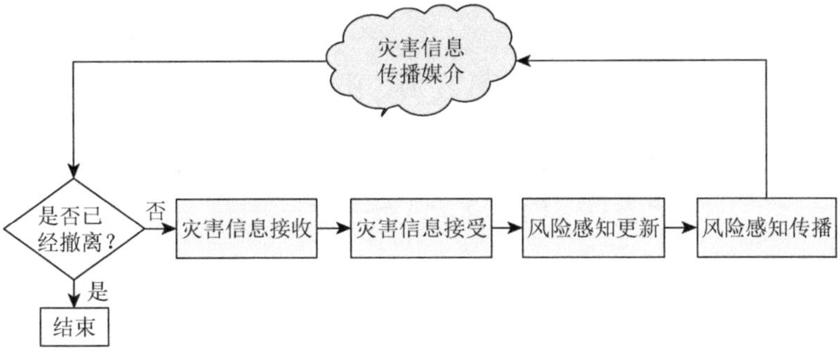

图 6.9　社区居民主体风险感知更新过程

从图 6.9 可以看出，如果社区居民主体尚未做出撤离决策，那么其在更新自身风险感知时，经历了灾害信息接收、灾害信息接受、风险感知更新、风险感知传播四个过程，其中社区居民主体从灾害信息传播媒介接收各类灾害信息，然后又将自身风险感知，即对应急响应撤离的态度和观点通过灾害信息传播媒介进行传播，社区居民主体不断循环这个过程直至自身做出撤离的决定。

2. 社区居民主体风险感知演化规则

根据社区居民主体“接收—接受—更新—传播”风险感知更新的四个过程，分别分析其风险感知的演化规则。采用连续观点模型，即用一个连续变量来表示社区居民主体风险感知，以体现其应急响应态度的逐步演化，具体如下。

1）接收阶段

以社区居民主体 i 为例，在 t 时刻其会以一定的概率接收来自不同渠道的洪涝灾害风险信息 $I_{i,t}$，则其愿意接收当前信息 $I_{i,t}$ 的概率 $P_{\mathrm{rcv},i}$ 为

$$P_{\mathrm{rcv},i}\left(\mathrm{int}\,s_0,\mathrm{int}\,s_1,W_i\right)=1-P_{\mathrm{ing},i} \tag{6.1}$$

其中，$P_{\mathrm{ing},i}$ 为社区居民主体忽略当前信息的概率；$\mathrm{int}\,s_0$ 为信息的强度参数，代表了给定信息的信息强度；$\mathrm{int}\,s_1$ 为社区居民主体意识和接收概率之间的参数，体现了社区居民主体的意识对信息的接收能力具有一定的影响；W_i 为社区居民主体 i 的自我意识，这种自我意识体现了主体对信息相关知识的了解程度，$P_{\mathrm{ing},i}$ 的定义为

$$P_{\mathrm{ing},i}\left(\mathrm{int}\,s_0,\mathrm{int}\,s_1,W_i\right)=\frac{1}{1+f+\mathrm{e}^{\left(\mathrm{int}\,s_0+\mathrm{int}\,s_1\times W_i\right)}} \tag{6.2}$$

其中，f 为地板参数，代表了社区居民主体的灾害风险信息最低接收能力，取值为 0.1；e 为自然对数，取值为 2.7214。

因此，社区居民主体 i 接收当前信息的概率 $P_{\text{rcv},i}$ 可以表达为

$$P_{\text{rcv},i}\left(\text{int}\,s_0,\text{int}\,s_1,W_i\right)=1-\frac{1}{1+f+\mathrm{e}^{\left(\text{int}\,s_0+\text{int}\,s_1\times W_i\right)}} \tag{6.3}$$

2）接受阶段

当接收到新的洪涝灾害风险信息 $I_{i,t}$ 时，社区居民主体 i 以一定的概率 $P_{\text{acpt},i}$ 来选择是否接受和采纳该信息，$P_{\text{acpt},i}$ 的定义为

$$P_{\text{acpt},i}\left(W_i,L_i;a_0,a_1,a_2\right)=\frac{1}{1+\mathrm{e}^{\left(-a_0-a_1\times W_i-a_2\times L_i\right)}} \tag{6.4}$$

其中，a_0 为信息 $I_{i,t}$ 的可信度；a_1 为社区居民主体的自我意识抗说服的能力，这是因为当社区居民主体具有一定的自我意识后，总是会坚持自身原有的倾向或观点，对信息具有一定的抗说服能力；a_2 为社区居民主体既有倾向的抗说服能力，当社区居民主体对某个信息具有一定的倾向后，总是会对新的和既有倾向不一致的信息具有一定的抵制情绪；L_i 为社区居民主体 i 的既有倾向，它是由社区居民主体对信息的接收概率 $P_{\text{rcv},i}$ 决定的，当社区居民主体接收到一定的信息后，既有倾向 L_i 就产生了，同时它的取值由当前社区居民主体 i 所持观点与信息观点的契合程度来决定的。

假设社区居民主体 i 具有固执倾向，其会有较高概率接收各种信息，但接受该信息的可能性却较低，参数 a_0 的值通常为正，参数 a_1 的值通常为负。因此，社区居民主体 i 在接收了洪涝灾害风险信息 $I_{i,t}$ 后，接受该信息的概率 $P_{s,i}$ 为

$$P_{s,i}=\mathrm{P}_{\text{rcv},i}(\text{int}\,s_0,\text{int}\,s_1,W_i)\times P_{\text{acpt},i}(W_i,L_i;a_0,a_1,a_2) \tag{6.5}$$

3）更新阶段

在 t 时刻社区居民主体 i 在接收和接受洪涝灾害风险信息 $I_{i,t}$ 后，由于自身认知水平的限制，不能将该信息全部学习消化，只能将部分信息更新到自身的风险感知中，因此 t 时刻社区居民主体 i 的风险感知 FRP_i^t 可以表示为

$$\text{FRP}_i^t=\text{FRP}_i^{t-1}+\text{LR}_i\times P_{s,i}\times I_{i,t} \tag{6.6}$$

其中，LR_i 为社区居民主体 i 对接受到的信息的学习消化系数。

4）传播阶段

当社区居民主体 i 更新自身的洪涝灾害风险感知后，会将自身的风险感知进行传播，其他的应急主体都可以获得其风险感知值。

通过以上四个阶段的分析可知，社区居民主体的风险感知总是通过接收相关信息，再到接受该信息，然后再将该信息理解和转化到自身的风险感知中，实现自身风险感知动态更新，即应急响应态度和观点的逐步变化。与此同时，该风险

感知更新的四个过程还表明了当社区居民主体具有不同的自我风险偏好意识时，对信息也会具有不同的接收和接受水平，而社区居民主体在接受信息的过程中，其概率会受到自发对称偏离现象的影响。具体来说，当社区居民主体在接受某个信息之前，其自身有可能并不存在观点和立场，此时社区居民主体的抗说服能力很低，可以较容易地接收信息，但是随着社区居民主体接受到的应急响应的观点增加，其自身会发生自发对称偏离现象，此时的社区居民主体的抗说服能力增强，开始排斥那些与自身观点差异较大的观点，而只接收那些与自身观点相似的风险信息。因此，社区居民主体在早期的观点是各自极端化的，随着接受越来越多的信息后，其自身的观点将被固化。

3. 空间网格下应急主体时空分布

社区居民主体是洪涝灾害主要的承灾体，其所处的位置对洪涝灾害应急响应需求的确定和应急响应措施的实施有着至关重要的影响。现有研究大多数都假定人群空间位置固定不变，但是在现实生活中人们在不同时间节点不同空间上的分布存在差异且具有一定的随机性，因而洪涝灾害所影响的人群数量、范围和程度也会因灾害发生时间不同而有所不同。已有研究发现人群时空行为模式在一定程度上有一定的规律性，因此可以通过对人群时空行为模式的分析，定量预测一定地域内人群的时空分布情况。不同时间社区居民主体在空间网格上的分布情况预测步骤是：首先，对社区居民出行行为进行分析，确定社区居民出行活动分类和出行活动场所；其次，根据社区居民的类型和概率有限状态机生成不同类型的社区居民出行行为模式；最后，同时考虑洪涝灾害和社区居民主体应急响应行为的影响，定量动态预测不同社区空间网格上的社区居民分布情况，为应急响应模拟和策略分析提供基础。

1）应急主体出行行为分析

社区居民主体是应急响应中的重要主体和疏散对象，从出行活动内涵、出行活动分类、出行活动场所分类三方面具体分析社区居民主体的出行行为。

（1）出行活动内涵。社区居民的出行活动包括出行和活动两个部分，出行的目标是到达目的地完成活动，具体表现为时间、空间以及相互联系的完整的出行过程。社区居民每天的活动实际上是由一系列出行活动链组合而成，图 6.10 给出了一个简单的单向出行活动链示意图，因工作需求社区居民主体从家乘坐公共交通工具前往公司工作形成了出行活动链 1，又因餐饮需求从公司乘坐公共交通工具前往饭店就餐形成了出行活动链 2。一般来说，社区居民主体的出行活动是一个闭合链，以家作为出发地与目的地，即早上从家出发开始一天的活动，晚上回到家中结束一天的活动。因为社区居民出行的目的是完成活动，所以学者大都从个体活动的视角建立了基于活动的出行预测模型[386]、出行活动链识别模型[412-414]、出行方式选择模型[415-417]等对社区居民的出行行为进行研究。

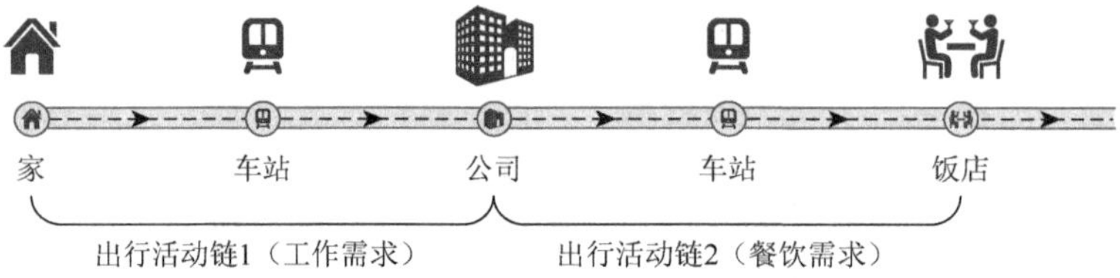

图 6.10　社区居民主体出行活动链示意图

（2）出行活动分类。社区居民主体的出行必然出于一定的目的，例如为了谋生、处理个人或家庭事务、满足社交和文娱需求等。通常来说，社区居民主体的出行活动具有一定的规律性，例如早上从家出发前往学校或公司，中午则前往饭店就餐，晚上下班乘坐交通工具回家等。因此，在考虑社区居民主体出行需求的基础上，通过设计活动计划以及将行为和心理因素与应急决策过程相结合[418]，便可以复刻和重现社区居民主体在一天时间内执行的一系列出行活动[419-421]，从微观层面更好地刻画社区居民主体在社区空间网格上的分布变化[422, 423]。然而，社会人口特征（年龄、教育和职业等）的异质性又导致不同的社区居民主体出行活动类型和所处的位置存在差异。因此，需要对社区居民的日常出行活动类型进行分类，以更好地确定居民的出行活动模式和社区的应急需求。与表 5.6 一致，城市居民的日常出行活动主要包括回家、上班、上学、公务、购物餐饮、文化娱乐、社交和其他八种类型。

（3）出行活动场所分类。社区居民主体的出行活动是在现实的地理空间上进行的，并基于不同的活动目的前往不同的城市功能区。城市功能区基于土地利用类型来表征，社区居民主体的出行行为则体现为在城市不同土地利用类型的地块之间移动和停留，以此刻画社区居民主体的空间网格分布。参考中国基本城市土地利用类型分类[424]，对城市土地利用类型进行重新分类，划分为旅游景点、餐饮购物、商务办公、公共服务、休闲娱乐、居民住所、学习场所和其他类型，以对应社区居民主体的八大类出行活动，具体如表 6.2 所示。

表 6.2　城市土地利用分类表

一级分类	二级分类	功能描述	本节分类
01 住宅	0101 住宅	住宅区或公寓建筑等	居民住所
02 商业	0201 商务写字楼	工作的建筑，包括办公室、商业写字楼等	商务办公
	0202 商业服务	商业零售、餐馆等	餐饮购物
03 工业	0301 工业	工厂、仓库、采矿等土地和建筑	其他类型
04 交通	0401 道路	人行道、城市主干道、次干道	公共服务
	0402 交通站点	地铁、公交、铁路线相关地点	公共服务
	0403 机场设施	飞机场设施	公共服务

续表

一级分类	二级分类	功能描述	本节分类
05 公共管理和服务	0501 政府管理机构	政府、军队和公共服务土地	公共服务
	0502 教育场所	学校、大学、研究机构等教育科研用地	学习场所
	0503 医院	医院、疫病防控和应急服务用地	公共服务
	0504 休闲文娱	公共运动、图书馆、健身中心、博物馆等	休闲娱乐
	0505 公园和绿地	供娱乐和环境保护目的的公园和绿地	旅游景点

2）应急主体出行行为模式

应急主体的出行必然伴随着特定的目的，而目的地是主体实现特定需求的城市功能区。从社区居民主体来看，其出行行为是一个完整的活动序列，活动发生和结束的地方是社区居民主体的活动节点，活动节点之间存在链接，每完成一个活动便前往下一个活动，每个活动节点可用一个土地利用类型的地块表示，因而社区居民主体的出行行为模式可以描述为以一定的概率从一个地块前往另一个地块。由于社区居民主体之间的异质性，每个社区居民个体的出行活动类型和活动转移概率有所差异，因此，可以根据社区居民主体类型和有限概率状态感知机，生成不同类型的社区居民主体的出行行为模式。

（1）社区居民主体的类型。不同类型的社区居民主体不仅出行活动序列存在差异，在洪涝灾害应对方面也存在差异，这种差异受到多个因素影响，其中洪涝灾害环境变化和社区居民主体的社会经济特征是最重要的两个因素。洪涝灾害环境变化是外生影响，可以通过洪涝灾害情景模拟来实现，而社区居民主体的社会经济特征属于内生影响，异质性的社区居民主体在面对同样的洪涝灾害所做的决策是不同的。因此，根据社会经济特征和活动特征两方面来划分社区居民主体的类型，并确定不同类型的社区居民主体的主要出行需求以刻画其出行行为模式。已有研究发现在洪涝灾害情景下，性别、年龄、就业情况、教育背景等与社区居民主体的洪涝灾害风险感知和灾害应对行为密切相关[425, 426]。因此，根据年龄、就业情况和活动类型等特征将社区居民主体划分为少年儿童、中青年和老年三类，具体如表 6.3 所示。

表 6.3　社区居民主体分类及说明

类型	说明
少年儿童	低于 14 岁，有上学、回家出行行为
中青年	14 岁至 59 岁，有固定的工作，部分中青年拥有孩子，有上班、回家、接送孩子、餐饮购物、休闲娱乐等出行行为
老年	60 岁及以上的老年人，有接送孩子、回家、休闲娱乐、餐饮购物等出行行为

（2）基于概率有限状态机的社区居民出行行为模式。社区居民主体的出行行

为是一系列出行活动的序列，具有时序性和有限性，并且通常以家作为全天活动的开始地和结束地，故可以采用有限状态机（finite state machine，FSM）来描述社区居民主体活动的时序关系，而不同类型的社区居民主体出行行为模式的差异则可以通过活动类型转换概率的差异来体现。具体来说，有限状态机是表示有限个状态及在这些状态之间转移的数学模型，它把复杂的逻辑分解成有限个稳定状态，在每个状态上判断事件，描述系统不同状态间的转移关系[427]，可以通过一个七元组来描述：$M=\{S,s_0,I,O,\delta,\lambda,F\}$。其中：$S$ 表示有限非空的状态集合；s_0 表示有限状态机的初始状态，$s_0\in S$；I 和 O 分别表示有限非空的输入符号集和输出符合集；$\delta:S\times I\to S$ 表示状态转移函数；$\lambda:S\times I\to O$ 表示输出函数①；F 表示有限状态机的终止状态重新返回起始状态的集合，$F\in S$。

每个状态机都会定义一个初始状态，状态机一旦开始即跳到初始状态，随后遵循状态转移函数的规则进行系统状态的迁移，在任何时刻具有唯一的当前状态，状态转移被认为是瞬时完成的。状态转移的过程可表述为：当有限状态机 M 的当前状态为 s 时，如果接收到输入符号 a 后会转移到状态 $\delta(s,a)$，并且产生输出符号 $\lambda(s,a)$，其中输入输出符号的实际含义可以是事件、消息或操作等。

概率有限状态机的定义与有限状态机的定义基本类似，只是以概率的形式来量化系统状态之间的转移函数，并且从一个系统状态向所有可能的其他系统状态转移的概率总和始终为 1。如图 6.11 所示，给出了一个简单的概率有限状态机示意图，其中系统状态集合为 $S=\{S_0,S_1,S_2,S_3\}$，初始状态为 S_0，每个状态之间以一定的概率进行转移，例如从初始状态 S_0 可以转移到状态 S_1、S_2 和 S_3，其中 S_0 转移到 S_1 的概率有 0.6，S_0 转移到状态 S_2 的概率有 0.1，S_0 转移到状态 S_3 的概率有 0.3。两个系统状态之间也可互相转换，但是转移概率不同，例如 S_1 转移到 S_3 的概率为 0.8，而 S_3 转移到 S_1 的概率为 0.7。

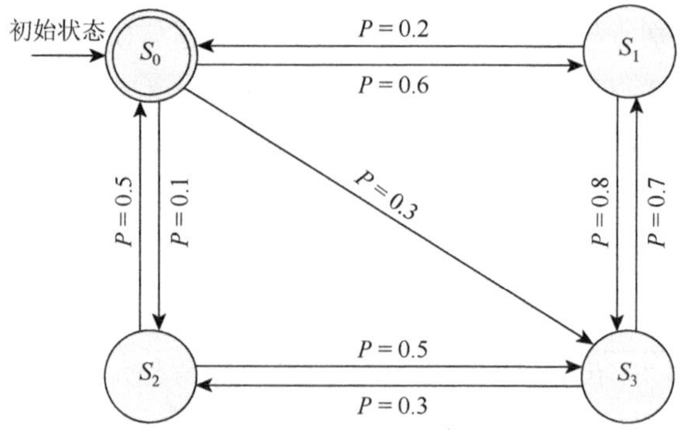

图 6.11　概率有限状态机示意图

① → 表示状态转移。

因此，概率有限状态机可以很好地描述社区居民主体的时序性活动，建立以家为初始地点和结束地点的出行行为模式，体现社区居民主体活动状态之间的过程[428]，模拟社区居民主体在不同时间段的空间分布。社区居民主体出行活动主要有回家、上班、上学、公务、购物餐饮、文化娱乐和社交等，因此本节所构建的概率有限状态机的系统状态集合为 S = {回家，上班，上学，公务，餐饮，文化娱乐，社交}。根据表 6.3 中关于社区居民主体的分类，分别构建少年儿童、中青年和老年三种类型的出行行为模式，各出行行为模式中的活动转移概率采用问卷调查和文献参考等方式获取[428, 429]。

在洪涝灾害发生时，社区居民主体以一定的概率接收来自政府预警、亲友信息等多个渠道的灾害信息，如果该社区居民主体做出动态响应，则会中断当前的出行行为活动，前往附近的安全场所，而那些忽略灾害预警的社区居民则会继续当前出行活动。

（1）少年儿童类型的社区居民出行行为模式。少年儿童类型的社区居民出行行为主要包括回家和上学两种，每天早晨 7:00±30 分钟时，以概率 1 从家出发前往学校，在中午的时候假定 70%的少年儿童回家午餐，30%的少年儿童则继续停留在学校附近。在 13:30±30 分钟左右，少年儿童会结束休息，继续前往学校学习，最后在 17:00±30 分钟左右回到家中。当接收到洪涝灾害预警时，一部分的少年儿童忽略风险预警继续当前出行行为，一部分少年儿童则做出应急响应，更新自身风险感知，当感受到的洪涝灾害风险大于其风险阈值时则前往安全场所，具体如图 6.12 所示。

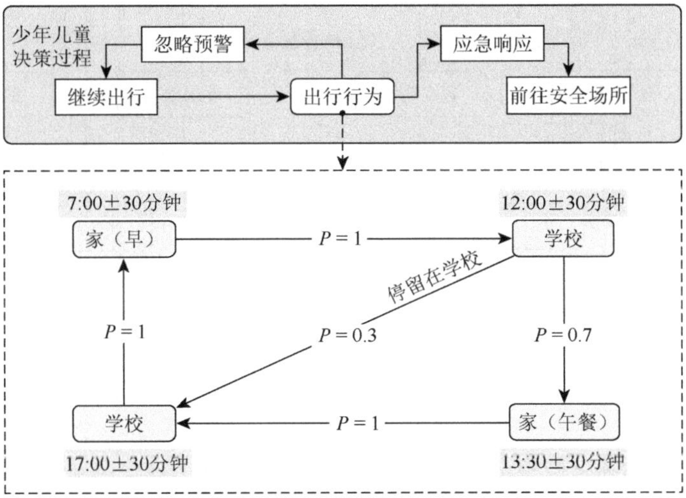

图 6.12　少年儿童类型社区居民的出行行为模式

（2）中青年类型的社区居民出行行为模式。中青年类型的社区居民出行行为主要包括上班、回家、接送孩子、休闲娱乐和餐饮购物。在早晨 7:00±30 分钟左右，中青年从家出发开始一天的出行。有孩子的中青年首先前往学校送孩子上学，然后再回到公司上班，傍晚到学校接孩子，最后一起餐饮购物或直接回家。没有孩子的中青年则直接前往公司上班，活动地点包括工作场所、休闲娱乐场所等，最后回到家中休息。当接收到洪涝灾害预警时，一部分中青年忽略风险预警继续当前出行行为，一部分中青年则做出应急响应，更新自身风险感知，当感受到的洪涝灾害风险大于其风险阈值时则前往安全场所，具体如图 6.13 所示。

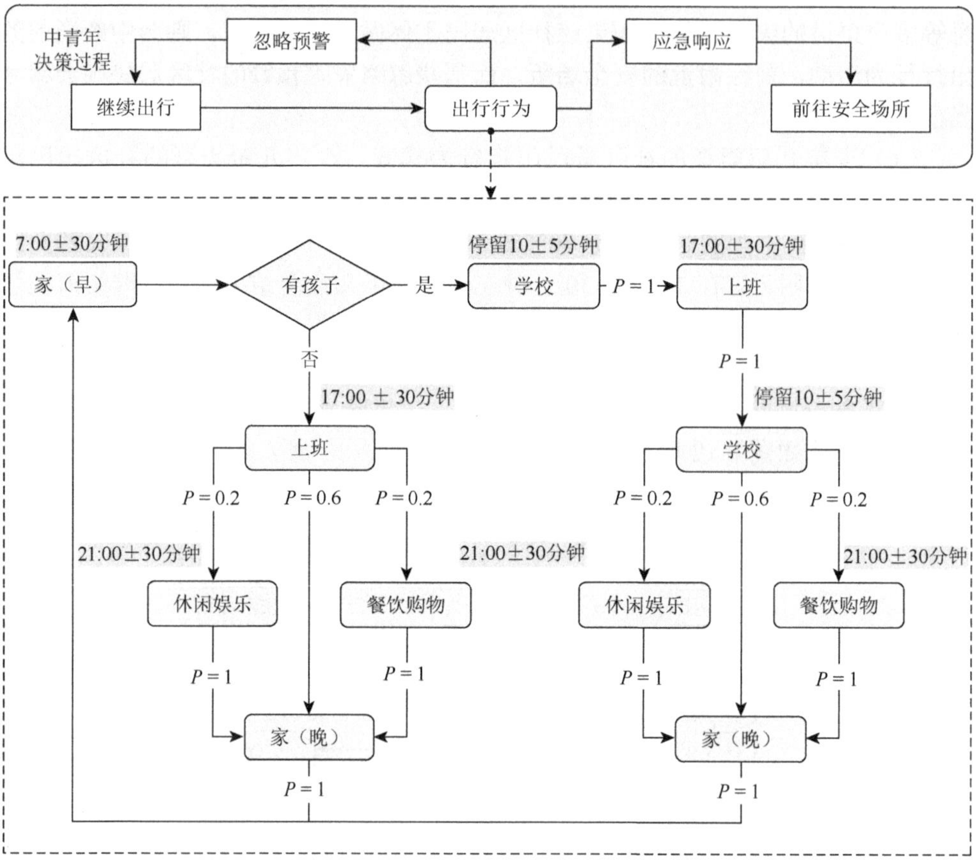

图 6.13　中青年类型社区居民出行行为模式

（3）老年类型的社区居民出行行为模式。老年类型的社区居民出行行为主要包括接送孩子、休闲娱乐、餐饮购物、回家等。在早晨 7:00±30 分钟左右，老年人从家出发开始一天的出行活动。有孩子的老年人首先前往学校送孩子上学，然后再选择是否前往休闲娱乐、餐饮购物场所，傍晚到学校接孩子，然后老年人和孩子一起餐饮购物或者直接回家。没有孩子的老年人则有一部分前往休闲娱乐，一部分待在家中，中午时分都在家中午餐，傍晚则可能继续休闲娱乐或者餐饮购物，到 21:00±30 分钟左右以概率 1 回到家中。当接收到洪涝灾害预警时，一部分老年类型的社区居民将忽略风险预警继续当前的出行行为，一部分做出应急响应，更新自身风险感知，当感受到的洪涝灾害风险大于其风险阈值时则前往安全场所，具体如图 6.14 所示。

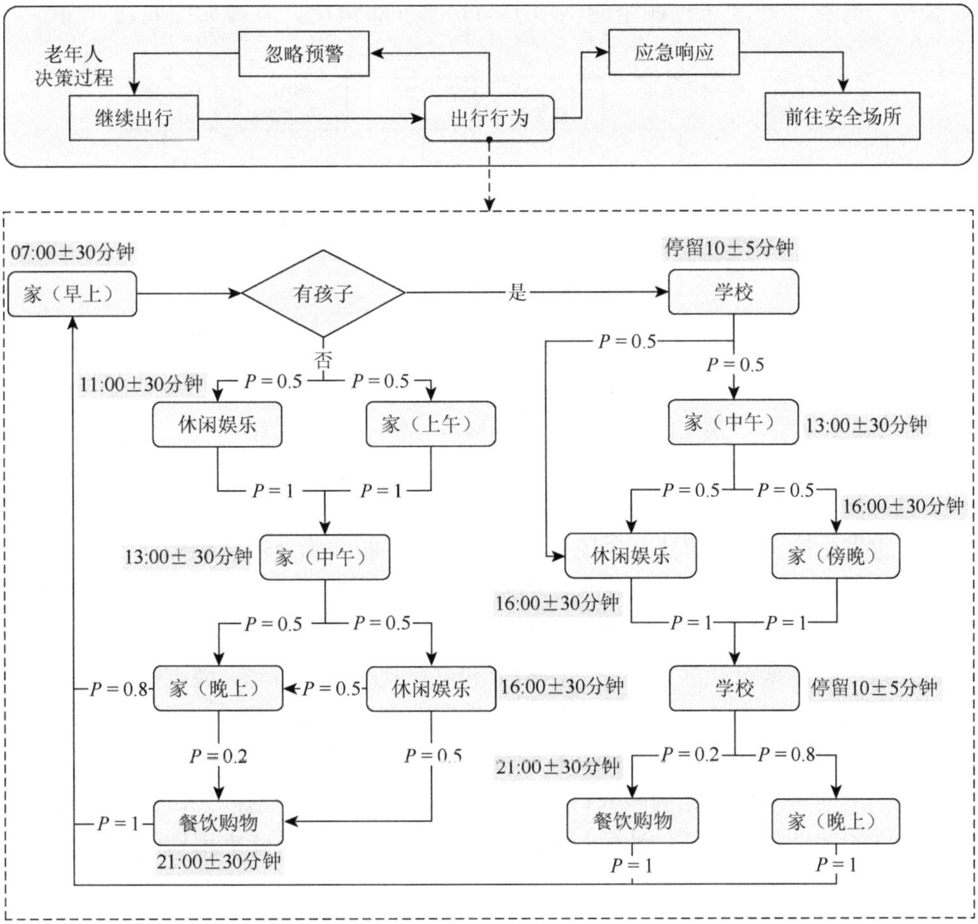

图 6.14　老年类型社区居民出行行为模式

以上三种类型的社区居民主体的出行行为模式，涵盖了回家、上班、上学、购物餐饮、文化娱乐五种主要的活动类型，公务活动、社交活动和其他活动不是社区居民主体出行行为中的主要活动，因此并未在以上出行行为模式中体现。

3）应急主体空间网格分布

社区居民主体是进行洪涝灾害应急响应的主要对象，要及时疏散社区居民主体，则需要确定社区居民在空间网格上的分布情况。对社区居民主体在空间网格上的动态分布预测主要通过两个步骤来实现。首先，根据人口普查数据、土地利用数据和社区空间网格数据，将社区居民主体的数量和类型展布到每个社区空间网格的住宅地块中，实现社区居民空间网格初始化；其次，根据社区居民出行行为模式和洪涝灾害模拟结果，动态模拟社区居民主体在空间网格上的移动，从而得到每个时刻下社区居民在空间网格上的动态分布情况，具体如图 6.15 所示。

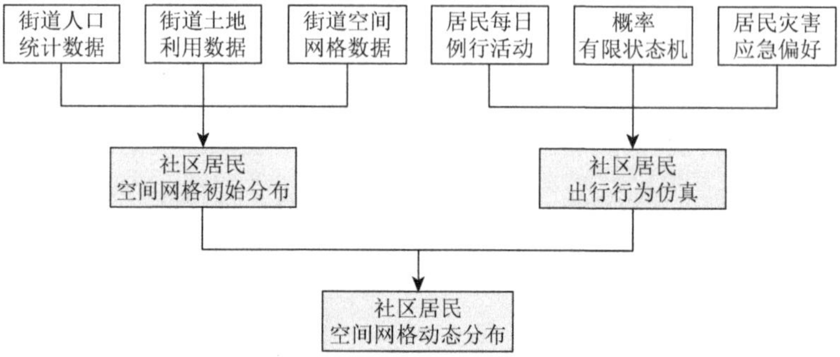

图 6.15　社区居民空间网格动态分布预测流程

（1）社区居民空间网格分布初始化。社区居民是最重要的洪涝灾害承灾体。在洪涝灾害发生时，精确的社区居民空间网格分布更能准确地评估和确定受灾社区居民的数量及其空间位置，有助于制定有针对性的应急响应策略，实现洪涝灾害精细化应急响应。考虑到社区居民数量和类型在一段时间内相对固定，基于土地利用数据和人口统计数据对社区居民空间网格分布进行初始化。首先，通过街道人口统计数据获得研究区域内的人口数量、年龄结构和性别比例等；其次，通过街道土地利用数据得到每个街道的住宅用地面积总数；再次，再根据每个住宅用地面积占该街道的住宅用地总面积的比例和人口数据，确定每一个住宅用地的人口数量以及人口的年龄结构和性别等特征；最后，根据每个空间网格内所有住宅用地的人口总数便可确定每个空间网格内的社区居民初始化分布，具体初始化流程如图 6.16 所示。

需要说明的是，完全精确地确定社区居民在不同时刻的空间分布情况很难实现，人口空间分布初始化存在一定误差也是无法避免的。一般来说，社区居民在凌晨时分都在家中休息，因此将初始化时刻设定为凌晨时分，也就是说社区居民空间网格分布初始化的结果反映的是凌晨时分社区居民的分布情况，后续再结合社区居民的出行行为模式和洪涝灾害应对行为便可得到社区居民空间网格动态分布情况，进而为应急响应模拟提供基础。

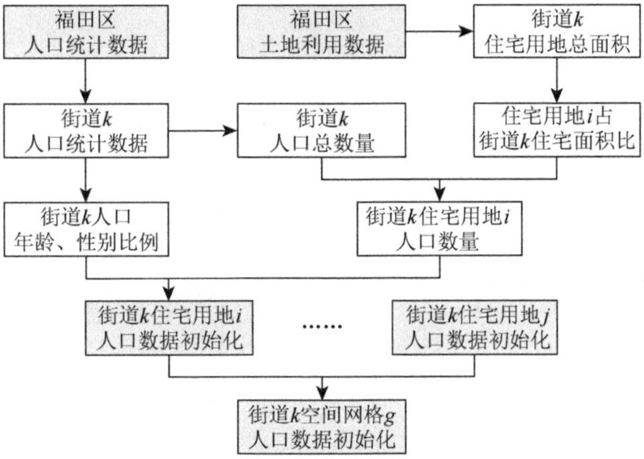

图 6.16　基于土地利用类型的空间网格人口数据初始化

每个住宅用地的社区居民数量初始化的具体计算过程如公式（6.7）所示：

$$G_{ki} = S_k \times \left(\frac{W_{ki}}{\sum_{j=0}^{N_k} W_{kj}} \right) \tag{6.7}$$

其中，G_{ki} 为第 k 个街道行政单元第 i 个住宅用地的人口数量；S_k 为第 k 个街道行政单元的人口总数；W_{ki} 和 W_{kj} 分别为第 k 个街道的第 i 个和第 j 个住宅用地的面积；N_k 为第 k 个街道行政单元的住宅用地总数。

每个空间网格的人口数据分布情况，则通过统计每个空间网格内的住宅用地数量得出。具体来说，每个空间网格内存在数量不等的住宅用地，将所有属于该空间网格的住宅用地的人口数量进行加总，结合人口数量、性别比例等统计数据属性，便可得到该空间网格的人口分布及特征情况，从而实现社区居民空间网格分布初始化。

（2）社区居民空间网格动态分布预测。在对凌晨时分的社区居民空间网格分布初始化后，便可进一步对不同时间段社区居民的空间网格动态分布进行预测，确定社区居民主体何时前往何地避难及当前处于风险的社区居民主体的数量等，以便更好地应对洪涝灾害。社区居民空间网格动态分布预测的关键在于模拟社区居民主体在洪涝灾害情景下的出行行为变化和空间移动的过程，具体如图 6.17 所示。首先，基于出行行为模式和概率有限状态机模拟无洪涝灾害情景下社区居民主体的出行活动和分布情况；其次，引入洪涝灾害情景，模拟社区居民主体“信息交互—风险感知—响应行为”的应急决策过程，获得每个时刻社区居民主体的决策结果，确定哪些社区居民主体做出疏散撤离或原地等待决定，仿真社区居民主体的应急响应情况，得到每个时刻的疏散路网流量，评估空间网格的洪涝灾害风险和应急响应需求，从而判断应急响应过程是否结束。

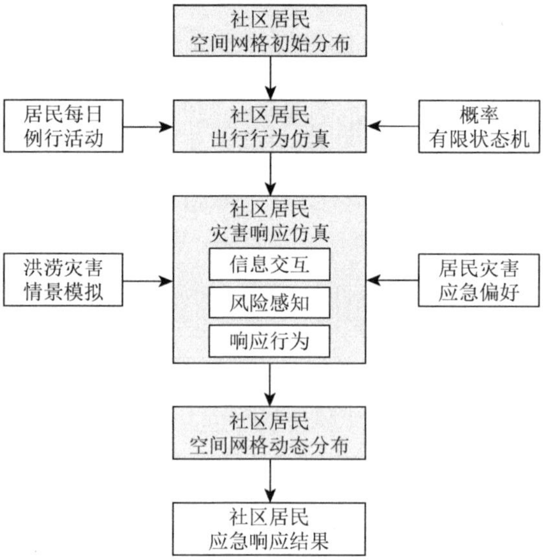

图 6.17　基于出行行为和灾害响应的社区居民空间网格动态分布预测

6.3　城市洪涝灾害应急响应疏散建模与仿真

基于多 Agent 建模方法，本节首先提出了社区空间网格下洪涝灾害应急疏散建模框架；其次，设计了洪涝灾害情景下社区不同的应急疏散策略；最后，通过模拟洪涝灾害情景、搭建洪涝灾害应急疏散空间环境、确定各类 Agnet 属性及其行为规则，构建了社区空间网格下洪涝灾害应急疏散多 Agent 仿真模型并在此基础上提出量化应急疏散策略效用的方法。

6.3.1　洪涝灾害应急疏散 ABM 建模

洪涝灾害应急疏散具有明显的时空动态性，这不仅是洪涝灾害演变的结果，也是不同主体之间、主体与环境之间的复杂关系和非线性相互作用的结果。因此，基于社区空间网格的洪涝灾害应急疏散多 Agent 建模中，洪涝灾害情景、社区空间环境变化、社区居民出行行为、主体之间的信息交互、主体行为决策、政府预警、社区空间网格的应急疏散结果都需要在时间和空间上体现，以此表现应急疏散的时空动态性，并作为社区洪涝灾害应急疏散仿真和策略优化的基础。

基于多 Agent 的建模方法，提出基于社区空间网格的洪涝灾害应急疏散建模框架（flood evacuation model kit，FEMKIT），如图 6.18 所示。该框架主要包含了 Agent 主体生成模块、Agent 出行模式模块、GIS 空间模块、洪涝灾害模拟模块、应急疏散预警模块、Agent 信息交互模块、应急疏散策略模块和应急疏散结果时空分析模块，各模块之间相互关联，共同实现洪涝灾害应急疏散建模[296]。

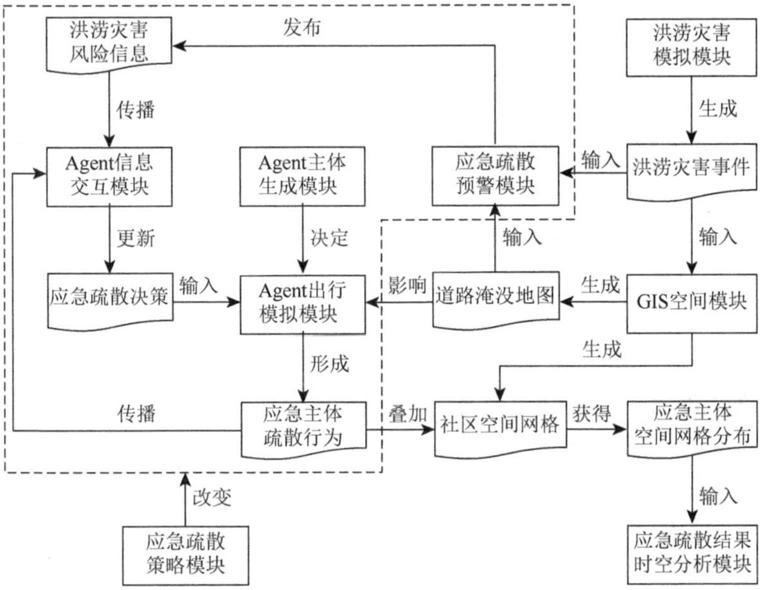

图 6.18　基于社区空间网格的洪涝灾害应急疏散多 Agent 建模框架

在 FEMKIT 中，Agent 主体生成模块主要是根据洪涝灾害应急主体类型构建不同种类的 Agent，并定义其基本属性和行为规则。此外，在模型初始化时依托 GIS 空间模块和人口统计数据，在不同社区空间网格内生成一定数量的 Agent，作为模型初始状态。Agent 出行模拟模块主要是为了模拟不同类型的 Agent 在不同时刻、不同灾害情景下的出行行为，尽可能地仿真现实下人口的空间分布和移动过程，而 Agent 出行行为变化会受到自身、其他 Agent 决策和当前灾害情况的影响。GIS 空间模块主要是构建 Agent 活动和交互的空间环境，为 Agent 在地理空间上的移动和交互提供基础。洪涝灾害模拟模块主要是通过 SWMM 和 LISFLOOD-FP 模型的耦合模型模拟社区降水、淹没、致灾全过程，根据 10 年一遇、20 年一遇、50 年一遇、100 年一遇的降水情况生成不同的洪涝灾害事件，为社区洪涝灾害应急疏散提供不同的洪涝灾害情景。应急疏散预警模块主要是政府 Agent 向其他类型的 Agent 发布洪涝灾害风险相关的预警信息，同时根据不同的应急疏散策略情景，设定不同的灾害预警策略。Agent 信息交互模块主要是用于实现不同 Agent 之间信息交互和信息更新的过程。应急疏散策略模块主要是通过更改应急疏散预警模块、Agent 信息交互模块、Agent 出行模拟模块的相关参数来生成应急疏散策略集，每一种应急疏散策略在模型中表现为一个参数组合。应急疏散结果时空分析模块主要是对不同灾害情景、不同初始状态、不同疏散策略下的应急疏散结果进行时空动态分析。

FEMKIT 以社区空间网格为基本单元，通过微观主体行为的模拟，对基于社区空间网格的洪涝灾害应急疏散过程进行仿真，并探索模型参数空间，设计不同应急疏散情景，开展大规模实验，比较不同应急疏散策略的结果差异。

6.3.2 洪涝灾害应急疏散策略设计

因为暴雨的可监测性和洪涝灾害的可预见性，社区洪涝灾害应急疏散有一定的风险预警和应急处置窗口。在社区灾害应急疏散研究中，学者结合了不同的情景和问题，总结了不同的应急疏散策略，例如分区疏散策略、动态疏散策略、疏散引导策略等[430, 431]。社区政府在洪涝灾害的不同阶段，可以执行一项或多项应急疏散策略，紧急疏散人群，提高应急疏散效率。

通过对即时信息交互下的空间网格洪涝灾害应急疏散体系、疏散机制及社区空间网格下主体行为演化过程的分析，从应急疏散主体即时信息交互、空间网格应急疏散和应急疏散主体异质性三个方面，提出了即时灾害信息交互策略、应急疏散提前干预策略、空间网格差异化预警策略、多元主体参与疏散策略、应急疏散主体能力提升策略，其中即时灾害信息交互策略考察的是主体之间的灾害信息互动是否能加快做出应急撤离的决定，应急疏散提前干预策略和空间网格差异化预警策略考察的是灾害提前预警和差异化的空间网格风险预警对整体应急疏散结果的影响，而多元主体参与疏散策略和应急疏散主体能力提升策略则是考察主体之间的互助行为和自身能力的提升是否能加快完成疏散，提高疏散效率。各类应急疏散策略的详细说明如表 6.4 所示。

表 6.4 应急疏散策略的详细说明

策略	说明
即时灾害信息交互策略	考虑多种灾害信息源的交互下对应急疏散的影响，包括自身观察、政府预警、行人疏散观点交流、社交媒体信息、同一个空间网格内邻居交流和社区空间网格员预警六个方面
应急疏散提前干预策略	提前发布预警，促使部分人群提前做出反应，及时撤离或避免前往危险区域
空间网格差异化预警策略	针对不同空间网格的灾害风险水平，发布不同等级的风险预警，高风险预警的空间网格要求社区居民快速撤离
多元主体参与疏散策略	考虑多个主体同时参与到社区灾害应急疏散当中，改变主体数量和交互模式，鼓励健康的社区居民积极参与互助撤离
应急疏散主体能力提升策略	考虑空间网格内社区居民的灾害应对能力对应急疏散结果的影响，体现为社区居民个体的异质性，洪水风险忍耐度、灾害预警信息学习能力、接收能力等影响因素

6.3.3　洪涝灾害应急疏散 ABM 模拟仿真

1. 洪涝灾害情景模拟

洪涝灾害应急疏散多 Agent 建模与仿真，研究的是洪涝灾害事件下应急主体的行为决策及其结果。因此，在多 Agent 仿真模型中需要生成不同的洪涝灾害情景，模拟降水、淹没、致灾全过程，动态地展示洪涝灾害事件对空间环境以及应急主体的行为决策的影响，更加真实地反映洪涝灾害应急疏散过程。通过设定不同重现期的降水情景，生成不同等级的洪涝灾害事件，为应急疏散策略的对比分析提供洪涝灾害情景。

一般来说，洪涝灾害过程模拟主要体现在淹没面积、淹没深度和径流速度。本节从灾害动力学角度出发，结合水动力学模型对洪涝灾害过程进行模拟。首先，采用芝加哥降水过程线法（Chicago hyetograph method，CHM）模拟研究区域不同重现期下的暴雨过程；其次，利用南京师范大学虚拟地理环境教育部重点实验室提出的SWMM和LISFLOOD-FP耦合水动力模型，模拟研究区域洪涝灾害过程，生成不同洪涝灾害情景，表现为淹没面积和淹没深度的动态变化。

1）暴雨过程模拟

城市暴雨模拟通常有两种方法：第一种是降水观测数据模拟，降水观测数据包括实时观测数据和历史累积数据，对观测数据的时空尺度要求较高；第二种是降水特征模拟，该方法是根据当地多年的降水特征模拟，主要方法有芝加哥降水过程线法、Huff（哈夫）法等。暴雨强度是描述暴雨特征的重要指标，芝加哥降水过程线法主要是通过暴雨强度公式设计不同的降水过程，为生成不同的洪涝灾害情景提供基础。式（6.8）是通用的暴雨强度公式。

$$i=\frac{A_1(1+C\lg P)}{(t+b)^n} \tag{6.8}$$

其中，i 为暴雨强度，单位为毫米/分钟；P 为降水重现期（单位为年）；t 为降水历时（单位为分钟）；A_1 是雨力参数，即假设重现期为 1 年时的 1 分钟设计降水量（单位为毫米）；C 为雨力变动参数（无量纲）；b 为降水历时修正参数（单位为分钟）；n 为暴雨衰减指数。

2）洪涝过程模拟

城市暴雨洪涝灾害的发生，主要包括降水、地表产流、地表汇流及管网汇流等过程。现有的水文学和水动力学研究中，学者已经构建出了有效的一维、二维以及一维二维耦合的模型。SWMM 是较为常见的一维模型，在模拟地下管网的水动力过程方面有较好的效果，能有效表达排水管网的水力特征，但是对排水管网如何影响地表水流无法精准描述[430-432]。LISFLOOD-FP 模型作为一种二维模型能与之有效互补，在地下管网水力描述的基础上，对地表水流的过程与状态进行有效的模拟。为了兼顾管网排水过程与地表水流过程，现有研究大多耦合 SWMM 与 LISFLOOD-FP 模型，从地上、地下两个视角模拟暴雨洪涝过程，实现两个部分的紧密联系[433-436]。

通过南京师范大学虚拟地理环境教育部重点实验室提出的城市内涝实时预报（ns-urban flood real-time forecast，NS-UFRF）系统对研究区域进行城市洪涝模拟，生成不同重现期下的洪涝灾害情景。该 NS-UFRF 系统在进行内涝模拟时，耦合了 SWMM 和 LISFLOOD-FP 模型，模型耦合的核心在于两个基础模型之间的数据交换，即水量交换。当地下管网排水能力足够时，地表径流通过排水设施汇入地下管网；当地下管网排水能力不足时，水流溢出地表并汇入地表径流。常见的模型耦合可分为松散耦合和紧密耦合，其中松散耦合是将两个模型视为两个独立的模块，用异步的方式交换数据，即将一个模块运算结果作为另外一个模型的输入，依次求解模型得到结果；紧密耦合则是将每个模型的运行步骤分解，按照每个步骤对其他模型的影响进行数据的交换共享，将反馈数据再作为下一步骤的输入，实现数据的双向传递与反馈作用。NS-UFRF 系统采用的是紧密耦合的方式实现 SWMM 和 LISFLOOD-FP 模型的结合。

NS-UFRF 系统在进行洪涝灾害模拟时的具体流程主要分为四个部分：首先，输入基础数据；其次，分别对 SWMM 和 LISFLOOD-FP 模型进行模型初始化和数据预处理，如 SWMM 在计算排水管网能力时，需要对管网进行概化，并划分汇水区，而 LISFLOOD-FP 模型需要处理地形数据并进行二维格网划分；再次，开始耦合模型计算，通过雨水篦和检查井进行水量交换迭代计算；最后，结束计算并输出结果。NS-UFRF 系统在浙江省丽水市、深圳市和南京市等研究区域已经得到应用和验证[437, 438]。

2. 空间网格环境构建

空间网格下洪涝灾害应急疏散仿真的目的是模拟不同的应急主体在现实世界中遭遇洪涝灾害时的疏散过程。真实的应急疏散过程中不仅包括了主体在社会空间上的信息交互、风险预警等，也包括了主体在真实地理空间环境上的移动和洪涝灾害对地理空间环境的冲击（道路中断、房屋淹没等）。因此，在本节的仿真模型中，也要实现 Agent 在不同的地理空间上的移动和洪涝灾害对地理空间环境影响的模拟，这就需要为 Agent 构建一个计算机仿真模型下的城市地理空间环境，为仿真模型中的 Agent 提供生存空间，也为 Agent 间的相互作用提供场所，同时也将洪涝灾害与人类活动联系起来，这是应急疏散仿真的基础。

现实世界中的地理空间环境相当复杂，对其全部进行构建和模拟并不现实，因此基于合理性、可操作性和科学性等原则，选择了与洪涝灾害应急疏散模拟相关的基础地理空间环境进行构建，包括了研究区域边界、道路网络、建筑物和社区空间网格，其中研究区域边界范围包含了其他三个地理空间。所有地理空间环境都基于真实 GIS 空间数据，通过 GAMA 仿真平台进行构建，具体过程如下。

1）研究区域边界

研究区域边界构建通过读取区域边界 GIS 空间数据实现，该研究区域边界囊括了其他的地理空间，主要作用是确定 Agent 的活动边界，使得 Agent 的空间移动不超出指定的范围。

2）道路网络

道路网络在应急疏散中发挥着关键作用，道路网络是一个由相互连接的线和点（在网络科学中称为边和节点）组成的系统，它们代表给定区域的街道或道路系统，它描述了一种允许车辆移动或人员流动的结构。一个完整的道路网络系统包含道路网络结构和交通规则，其中交通规则包含了车辆、人、交通信号等复杂的移动规则，出于模型可行性考虑，大多数应急疏散研究对道路网络系统进行了简化处理，使用节点、边和边的权重建立简化的道路网络。通过道路边，使得 Agent 能从一个道路节点前往另一个道路节点，而边的权重通常代表道路的通行能力、等级等信息，从而实现 Agent 在道路网络上的移动。

大多数路网 GIS 数据并非严格按照边、节点存储，因此需要利用 ArcGIS 的相交线打断工具将路网打断，并构建网络数据集，得到道路节点、道路边的 GIS 数据，其中道路节点是点要素，道路边是线要素，然后计算每个要素的几何值并赋值到要素的属性中。对于道路边，在 GIS 中是由不同长度的折线共同构成的，也就是说 Agent 在空间上的移动转换为点与点之间的移动，即将一系列的点作为自己的目的地列表，沿着当前点的空间位置朝下一个点的空间位置的方向行进，到达后再选择下一个点作为目的地，Agent 的移动过程示意图如图 6.19 所示。

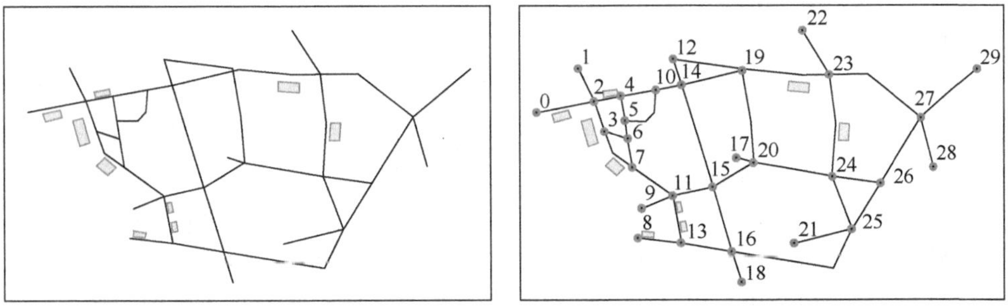

(a) 原始路网　　(b) 道路边和节点

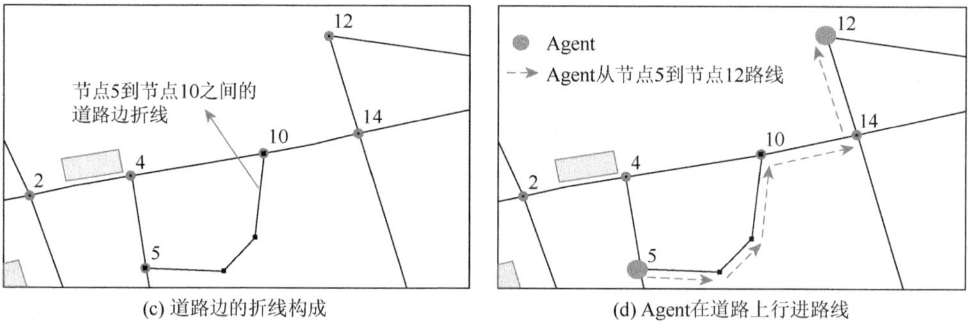

图 6.19 道路网络 GIS 处理及 Agent 在路网的移动规则

在明确 Agent 在道路网络上的移动规则后，需要将处理后的路网转换为仿真环境下的交通网络。在 GAMA 仿真平台中，生成为一个名为 road 的静态 Agent 对应道路边，生成一个名为 node 的静态 Agent 对应道路节点。其中，道路边 road 的基本属性如表 6.5 所示，而道路节点 node 的属性主要包含 node 的编号、所连接的 road 的编号。经过地理坐标系投影后，便在仿真模型中构建了道路网络。

表 6.5 道路边 road 的基本属性

属性	类型	描述
road id	整型	道路边 road 的唯一标识
road length	浮点型	道路边 road 的长度
is flooded	布尔型	道路边 road 是否被淹没
road flood depth	浮点型	道路边 road 淹没深度
destruction coeff	浮点型	道路边 road 损坏系数，与淹没深度有关
users	整型	道路边 road 上的人数

3）建筑物

建筑物是社区居民 Agent 活动和生存的空间，不同类型的建筑物提供了不同的活动场地。根据居民主体的出行活动类型和土地利用分类，将建筑物划分为旅游景点、餐饮购物、商务办公、公共服务、休闲娱乐、居民住所、学习场所和其他类型，分别对应社区居民主体的八类出行活动（表 6.2）。将建筑物分类后，不同位置不同类型的建筑物，便作为社区居民 Agent 的出行活动的出发地和目的地。在 GAMA 仿真平台中，生成为一个名为 building 的静态 Agent 对应建筑物，其基本属性如表 6.6 所示。

表 6.6　建筑物 building 的基本属性

属性	类型	描述
building id	整型	建筑物 building 的唯一标识
building code	整型	建筑物 building 的土地利用类型编码
building type	字符串型	建筑物 building 对应的居民日常活动类型
building area	浮点型	建筑物 building 的几何面积
building street	整型	建筑物 building 所处的街道编号
residents nb	整型	建筑物 building 内的人数
is flooded	布尔型	建筑物 building 是否被洪水淹没
building flood depth	浮点型	建筑物 building 洪水淹没深度
safe_status	字符串型	建筑物 building 的安全状态

4）社区空间网格

本节将社区空间网格作为应急疏散的基本单元，并基于空间网格制定了一系列的信息交互规则、疏散策略和管理机制，因此需要构建社区空间网格，将研究区域划分为不同的网格。

社区空间网格划分主要是将研究区域划分成为不同的空间网格，然后将研究区域内的人口、经济、道路、降水等要素集中在空间网格内，为分析基于空间网格的洪涝灾害应急疏散仿真提供基础。社区空间网格划分的方法主要有：规则网格和不规则网格两种方法。所谓的规则网格划分就是将研究区域按照等高宽划分网格，这一般适用于较大尺度的空间。不规则网格划分方法就是根据地块、功能区等单元的一致性，将研究区域划分为不同面积大小的网格，每个空间网格内分布的要素同属于一类。例如，将整个小区划分为一个空间网格，在这个网格当中包含了小区内的所有建筑物，这些建筑物属性基本相同，都为住宅楼。这样划分的好处在于，将同类建筑物作为一个整体考虑，不会人为割裂开地块。本节根据社区道路网络和空间大小，对整个研究区域进行划分，生成 GIS 空间数据。然后，在 GAMA 仿真平台中，生成为一个名为 space_grid 的静态 Agent 与之对应，其基本属性如表 6.7 所示。

表 6.7　空间网格 space_grid 的基本属性

属性	类型	描述
grid id	整型	空间网格 space_grid 的唯一标识
grid street	整型	空间网格 space_grid 所属街道
grid population	字符串型	空间网格 space_grid 的人数

续表

属性	类型	描述
grid area	浮点型	空间网格 space_grid 的几何面积
is flooded	布尔型	空间网格 space_grid 是否被洪水淹没
grid_status	字符串型	空间网格 space_grid 的安全状态

5）空间网格环境的淹没情景实现

在洪涝灾害情景模拟后，生成了不同降水强度下时间间隔相等的淹没数据，然后需要将淹没数据融合在所构建的空间网格环境中，模拟洪涝灾害对社区空间网格环境的影响。具体实现过程是：首先，在 GAMA 仿真平台中，创建一个名为 flood 的 Agent，从 GIS 格式的淹没数据中读取数据，一个面要素生成一个 flood，并将面要素的淹没水深赋值给 flood；其次，每隔一段时间消除上一时刻所有的 flood，并读取下一时刻的淹没数据，生成新的 flood，重复此过程，直到模拟结束。每次生成 flood 时，根据空间位置将 flood 淹没数据与社区空间网格、道路网络和建筑物进行数据融合，更新空间网格、道路网络和建筑物的 is_flooded 和 flood_depth 属性值，判断洪涝灾害的影响范围和具体的空间位置，实现道路中断、建筑物受淹等现实情况的模拟。

3. Agent 类型及其行为规则设计

社区空间网格环境中的道路网络、空间网格、建筑物等 Agent 属于静态的，不会主动地与其他类型的 Agent 进行交互，也不会思考，为其他复合型的 Agent 提供场所。本节对社区洪涝灾害应急疏散仿真中复合型 Agent 的基本属性和行为规则进行定义及描述。根据对社区洪涝灾害应急主体的分析，复合型 Agent 主体主要包括社区政府 Agent、社区空间网格员 Agent、社区居民 Agent、志愿者 Agent 和避难所 Agent，下面分别介绍各 Agent 的属性及行为规则。

1）社区政府 Agent 及其行为规则

在洪涝灾害应急疏散管理中，中央政府、地方政府和部门是核心主体，中央政府负责政策的制定，地方政府和部门负责政策的执行。因为本节研究重点在于社区层面，故将中央政府、地方政府和部门归为一类，即社区政府 Agent。社区政府 Agent 主要负责相关政策的制定和政策效果的收集，根据以往的应急实践和预案，社区政府 Agent 在灾害发生时会制定应急疏散策略传递给下一级的基层网格员。

（1）社区政府 Agent 基本属性和工作流程。社区政府 Agent 是一个复合型智能体，基本属性只有唯一标识 govern_id。在本节中，社区政府 Agent 更多充当政策政府角色，拥有行政决策、发布预警、应急救援等多个功能，既能够感知城市洪涝过程，又能够感知城市人口受灾情况，根据不同社区的受灾情况，就近调配应急救援力量，转移受灾群众。社区政府 Agent 的工作流程如下：首先，获得城市的降水量，根据洪水预报系统预测洪涝演进情况，决定是否发布预警；其次，综合分析城市的整体环境，结合地表径流流速与积水水深对建筑物、人口的作用规则，预估城市的受灾状态；再次，根据应急疏散预案，发布预警并开展应急救援行动；最后，下达疏散指令并向全市的社区居民 Agent 进行广播，对处于危险状态的社区居民 Agent 实施救援。

（2）社区政府 Agent 应急疏散预警规则。应急疏散预警规则是用于模拟社区政府 Agent 发布预警的过程，不同的洪涝灾害情景下，政府的预警方式、预警对象、预警时间和预警内容不同[439]。及时合理的预警能够有效提前社区居民 Agent 的反应时间，但是一味地提前预警时间势必会增加政府工作难度，引发社区居民的过度反应[438]。确定合理的洪涝灾害预警模式是洪涝灾害应急疏散需要解决的问题[440]，这里主要研究无差别预警、社区空间网格预警两种模式对疏散结果的影响，两者差异如图 6.20 所示。

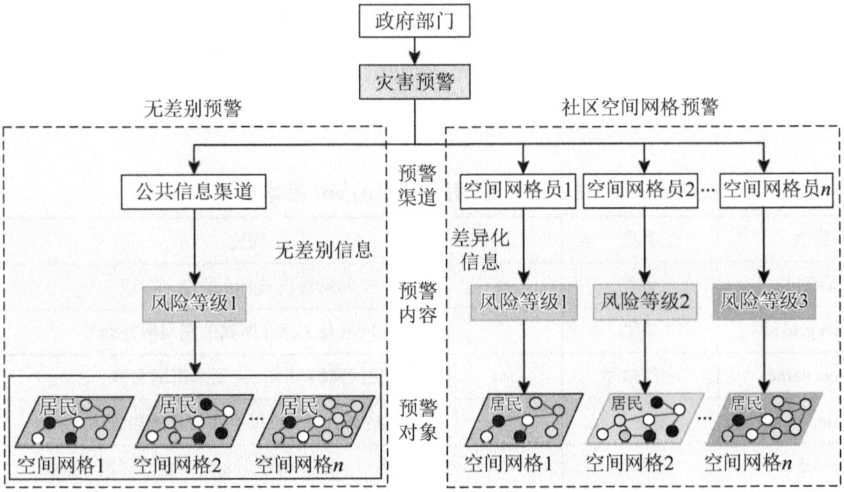

图 6.20　社区洪涝灾害预警模式示意图

第一，无差别预警规则。传统的洪涝灾害预警是气象局等政府部门根据未来的降水量大小确定风险预警等级，通过公共信息渠道向全市范围内的社区居民发布同样的、无差别的洪涝灾害风险预警，例如蓝色、黄色、橙色和红色预警。在这种无差别预警规则下，研究区域内所有的 Agent 都能收到社区政府 Agent 发布的预警信息，不同社区居民 Agent 根据自身属性和偏好选择是否接受该预警信息，并做出反馈，决定自身是否撤离。

第二，社区空间网格预警规则。当洪涝灾害发生时，不同区域内的风险等级是不同的，无差别的预警必然造成部分区域预警等级过高或者过低的情况。在这种情况下，很可能造成部分人员处于危险区域而无法及时反应。社区空间网格预警主要是将预警范围和对象锁定在社区空间网格上，根据每个社区空间网格的灾害风险大小，发布差异化的预警信息。首先，社区政府 Agent 发布社区空间网格的预警等级，相对应的空间网格员 Agent 接收到社区政府 Agent 的预警信息后再向空间网格内的社区居民 Agent 发布预警信息。这与无差别预警的区别在于，不同位置的社区居民 Agent 接收到的预警信息是不同的。其次，空间网格员 Agent 与社区空间网格内的联系更加紧密，社区居民 Agent 更愿意接收并采纳该空间网格预警信息。本节假设社区空间网格内的居民 Agent 能够接收到社区空间网格员发布的差异化的预警信息，且不具体考虑采用何种预警信息通知方式（微信、短信等）。

2）社区空间网格员 Agent 基本属性及其行为规则

（1）社区空间网格员 Agent 基本属性。社区空间网格员 Agent 是社区事务的一线管理者，对社区的情况非常了解，在发生灾害时，社区空间网格员 Agent 会从上级政府接收预警、疏散指令等信息，通过自己所管辖的空间网格内的多种信息渠道传递给空间网格内的社区居民 Agent，并对脆弱、需要帮助的社区居民 Agent 提供救助。社区空间网格员 Agent 的基本属性如表 6.8 所示。

表 6.8　社区空间网格员 Agent 基本属性

属性	类型	描述
staff id	整型	空间网格员 Agent 的唯一标识
street grid id	整型	空间网格员 Agent 所属的空间网格编号
street name	字符串型	空间网格员 Agent 所属街道名称
the one i help	智能体	空间网格员 Agent 帮助撤离的社区居民 Agent
is found one	布尔型	空间网格员 Agent 是否正在帮助社区居民 Agent
is arrived	布尔型	空间网格员 Agent 是否到达所帮助对象的位置
my target	点坐标	空间网格员 Agent 的目的地空间坐标

（2）社区空间网格员 Agent 行为规则。在日常活动中，基层组织发挥党员为人民服务的传统，将社区空间网格员与社区内的脆弱个体组成“一对一”帮扶对象，对脆弱个体主动照顾和帮助，同时对空间网格内的疏散需求比较了解。社区空间网格员 Agent 在灾害发生时的应急疏散流程如图 6.21 所示。首先，空间网格员 Agent 及时接收上级政府 Agent 发布的预警，同时将该预警信息向网格内的社

区居民 Agent 发布；其次，主动寻找网格内是否有处于危险的脆弱个体，如果没有则结束疏散，如果存在脆弱的社区居民 Agent，则前往该社区居民 Agent 的空间位置，协助撤离危险区域；再次，选择最近的避难所，寻找合适的路径前往，到达后更新管辖的空间网格的应急状态，如果没有合适的路径，则选择附近的安全建筑暂时避难。在每个仿真时刻，社区空间网格员 Agent 会统计当前脆弱的社区居民 Agent 的分布、空间网格疏散状态等信息，并反馈给上级政府。此外，空间网格员 Agent 还会与志愿者 Agent 进行互动，指导志愿者 Agent 帮助脆弱个体撤离。

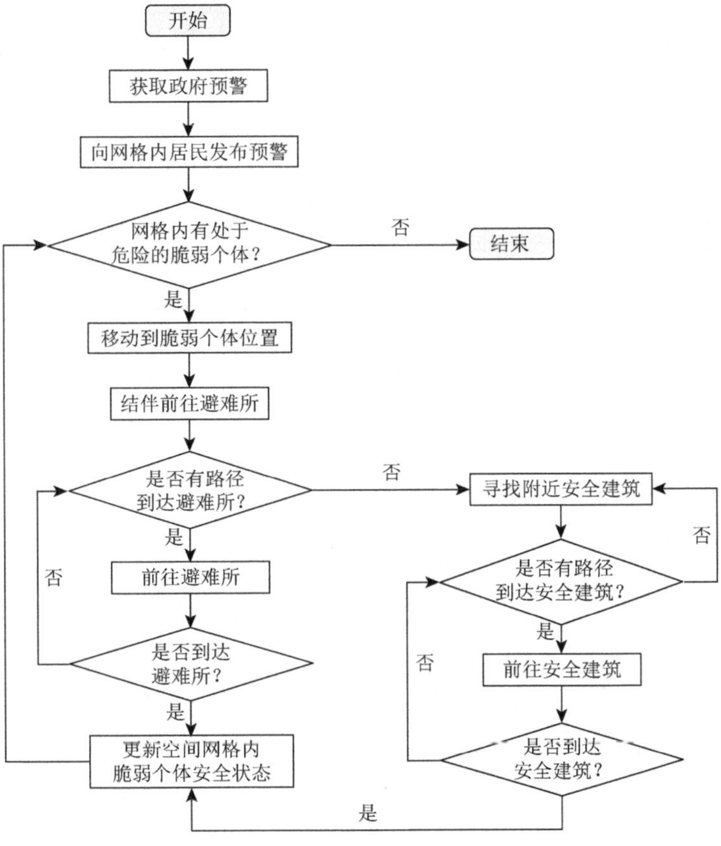

图 6.21　社区空间网格员 Agent 应急疏散流程图

3）社区居民 Agent 基本属性及其行为规则

（1）社区居民 Agent 基本属性。社区居民 Agent 作为应急疏散的主要对象和主体，其属性和行为规则会直接影响仿真模型的结果，对社区居民 Agent 的刻画精准与否决定了与真实应急疏散过程的模拟效果。在缺乏经验疏散数据的情况下，将社区居民 Agent 的所有影响因素完全包含在一个模型中非常困难。因此，只考虑社区居民 Agent 的与疏散过程相关的物理属性、出行属性、心理属性，具体如表 6.9 所示。

表 6.9　社区居民 Agent 基本属性

变量	类型	描述	取值范围
resident id	整型	社区居民 Agent 的唯一标识	从 1 到社区居民 Agent 数量
s grid id	整型	社区居民 Agent 居住地所处网格编号	网格编号
street name	字符串型	社区居民 Agent 居住地所处街道名称	福田区街道名称
home	智能体	社区居民 Agent 的住宅位置	在某一个固定的建筑内
work	智能体	社区居民 Agent 的工作位置	在某一个固定的建筑内
school	智能体	社区居民 Agent 的上学位置	在某一个固定的建筑内
category	整型	社区居民 Agent 的类型	0：少年儿童；1：中青年；2：老年
is volunteer	布尔型	社区居民 Agent 是否为志愿者	是，否
is weakness	布尔型	社区居民 Agent 是否为脆弱个体	是，否
is stubborn	布尔型	社区居民 Agent 是否为固执个体	是，否
destination	点坐标	社区居民 Agent 的目的地坐标	研究区域边界内的经纬度坐标
c activity	字符串型	社区居民 Agent 的当前活动类型	居民 Agent 出行的八类活动
n activity	字符串型	社区居民 Agent 的下一个活动类型	居民 Agent 出行的八类活动
w gov	浮点型	社区居民 Agent 对政府信息的权重	0～1
w ped	浮点型	社区居民 Agent 对同行人信息的权重	0～1
w sn	浮点型	社区居民 Agent 对社交网络信息的权重	0～1
w grid	浮点型	社区居民 Agent 对空间网格信息的权重	0～1
w grid stf	浮点型	社区居民 Agent 对空间网格员信息的权重	0～1
is safe	布尔型	社区居民 Agent 当前位置是否安全	是，否
RT	浮点型	社区居民 Agent 的洪灾风险忍耐度	0～1
FRP	浮点型	社区居民 Agent 当前洪灾风险感知值	0～1
e status	整型	社区居民 Agent 的撤离状态	0：未撤离；1：撤离中；2：已撤离
who i help	智能体	社区居民 Agent 帮助的其他居民 Agent	其他脆弱社区居民 Agent
who help me	智能体	帮助自身的其他社区居民 Agent	其他非脆弱社区居民 Agent
speed	浮点型	社区居民 Agent 移动的速度	0～2 米/秒

在确定了社区居民 Agent 的基本属性之后，将社区居民 Agent 划分为非脆弱社区居民 Agent 和脆弱社区居民 Agent 两类，如表 6.10 所示。其中，脆弱社区居民 Agent 是指在灾害应对时反应和能力较弱，以少年儿童和老年为代表，而非脆

弱社区居民 Agent 是有较强应对能力的居民，以中青年为代表，且移动速度快于脆弱居民。非脆弱社区居民 Agent 可以自行应对洪水事件，而脆弱社区居民 Agent 只有在社区管理人员通知或其他非脆弱居民帮助时才能进行疏散。

表 6.10　社区居民 Agent 类型

类型	速度	交互规则	代表
非脆弱社区居民 Agent	快	当感知到的风险大于其自身风险忍耐度时主动撤离	中青年
脆弱社区居民 Agent	慢	在社区管理人员或其他非脆弱居民的帮助下撤离	少年儿童、老年

（2）社区居民 Agent 的社会网络关系。根据对社区空间网格下应急疏散主体信息交互的分析，当洪涝灾害发生时社区居民 Agent 会从不同的信息源获取信息以支撑自身的疏散决策。社区居民 Agent 通过其社会网络与这些信息源相联系，因此为了模拟社区居民 Agent 的信息交互过程，本节重点考虑社区居民 Agent 的四种社会网络关系，分别是亲属关系、社交网络关系、空间网格关系和路上行人关系，如图 6.22 所示。其中，亲属关系是社区居民 Agent 间存在血缘关系，表现为中青年与少年儿童类型之间的亲属关系；社交网络关系是研究区域内社区居民 Agent 之间网络关系，默认都在网络中；空间网格关系是社区居民 Agent 在同一个社区空间网格生活，自然而然生成的；路上行人关系是社区居民 Agent 在撤离过程中，与之同行的其他社区居民 Agent。社区居民 Agent 之间存在任何一种关系时，都会发生信息交互，交换彼此洪涝灾害风险感知水平，其中亲属关系和网格关系对信息是完全接受的，其他两种关系则按照 Agent 自身属性选择性接受和采纳。

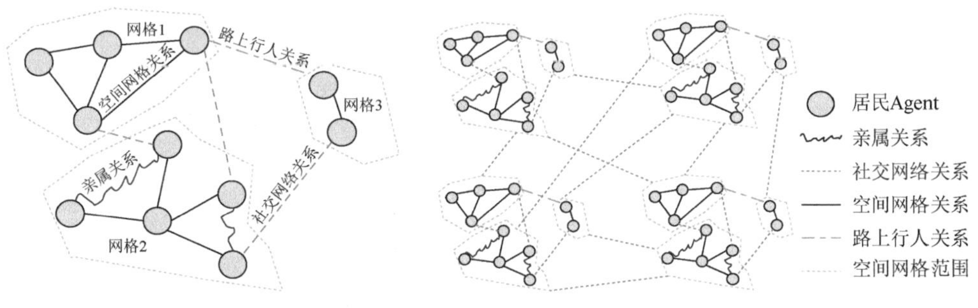

(a) 小范围内社区居民Agent关系网络　　(b) 全体社区居民Agent关系网络

图 6.22　社区居民 Agent 的社会网络关系示意图

（3）社区居民 Agent 的应急疏散流程。在社区洪涝灾害应急疏散中，社区居民 Agent 面临的主要问题是自身何时、如何、前往何地的问题。具体来说，社区居民 Agent 的疏散决策是确定撤离时间点、撤离目的地、撤离路线和撤离状态更新等，如图 6.23 所示。

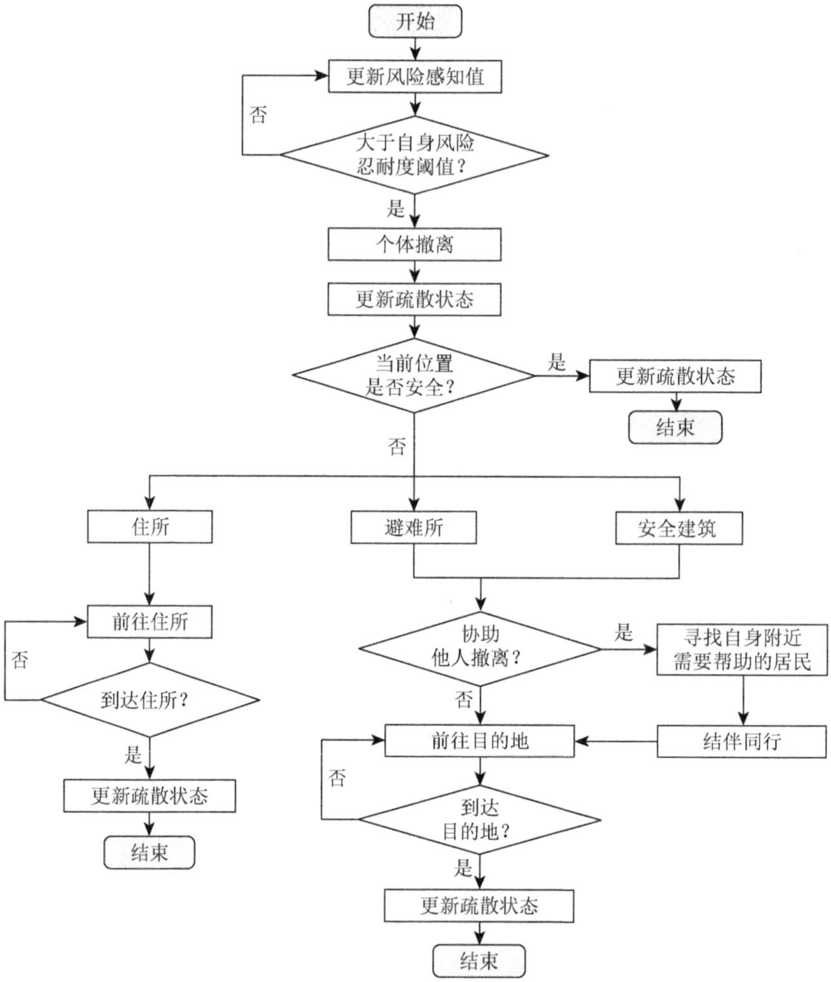

图 6.23　社区居民 Agent 应急疏散流程图

当洪涝灾害发生时，社区居民 Agent 的决策流程如下：①每个时刻从外界获取灾害最新信息，用于更新自身洪涝灾害风险感知值；②当自身感受到的风险大于自身的风险忍耐度阈值时，社区居民 Agent 会做出撤离的决定并更新疏散状态为“撤离中”，否则继续更新自身风险感知值；③当社区居民 Agent 做出了撤离决策时，会判断当前位置是否安全，如果安全，则将疏散状态变更为“已撤离”，自身的疏散过程结束；④如果判断当前位置不安全，社区居民 Agent 的第一个想法是寻找合适的路径及时回到自己的住所中，直至到达住所后更新自身疏散状态为“已撤离”，自身的疏散过程结束；⑤当自身无法前往住所时，社区居民 Agent 会选择就近的避难所或是安全建筑进行避难；⑥在前往避难所或安全建筑的途中，非脆弱的社区居民 Agent 会有一定的概率协助他人共同撤离，一旦决定帮助，社区居民 Agent 则会寻找附近需要帮助的其他居民 Agent 结伴同行，确定共同的目的地，寻找最短路径前往，直到到达后，更新自身状态为“已撤离”，疏散过程结束；⑦在前往避难所或安全建筑的途中，如果并未做出协助他人共同撤离的决定，则会直接前往目的地，不断寻找合适的路径，直至到达目的地，更新自身的疏散状态为“已到达”，疏散过程结束。

（4）社区居民 Agent 的撤离决策行为规则。通过社区居民 Agent 的应急疏散流程图可以发现，社区居民 Agent 应急疏散的关键在于风险感知值与风险忍耐度阈值的比较，而风险感知值的更新与社区空间网格下社区居民的信息交互模式密切相关，因此构建基于信息交互的社区居民 Agent 风险感知更新模型和有限理性下的风险忍耐度阈值模型对社区居民的疏散决策行为进行模拟。

社区居民 Agent 的洪涝灾害风险感知是直接影响其疏散撤离的关键因素，然而社区居民 Agent 的风险感知受到多个因素的共同作用，例如自身观察到的洪水、同一空间网格内邻居的行为、社交媒体消息、政府预警以及空间网格员预警等。基于对主体之间“接收—接受—更新—传播”模型的分析，通过对信息接收过程和接受过程的模拟，更新每个时刻社区居民 Agent 的洪涝灾害风险感知水平。

当洪涝灾害发生时，社区居民 Agent_i 通过多个渠道获取信息，主要有自身观察的洪水风险信息 $I_{i,t}^{\text{o}}$、行人交流信息 $I_{i,t}^{\text{P}}$、社交媒体信息 $I_{i,t}^{\text{S}}$、政府洪水风险预警信息 $I_{i,t}^{\text{W}}$、同一空间网格内邻居洪水风险感知信息 $I_{i,t}^{\text{N}}$、社区空间网格员预警信息 $I_{i,t}^{\text{G}}$ 等信息来源来获取新的洪水风险信息，即信息的接收过程。自身观察的洪水风险信息 $I_{i,t}^{\text{o}}$ 与其观察到的周边水深有关，行人交流信息 $I_{i,t}^{\text{P}}$ 是在一定范围内其他 Agent 的风险感知值的平均值，社交媒体信息 $I_{i,t}^{\text{S}}$ 是所有 Agent 的风险感知值的平均值，政府洪水风险预警信息 $I_{i,t}^{\text{W}}$ 是根据政府发布的预警程度 FRW_t 确定，蓝色预警（0.25）、黄色预警（0.5）、橙色预警（0.75）和红色预警（1）。同一空间网格内邻居洪水风险感知信息 $I_{i,t}^{\text{N}}$ 是在该网格内的社区居民 Agent 的风险感知值的平均值，社区空间网格员预警信息 $I_{i,t}^{\text{G}}$ 是空间网格员向本网格内的社区居民 Agent 发布的预警信息，计算过程如式（6.9）至式（6.14）所示。

$$I_{i,t}^{\mathrm{o}}=\mathrm{Flood\_depth}_t \tag{6.9}$$

$$I_{i,t}^{\mathrm{P}}=\sum_{i=1}^{n}\mathrm{FRP}_i^t/n \tag{6.10}$$

$$I_{i,t}^{\mathrm{S}}=\mathrm{Social}_t \tag{6.11}$$

$$I_{i,t}^{\mathrm{W}}=\mathrm{FRW}_t \tag{6.12}$$

$$I_{i,t}^{\mathrm{N}}=\frac{\sum_{j=1}^{n}c_{i,j}\mathrm{FRP}_j^t}{\sum_{j=1}^{n}c_{i,j}} \tag{6.13}$$

$$I_{i,t}^{\mathrm{G}}=\mathrm{Grid\_staff}_t \tag{6.14}$$

其中，$\mathrm{Flood\_depth}_t$ 为 t 时刻的洪水淹没深度；n 为一定范围内社区居民的总数；$\mathrm{Grid\_staff}_t$ 为空间网格员在 t 时刻发布的预警信息；FRP_i^t 为 t 时刻第 i 个 Agent 的风险感知值；FRW_t 为 t 时刻的政府洪涝灾害预警；Social_t 为 t 时刻社交媒体发出的信息；$c_{i,j}$ 为社区居民 Agent 之间的网格邻居关系，当其为 1 时表示为邻居关系，否则两者距离过远，对方的风险消息无法获取。不同社区居民 Agent 对于不同的信息来源有着不同的偏好，其中自我观察 P_i^{o}、行人交流 P_i^{P}、空间网格员信息 P_i^{G}、网格邻居来源的信息 P_i^{N} 接收概率为 1，政府预警 P_i^{W}、社交媒体信息 P_i^{S} 接收概率与社区居民 Agent 自身的信息接收能力和信息强度有关。对于接收到的信息，并非所有的信息都能被社区居民 Agent 接受，由此，使用一组权重因子来表示由多个信息源驱动的社区居民 Agent 的信息接收过程，自我观察、行人交流、社交媒体信息、政府预警、网格邻居来源的信息、空间网格员信息接受权重分别为 α_i、β_i、γ_i、δ_i、θ_i、σ_i，取值为 0 到 1 之间，加总和为 1。$\rho_i\in[0,0.1]$ 为社区居民 Agent_i 的信息接收的固定参数，以确保每个时刻都能接收到一定量的风险信息。因此，在 t 时刻社区居民 Agent_i 从多个信息源获得的新的洪涝灾害风险信息如式（6.15）所示。

$$I_{i,t}=\alpha_iP_i^{\mathrm{o}}I_{i,t}^{\mathrm{o}}+\beta_iP_i^{\mathrm{P}}I_{i,t}^{\mathrm{P}}+\gamma_iP_i^{\mathrm{S}}I_{i,t}^{\mathrm{S}}+\delta_iP_i^{\mathrm{W}}I_{i,t}^{\mathrm{W}}+\theta_iP_i^{\mathrm{N}}I_{i,t}^{\mathrm{N}}+\sigma_iP_i^{\mathrm{G}}I_{i,t}^{\mathrm{G}}+\rho_i \tag{6.15}$$

在获取了有关洪水风险的新信息时，社区居民 Agent 将更新其下一个时刻的洪涝灾害风险感知，当接收到的信息与自身的风险感知值差异明显时，也就是说当疏散观点明显不同时，会影响社区居民 Agent 的信息采纳的概率。社区居民 Agent_i 当前风险感知值与自身风险感知值的差异 $\Delta I_{i,t}$ 如式（6.16）所示。

$$\Delta I_{i,t}=I_{i,t}-\mathrm{FRP}_i^t \tag{6.16}$$

其中，$I_{i,t}$ 为社区居民 Agent_i 当前风险感知。虽然社区居民 Agent 在进行信息交互时能够接收到新的信息，但是只有社区居民 Agent 的当前风险感知值与当前获得洪水风险新信息的差值$\Delta I_{i,t}$小于一定的阈值μ才会接受该信息，如果两者差值$\Delta I_{i,t}$大于阈值μ，说明当前获得的新信息与目前的风险感知有很大差异，则不接受该信息。此外，由于过去的经验、信息可靠性和信息的理解性，不同的社区居民 Agent 对新信息的信任程度和学习能力不同。也就是说，每个时刻社区居民 Agent 将选择收集并接受和学习新的信息，本节利用一个连续参数$\omega_i \in [0,1]$来表示社区居民Agent_i对新获取信息的接收和学习过程，当ω_i为 1 时表示社区居民Agent_i乐于接受任何新的信息，当ω_i为 0 时则代表社区居民Agent_i拒绝任何新的洪涝灾害风险信息。因此，在t时刻社区居民Agent_i对洪涝灾害风险感知的更新如式（6.17）所示。

$$\text{FRP}_i^t = \begin{cases} \text{FRP}_i^{t-1}, & \left|\Delta I_{i,t-1}\right| \geqslant \mu \\ \text{FRP}_i^{t-1} + \omega_i \times \Delta I_{i,t-1}, & \left|\Delta I_{i,t-1}\right| < \mu \end{cases} \tag{6.17}$$

本节使用洪涝灾害风险感知值和风险忍耐度阈值描述社区居民 Agent 应急疏散决策发生过程。为了描述社区居民 Agent 疏散决策的动态性和连续性，利用一个连续变量$\text{FRP}_i^t \in [0,1]$表示社区居民Agent_i在t时刻感受到的洪涝灾害风险大小，即洪涝风险感知水平。当FRP_i^t为 0 时，表示社区居民感受到的风险为 0，此时社区居民 Agent 不会对当前的风险感到害怕，会继续当前的活动；而当FRP_i^t为 1 时，表示社区居民Agent_i感受到了非常强烈的洪涝灾害威胁，会立即做出疏散撤离的决定。同样，使用连续变量$\text{RT}_i \in [0,1]$表示社区居民Agent_i的洪涝风险忍耐度，这个忍耐度并不会在一次灾害中突然改变，故对于每个社区居民 Agent 来说是一个固定的值。当RT_i为 0 时表示社区居民Agent_i无法忍受任何的洪涝灾害风险，在其感受到风险时便会做出撤离的决策；当RT_i为 1 时表示社区居民Agent_i可以忍受任何洪涝灾害风险，即发生任何灾害其都不会做出撤离的决策。

因此，社区居民 Agent 对应急疏散决策的判断可以通过比较自身风险感知值与风险忍耐度值得到。在t时刻，如果社区居民Agent_i风险感知FRP_i^t大于其风险忍耐度RT_i时，社区居民Agent_i将选择撤离；否则，社区居民Agent_i将继续当前活动，并持续进行风险感知和决策判断。EDecision_i^t为疏散决策变量，当其值为 1 时则代表社区居民Agent_i决定撤离；当其值为 0 时则代表社区居民Agent_i不会撤离，继续当前活动。此外，如果社区居民Agent_i在$t-1$时刻已经做出撤离决策，那么在t时刻会继续撤离前往目的地，具体如式（6.18）所示。

$$\text{EDecision}_i^t = \begin{cases} 0, & \text{FRP}_i^t < \text{RT}_i^t \\ 1, & \text{FRP}_i^t > \text{RT}_i^t \text{ or } \text{EDecision}_i^{t-1} = 1 \end{cases} \tag{6.18}$$

至此，考虑多个洪涝灾害信息源以及信息交互过程的社区居民 Agent 的洪涝灾害风险感知更新规则和应急疏散决策规则构建完毕。

（5）社区居民 Agent 出行规则。社区居民 Agent 的出行规则主要实现社区居民 Agent 在不同时刻的出行行为的模拟，同时也为洪涝灾害情景下社区居民 Agent 的撤离提供空间移动基础。根据 6.2.3 节的描述，个体的出行是活动链，即基于不同活动目的从当前位置前往目的地，并在目的地活动一定时间后，前往下一个目的地。因此，社区居民 Agent 的出行规则主要包含目的地列表、个人出行列表、移动路径生成和移动速度的确定四个部分，具体规则如下。

一是目的地列表。建筑物是社区居民 Agent 活动的主要场所，也是 Agent 出行的起始点和终点。根据社区居民日常活动类型，将建筑物类型设置为住宅、公司、事业单位、学校、餐饮、休闲场所等类型，并生成目的地列表，分别对应着社区居民回家、上班、上学、公务、购物餐饮、文化娱乐、社交等活动类型。社区居民 Agent 在不同的时间节点会前往不同的建筑物并在建筑物内停留一定的时间完成出行活动。社区居民 Agent 的上班、上学、住宅位置在模型初始化时确定且不再更改，其他活动则随机从目的地列表中选择。

二是个人出行列表。个人出行列表描述的是社区居民 Agent 的每日出行例程，即出行活动顺序。这些出行活动以日程的形式组织，社区居民 Agent 获得与当前时间对应的活动，找到并确定与该特定活动相关联的附近建筑。当有外界的信息干扰时（如洪涝灾害发生时），感受到风险大于忍耐度，做出疏散撤离时，社区居民 Agent 也会更新其个人出行列表。

三是移动路径生成。社区居民 Agent 的疏散路径可分为固定路径和动态路径。在有疏散预案时，被疏散的居民的移动路径是洪涝灾害发生前政府部门固定下来的[441]；在无疏散预案时，采用动态路径，社区居民 Agent 基于自身位置和道路网络通畅情况等，选择最短路径前往目的地。本节的疏散路径是动态路径，其通过获取 Agent 当前的坐标和目的地的坐标，考虑路网的通行情况，采用 Dijkstra 算法搜索最短路径，作为社区居民 Agent 的移动路径。如果目的地更改，则重新搜索新路径。

四是移动速度的确定。对于短途社区疏散，人们主要是通过步行而不是使用车辆疏散。因此，人们疏散时速度主要受自身行走速度和道路人群密度的影响。许多研究表明，行人的速度为 1～2 米/秒，在特殊情况下步行速度会增加或减少，最终确定少年儿童移动速度为 1.2±0.15 米/秒，中青年人移动速度为 1.3±0.15 米/秒，老年人移动速度为 1.1±0.15 米/秒。

4）志愿者 Agent 基本属性及其行为规则

（1）志愿者 Agent 基本属性。志愿者 Agent 是以促进社会公共利益为目的的群体，它有助于解决洪涝灾害应急疏散过程中政府救援力量不足的问题，在应急管理实践中具有重要的地位。志愿者 Agent 能够在灾害发生时积极主动参与救援，协助脆弱的居民共同撤离。志愿者 Agent 可以是受灾地区外的志愿组织和团体，也可以是受灾地区内的社区居民 Agent。本节假定一定比例的非脆弱社区居民 Agent 作为志愿者 Agent，因此志愿者 Agent 的基本属性与社区居民 Agent 的属性一致。

（2）志愿者 Agent 的行为规则。本节假定一定比例的中青年社区居民是洪涝灾害应急疏散的志愿者，这种假定也符合现实社会中邻居之间健壮的成年人协助老人或少年儿童撤离的事实。根据图 6.23 的应急疏散流程图可知，当志愿者 Agent 自身处于撤离状态时，其会在撤离时，搜寻附近需要帮助且具有撤离意愿的脆弱个体，两者结伴同行前往避难所。在前往避难所的途中，不断更新路径，直至到达安全避难所。如果在撤离过程中，路径被洪水淹没，志愿者 Agent 和其协助的脆弱居民 Agent 会重新选择新的避难所，更新路径，直至到达目的地。

5）避难所 Agent 及其行为规则

避难所 Agent 是社区居民 Agent 遭遇洪涝灾害时的避灾场所，分为永久避难所和临时避难所，每个避难所具有一定的容量，分布在城市内各个重要地点[442]，合理的分布有助于及时转移受灾群众[443]。每个避难所 Agent 都有其唯一的编号 shelter_i，不同的避难所所能容纳的社区居民数量不同，在每个时刻避难所 Agent 能够感知当前已经接纳的社区居民数量。避难所 Agent 基本属性如表 6.11 所示。

表 6.11　避难所 Agent 基本属性

属性	类型	描述
shelter_i	整型	避难所 Agent 的唯一标识
capacity	整型	避难所 Agent 的容量
people in	整型	避难所 Agent 当前的人数
safety_status	布尔型	避难所 Agent 的安全状态

避难所 Agent 行为规则。每个避难所 Agent 都有其唯一的编号，不同的避难所 Agent 所能容纳的社区居民 Agent 数量不同。在每个时刻，避难所 Agent 能够感知当前已经接纳的社区居民 Agent 的数量。避难所 Agent 也可以与社区居民 Agent 交流信息，当可避难人数超出限制后，社区居民 Agent 接收到来自避难所 Agent 的消息选择去其他避难点避难。此外，避难所 Agent 能够统计已接纳社区居民 Agent 数量、Agent 来源等信息，反馈给社区政府 Agent，统计实时的应急疏散情况。

4. 应急疏散策略效用量化方法

洪涝灾害应急疏散的目标是最大程度地降低公众的生命和财产安全，高效公平地疏散受影响的人群。不同的应急疏散策略必然导致不同的应急疏散结果，因此需要利用多个指标综合分析每种应急疏散策略的优劣。包括不同时刻下的社区居民 Agent 风险感知水平、社区居民 Agent 疏散状态、社区居民 Agent 成功疏散比例、社区居民 Agent 疏散时间、社区空间网格疏散结果、道路网络拥堵情况等。通过对应急疏散结果的多重对比分析，可以得知不同疏散策略对疏散结果的影响，从而有利于决策者选择合适的洪灾风险应急疏散策略。

1）社区居民 Agent 风险感知水平

Agent 的风险感知水平主要针对的是社区居民 Agent 而言，指在灾害发生过程中社区居民 Agent 感受到的灾害风险大小，风险感知变化是 Agent 行为变更的诱导因素。本节主要考虑了整个研究区域内所有社区居民 Agent 的风险感知平均水平 $\mathrm{FRP_{avg}}$，以及每个社区居民 Agent_i 在每个时刻的风险感知水平与其初始时刻的风险感知水平的差异 $\Delta\mathrm{FRP}_i$，前者主要是观察整体的风险感知水平动态变化情况，后者是分析个体 Agent 决策变化时的风险感知水平差异，通过分析风险感知水平的动态演化有助于研究影响整体行为变化的关键因素。

$$\mathrm{FRP}_{\mathrm{avg}}^{t}=\frac{\sum_{i=1}^{n}\mathrm{FRP}_i^t}{n} \tag{6.19}$$

$$\Delta\mathrm{FRP}_i=\mathrm{FRP}_i^t-\mathrm{FRP}_i^0 \tag{6.20}$$

其中，FRP_i^0 为 Agent_i 在初始时刻的风险感知水平；FRP_i^t 为 Agent_i 在 t 时刻的风险感知水平；n 为社区居民 Agent 的总数。

2）社区居民 Agent 疏散状态及成功疏散比例

社区居民 Agent 疏散状态有三种，分别是未撤离、前往避难所、到达避难所。在不同的时刻，整个社区的居民疏散状态会不断发生变化，分析不同状态的社区居民 Agent 占整体的比例有助于分析不同疏散策略的实施效果以及寻找应急疏散响应较慢的居民群体及其所处的位置。用 Status_s^t 表示整个应急疏散中各个状态的居民 Agent 数量；$\mathrm{StatusPer}_s^t$ 为各个疏散状态的社区居民 Agent 占整体的比例，其中到达避难所人数（疏散状态为到达避难所）占整体的比例就是当前成功疏散的比例。

$$\mathrm{StatusPer}_s^t=\frac{\sum\mathrm{StatusAgent}_s^t}{n},\quad s=0,1,2 \tag{6.21}$$

$$\mathrm{Status}_s^t=\sum\mathrm{StatusAgent}_s^t,\quad s=0,1,2 \tag{6.22}$$

其中，$\mathrm{StatusAgent}_s^t$ 为 t 时刻社区居民 Agent 的疏散状态；疏散状态变量 s 取值为 $\{0, 1, 2\}$，分别对应{未撤离，前往避难所，到达避难所}三种状态。

3）社区居民 Agent 疏散时间

社区居民 Agent 疏散时间主要反映的是 Agent 完成疏散所需要的时间，包含最大疏散时间 $\mathrm{ETime_{max}}$ 和平均疏散时间 $\mathrm{ETime_{avg}}$ 两个变量，其中最大疏散时间

$\mathrm{ETime}_{\max}$ 是指最后一个到达避难场所的社区居民 Agent 所花费的时间，平均疏散时间 $\mathrm{ETime}_{\mathrm{avg}}$ 是指所有的社区居民 Agent 成功到达避难场所时间的平均值。

$$\mathrm{ETime}_{\max} = \max\left(\mathrm{ETime}_i\right) \tag{6.23}$$

$$\mathrm{ETime}_{\mathrm{avg}} = \frac{\sum_{i=1}^{n} \mathrm{ETime}_i}{n} \tag{6.24}$$

其中，ETime_i 为社区居民 Agent_i 到达避难所的时间。

4）社区空间网格疏散结果

对不同社区空间网格内的应急疏散结果进行分析，有助于更加精细化地了解不同空间网格内的疏散差异的原因，挖掘洪涝灾害应急疏散困难的社区空间网格，然后有针对性提升这些社区空间网格的应急疏散能力。本节的社区空间网格结果分析主要集中在对不同的空间网格内社区居民 Agent 风险感知水平、实时疏散状态和空间网格整体疏散时间等内容的差异对比分析，用于评价和优化不同的基于社区空间网格的洪涝灾害应急疏散策略。

类似于对整个社区结果的分析，对于社区居民总数为 m 的空间网格 j，其 t 时刻下的平均风险感知水平 $\mathrm{FRP}_{\mathrm{avg}}^{t,j}$ 为该网格内居民 Agent_i 风险感知水平的平均值；应急疏散结束时间 $\mathrm{ETimeGrid}^j$ 为该网格内最后一个社区居民 Agent 成功疏散的时间 ETime_i^j；空间网格的平均疏散时间 $\mathrm{ETimeGrid}_{\mathrm{avg}}^j$ 为该空间网格内社区居民疏散时间的平均值；$\mathrm{StatusGrid}_s^{t,j}$ 为在 t 时刻，社区空间网格内的疏散状态 s 的居民 Agent 总数；$\mathrm{StatusPerGrid}_s^{t,j}$ 为各疏散状态 s 的 Agent 数量占该网格内社区居民总数的比例。

$$\mathrm{FRP}_{\mathrm{avg}}^{t,j} = \frac{\sum_{i=1}^{m} \mathrm{FRP}_i^{t,j}}{m} \tag{6.25}$$

$$\mathrm{ETimeGrid}^j = \max\left(\mathrm{ETime}_i^j\right) \tag{6.26}$$

$$\mathrm{ETimeGrid}_{\mathrm{avg}}^j = \frac{\sum_{i=1}^{m} \mathrm{ETime}_i^j}{m} \tag{6.27}$$

$$\mathrm{StatusGrid}_s^{t,j} = \sum \mathrm{agent}_s^{t,j},\quad s = 0,1,2 \tag{6.28}$$

$$\mathrm{StatusPerGrid}_s^{t,j} = \frac{\sum \mathrm{agent}_s^{t,j}}{m},\quad s = 0,1,2 \tag{6.29}$$

其中，$\mathrm{FRP}_i^{t,j}$ 为 t 时刻网格 j 内居民 Agent_i 的风险感知水平；m 为网格内居民总数；$\mathrm{agent}_s^{t,j}$ 为 t 时刻网格 j 内处于疏散状态 s 的居民 Agent。

通过对以上社区空间网格的应急疏散结果的分析，可以衡量不同洪灾风险应急疏散策略对不同社区空间网格的应急疏散的结果的影响，进而有助于决策者对不同社区空间网格的应急疏散策略进行选择。

第 7 章　深圳市实证研究

本章以深圳市为研究对象展开洪涝灾害智能感知与风险预警应用研究。首先分析了深圳市洪涝灾害概况及风险管理现状；其次利用机会感知数据、群智感知数据、卫星遥感数据等，运用人工智能技术对图像、文本等信息进行处理，识别洪涝灾害承灾体、提取洪涝淹没要素与灾情要素，对城市洪涝灾害态势进行感知；再次考虑人类活动提出人群出行风险预警与引导策略，并在洪涝灾害应急疏散进行仿真的基础上提出了福田区洪涝灾害应急疏散策略；最后，开发集灾情监测、风险预警、应急响应、指挥协调于一体的城市灾害预警与综合防控系统。

7.1　深圳市洪涝灾害概况及风险管理现状

7.1.1　深圳市洪涝灾害概况

深圳市夏季为西南季风盛行期，常吹偏南风，暖湿气流盛行，高温多雨，所以深圳市的洪涝灾害主要发生在夏季汛期（4～9 月），汛期又分为前汛期（4～6 月）和后汛期（7～9 月）。根据深圳市历史数据，汛期降水量占年降水量的 86%。前汛期受热带云团、季风低槽等影响，雨水增加迅速，多暴雨天气。而且深圳市夏季降水地区差异较大，极易遭遇局部性的洪涝灾害和短时暴雨台风天气，同时由于深圳市城镇化比例高，地表受热不均及其特殊的地理位置和地形作用，夏天容易出现局部性的短时强降水天气，因而有“夏雨隔牛背”之说法。深圳市海岸线长达 260.5 千米，后汛期极易受热带气旋（台风）、东风波、辐合带的影响，7～9 月平均有 3～4 个热带气旋（台风）影响深圳。2018 年受弱拉尼娜状态以及厄尔尼诺状态影响，共有 8 个台风进入深圳市 500 千米范围内，其中 4 个对深圳市造成明显或严重风雨影响如表 7.1 所示。

表 7.1　2018 年对深圳有明显风雨影响的台风

台风基本信息					对深圳市影响			
编号	名称	强度	登陆地点	登陆时间	影响时段	最大日雨量/毫米	过程雨量/毫米	极大风速/（米/秒）
1804	艾云尼	热带风暴	徐闻、海口、阳江	6 月 6 日、7 日	6 月 6～8 日	97.2	260.7	8.8
1809	山神	热带风暴	海南万宁	7 月 18 日	7 月 18 日	50.7	50.7	11.1

续表

台风基本信息					对深圳市影响			
编号	名称	强度	登陆地点	登陆时间	影响时段	最大日雨量/毫米	过程雨量/毫米	极大风速/（米/秒）
1816	贝碧嘉	强热带风暴	琼海、阳江、雷州	8 月 10 日、11 日、15 日	8 月 9～15 日	45.3	129.9	10.8
1822	山竹	超强台风	台山	9 月 16 日	9 月 16～17 日	173.5	225.6	30

深圳市是我国经济中心城市之一，经济总量长期位列我国城市前列，是我国城镇化率最高的城市，城镇化率达到 100%。然而深圳市快速的城镇化进程和大规模的开发建设在一定程度上破坏了自然水系，部分河道被侵占，排水管网体系受到损害，部分地区形成洼地，在强降水过程中，城市内极易产生内涝点。并且，随着深圳市城镇化进程的推进，城市热岛效应与雨岛效应日趋明显，建成区地表不透水面积增加，蓄水和消化洪水的能力减弱，排水设施不完善，综合管理措施不完善，给城市洪涝灾害防御带来隐患。

7.1.2　深圳市风险管理现状

深圳市作为一个高度城镇化的地区，一直以来都面临着洪水风险管理的挑战。深圳市对于洪涝风险管理做了很多尝试，在工程方面，深圳市积极投资和建设排水系统、整治河道和建设水库等基础设施，以提高城市排水能力和洪水防御能力：在非工程方面，建立了洪水监测和预警系统，通过监测雨量、水位和河流流量等指标，及时预警并发布洪水信息，以便市民和相关部门采取相应的防范和应对措施，同时制定了洪涝灾害应急预案和响应机制，明确了各级政府和相关部门的职责和行动方案，在洪涝事件发生时，相关部门能够迅速响应，组织救援和灾后恢复工作。

1. 防灾减灾设施概况

（1）根据深圳市水务局 2024 年发布的《2023 年水务基础统计数据》，截至 2023 年底，深圳市（含深汕特别合作区）共有蓄水工程 169 座（其中大型水库 2 座，中型水库 14 座），总控制集雨面积 620.87 平方千米，总库容 97 789.24 万立方米；建有海堤 131.07 千米；防洪挡潮水闸 143 座。深圳市（未含深汕特别合作区）共有大小排涝泵站 155 座，总装机流量 1174.11 立方米/秒。

（2）根据深圳市应急管理局 2024 年发布的《深圳市室内应急避难场所信息一览表》《深圳市室外应急避难场所信息一览表》，全市登记在册的室内应急避难场所为 652 处、室外应急避难场所 442 处；同时，按照属地管理原则，各区（含大鹏新区、深汕特别合作区）协调指定临时室内避险场所 213 处。更新至 2024 年 3 月，深圳市室内应急避难场所总面积达到 830 544 平方米，可容纳人数 166 854 人。各区室内应急避难场所信息统计如表 7.2 所示。

表 7.2　深圳市各辖区室内应急避难场所信息统计表

深圳市辖区	室内应急避难场所数量	容纳人数/人	面积/米^2
福田区	64	13 090	27 622
罗湖区	30	19 400	370 041
盐田区	41	10 705	50 500
南山区	30	13 610	54 303
宝安区	119	34 068	143 578
龙岗区	145	34 755	91 872
龙华区	102	18 802	43 247
坪山区	40	6 725	14 095
光明区	47	9 320	22 318
大鹏新区	34	6 379	12 968
总计	652	166 854	830 544

2. 精细化风险管理实践

2023 年深圳市正在使用的防汛防台风预案有五大流域《防洪排涝联合调度方案》《深圳市水务局水旱灾害防御应急预案（试行）》《市管水库大坝安全管理应急预案》《市管水库防汛（洪）抢险应急预案》《深圳市超标准洪水防御方案》。面向社会招募市级水务行业应急抢险队伍 8 支，市级防汛专家库 75 人；截至 2024 年 11 月有防汛防台风物资仓库面积 3000 平方米；设市级水务行业雨情监测点 337 处，市级积水监测点 148 个。2023 年，深圳市新增海绵城市达标面积 90.98 平方千米，落实海绵城市建设理念的项目 449 个，新增达标片区 17 个，达标片区新增认定面积 83.82 平方千米。

深圳市于 1994 年 3 月 5 日发布了地方性法规《深圳经济特区防洪防风规定》，并分别在 1996 年 10 月、2001 年 8 月进行了修订，2001 年 8 月更名为《深圳市防洪防风规定》。2023 年 9 月 1 日，深圳市发布了全国第一个聚焦于自然灾害防治领域的法律法规《深圳经济特区自然灾害防治条例》，从多灾种、全链条、跨部门、差异化治理等方面进行自然灾害综合防治制度设计，构建协同高效的灾害应对机制。同时，为发挥气象防灾减灾第一道防线作用，保障人民群众生命财产安全，深圳市应急管理局、深圳市水务局和深圳市气象局联合发布《深圳市气象灾害风险提示（2024 年版）》，提供台风、暴雨等灾害风险提示内容，发布各街道易积水点信息和对应的积水降雨阈值。

深圳市各区根据其地理条件、城市发展和人口结构，制定了有针对性的防灾减灾措施，并在协同合作、科技应用和公众参与方面不断创新和完善。如福田区持续推动排水管道畅通行动，2023 年共完成 450 千米排水管道隐患排查，10.55 千米排水管道更新修复，为减少强降雨期间路面积水内涝问题提供有力保障。同时，推进小区排水设施投诉处理薄弱点整治，2023 年实现小区排水管网畅通率 90%，探索网格化服务模式，打通服务群众“最后一米”，实现小区排水投诉处置满意度 100%。

7.2　智能感知下深圳市洪涝灾害风险计算

本节将利用多种智能感知数据对深圳市进行洪涝淹没提取，利用智能技术对模型进行训练与优化，从而进行降水预测，最后分析城市洪涝风险[326]。

7.2.1　深圳市洪涝淹没提取

深圳市 2019 年总共发生了 8 场典型降水洪涝灾害，分别是：4 月 11 日、4 月 20 日、5 月 23 日、6 月 10 日、7 月 10 日、7 月 31 日、8 月 24 日、9 月 2 日。其中，2019 年 4 月 11 日 20 时至 23 时发生突发短时极端强降水天气，罗湖区、福田区多个区域自动气象监测站 30 分钟雨强刷新了该站历史记录，其中福田区莲花村地铁站记录到的最大 30 分钟雨量 73.4 毫米，位列有区域自动气象站以来 30 分钟雨量 4 月同期的第 1 位。深圳市已经在全市布设了易涝点积水检测传感器，可实时监测低洼路段的积水情况。易涝点积水检测传感器数据见表 7.3。

表 7.3　易涝点积水检测传感器数据

序号	经度（E）	纬度（N）	20 时积水深度/m	21 时积水深度/m	22 时积水深度/m	23 时积水深度/m
23	114.058 8°	22.551 18°	0	0	0.02	0
27	114.044 5°	22.553 76°	0	0.24	0.25	0.02
28	114.4°	22.77°	0	0	0.29	0.23
30	113.893 4°	22.578 17°	0	0.11	0.08	0.02
38	113.799 7°	22.781 29°	0	0.125	0.13	0.01
42	113.840 2°	22.760 88°	0.26	0.31	0.33	0.18

续表

序号	经度（E）	纬度（N）	20 时积水深度/m	21 时积水深度/m	22 时积水深度/m	23 时积水深度/m
49	113.778 6°	22.737 06°	0.04	0.1	0.08	0
53	114.062 8°	22.638 72°	0	0.21	0.2	0
57	114.34°	22.69°	0	0	0.07	0.05
58	114.036 9°	22.715 07°	0	0.08	0.07	0
60	114.32°	22.68°	0.08	0	0.15	0.02
62	114.044°	22.674 87°	0	0.11	0	0
70	114.085 2°	22.742 83°	0	0.06	0	0
77	113.846 5°	22.733 92°	0	0.04	0.03	0
81	114.033 6°	22.553 3°	0	0.18	0.19	0
83	113.958 5°	22.708 2°	0	0.335	0.55	0.22
93	114.032 2°	22.632 48°	0	0.3	0.24	0.02
95	113.951 6°	22.689 31°	0	0	0	0
101	113.847 2°	22.725 3°	0	0.08	0.01	0
106	114.051 3°	22.529 75°	0	0	0.55	0
110	113.837 9°	22.806 27°	0	0.26	0.29	0.02
116	114.125 9°	22.546 1°	0	0	0.09	0
117	113.906 3°	22.777 37°	0.38	0.465	0.51	0.21
125	114.471 2°	22.596 88°	0	0	0.07	0
131	114.043 6°	22.543 7°	0	1.045	1.37	0.05
134	114.397 4°	22.749 7°	0	0	0.09	0.06
139	114.305 2°	22.669 54°	0.09	0	0.35	0.05
141	113.818 9°	22.730 98°	0	0.17	0.1	0
143	114.490 3°	22.567 57°	0	0	0.14	0.13
144	113.846°	22.712 64°	0	0.13	0	0
150	114.483 3°	22.542 64°	0	0	0.04	0.01
151	114.13°	22.69°	0	0.08	0	0
165	114.032 8°	22.657 26°	0	0.22	0	0
166	114.437 1°	22.649 73°	0	0	0.15	0.09

但易涝点积水检测传感器数量有限，不足以覆盖整个城市区域，利用交通监控视频数据、社交媒体中的图像和文本数据等，对洪涝淹没进行提取，进一步提升洪涝淹没感知的全面性和有效性。

首先，采用自然语言处理方法，通过关键词“暴雨”“淹没”“洪涝”“积水”采集相关微博数据，可发现洪涝灾害事件的发展趋势与微博的发文量、转发评论数量之间有着明显的关系。通过分析采集的深圳市洪涝灾害相关主题的微博数据，通过已有的经纬度信息和自然语言处理后的地理位置信息，发现位于“福田区妈湾大道”“福田区香蜜湖路”“龙岗区下李朗村”“彩田路”“南山区兴海大道”等微博表述含有城市洪涝灾害相关信息。从微博数据中提取出淹没地点和灾情程度（表 7.4）。

表 7.4　“4 · 11”深圳短时极端强降水事件微博内容

微博内容	时间	经纬度	地址
#晚高峰路况播报#17 时 50 分，受短时降水影响，福龙路南行方向布龙匝道路段，路面积水约 20 公分，请途经车友谨慎慢行	2019/4/11 19:50:00	113.4861°E 22.3642°N	龙岗区下李朗村
这雨真的超大一分钟后路上的积水都有几厘米深了，我下了公交车后，十秒我鞋已经湿透了	2019/4/11 20:25	113.8513°E 22.9414°N	南山区兴海大道
一小时降水量 40.5 毫米@深圳天气深圳 · 香蜜湖	2019/4/11 20:18	114.0291°E 22.5495°N	福田区香蜜湖路
【暴雨路况信息】彩田路北往南，深圳市中级人民法院门口积水非常严重，十几辆车被水泡了。提醒大家，不要再往这边来啦	2019/4/11 21:31	113.9520°E 22.5323°N	彩田路
……	……	……	……

其次根据收集到的交通监控视频数据、社交媒体图片数据，通过 Mask R-CNN 模型提取视频与图像中的轮胎作为参照物，利用高度差法和勾股定理法计算城市洪涝积水深度，经模型训练与测试验证，计算准确度较高（表 7.5）。对深圳市 2019 年“4 · 11”暴雨事件中的社交媒体图片数据和交通监控视频数据进行分析，识别出积水点位置及深度。

表 7.5　高度差法和勾股定理法验证结果

数据集	评价方法											
	高度差法						勾股定理法					
	RMSE/米			SMAPE			RMSE/米			SMAPE		
	训练	验证	测试	训练	验证	测试	训练	验证	测试	训练	验证	测试
社交媒体图片数据	0.076	0.080	0.114	17.49%	19.48%	19.94%	0.071	0.082	0.099	16.95%	18.81%	18.70%
交通监控视频数据	0.097	0.103	0.138	18.84%	18.62%	20.05%	0.154	0.163	0.186	29.84%	31.45%	38.24%

相较于传统的基于积水传感器数据监测的积水点数据，利用大数据及人工智能技术识别出的积水点数据可对传统易涝点积水检测传感器数据进行较好的补充。利

用积水传感器数据、机会感知数据和群智感知数据识别出的积水点数量和位置。

7.2.2 深圳市降水预测

1. 模型训练与优化

1）气象变量的确定

在气象系统中，降水是大气水循环中重要的一部分，影响降水的气象变量包括温度（T）、露点温度（Td）、最高温度（Tn）、最低温度（Tx）、压强（AP）、压强变化（PT）、相对湿度（RH）、风速（WS）、风向（WD）、最大风速（WSx）、总云量（TCC）、最低云层高度（HLC）、云量（AC）等。由于深圳市的降水极不均衡，86%的降水发生在汛期，而在非汛期很多降水量数值为 0，为了均衡数据的有效性，选择每年汛期的数据进行训练。在 one hot 编码和气象变量数值归一化后计算得到的气象变量与降水量的循环相关性如表 7.6 所示。从表中可以看出气象数据对降水预测有着积极的作用，其中压强对降水有着–0.2150 的负相关，最大风速对降水有着 0.4649 的正相关性。然而最高温度、最低温度、风向与降水量的循环相关性低于 0.1，所以将最高温度、最低温度、风向从模型中剔除。

表 7.6 气象变量与降水量的循环相关性

气象变量	循环相关性
T	0.1941
Td	0.1317
Tn	0.0906
Tx	0.0044
AP	–0.2150
PT	–0.1176
RH	0.1026
WS	0.2544
WD	–0.0234
WSx	0.4649
TCC	0.4339
HLC	–0.1811
AC	0.1699

2）模型训练

分别将未剔除无效气象变量和剔除无效气象变量后的气象数据输入 RNN，

并用五折交叉验证方法来验证隐层数量不同的 RNN 的准确性。每一个不同隐层的 RNN 都被训练和验证 5 次，并将 RNN 中的权重向量保存，用来测试模型的有效性。实际降水量与预测降水量的 RMSE、SMAPE 和 TS 评分分别如表 7.7 和表 7.8 所示。

表 7.7　未剔除无效气象变量在 RNN 训练、验证和测试中的表现

隐层数量	RMSE/毫米			SMAPE			TS 评分		
	训练	验证	测试	训练	验证	测试	TS_1	TS_2	TS_3
2	50.70	48.46	47.54	18.71%	21.89%	23.17%	0.78	0.55	0.65
3	48.34	49.38	51.18	20.02%	20.85%	17.20%	0.77	0.56	0.65
4	50.83	50.85	49.49	17.38%	20.75%	17.61%	0.82	0.58	0.67
5	52.66	53.34	47.85	18.57%	18.54%	21.83%	0.74	0.56	0.65
6	52.15	49.92	51.91	22.97%	22.55%	18.48%	0.82	0.62	0.69
7	47.26	49.42	48.25	18.66%	19.01%	18.16%	0.79	0.62	0.68
8	52.15	50.46	54.19	20.71%	20.65%	21.10%	0.77	0.54	0.70
9	48.86	48.94	52.17	19.44%	22.54%	22.08%	0.80	0.54	0.71
10	50.96	49.04	50.30	18.08%	22.97%	17.26%	0.77	0.57	0.69

表 7.8　气象变量在 RNN 训练、验证和测试中的表现

隐层数量	RMSE/毫米			SMAPE			TS 评分		
	训练	验证	测试	训练	验证	测试	TS_1	TS_2	TS_3
2	48.64	49.27	52.22	17.33%	20.64%	17.32%	0.77	0.59	0.65
3	47.73	49.21	49.78	20.62%	16.92%	16.49%	0.76	0.59	0.65
4	48.56	48.52	47.73	16.35%	17.36%	18.56%	0.77	0.56	0.68
5	49.94	50.41	46.58	20.76%	18.67%	19.67%	0.78	0.56	0.70
6	46.16	50.25	48.12	17.12%	16.95%	16.35%	0.73	0.53	0.64
7	51.02	51.38	51.11	21.46%	21.13%	18.48%	0.74	0.60	0.66
8	47.15	51.77	50.21	16.58%	18.40%	18.41%	0.79	0.55	0.64
9	49.83	49.45	50.45	18.69%	16.86%	16.13%	0.75	0.56	0.64
10	46.08	47.92	49.43	20.26%	19.85%	19.29%	0.80	0.59	0.66

结果表明在未剔除无效气象变量的 RNN 中，不同数量隐层表现没有明显不同。在训练、验证和测试阶段，SMAPE、RMSE、TS_1、TS_2、TS_3 的准确度都在可接受范围内。当 RNN 有 7 层隐层时表现最好，此时选择 RNN（13, 7, 1）为

最佳模型，其中 13 为输入维度，7 为隐层数量，1 为输出维度即降水量。

同样结果表明剔除无效气象变量的 RNN 中，并不是隐层数量越多，预测结果越好。在训练、验证和测试阶段，SMAPE、RMSE、TS_1、TS_2、TS_3 的准确度都在可接受范围内。当 RNN 有 6 层隐层时表现最好，此时选择 RNN（10, 6, 1）为最佳模型，其中 10 为输入维度，6 为隐层数量，1 为输出维度即降水量。

通过与表 7.7 比较，发现未剔除气象变量 RNN 的 RMSE、SMAPE 和 TS 评分，只有当隐层数量为 7 或 9 时，剔除气象变量 RNN 表现较差，其他数量隐层的 RNN 均优于未剔除气象变量 RNN。通过模拟得出深圳市莲花街道气象自动站 2019 年 4 月 RNN（10, 6, 1）和 RNN（13, 7, 1）3 小时降水量预测，与实际降雨量比较，优选出 RNN（10, 6, 1）模型。

3）模型优化

本节计算出每个气象变量对降水量预测值的贡献度，如图 7.1 所示。从图中可以看出在 RNN（10, 6, 1）中，压强变化对降水量有着最大的贡献度，其平均贡献度为 26.52%，露点温度的贡献度最小，小于 5%。同时，还有一些离散点，但其占比非常低，因此可以忽略。对降水量预测值贡献度大于 5%的气象变量分别为温度、压强变化、风速、压强、相对湿度和云量。

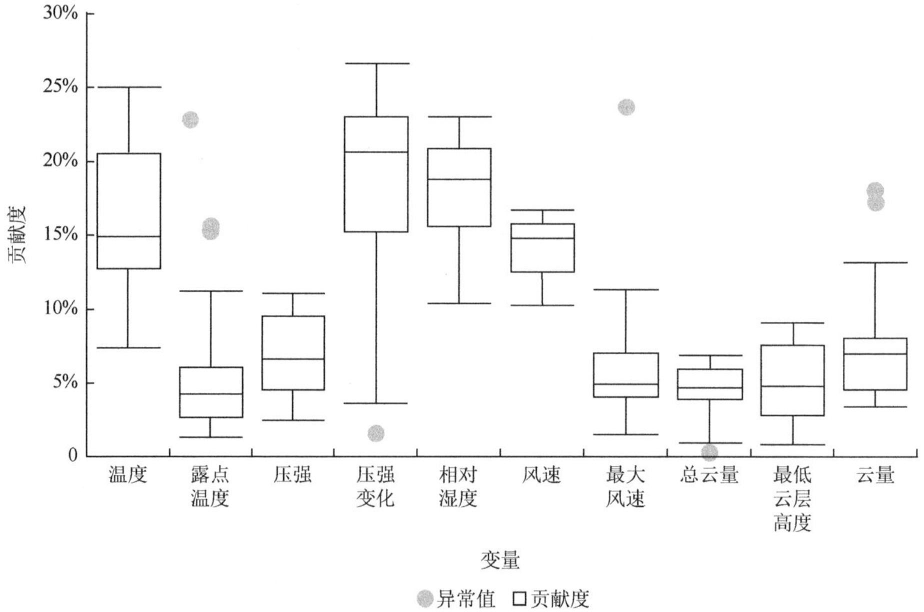

图 7.1　RNN（10, 6, 1）中各气象变量贡献度箱图

城市热岛使城市温度分别高于周围郊区和农村地区 0.6℃至 5.6℃，这种额外的热量会导致上升运动、湿度和大气压力的更大变化，从而导致额外的阵雨和雷暴活动。研究区深圳市是一个高度的城镇化地区，它位于中国华南地区，台风频繁，因此城市热岛现象在深圳市也很普遍，导致深圳市地表局部湿度、温度和风速等因素发生了变化，当地气象受到城市热岛的影响，降水量也受到很大影响，导致温度、压强变化、风速、压强、相对湿度和云量对降水量有很大的影响。由 RNN 对输入变量相对重要性量化也是这一现象的一个很好的证明，因此选择温度、压强变化、风速、压强、相对湿度和云量优化 RNN。

2. 降水预测结果

根据气象变量对降水量预测值的贡献度分析，最终选择温度、压强变化、风速、压强、相对湿度和云量作为优化 RNN 的输入，其结果如表 7.9 所示。

表 7.9　优化后的 RNN 在训练、验证和测试中的表现

隐层数量	RMSE/毫米			SMAPE			TS 评分		
	训练	验证	测试	训练	验证	测试	TS_1	TS_2	TS_3
2	40.04	42.14	41.68	14.91%	16.48%	14.95%	0.88	0.58	0.76
3	41.19	41.73	42.78	13.38%	14.48%	15.37%	0.81	0.62	0.78
4	40.83	41.91	43.41	15.30%	15.92%	15.97%	0.83	0.63	0.70
5	41.96	42.69	42.71	13.60%	16.14%	15.59%	0.87	0.58	0.75
6	40.09	41.32	42.13	13.76%	14.96%	15.11%	0.84	0.61	0.78
7	41.85	42.54	42.37	13.75%	16.07%	14.27%	0.87	0.58	0.72
8	41.99	41.32	43.00	14.58%	16.21%	15.54%	0.84	0.61	0.75
9	41.63	42.22	43.26	14.03%	16.25%	16.49%	0.84	0.57	0.75
10	40.92	41.87	43.06	13.74%	14.58%	16.21%	0.87	0.57	0.75

结果表明，当 RNN 隐层数量为 6 时，实际降水量与预测降水量的 RMSE、SMAPE 和 TS 评分达到最优值，所以当气象变量为温度、压强变化、风速、压强、相对湿度和云量，RNN 有 6 层隐层时表现最好，此时选择 RNN（6, 6, 1）为最佳模型。

基于 RNN（6, 6, 1），将温度、压强变化、风速、压强、相对湿度和云量作为输入变量，可以预测未来一小时内该自动站的降水量。表 7.10 为对收集到的深圳市 2019 年 4 月 11 日 20～22 时的 109 个气象自动站气象数据进行降水预测的结果。

表 7.10 深圳市 2019 年 4 月 11 日 20～22 时的 109 个气象自动站降水量预测数据

气象站序号	经度（E）	纬度（N）	预测的降水量/毫米			气象站序号	经度（E）	纬度（N）	预测的降水量/毫米		
			20 时	21 时	22 时				20 时	21 时	22 时
1	114.547 30°	22.568 27°	0	5	15	31	113.979 40°	22.595 07°	0	27	2
2	114.280 10°	22.605 26°	0	12	41	32	114.235 26°	22.649 84°	6	19	18
3	114.643 00°	22.466 46°	0	0	5	33	114.308 03°	22.602 73°	0	7	42
4	113.979 40°	22.540 75°	0	41	2	34	114.226 48°	22.585 72°	0	12	35
5	113.962 12°	22.767 87°	9	29	1	35	114.013 56°	22.686 53°	0	26	2
6	113.945 58°	22.491 09°	0	18	2	36	114.481 32°	22.603 80°	0	9	22
7	113.964 62°	22.764 89°	16	43	2	37	113.879 58°	22.501 88°	0	25	0
8	113.903 23°	22.785 14°	14	37	1	38	114.017 80°	22.565 83°	0	47	5
9	114.190 02°	22.639 99°	0	27	12	39	113.916 48°	22.566 42°	0	29	2
10	113.809 71°	22.757 97°	5	36	1	40	113.920 96°	22.570 23°	0	20	1
11	114.024 91°	22.552 08°	0	48	4	41	114.332 01°	22.608 03°	1	4	28
12	114.092 24°	22.538 17°	0	46	24	42	114.202 34°	22.595 85°	0	22	52
13	113.925 95°	22.550 35°	0	30	2	43	113.897 69°	22.474 59°	0	11	0
14	113.931 29°	22.532 68°	0	35	3	44	114.135 59°	22.614 63°	0	38	9
15	114.159 98°	22.619 07°	0	35	15	45	114.135 74°	22.699 58°	0	28	3
16	114.490 56°	22.544 87°	0	0	27	46	113.890 24°	22.560 95°	0	7	1
17	114.496 04°	22.537 80°	0	0	22	47	114.252 64°	22.588 02°	0	20	42
18	114.283 98°	22.733 78°	0	5	29	48	113.847 52°	22.781 98°	8	30	1
19	113.798 61°	22.695 94°	0	44	0	49	114.497 05°	22.485 83°	0	0	4
20	114.422 63°	22.645 33°	1	0	38	50	114.478 10°	22.599 07°	0	5	38
21	114.240 46°	22.708 14°	47	54	2	51	114.116 89°	22.553 21°	0	46	25
22	114.084 28°	22.625 49°	0	28	2	52	114.559 47°	22.562 32°	0	4	24
23	114.377 27°	22.749 38°	7	7	28	53	114.034 04°	22.578 35°	0	51	7
24	114.526 80°	22.645 62°	0	6	39	54	114.199 22°	22.597 18°	0	29	34
25	114.315 96°	22.780 39°	1	5	20	55	114.204 80°	22.648 45°	0	20	8
26	114.352 64°	22.697 44°	18	4	26	56	114.041 21°	22.625 89°	0	30	1
27	114.315 96°	22.780 39°	1	5	19	57	114.360 19°	22.690 25°	21	11	30
28	113.945 70°	22.737 66°	0	29	1	58	113.831 32°	22.730 89°	6	34	1
29	113.955 62°	22.529 29°	0	35	2	59	114.040 46°	22.523 86°	0	41	7
30	113.980 47°	22.622 62°	0	31	1	60	114.235 17°	22.558 37°	0	17	51

续表

气象站序号	经度（E）	纬度（N）	预测的降水量/毫米			气象站序号	经度（E）	纬度（N）	预测的降水量/毫米		
			20 时	21 时	22 时				20 时	21 时	22 时
61	114.372 96°	22.696 85°	3	6	34	86	114.156 37°	22.559 75°	0	31	42
62	113.778 27°	22.732 04°	0	39	1	87	114.258 26°	22.567 94°	1	7	23
63	113.816 34°	22.615 98°	0	23	0	88	114.123 37°	22.591 33°	0	43	17
64	114.146 87°	22.547 95°	0	37	31	89	114.249 78°	22.701 72°	0	16	11
65	114.116 96°	22.584 82°	0	45	20	90	114.175 37°	22.570 53°	0	33	47
66	114.366 85°	22.614 07°	2	4	29	91	114.065 19°	22.559 26°	0	65	14
67	113.870 24°	22.812 65°	7	42	1	92	114.439 38°	22.641 86°	0	12	32
68	114.093 27°	22.730 84°	11	22	5	93	114.481 32°	22.603 80°	1	4	26
69	114.408 44°	22.697 34°	21	7	27	94	114.114 68°	22.550 70°	0	43	28
70	114.162 01°	22.659 06°	0	23	5	95	113.920 49°	22.482 84°	0	16	0
71	114.271 93°	22.578 38°	0	9	39	96	113.943 24°	22.608 77°	0	29	1
72	113.946 03°	22.687 35°	0	25	2	97	113.848 80°	22.617 80°	0	30	0
73	113.942 45°	22.678 49°	0	31	1	98	113.869 69°	22.537 45°	0	17	1
74	113.902 64°	22.610 75°	0	24	1	99	114.556 81°	22.487 52°	0	0	11
75	113.829 30°	22.677 081°	0	19	0	100	114.565 56°	22.485 66°	0	0	18
76	114.061 75°	22.528 55°	0	37	16	101	113.956 28°	22.506 56°	0	34	1
77	114.371 22°	22.707 13°	13	7	26	102	114.066 10°	22.736 31°	1	19	3
78	114.016 77°	22.545 14°	0	42	2	103	114.221 78°	22.709 68°	0	22	9
79	114.123 19°	22.562 68°	0	46	29	104	114.191 51°	22.665 02°	4	15	20
80	114.089 90°	22.557 38°	0	50	15	105	114.025 71°	22.662 49°	0	28	2
81	114.008 66°	22.532 05°	0	36	11	106	114.201 25°	22.680 94°	0	21	6
82	113.830 55°	22.549 86°	0	17	1	107	114.191 51°	22.665 02°	0	25	5
83	114.138 09°	22.554 64°	0	41	30	108	114.510 90°	22.571 41°	0	7	28
84	114.124 78°	22.534 97°	0	41	30	109	114.253 84°	22.727 18°	0	13	24
85	113.891 54°	22.850 62°	9	46	2						

7.2.3　城市洪涝灾害风险计算结果

1. 承灾体识别与人口分布

不同的城市洪涝灾害承灾体上人口的分布对城市洪涝灾害风险有着重要影

响，本节采用武汉大学遥感影像数据集（aerial image dataset，AID）和加利福尼亚大学默塞德分校土地利用图像遥感数据集（University of California，merced land use remote sensing image dataset，UCM）对 FCN 模型进行训练，识别出深圳市承灾体包括工厂、高层建筑、低层建筑、道路、交通枢纽、机场、高架桥、广场、树林、河流和湖泊。

根据《深圳市 2023 年国民经济和社会发展统计公报》，2023 年末深圳市常住人口 1779.01 万人，根据深圳市 2019 年 4 月 11 日 19 时至 23 时的手机信令数据和微博用户签到数据，得到深圳市人口实时分布热力图。大鹏新区和坪山区人口分布较少；龙岗区东南部人口分布较少，西部人口分布较多，其中坂雪岗科技城汇聚了华为、中软国际、神舟、康冠、航嘉驰源等 10 多家国内外知名企业，是龙岗区人口密度最高的区域之一；龙华区人口分布较少，北部人口密度较高，深圳北站位于龙华区，作为深圳市规模最大、客流量最大的交通枢纽，同样也是深圳市人口密度最高的区域之一；宝安区人口分布较为均匀，其中松岗潭头工业区、沙井镇芙蓉工业区、科士达工业园人口密度较高；光明区西部人口分布较少，东部人口分布较多。

为了研究不同人口热力分布与承载人口分布的承灾体类型和面积之间关系，首先识别出的承灾体类别和人口空间分布数据的关联关系，筛选出不同承灾体上的人口热力分布，并对该承灾体面积进行求和，得到不同人口热力的各种承灾体面积。如图 7.2 所示，2019 年 4 月 11 日 19 时至 23 时期间，深圳市大部分人口分布在高层建筑、低层建筑、工厂以及交通枢纽中，且随着时间推移，高层建筑中的人口越来越少，工厂和交通枢纽中的人口分布呈增加趋势，其他类型的承灾体中人口分布较少且分布基本稳定。

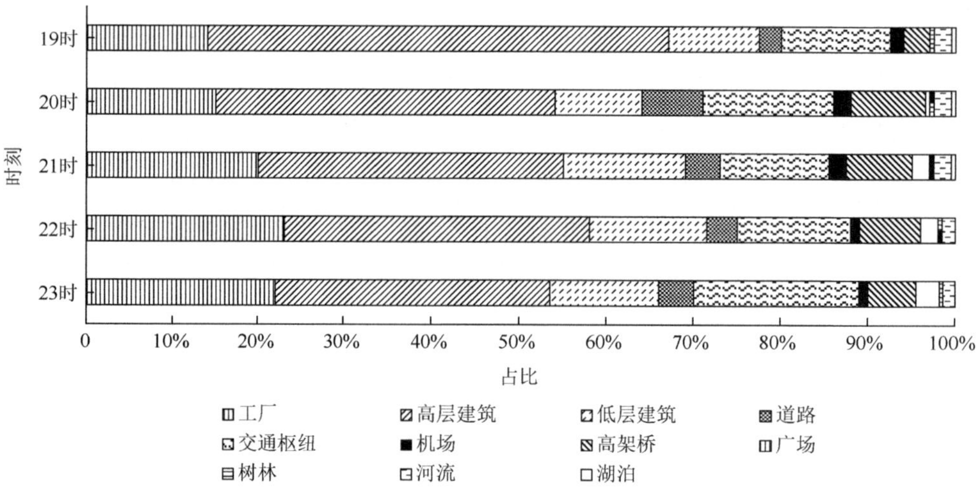

图 7.2　不同承灾体上人口分布堆积图

2. 洪涝灾害风险分析

以层次模型为基础，根据判断矩阵的构建方法，得到各准则层对应目标层的判断矩阵。通过计算每个矩阵的特征向量，获得其最大特征值对应的特征向量，每个特征向量反映每个层次模型中子元素相对其上层元素的相对权重，并进行一致性检验。主观权重最终计算结果如表 7.11 所示，A 表示该淹没范围的洪涝灾害风险程度；B_i 表示与洪涝灾害风险相关的第 i 类准则层；C_{ij} 表示第 i 类准则层下的第 j 类承灾体；B_i-A 表示第 i 类准则层数据类型对于洪涝灾害风险的相对权重；C_{ij}-B_i 表示第 i 类准则层下的第 j 类承灾体对于第 i 类准则层的相对权重；上述两个相对权重相乘，即为每类承灾体数据对于洪涝灾害风险的相对权重 C_{ij}-A。

表 7.11　层次分析法主观权重计算结果

B_i-A	权重	C_{ij}-B_i	权重	C_{ij}-A	权重
B_1-A	0.537	C_{11}-B_1	0.122	C_{11}-A	0.065 514
		C_{12}-B_1	0.230	C_{12}-A	0.123 510
		C_{13}-B_1	0.648	C_{13}-A	0.347 976
B_2-A	0.364	C_{21}-B_2	0.264	C_{21}-A	0.096 096
		C_{22}-B_2	0.086	C_{22}-A	0.031 304
		C_{23}-B_2	0.507	C_{23}-A	0.184 548
		C_{24}-B_2	0.143	C_{24}-A	0.052 052
B_3-A	0.099	C_{31}-B_3	0.102	C_{31}-A	0.010 098
		C_{32}-B_3	0.176	C_{32}-A	0.017 424
		C_{33}-B_3	0.048	C_{33}-A	0.004 752
		C_{34}-B_3	0.675	C_{34}-A	0.066 825

注：表中数据进行过修约，故存在合计不为 1 的情况

在此基础上，利用熵值法得到指标的客观权重，见表 7.12 所示。

表 7.12　指标层对于目标层客观权重计算结果

项目	指标										
	C_{11}	C_{12}	C_{13}	C_{21}	C_{22}	C_{23}	C_{24}	C_{31}	C_{32}	C_{33}	C_{34}
权重	0.0823	0.088	0.0971	0.0966	0.102	0.0967	0.082	0.1048	0.1015	0.0693	0.0798

注：表中数据进行了四舍五入，故存在合计不为 1 的情况

利用主客观权重计算得到最终的权重，如表 7.13 所示。

表 7.13　指标层对于目标层主客观权重计算结果

项目	指标										
	C_{11}	C_{12}	C_{13}	C_{21}	C_{22}	C_{23}	C_{24}	C_{31}	C_{32}	C_{33}	C_{34}
权重	0.1140	0.1671	0.2534	0.0732	0.0121	0.1389	0.0918	0.0020	0.0074	0.0125	0.1277

注：表中数据进行了四舍五入，故存在合计不为 1 的情况

深圳市 2019 年“4 • 11”暴雨事件是深圳气象有记录以来 4 月份最大半小时雨强，其风险强度是近年来较高的一次。因此选择此次洪涝灾害事件中淹没最为严重的新洲立交桥区域作为典型区域，将该区域的洪涝灾害风险指数设为 1，其他区域的洪涝灾害风险值与该区域洪涝灾害风险值的比值为其风险指数。在 4 月 11 日 22 时左右，新洲立交桥区域总淹没面积约为 0.85 平方千米，根据在线地图 API 可获取有高层建筑 34 座，面积约为 0.112 平方千米，低层建筑 29 座，面积约为 0.054 平方千米，道路长约 2.25 千米，广场 3 处约为 0.0355 平方千米，交通枢纽有 7 个公交站、4 个地铁站出口，未来一小时降水量为 42 毫米，人口密度约为每平方千米 6514 人，积水深度最深处为新洲立交桥约 1.37 米处，将数据归一化后，计算出该区域的洪涝灾害风险值为 310.51，其他区域的洪涝灾害风险值与 310.51 的比值即为该区域的洪涝灾害风险指数。

在确定深圳市洪涝灾害典型区域的风险指数计算标准后，深圳市洪涝灾害风险指数等级，如表 7.14 所示。

表 7.14　深圳市洪涝灾害风险指数等级

项目	风险等级				
	高风险 （Ⅴ级）	中高风险 （Ⅳ级）	中风险 （Ⅲ级）	中低风险 （Ⅱ级）	低风险 （Ⅰ级）
风险指数	[0.8, 1]	[0.6, 0.8)	[0.4, 0.6)	[0.2, 0.4)	[0, 0.2)

以深圳市 2 号线莲花村地铁站周边区域为例，通过图像识别得到 2019 年 4 月 11 日 20 时 35 分经纬度坐标(114.074 154°E, 22.553 663°N)的积水深度为 25 毫米，经纬度坐标(114.074 165°E, 22.553 631°N)积水传感器监测水深为 31 毫米，该区域淹没范围为 0.24 平方千米。其中，高层建筑 22 座，面积约为 0.065 平方千米，低层建筑 1 座，面积约为 0.0014 平方千米，道路长约 800 米，广场两处，约为 0.054 平方千米，交通枢纽有 2 个公交站、4 个地铁站出口，未来一小时降水量为 23 毫米，人口密度约为每平方千米 7216 人，积水深度最深处为深圳市 2 号线莲花村地铁站，约 31 毫米，通过对数据归一化得出该区域的洪涝灾害风险指数为 0.76，是中高风险区域，同理可以得出其他淹没区域范围内的洪涝灾害风险指数及等级，由于不同时刻降水量不同，每个区域的淹没范围也会随时间变化而变化。“4 • 11”暴雨

事件期间深圳市洪涝灾害风险与降水、积水点的分布一致，21 时左右风险最大地区出现在福田区莲花山地区和龙华区深圳北站附近。之后虽然深圳东部地区降水有所增加，但由于积水深度降低且淹没范围不大，洪涝灾害风险也较小。

从时间角度来看，深圳市“4·11”暴雨事件期间，洪涝灾害风险由 19 时开始逐渐升高，到 20～21 时风险达到最高，21 时后随着降水强度降低，风险也随之降低；从空间角度来看，洪涝灾害风险较高的地区主要分布在深圳市中西部的福田区、罗湖区、龙华区等人口分布比较密集的区域，其他区域由于人口分布较少，因此洪涝灾害风险也较低。同时随着暴雨强度的增加和人口密度的增加，在承灾体不变的情况下，积水淹没深度增加、范围扩大，深圳市洪涝的高风险区在逐渐扩大，反映了暴雨淹没对城市人口正常生活的重要影响。其中，从深圳市 2019 年 4 月 11 日 19～23 时洪涝灾害风险图可以看出，深圳市“4·11”暴雨事件期间不同时段风险较高的几个地区如表 7.15～表 7.19 所示。

表 7.15　深圳市 2019 年 4 月 11 日 19 时洪涝灾害风险地区状况表

风险区域	风险状况	风险级别（指数）	对策措施
光明区南庄新村公交站	高层建筑 2 座，面积约为 0.005 平方千米，低层建筑 1 座，面积约为 0.0014 平方千米，道路长约 700 米，广场一处，约为 0.054 平方千米，交通枢纽有 1 个，未来一小时降水量为 30 毫米，人口密度约为每平方千米 4296 人	中风险（0.42）	公交车缓慢从此处通过，周边商家做好防水工作，防止积水淹入店内
宝安区裕同集团	工厂 5 座，面积约为 0.095 平方千米，道路长约 650 米，广场两处约为 0.047 平方千米，交通枢纽有 1 个公交站，未来一小时降水量为 33 毫米，人口密度约为每平方千米 5864 人	中低风险（0.32）	工厂在重要部门站岗放哨，随时掌握本部门本单位仓库和物资搬动情况

表 7.16　深圳市 2019 年 4 月 11 日 20 时洪涝灾害风险地区状况表

风险区域	风险状况	风险级别（指数）	对策措施
光明区南庄新村公交站	高层建筑 2 座，面积约为 0.005 平方千米，低层建筑 1 座，面积约为 0.0014 平方千米，道路长约 700 米，广场一处，约为 0.054 平方千米，交通枢纽有 1 个，未来一小时降水量为 21 毫米，人口密度约为每平方千米 4361 人	中高风险（0.63）	公交车缓慢从此处通过，周边商家做好防水工作，防止积水淹入店内
宝安区裕同集团	工厂 5 座，面积约为 0.095 平方千米，道路长约 650 米，广场两处，约为 0.047 平方千米，交通枢纽有 1 个公交站，未来一小时降水量为 33 毫米，人口密度约为每平方千米 5864 人	中风险（0.45）	按各自负责的工作范围去发动、组织人员抢险，指挥员工疏散
深圳北站	道路长约 1500 米，广场两处约为 0.18 平方千米，交通枢纽有 1 个长途客运站、2 个公交站、8 个地铁站出口，未来一小时降水量为 19 毫米，人口密度约为每平方千米 8867 人	中风险（0.43）	配合上级部门组织人员检查线路，一旦发生故障要立即处理，保证照明和通信线路畅通无阻

表 7.17　深圳市 2019 年 4 月 11 日 21 时洪涝灾害风险地区状况表

风险区域	风险状况	风险级别（指数）	对策措施
莲花村地铁站	高层建筑 22 座，面积约为 0.065 平方千米，低层建筑 1 座，面积约为 0.0014 平方千米，道路长约 800 米，广场两处，约为 0.054 平方千米，交通枢纽有 2 个公交站、4 个地铁站出口，未来一小时降水量为 43 毫米，人口密度约为每平方千米 7216 人	高风险（0.87）	做好应急准备，防止积水涌入地铁站内，人员如无必要不要出行
罗湖区桂园街道	高层建筑 18 座，面积约为 0.055 平方千米，道路长约 650 米，广场两处约为 0.047 平方千米，交通枢纽有 4 个公交站、6 个地铁站出口，未来一小时降水量为 31 毫米，人口密度约为每平方千米 6389 人	中高风险（0.67）	准备排涝设备、人员，随时做好防汛准备
深圳北站	道路长约 1500 米，广场两处约为 0.18 平方千米，交通枢纽有 1 个长途客运站、2 个公交站、8 个地铁站出口，未来一小时降水量为 19 毫米，人口密度约为每平方千米 9025 人	中高风险（0.66）	配合上级部门组织人员检查线路，一旦发生故障要立即处理，保证照明和通信线路畅通无阻
福田区新洲立交桥	道路长约 500 米，桥梁 1 座，未来一小时降水量为 54 毫米，人口密度约为每平方千米 3507 人	中高风险（0.64）	封闭交通，禁止车辆行人从此通过
南山中心区	高层建筑 25 座，面积约为 0.081 平方千米，道路长约 900 米，广场 1 处，约为 0.024 平方千米，交通枢纽有 2 个公交站、4 个地铁站出口，未来一小时降水量为 22 毫米，人口密度约为每平方千米 9054 人	中风险（0.59）	居民如无必要不要出门，社区做好防汛准备

表 7.18　深圳市 2019 年 4 月 11 日 22 时洪涝灾害风险地区状况表

风险区域	风险状况	风险级别（指数）	对策措施
福田区新洲立交桥	高层建筑 34 座，面积约为 0.112 平方千米，低层建筑 29 座面积约为 0.054 平方千米，道路长约 2.25 千米，广场 3 处，约为 0.0355 平方千米，交通枢纽有 7 个公交站、4 个地铁站出口，未来一小时降水量为 42 毫米，人口密度约为每平方千米 6514 人	高风险（1.00）	封闭交通，禁止车辆行人从此通过
莲花村地铁站	高层建筑 21 座，面积约为 0.062 平方千米，低层建筑 1 座，面积约为 0.0014 平方千米，道路长约 730 米，广场两处，约为 0.054 平方千米，交通枢纽有 2 个公交站、4 个地铁站出口，未来一小时降水量为 17 毫米，人口密度约为每平方千米 7216 人	中高风险（0.72）	做好应急准备，防止积水涌入地铁站内，人员如无必要不要出行
罗湖区桂园街道	高层建筑 18 座，面积约为 0.055 平方千米，道路长约 650 米，广场两处，约为 0.047 平方千米，交通枢纽有 4 个公交站、6 个地铁站出口，未来一小时降水量为 23 毫米，人口密度约为每平方千米 6389 人	中风险（0.57）	准备排涝设备和人员，随时做好防汛准备
南山中心区	高层建筑 25 座，面积约为 0.081 平方千米，道路长约 900 米，广场 1 处，约为 0.024 平方千米，交通枢纽有 2 个公交站、4 个地铁站出口，未来一小时降水量为 22 毫米，人口密度约为每平方千米 9054 人	中风险（0.56）	居民如无必要不要出门，社区做好防汛准备

表 7.19 深圳市 2019 年 4 月 11 日 23 时洪涝灾害风险地区状况表

风险区域	风险状况	风险级别（指数）	对策措施
福田区新洲立交桥	道路长约 500 米，桥梁 1 座，积水深度 1 米以上，未来一小时降水量为 38 毫米，人口密度约为每平方千米 6321 人	中高风险（0.72）	封闭交通，禁止车辆行人从此通过
南山中心区	高层建筑 25 座，面积约为 0.081 平方千米，道路长约 900 米，广场 1 处，约为 0.024 平方千米，交通枢纽有 2 个公交站、4 个地铁站出口，未来一小时降水量为 18 毫米，人口密度约为每平方千米 9257 人	中风险（0.50）	居民如无必要不要出门，社区做好防汛准备
福田区南方国际广场	高层建筑 16 座，面积约为 0.048 平方千米，道路长约 1000 米，广场 1 处，约为 0.024 平方千米，交通枢纽有 2 个公交站、6 个地铁站出口，未来一小时降水量为 18 毫米，人口密度约为每平方千米 8517 人	中低风险（0.37）	准备排涝设备和人员，随时做好防汛准备

综上分析可得深圳市“4·11”暴雨事件期间深圳市洪涝灾害风险较高的地区主要分布在降水量大、人口密集的区域，深圳市福田区、罗湖区、南山中心区的高层建筑集中、低层建筑密集、道路繁杂，同时，立交桥、地铁站、火车站由于其特殊的地理位置及人口密集性，风险级别均在中风险以上。相对来看，宝安区的工厂较多，人口密度较低，属于中风险。考虑到各承灾体上的经济分布和人员密集情况，以及不同承灾体对人们正常活动的影响，可以得到在遭遇同等强度的城市洪涝灾害时，福田区、罗湖区、南山区的风险最高，光明区、宝安区、龙岗区、龙华区、坪山区次之，盐田区和大鹏新区的风险最低，与深圳市“4·11”暴雨事件中风险研判结果一致。

7.3 深圳市福田区洪涝灾害人群活动风险预警

本节以深圳市福田区为案例，研究了考虑人群活动下的洪涝风险预警，首先，基于功能区对洪涝灾害风险进行动态评估[369]，其次，模拟了人群在洪涝灾害过程中的活动风险[444]，最后，提出了洪涝灾害出行风险预警引导策略[316]。

7.3.1 福田区功能区的洪涝灾害风险动态评估

1. 不同功能区人口时空分布变化

1）城市功能区划分

采用 50%的分类标准将福田区划分为 11 个功能类型，其中 6 个为单一功能类型，5 个为混合功能类型。此外，福田区左下角为水体占用区域，该区域缺乏功能属性，无人居住且不活跃。因此，虽然该地块被纳入洪水淹没模拟，但在福田区洪水风险评估的具体过程中没有对其进行分析（表 7.20）。

表 7.20　福田区各功能区划分结果

项目	功能区										
	DC	DC&BGR	DC&LR	BGR	LR	LR&BGR	LR&ET	ET	ET&BGR	LT	MS
数量/个	10	6	54	75	64	78	2	5	6	1	4

注：DC 为餐饮和消费功能区；BGR 为商业、政治和科研区；LR 为生活居住区；ET 为生态旅游区；MS 为医疗服务区；LT 为休闲娱乐区

福田区的功能单元通常以商业行政服务为特色。东部的商业行政服务比西部多，但这些服务沿着研究区域的南北中轴线分布。热点地区显示出比其他地区更高的吸引交通的能力，如中心地区。这些区域是城市的商业、行政和文化中心。华强北、八卦岭是集工业和商业于一体的综合性工业区，这些地区交通便利，是深圳市商业繁荣的传统和热门地区，有许多零售、贸易和餐饮服务、服装市场和其他类型的商业。

福田区的餐饮和消费功能区（DC）与生活居住区（LR），商业、政治和科研区（BGR）穿插或融合在一起，形成了以深圳市中心区、华强北、梅林街道、车公庙、金沙湾、香蜜湖为主要服务区域的特色商圈。LR 功能区总体分布在生态旅游区（ET）周围，呈现“两极、多中心”的趋势。两极指南北，多中心包括主要生活区，如上沙、下沙、梅林街道、益田社区，以及莲花一村、莲花二村和莲花北村地区。提供医疗服务区（MS）和休闲娱乐区（LT）服务的单一功能区数量较少，主要集中在LR功能区周围，这些功能区提供公共服务。DC功能区大多穿插在LR功能区和商业及BGR功能区之间或与之融合，形成以中心区、华强北、梅林街道、车公庙、香蜜湖为主要服务区的特色商业区。

混合功能区主要是BGR和LR混合区，它们大多集中在中心城市，包括通勤密集和土地价格较低的工业区域。在这些区域，商业和居住之间的联动现象是正常的。其他混合功能区的空间分布与人口分布和商业环境密切相关。此外，DC 和 LT 功能区与 BGR 功能区形成了良好的联系，MS 功能区和 ET 功能区满足了居民日益增长的娱乐需求。生活区周围的公共服务设施和商业服务设施逐渐完善，形成了良好的社区商业氛围。

2）不同功能区人口的时空分布

图 7.3 显示了不同功能区人口的时空变化。前往 BGR 功能区的交通量在工作日很高，出行时间集中，通勤高峰出现在 9:00 和 18:00 左右，略晚于 MS 功能区的早高峰。早晚时段以短途出行为主。前往 DC 功能区的出行集中在 11:00～

13:00 至 17:00～19:00 之间，伴随着其他功能区人口的部分减少。这些功能区人口流动非常显著。LR 功能区由附近的公共生活服务组成。与餐饮、娱乐和医疗相比，LR 服务主要被那些在特定时间段内具有相对固定出行模式的人所使用。LR 区域的活动集中在功能区内，跨功能区的移动有限。LR 功能区提供了多样化的服务，使居民能够在本地满足自己的需求，从而形成了稳定的出行模式。例如，学生及其父母与教职员工从居住区转移到教育设施内，遵循类似的上学和上班时间。理发店、美容院和食品市场等公共服务场所主要由非通勤者访问，或在非通勤时间内访问率较高。MS 功能区与其他功能区有所不同。除了医务人员外，前往医疗服务的人口是随机和不确定的，其空间和时间上的流动分布主要由医疗服务提供者的工作时间确定。因此，7:00 之后医疗功能区的人口数量显著增加，在 11:00～14:00 和 19:00 之后有明显减少。此外，LT 功能区和 ET 功能区在工作日人口较少，人口流动有限。

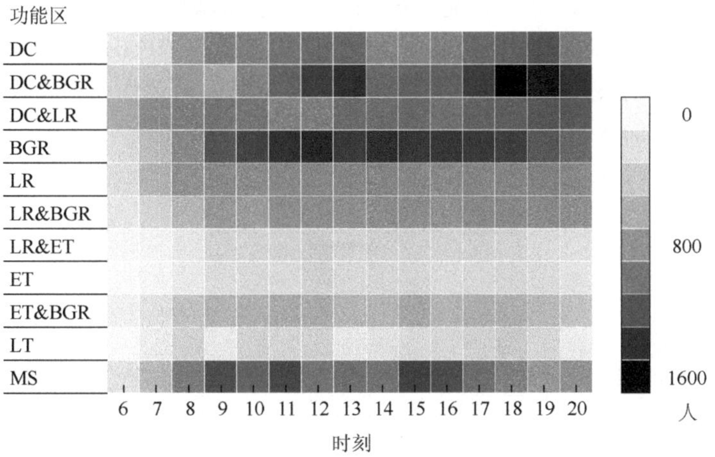

图 7.3　功能区人口时空变化热图

2. 不同功能区的城市洪水风险结果

本节参考《深圳市暴雨强度公式及查算图表（2015 版）》，设计了福田区 50 年一遇暴雨情景，并将福田区的模拟洪水淹没结果与深圳市气象灾害风险咨询提供的实际积水分布点数据进行了比较，模拟数据与实际数据在易受灾点上的误差在 5%以内，证明该模型能够有效模拟福田区的洪水灾害。根据人口的时空分布特征，选择了三个典型时段作为风险评估的重点：早高峰、午休和晚高峰时段。这些时间跨度为降水结束后 1～5 小时的淹没期。结果分为五个等级，如表 7.21 所示。

表 7.21　风险等级分类

风险等级	风险指数
高风险	(0.5，1]
中高风险	(0.3，0.5]
中风险	(0.2，0.3]
中低风险	(0.1，0.2]
低风险	[0，0.1]

1）早高峰时段

如图 7.4 所示，早高峰时段风险区域数量呈现先增加后减少的趋势，风险峰值出现在 8 时左右。降水从 5 时开始，6 时到 8 时风险区域数量增加，此时人群处于流动状态，风险分布相对分散。值得注意的是，DC&LR 和 LR 功能区在 6 时占主导地位，主要受到有早餐需求的相关人口的影响。由于通勤，风险区域从 7:00～8:00 蔓延至 LR&BGR 和 BGR 功能区。从 9:00～10:00，风险区域的数量开始减少，人口流动减小。此时，人群活动主要与在公司工作或在学校学习有关；因此，风险最高的区域主要是 LR 和 BGR 功能区。

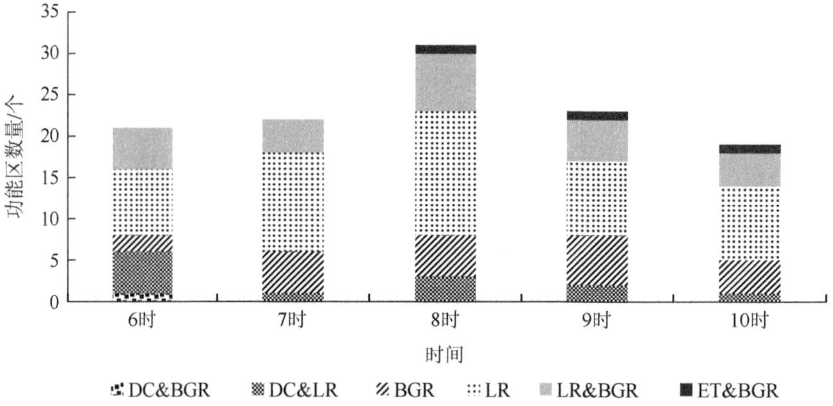

图 7.4　早高峰时段中高风险和高风险功能区的变化

2）午休时段

如图 7.5 所示，午休时段的风险区域数量呈先增加后减少的趋势，风险峰值出现在 13 时左右。此时人们开始午休，LR 的风险最高。午休时间从 13 时至 15 时逐渐结束，LR 功能区的风险水平相比 13 时降低。

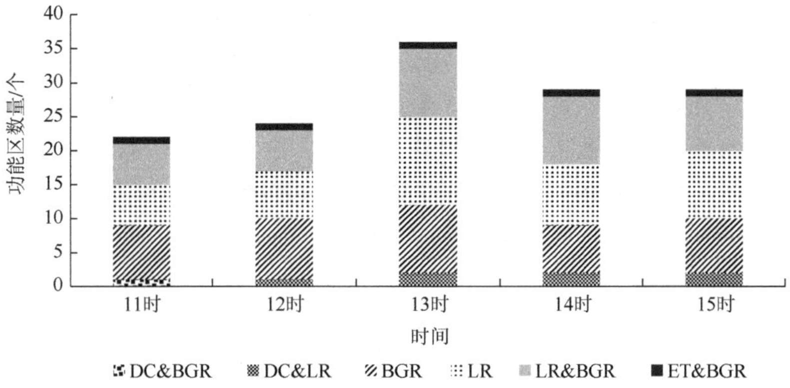

图 7.5　午休时段中高风险和高风险功能区的变化

3）晚高峰时段

如图 7.6 所示，晚高峰时段（17:00～19:00）的风险是由下班人群产生的。16 时风险主要集中在 BGR 功能区。从 17:00～19:00，由于人口流动大，风险先升高后降低，并逐渐蔓延至 DC&LR 功能区。20 时，与加班相关的第二次晚高峰出现。此外，洪水已经达到第五小时。此时，风险主要集中在 LR 功能区。

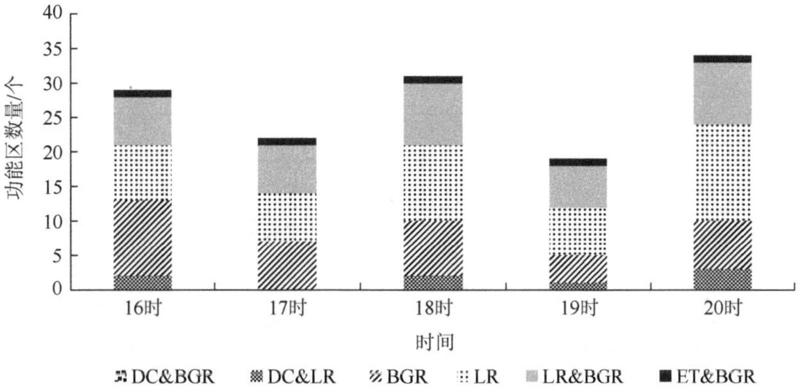

图 7.6　晚高峰时段中高风险和高风险功能区的变化

基于上述三个时段的结果，人口流动显著的四个地区也是风险变化的主要地区，特别是 LR 和 BGR 功能区，它们经历中高洪水风险的概率更高，需要特别关注。

7.3.2　福田区洪涝灾害人群活动风险模拟及预警

1. ABM 模型设置

为探究城市暴雨洪涝建筑物风险在不同时刻降水情景下变化情况，研究首先将 NS-UFRF 系统模拟深圳市福田区百年一遇降水情景的淹没模拟结果与福田区基础地理信息数据进行叠加，将暴雨淹没数据转换为建筑物受淹、道路受淹数据，并在指定降水情景下将福田区受淹地理矢量数据导入研究区仿真模型。其次根据《深圳市福田区第七次全国人口普查公报》各个街道人口性别和年龄结构数据将生成社区居民 Agent，按照 1∶30 的比例设置居民 Agent 数量，设置模型开始时间为 0:00，具体参数设置如表 7.22 所示。

表 7.22　仿真模型初始化参数

变量	单位	含义	初始值
start_date		模型初始化的假设时间	2025-07-01
step	步长	模型运行一个周期对应现实的时间	10
current_hour	小时	当前时间	0
current_min	分钟	当前时间	0
nb_workingpeople		初始化的工作人口个数	28 420
nb_childrenpeople		初始化的学生人口个数	9 340
nb_oldpeople		初始化的老年人口个数	6 350
nb_randompeople		初始化的自由人口个数	7 750
flood_depth	米	当前时刻的暴雨淹没	0
min_work_start		工作人口的最早上班时间	7
max_work_start		工作人口的最晚上班时间	8
min_work_end		工作人口的最早下班时间	17
max_work_end		工作人口的最晚上班时间	20
min_speed	千米/时	人口智能体的最小移动速度	5
max_speed	千米/时	人口智能体的最大移动速度	15
……	……	……	……

考虑到城市夜间人口空间分布与住宅类建筑物、交通等城市基础设施的位置有较高相关性，受自然因素的影响较小。因此，本节在公开的城市人口普查数据的基础上，基于城市建筑物数据对人口分布进行二次建模分配，实现建筑物尺度的人口密度制图，并以此作为城市人口空间化的依据。对城市住宅类建筑物面积与建筑物可容纳人口之间的关系进行对比，发现住宅类建筑物面积与建筑物人口密度存在明显的正相关关系[445]。建立建筑物空间面积属性和人口密度格网的数

学模型，获得城市住宅类单个建筑物的估算人口，实现对城市建筑物尺度的人口数据空间化，具体计算公式如下：

$$POP_i = a \times S_i + e \tag{7.1}$$

其中，POP_i、S_i 分别为建筑物 i 估算常住人口数和地理文件数据中建筑物 i 的占地面积；a 为比例系数，取值为 0.021；e 为误差，取值为 0[446]。

按照建筑物的面积比例，将格网内的人口分配给每一个住宅类建筑后，得到区域基础地理数据和人口初始化界面，共有 3102 个建筑物图，作为居住功能的住宅区建筑共计 1332 个；工业区建筑共计 1227 个；学校类建筑共计 251 个；商场类建筑共计 194 个；公园类建筑共计 98 个。建筑面积共计 38.6 万平方千米；共有 4598 个道路路段，累计里程 9.45 万千米。

在早高峰时段，人口智能体从早上 6:00 开始一天的活动，从住宅区向非住宅活动，其中，学生人口在早上 6:00～7:00 离开住宅区，出发前往学校上学；大多数工作人口在早上 7:00～9:00 离开住宅，前往工业区上班；约有一半比例的老年人会在早上 6:00～8:00 期间离开住宅，开始闲逛晨练活动；早高峰时段，暴露在道路上的人口数量先快速增加，而后随着人口到达目标地点，暴露在道路上的人口数快速下降。而在晚高峰时段，17:00 之后，随着学生人口放学、工作人口下班以及各种休闲、购物等人群活动，道路上的人口数量持续保持高暴露度，在 20:00 之后，随着大部分人口智能体逐渐结束了一天的活动，暴露在道路上的人口数量开始逐渐呈现减少的趋势。

2. 风险模拟及预警结果

三种降水情景下的城市建筑物风险变化情况如图 7.7 所示，其中，早高峰降水情景下的建筑物风险均值最大，约为晚高峰降水的 2.1 倍，约为凌晨降水的 3.2 倍。凌晨人口均在住宅区休息，建筑物风险大小随时间呈现上升的动态趋势，和暴雨淹没程度变化趋势有一致性，风险变化趋势只与暴雨淹没程度有关；早高峰降水情景下，建筑物风险在仿真模型运行初期大幅度增大，这是学生人口和工作人口的上学上班等活动导致，而后由于老年人口和自由人口停止休闲活动回到家中，建筑物风险短暂降低，之后风险随暴雨淹没程度继续缓慢增大，风险的变化趋势受暴雨洪涝灾害的演进过程和城市人群动态活动过程的共同影响；晚高峰降水情景下，建筑物风险随着降水灾害的淹没深度和淹没范围逐渐增大，而后随着大部分人口智能体结束了一天的通勤活动回到家中，由于住宅区的敏感性程度较低，城市建筑物的风险均值小幅度下降，并逐渐与凌晨降水情景下的风险变化趋势趋于一致。

为了探究不同降水情景下人群活动对道路风险变化的影响，基于自然间断法对道路风险划分三个风险等级，并得出不同风险等级的道路数量随降水时间的变

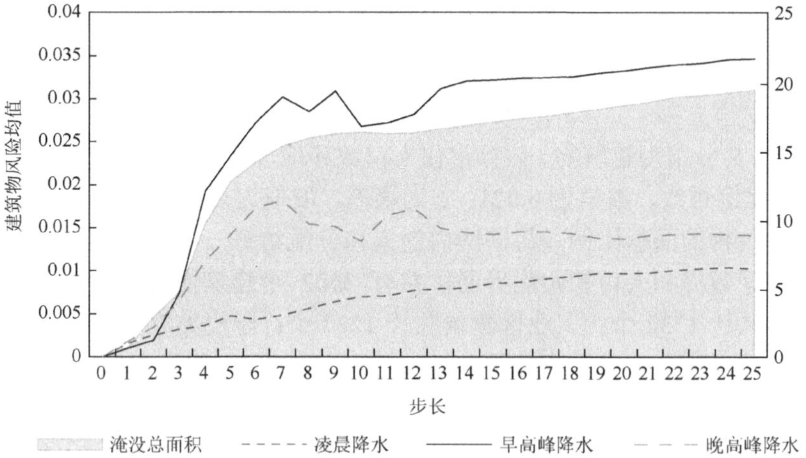

图 7.7 三种降水情景下的城市建筑物风险变化情况

1 步长 = 10 分钟

化趋势如图 7.8 所示，早高峰降水情景下，随着道路受淹总长度的增加和暴露在道路上的人口的增多，风险道路数量逐步增加，最多达到 630 条，降水两小时左右，随着早高峰通勤活动的结束，暴露在道路上的人口数量越来越少，风险道路数量小幅度下降；而在晚高峰降水情景下，风险道路数量在降水两个半小时左右达到最大值 520 条，而后随着人口结束一天的活动，风险道路数量小幅度下降。但降水情景下前 4 小时，晚高峰处于中高风险的道路数量均值约为早高峰时段的 1.7 倍，推测是由于早高峰时段人口大多快速出发前往目的地，人口在建筑物外的暴露时长较短；而晚高峰降水情景下，大量自由人口和工作人口仍忙碌于复杂的社会活动，如商场购物、公园闲逛等出行行为，导致暴露在道路中的人口数量长期处于较高水平，增大了晚高峰降水情景下的城市道路暴雨洪涝风险。

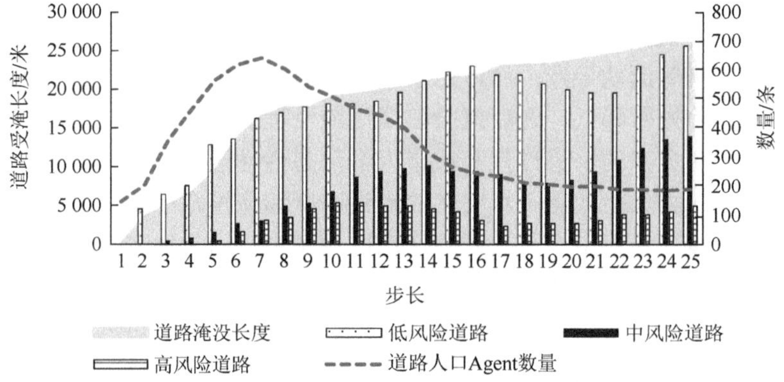

(a) 早高峰降水情景风险道路变化

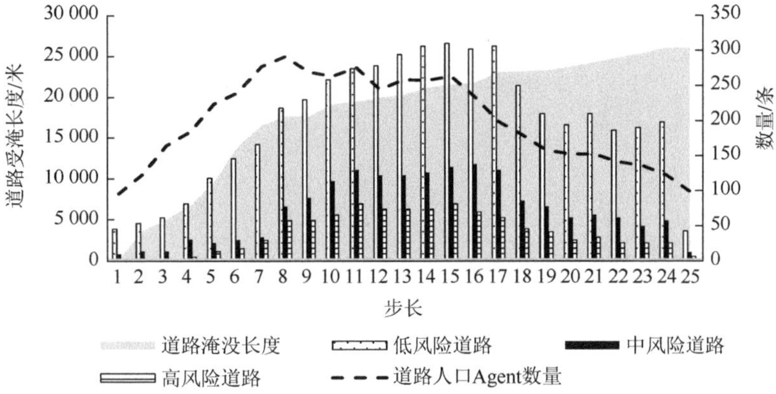

(b) 晚高峰降水情景风险道路变化

图 7.8　有风险道路数量变化趋势

1 步长 = 10 分钟

为进一步探究研究区在人群活动下的暴雨洪涝灾害高危路段分布，统计了早晚高峰时间段内风险等级均为高风险的风险路段信息如表 7.23 所示，可以看出香轩路、梅康路、八卦路等路段由于道路敏感性等级较高，风险等级和处于风险状态下的风险时长均远高于主干道和次干道类型的道路，需重点关注。

表 7.23　暴雨洪涝高风险路段

道路名称	类型	风险等级	平均风险时长/分钟
香轩路	社区支路	高	115
笋岗西路	次干道	高	95
梅康路	社区支路	高	115
梅亭路	社区支路	高	100
民田路	社区支路	高	90
新洲路	三级公路	高	105
福彩路	社区支路	高	100
八卦路	三级公路	高	115

对早晚高峰降水情景下的城市建筑物、道路风险进行对比分析后发现，早、晚高峰道路风险均值约为建筑物风险均值的 2 倍，这是由于人口暴露在道路上的灾害敏感性高于建筑物内部的灾害敏感性。此外，随着城市暴雨洪涝的淹没范围扩大，建筑物和道路风险呈上升趋势，但是在早高峰情景，由于人群通勤活动，道路和建筑物风险快速增加后趋于平缓，但晚高峰情景，由人群复杂的休闲娱乐活动导致的道路风险呈现上升的趋势，建筑物风险整体呈现下降随后保持不变的趋势，这是人群返回低敏感性的住宅导致的（图 7.9）。

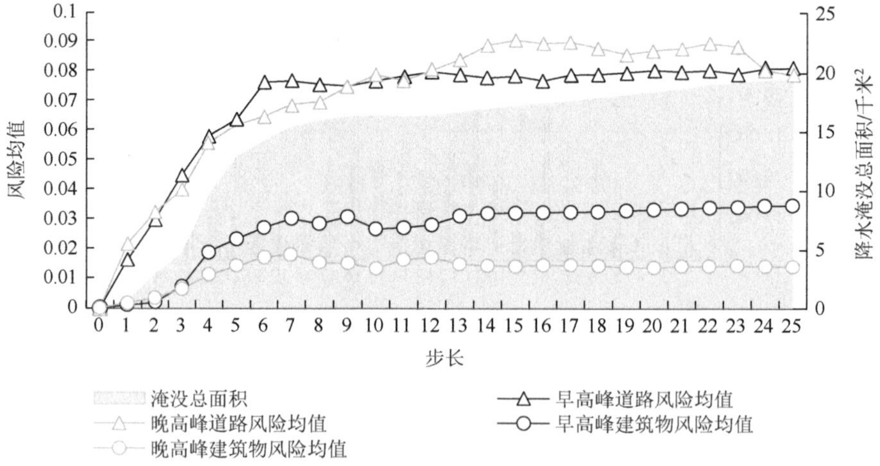

图 7.9　早、晚高峰降水的建筑物、道路风险变化

1 步长 = 10 分钟

为进一步探究人群活动对城市不同类型建筑物风险空间变化的影响，本节进一步计算了城市各建筑物类型中有风险的建筑物比例，并得出早、晚高峰降水情景下的各建筑物类型风险变化趋势。如图 7.10 所示，在早高峰灾害情景下，暴雨洪涝风险主要分布在 251 个学校建筑物和 194 个商场建筑物中。学校类建筑风险

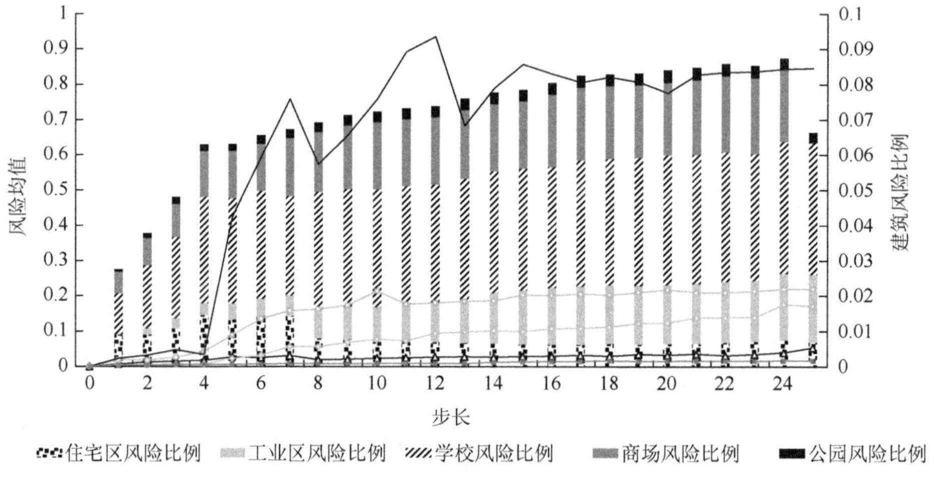

图 7.10　早高峰降水情景下各建筑物类型风险变化趋势

1 步长 = 10 分钟

占比最高，需重点关注；工业区和商场建筑，公园和住宅区建筑风险均值和风险建筑物占比较低，这是由于学校类建筑物洪涝敏感性等级较高，且学生大量聚集，增大了暴雨洪涝风险，而白天公园和住宅区建筑物人口密度均比较低，暴雨洪涝风险和占比均比较低。

在晚高峰降水情景下，城市各个建筑物类型的风险变化趋势如图 7.11 所示，在模型运行的前 7 个步长，风险主要集中于学校和工业区；随着降雨过程的推进，风险逐步向商场转移；而后，住宅区的风险显著上升，成为主要的洪涝风险承载区域，呈现出由生产与公共服务区向生活居住区演化的风险迁移特征。这是由于晚高峰随着人口下班、放学、逛街休闲等活动，城市人口逐渐向商场、公园和住宅区建筑物转移；在晚高峰降水情景下，各类型建筑物的暴雨洪涝风险均值最高的仍然是学校、商场和工业区，而后由于城市人口返回家中，学校、商场等建筑物的风险占比呈现下降的趋势。

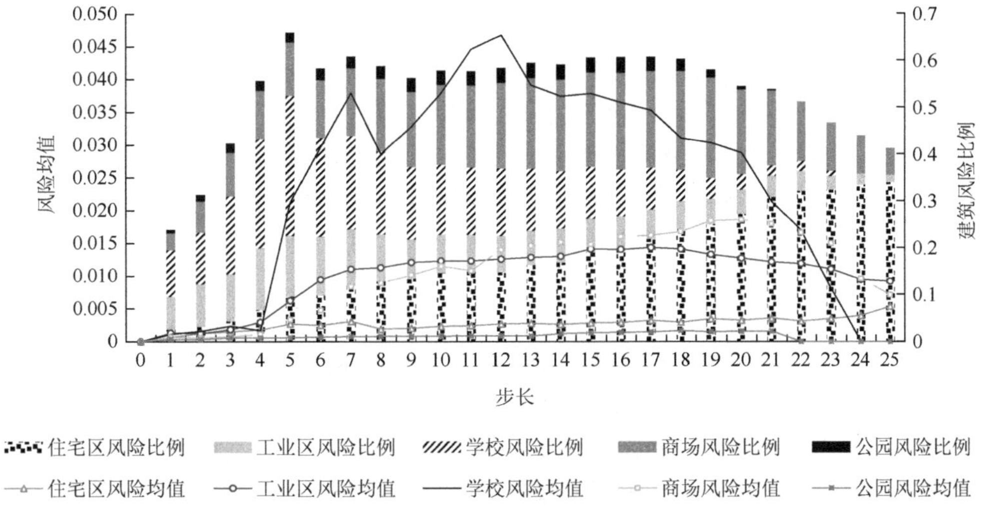

图 7.11　晚高峰降水情景下各建筑物类型风险变化趋势

1 步长 = 10 分钟

对深圳市福田区暴雨洪涝模型百年一遇暴雨洪涝灾害下的风险模拟结果，基于暴雨洪涝灾害风险预警阈值确定法划分风险预警阈值，得出四类风险预警等级。

在凌晨降水灾害情景下，深圳市福田区的预警建筑物仅存在于住宅区范围内，且有风险的建筑物大多只启动了四级灾害预警；少部分住宅区建筑物启动三级灾害预警；东南和西部部分住宅区建筑启动二级灾害预警；极少部分低洼住宅建筑物启动一级灾害预警；这是由于凌晨降水灾害情景下，城市人群集中在住宅区建筑物中，风险较低，与之对应的风险预警等级也较低。

在早高峰降水灾害情景下，福田区将近一半建筑物（建筑物类型多为住宅区建筑及公园建筑物）启动四级应急预案；东部少数商场建筑物、住宅区建筑物启动三级预警；淹没程度较大的部分工业区和学校建筑物启动二级预警；大多数学校建筑物和北部少部分工业区建筑物启动一级预警。早高峰情景下，福田区建筑物预警等级和预警范围远远高于夜间降水情景，这是人群在早高峰时段，复杂的人群活动导致的。

而在晚高峰降水灾害情景下，研究区的暴雨洪涝灾害风险预警范围和早高峰情景下较为相似，但又不完全相同。与之相同的是晚高峰情景下，城市暴雨洪涝灾害风险范围和高风险建筑物数量均远远大于凌晨暴雨洪涝灾害情景；与之不同的是，凌晨情景下的暴雨洪涝灾害预警空间分布更为混乱，预警范围较之早高峰灾害情景更大，但一级和二级预警建筑物数量比早高峰灾害情景下的建筑物数量少，这是由于晚高峰时段，城市人群活动更为复杂，随着学生人口、工作人口结束一天的社会活动，前往商场和公园建筑物，开展休闲娱乐等活动，商场建筑物的风险预警等级更高，而学校和工业区的预警等级则与之对应的开始下降。与此同时，由于部分人口逐渐返回住宅区休息，住宅类建筑物的预警等级也增大，一级预警类建筑物更多地集中在福田区南部受淹程度较深的商场和工业区建筑物；二级预警类建筑则分布于中部工业区和学校建筑物；三四级预警信号受人群活动分布影响更为分散，且主要以住宅区和公园建筑物为主。

进一步统计不同灾害情景下风险最大时刻的城市建筑物和道路预警等级数量的结果，如表 7.24 和表 7.25 所示，发现早晚高峰时段的预警建筑物和道路数量均高于夜间降水情景。此外，早高峰灾害情景下的一、二级预警建筑物预警数量高于晚高峰灾害情景，但存在风险预警的道路数量则远低于晚高峰灾害情景。这是由于晚高峰情景下，城市人群活动较早高峰时段更为复杂，城市人口长期暴露于城市路网中，晚高峰时段道路的一、二级预警道路数量远高于早高峰灾害情景下的一、二级预警道路。

表 7.24 不同灾害情景下风险最大时刻城市建筑物预警等级数量统计表（单位：个）

预警等级	夜间降水	早高峰降水	晚高峰降水
四级	400	557	669
三级	236	469	290
二级	89	182	90
一级	14	41	23

表 7.25　不同灾害情景下风险最大时刻城市道路预警等级数量统计表（单位：条）

预警等级	夜间降水	早高峰降水	晚高峰降水
四级	0	699	655
三级	0	257	442
二级	0	73	266
一级	0	42	121

7.3.3　福田区洪涝灾害出行风险预警引导策略

1. 洪涝灾害出行风险分析

1）洪涝灾害出行危险强度分析

研究结果显示，淹没区域在福田区南部中心区域和低洼地区存在空间集聚性，福田区的北部是山区，南部沿着河流，高程由北到南逐渐降低，南部占据了主要淹没区域。整个区域淹没区域的比率和区域差异显而易见，这一分布格局与福田区的地形和土地利用情况密切相关，说明城市规划和建设应当充分考虑地形和土地利用的影响。结果表明，在不同重现期的洪水情景下，淹没面积随着淹没深度增加呈逐渐增加的趋势，这一分析结果对于深入了解淹没严重的区域以及地形的变化对城市淹没影响具有重要意义。

研究区域淹没情况通过不同降水重现期下淹没面积和淹没比例来表示。总体来说，随着降水重现期从 20 年一遇提高至 500 年一遇，淹没比例（表 7.26）、淹没水深和淹没面积逐渐增加。在 20 年重现期下，淹没总面积为 2.38 平方千米，占该区域总面积的 3.5%，而在 500 年重现期内，淹没面积为 8.03 平方千米，占总面积的 11.7%，从 20 年到 500 年重现期内呈上升趋势。福田区淹没面积发生了明显变化，从 2.38 平方千米、5.28 平方千米、6.65 平方千米，上升到了 8.03 平方千米，并且淹没比例持续增加，从 3.5%、7.7%和 9.7%增加到 11.7%。洪涝淹没水深超过 1 米的区域面积从 0.88 平方千米增加到 2.71 平方千米。

表 7.26　不同重现期下福田区淹没深度统计

重现期/年	淹没水深/米	淹没面积/千米 ^{2}	淹没总面积/千米 ^{2}	淹没比例
20	＜0.1	0.07	2.38	3.5%
	[0.1, 0.2)	0.21		
	[0.2, 0.5)	0.72		
	[0.5, 1.0]	0.50		
	＞1.0	0.88		

续表

重现期/年	淹没水深/米	淹没面积/千米^2	淹没总面积/千米^2	淹没比例
50	＜0.1	1.28	5.28	7.7%
	[0.1, 0.2)	1.42		
	[0.2, 0.5)	0.35		
	[0.5, 1.0]	0.95		
	＞1.0	1.28		
100	＜0.1	1.13	6.65	9.7%
	[0.1, 0.2)	1.23		
	[0.2, 0.5)	1.65		
	[0.5, 1.0]	0.66		
	＞1.0	1.98		
500	＜0.1	0.56	8.03	11.7%
	[0.1, 0.2)	1.12		
	[0.2, 0.5)	3.11		
	[0.5, 1.0]	0.53		
	＞1.0	2.71		

随着降水重现期的增加，洪涝淹没水深和淹没面积范围内的占比越大，表示长周期内的严重洪涝灾害可能更为危险，也可以看出洪水淹没深度和淹没面积范围对于洪涝淹没占比的影响，淹没水深在[0.2, 0.5)米的洪水，在各个重现期下的占比都比较高，这说明这一深度范围的洪水对洪涝淹没面积的贡献较大，且在不同重现期下都具有较高的发生频率，是洪涝灾害中较为常见且需要重点关注的淹没深度区间。随着重现期的增加，淹没总面积随之增加，洪涝灾害的影响范围和严重程度随着重现期的提升而增加。

2）洪涝灾害出行暴露程度分析

（1）出行数据预处理。本节首先将地铁刷卡的原始数据文件转换为 csv 格式，由于数据列表中多个属性字段的字段描述的值是使用中文字符填充的（如交易类型、线路站点），因此在字段转换过程中存在字符编码的问题，为了保证数据字段的正确表示与处理，将原始的地铁刷卡数据文件统一转换为 UTF-8 格式编码。其次针对地铁刷卡缺失数据问题，利用属性间潜在关系对缺失值进行填补。由于城市居民地铁出行的轨迹具有一定的对称性，即出发的起点和返回的终点一般为相同站点，因此，根据此规律可以对缺失的进站或出站信息进行填补，若一次出行的进站和出站信息完全缺失，则对该条数据做删除处理。图 7.12 给出了预处理后的城市洪涝灾害出行数据在时间上的分布情况。

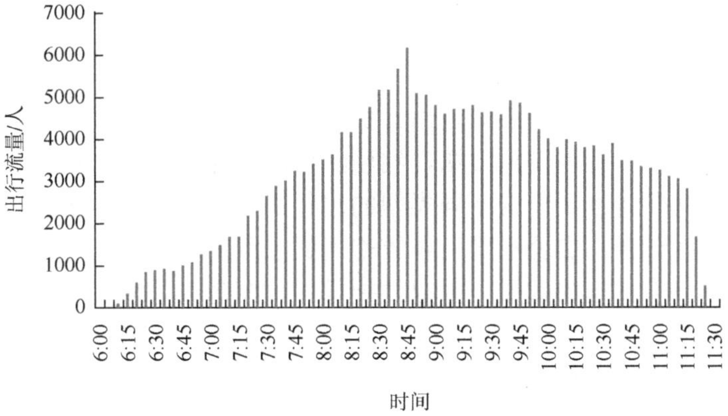

图 7.12　深圳市福田区出行流量分时段统计情况

（2）出行暴露程度分析。根据上述数据，进行早上 6:00～11:30 的出行暴露程度分析，利用洪涝灾害出行暴露程度方法计算得到的福田区出行暴露程度情况。结果表明，在早上 6:00～11:30，潜在暴露于洪涝灾害出行风险中的居民人口数量存在较大差异，出行暴露程度也随着时间的推移呈现一定的变化趋势，反映了在早上 6:00 之后，城市洪涝灾害出行暴露程度逐渐上升，约在早上 8:45 达到出行暴露程度高峰，随后出行暴露程度降低，这表明城市居民的出行行为的变化显著影响了出行暴露程度。在福田区域南部与北部的住宅区，出行暴露程度在早上 6:00～8:30 处于较高水平，标志着城市居民通勤的早高峰时段，出行居民在整个时间段内都暴露于城市洪涝灾害中，在早上 8:30 之后，福田区出行暴露指数开始下降，住宅区居民逐渐完成向商业区、工业区及公共服务区域的转移，这些区域出行暴露程度逐渐开始高于住宅区。在早上 9:30 之后，随着城市通勤活动的结束，城市的出行暴露程度下降，与早上 6:00 和中午 11:30 的出行暴露程度相比，上午 8:30 的平均出行暴露指数相当高，说明此时是城市居民出发高度集中的时间点。随着越来越多的居民出行离开住宅区，福田区内出行风险通常会增加，但是城市居民出行行为导致的人口时空差异，与传统人口普查获得的城市居民出行暴露程度静态估计有很大不同，后者一般是倾向于低估出行行为导致的出行暴露程度的升高。

3）居民洪涝灾害出行风险分析

出行风险随着重现期的变化产生时空差异。

在 20 年重现期，福田区南部的多条道路存在高风险，影响到附近居民住宅区的出行。它反映了高风险的空间分布范围阻碍了道路出行，以及在 50 年和 100 年重现期内，多个住宅地块都存在非常高的出行风险。在 500 年重现期内，更多的土地地块，包括住宅、商业和工业用地面临出行风险，出行风险区域相比 50 年重现期增加 8.2%。

2. 洪涝灾害出行风险预警策略情景

为了比选不同的城市洪涝灾害出行引导策略，本节构建了一个以城市栅格为单位的城市居民出行行为模拟方法，利用随机漫步算法构建居民出行的行为选择模型，通过在基准情景下设置不同类型的出行引导策略，模拟出行居民在多个引导策略下的行为选择，实现不同引导策略下的出行风险动态评估，模拟城市洪涝灾害出行引导策略实施的效果，并提供指导性政策建议，以优化城市洪涝灾害出行引导的流程。

（1）城市洪涝灾害出行情景。基于百年一遇降水强度模拟结果，利用已构建数据驱动的洪涝灾害出行危险强度预测模型，对福田区城市出行危险强度过程进行模拟，其中降水过程模拟时间为 360 分钟，淹没过程模拟时间为 360 分钟，模拟模型每隔 30 分钟输出一次淹没模拟结果。图 7.13 展示了福田区不同积水深度下的淹没面积情况，横坐标为时间，纵坐标是福田区不同淹没水深等级的淹没面积，反映了百年一遇降水导致的淹没区域变化。

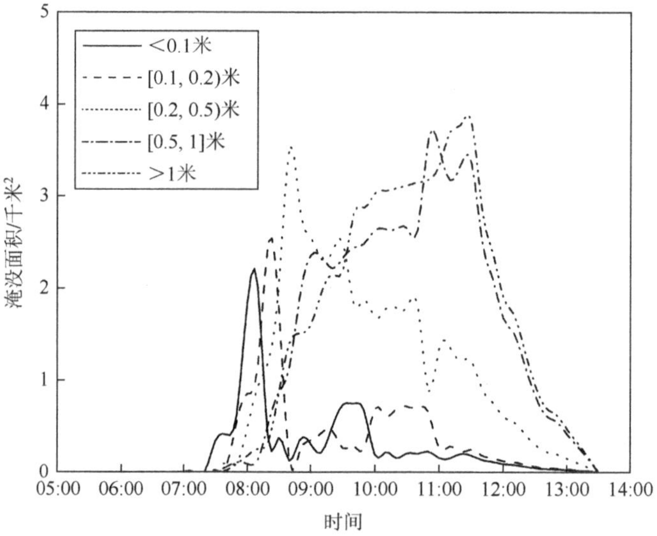

图 7.13　百年一遇降水下福田区不同淹没水深的面积变化

利用前文提出了出行风险动态评估方法测度出行情景的风险变化过程，城市洪涝灾害出行情景被划分为不同的时刻，每隔 30 分钟输出一次出行风险结果，城市洪涝灾害出行风险评估期间一共有 16 个时间点，设计降水从早上 5:30 开始，到上午 11:30 结束，城市洪涝淹没深度在 11:30 达到最大值，假设基准情景从上午 11:30 淹没水位开始降低，到 13:30 基本完成洪涝的退水过程。其中，在每个时间点输出在不同措施下出行风险值与基准情景风险值的差值，这些风险值是通过出行平均风险计算得出的，将不同时刻风险差值的点连接起来得到风险差值曲线，而不同的风险差值曲线则代表了风险在不同引导策略下出行风险降低的效果。

（2）城市洪涝灾害出行引导策略情景。基于引导信息的出行引导通过引导信息发布时间、引导信息覆盖率、引导信息接受率等几个指标来量化引导信息的影响。如表 7.27 所示，引导信息发布时间被设置为 8:00～11:00 中的每一个时间整点，即分别在各个时间点发布出行引导信息，观察出行引导对出行风险变化的影响。引导信息覆盖率是指当政府部门发布引导信息时，接收到出行引导信息的居民人口数量与城区所有人口数量的比值，出行引导信息发布可借助预警信息发布的平台与渠道，已有研究表明，我国的城市预警信息居民覆盖率可以达到 90%左右[447]，因此将出行引导信息覆盖率分别设置为 55%～95%来分析出行风险的变化。之前的研究表明，在洪涝灾害事件中城市居民出行的概率更易受到自身偏好而非交通系统本身的影响[448]，即居民在降水天气条件下选择出行的概率更倾向于受到自身偏好而不是交通系统本身的影响，因此本节探讨居民引导信息接受率对于出行引导效果的影响。居民引导信息接受率是指出行居民通过某种方式接收到了引导信息，但由于居民对于洪涝灾害的感知及关注程度不同，出行居民可能没有接收到信息或者没有关注出行引导信息，虽然引导信息已经发布，但部分居民并没有关注引导信息，因此不会产生相应的行为选择，考虑到居民关注引导信息的不确定性，本节将引导信息接受率设置为 55%～95%来分析出行风险的变化。

表 7.27　出行引导信息量化指标及参数设计

评估对象	量化指标	参数取值
引导信息发布时间	引导信息发布时间	8:00，9:00，10:00，11:00
引导信息覆盖程度	引导信息覆盖率	0.55，0.65，0.75，0.85，0.95
引导信息接受程度	引导信息接受率	0.55，0.65，0.75，0.85，0.95

本节对引导策略的出行风险评估通过出行必要性降低程度、出行方式更改概率、引导出行时间点等几个指标来量化出行引导措施的影响，见表 7.28。出行需求引导是指通过引导出行者在洪涝灾害发生时采取合理的出行决策和行为，减少不必要出行，提高出行可靠性与安全性的策略，因此本节评估了在出行必要性逐渐降低情况下的出行风险，评估出行需求引导措施实施的效果，出行必要性程度降低 10%～40%。出行方式引导是指在洪涝灾害发生时，针对不同地区的实际情况，采取出行方式引导措施，本节通过在不同出行方式更改概率下动态评估洪涝

灾害出行风险，城市居民步行方式更改概率取 20%～50%。出行时间引导旨在将居民引导至不同的时间点出行，避开出行风险峰值区间，将引导出行时间点设置为 8:00～11:00，分析引导策略实施后的风险降低效果。

表 7.28　出行引导措施量化指标及参数设计

出行引导策略	量化指标	参数取值
出行需求引导	出行必要性降低程度	0.1，0.2，0.3，0.4
出行方式引导	出行方式更改概率	0.2，0.3，0.4，0.5
出行时间引导	引导出行时间点	8:00，9:00，10:00，11:00

3. 不同策略下的洪涝灾害出行风险分析

1）不同策略下洪涝灾害出行风险测度

（1）引导信息发布时间对城市洪涝出行风险的影响评估。引导信息发布时间显著影响出行风险降低起点，并在信息发布后有持续降低风险的效果。从图 7.14 可以发现，在上午 8:00 发布引导信息，引导信息发布后的出行平均风险与基准情景风险相比，风险差值开始产生降低的趋势。在随后的时间点，风险差值逐渐减小，在中午 12:00 后，风险差值趋近于 0，说明引导信息发布时间对于降低出行风险的有明显效果。在上午 10:30～11:30，出行风险呈现波动变化的趋势，这可能是由于洪涝灾害的淹没情况发生了一些变化，引导信息发布效果出现了波动。

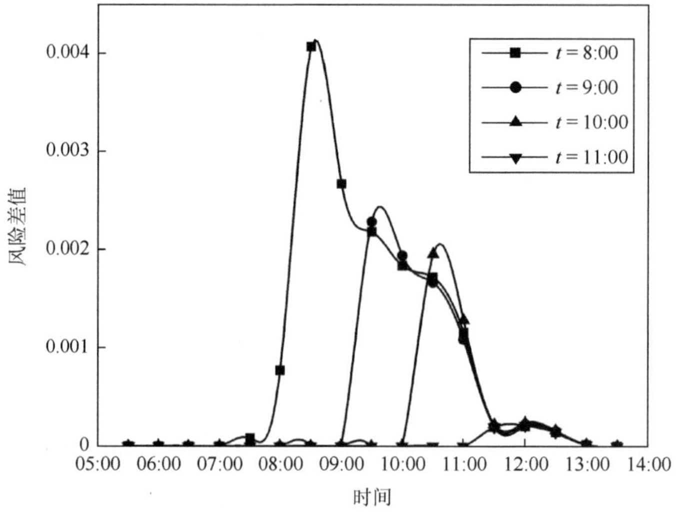

图 7.14　出行引导信息发布时间 t 对洪涝风险变化的影响

在洪涝灾害期间，发布引导信息可以有效地降低出行平均风险，不同时间点发布引导信息对出行平均风险的影响并不一致，需要根据实际情况动态选择发布时间，以实现最大的风险降低效果。

引导信息的风险降低效果随着灾害发展而逐渐提升。在引导信息发布时间相近的情况下，后期的引导信息发布对出行风险的降低效果要比前期的引导信息发布更为显著，在上午 9:00～10:00 的引导信息发布效果比上午 8:00 发布的效果要好，说明在洪涝灾害初期，由于灾害的风险信息不完整或者其他原因，早期引导信息质量可能不如邻近的风险信息更准确，并且随着风险提升，效果逐渐提升。在洪涝灾害中期，随着信息不断更新，引导信息发布质量也逐渐提高，能够更有效地降低居民的出行风险。

（2）引导信息覆盖率对城市洪涝出行风险影响评估。随着引导信息覆盖率的增加，引导信息的风险降低效果也随之提升。由图 7.15 中的结果发现，随时间变化中，风险差值在不同引导信息覆盖率下也在发生变化，在引导信息覆盖率大于 55%的情况下，风险差值曲线从早上 8:00 左右开始发生变化，说明引导信息从 8:00 逐渐产生效果。

在之后的时间中，风险降低效果开始上升，并在上午 8:30 到达了风险差值的最高点，在上午 8:45 之后，引导信息的效果逐渐下降，在引导信息覆盖率为 55%～75%内，风险差值的下降速度相对比较缓慢。随着时间的推移，风险降低的效果在整体上呈现先上升后下降的趋势，这一趋势在上午 9:00～10:00 的风险变化表现最为明显。

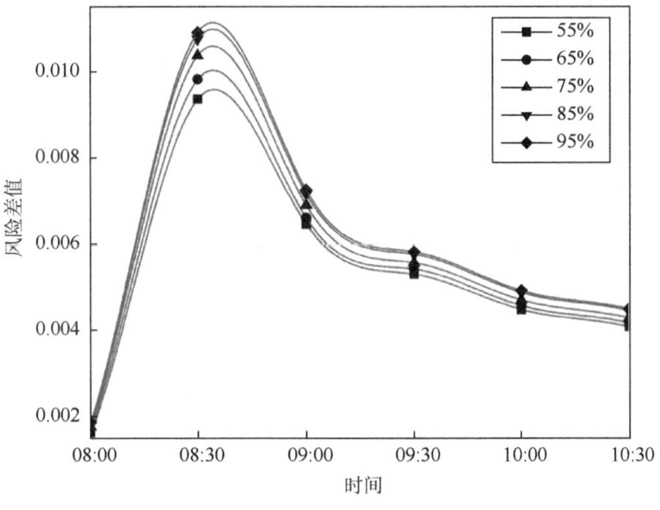

图 7.15　引导信息覆盖率对洪涝出行风险变化的影响

引导信息覆盖率不同导致风险差值变化趋势在不同时间间隔存在差异。在上午 8:00～8:30 的城市洪涝灾害风险差值处于高水平，引导信息效果也在这一时刻达到了最好，而不同的引导信息覆盖率产生的风险差值在这时间段的差异较为明显，随着时间的推移，风险差值曲线逐渐重合。图 7.15 中还显示出在城市早高峰过后，风险差值变化也趋于平稳，上午 9:00～10:30 的风险差值变化趋势明显减缓，变化幅度也更小。随着引导信息覆盖率的增加，风险差值变化的幅度也会提升，在早上 8:00～9:00，引导信息覆盖率较低的风险差值曲线变化幅度最小，信息覆盖率为 95%时的风险差值变化幅度最大。

（3）不同引导信息接受率下洪涝出行风险评估。引导信息对于降低出行效果在接受率达到某一水平后边际递减。由图 7.16 可知，将引导信息接受率从 0.95 逐渐降低到 0.55，随着引导信息接受率的降低，平均出行风险与基准情景风险之间的差值也逐渐降低，说明引导信息接受程度对于出行风险有一定的影响；在图 7.16 中发现在上午 8:00～10:30，引导信息的风险降低效果最为明显，因为此时风险差值最大，随后风险差值开始缩小。在上午 8:00～9:00，引导信息对于风险降低的效果呈现三级阶梯，引导接受率为 0.75、0.85、0.95 时，风险差值非常接近，而在 0.65 时风险降低效果处于中等，第三阶梯引导信息接受率为 0.55，说明引导信息接受率提升的边际效果存在递减的现象，达到一定接受率后可有较好的风险降低效果，尽管引导信息对于减少出行风险有一定的作用，但它并不能完全消除居民的洪涝灾害出行风险。

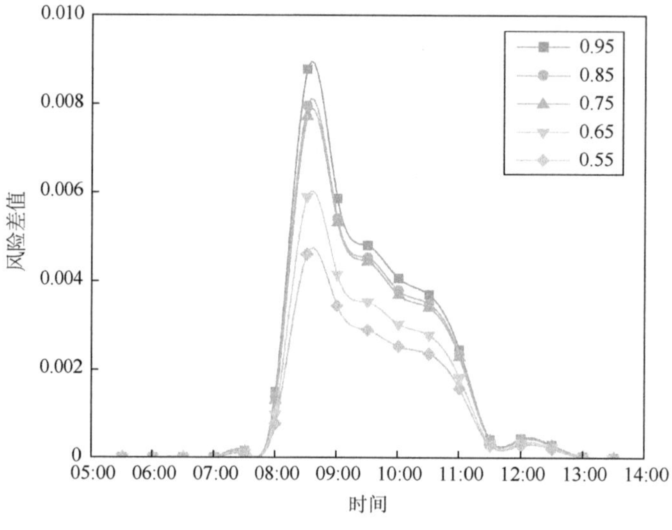

图 7.16 引导信息接受率对洪涝风险变化的影响

风险差值随着引导信息接受率提高而增加。在每个时间点上，引导信息接受率为 0.95 的情况下，风险差值最大，引导信息接受率为 0.55 的情况下，风险差值最小，这表明引导信息对于减少风险具有明显的效果，而接受率越高，效果越显著。居民出行风险差值在上午 8:00～9:00 达到峰值，所有引导信息接受率的风险差值达到了最高点后开始下降，这是因为此时间段是上班高峰期，城市交通出行人口流量大，随后引导信息的效果随时间逐渐减弱。

2）不同策略下的洪涝灾害出行风险分析

（1）出行需求引导策略下洪涝灾害出行风险分析。出行必要性降低对出行平均风险的影响比较大，呈现两段变化的趋势。首先，从图 7.17 每个时间点风险变化的趋势来看，可以看出在出行必要性降低 10%～40%的情况下，出行平均风险都有所下降（风险差值都为正，说明出行平均风险都有所下降），但下降的程度不同，当出行必要性程度降低比例高于 20%时，引导措施的风险降低效果会显著增加。在早上 5:30～7:00，出行必要性降低的风险降低效果都为 0，说明在这个时间段内出行对出行风险的影响较小。在早上 7:30～10:30，随着出行必要性降低，出行平均风险也相应下降；在上午 8:30，出行必要性降低 40%的情况下风险差值下降程度最大；在 11:00～13:00，出行必要性降低对风险差值的影响较小。从降低居民出行风险的效果来看，在出行必要性降低 40%的情况下，整体的风险降低效果最显著；从居民出行风险变化的发展趋势来看，在早上 7:30～9:30 与中午 12:00～13:30，出行必要性降低对出行平均风险影响比较大，可能是因为在这些时间段内，通勤出行需求较大，出行必要性的降低会显著减小出行居民的洪涝灾害出行风险。

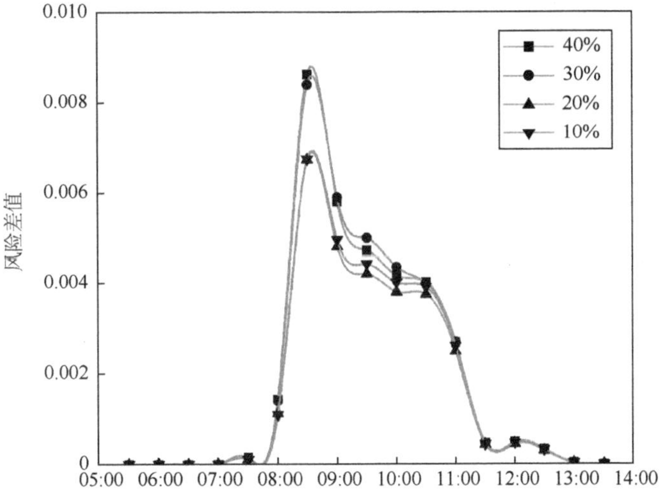

图 7.17 出行需求引导对洪涝风险变化的影响

随着出行必要性的降低，出行风险差值呈现逐渐减小的趋势。具体到不同的时间点，风险变化趋势却有较大差异。在早上 7:30～10:30，出行必要性降低对出行风险影响相对较小，图 7.17 中四条曲线的差异变化幅度不大，可能是因为这一时间段主要是上班或上学高峰期，与居民的出行需求不易改变有关。随着出行必要性的降低，风险差值显著下降，出行必要性降低 20%和 40%时的差值变化幅度较大。在中午 11:30～13:30，出行必要性降低对出行风险的影响也较小，风险差值的变化幅度不大，这是因为这个时间段出行需求较少。

在出行必要性降低 20%～30%，出行风险差值有着明显的改变，在上午 8:30～9:00 降低出行风险效果最为突出。总体来看，随着出行必要性的降低，出行风险差值变化呈现逐渐降低的趋势，说明出行需求引导策略可以在一定程度上降低出行风险，但是需要根据具体时间情况制定相应的策略，以实现更好的风险降低效果。此外，需要注意到在某些时间段内，降低出行必要性对出行风险的影响较小，可能需要考虑其他策略来进一步减少出行风险。

（2）出行方式引导策略下洪涝灾害出行风险分析。出行方式引导策略对风险降低的效果随着出行方式更改程度的提升而增强，达到一定程度后效果递减。根据图 7.18 中的评估结果分析，可以看到早上 7:30～9:00，出行方式更改概率为 20%～50%的情况下，风险差值较大，说明在这个时间段内，如果居民愿意采取更改出行方式的措施，可以显著降低洪涝灾害的风险。在上午 8:00～8:30，出行方式更改概率为 40%和 50%的情况下，平均出行风险降幅最大。在上午 9:30～11:00，出行方式更改概率为 20%～50%的情况下，风险差值变化趋势相对较为平缓。在上午 10:00～11:00，风险差值变化不大，说明此时居民更改出行方式对于降低洪涝灾害风险影响较小。

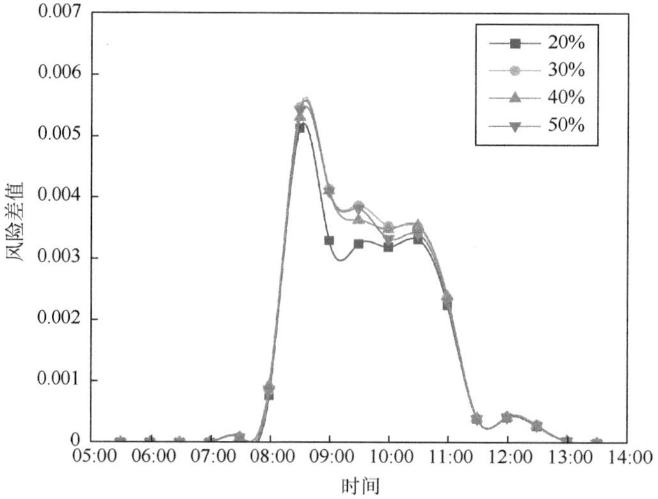

图 7.18　出行方式引导对洪涝风险变化的影响

风险差值均随着出行方式更改概率的升高而增大。有研究表明出行者出行方式依赖程度是影响交通通勤出行概率的关键性因素[448]。随着居民洪涝灾害出行风险加剧，出行方式更改对降低出行风险的效果也随之增强。在上午 11:00～13:00，风险差值开始下降，这可能是由于此时洪涝灾害风险开始降低，出行方式更改影响也逐渐减小。

值得注意的是，在 11:30 与 13:00，出行方式引导措施实施情况下风险差值均很小，表明在洪涝灾害风险较低的情况下，出行方式的更改对出行风险影响很小。从结果可以发现，在出行风险的时间序列上，出行方式更改概率为 50%的情况下，出行风险差值均高于其他情况，表明出行方式更改对降低风险效果随着出行方式更改概率增大而变好；然而当出行方式引导效果递减，在出行方式更改概率增加到一定程度后对风险差值的影响效果会逐渐降低。可知随着洪涝灾害风险的逐渐增加，出行方式更改对降低出行风险的效果逐渐增强，效果边际递减。在引导城市居民更改出行方式时，需要综合考虑出行方式更改对降低风险的效果与出行方式更改带来其他交通方式需求的增加，并在城市的出行效率与出行安全之间寻求平衡点，以实现最佳的出行引导策略。

（3）出行时间引导策略下洪涝灾害出行风险分析。出行时间引导对出行风险的持续降低有较大意义，推迟出行时间可避开风险高峰期，显著降低出行风险。图 7.19 可以看出在发生洪涝灾害时，引导出行时间点对风险差值的影响。从图 7.19 中风险评估结果可知，风险差值的峰值均出现在 08:30 左右，较早的引导出行时间点（$t_y=8$，$t_y=9$）峰值更高，表明引导居民较早出行能够有效分散交通流量，避免早高峰时段的拥堵；而较晚的引导出行时间点（$t_y=10$，$t_y=11$）的风险差值较低，说明引导居民较晚出行对风险降低程度相对较小。

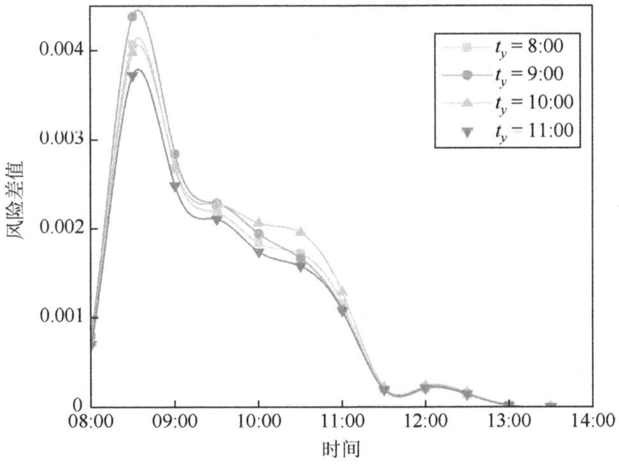

图 7.19　引导出行时间点 t_y 对洪涝风险变化的影响

从图 7.19 中还可以发现，在上午 8:00～11:00，出行时间的变化对风险差值的影响逐渐显现，8:30 的出行风险差值最大，而 11:00 出行风险差值相对较小，表明在洪涝灾害期间，引导居民推迟出行时间可以显著降低出行风险。另外，在上午 8:00～9:00，出行的风险差值存在一个波峰，这是上班和上学等刚性需求导致的居民出行高峰期，出行人口数量显著增加，从而导致洪涝灾害出行风险升高。

出行时间引导策略实施后，会逐渐产生降低洪涝风险的效果。在中午 12:00 后，风险差值逐渐降低，主要是因为此时洪涝灾害的最大淹没范围及最大淹没深度的峰值已过，区域中的洪涝逐渐退水，灾害危险性逐渐降低，出行居民数量也处于较低水平，因此出行的风险逐渐降低至 0。还可以从图 7.19 中发现，4 种情况下出行时间引导策略效果都在上午 8:30 达到峰值，这是因为此时风险基数较大，出行时间引导的主要效果表现在后续的风险变化中。当 $t_y = 9:00$ 时，出行时间引导策略在 8:00～9:00 效果的是最佳的，而 $t_y = 10$ 时，风险差值在 10:30 时，比其他几种出行引导的时间的风险控制效果更好。

4. 洪涝灾害出行引导策略选择

1）洪涝灾害出行引导策略结果分析与讨论

在洪涝灾害期间，合理的出行引导策略可以在一定程度上降低出行风险，由于降水天气对于回程阶段选择概率的影响低于对出发阶段的影响，出行居民于回程阶段对通勤出行方法的选择概率受到晚高峰降水的影响[448]，应在不同的时间点选择不同的引导策略，福田区洪涝灾害出行引导策略说明及实施效果如表 7.29 所示。

表 7.29 福田区洪涝灾害出行引导策略说明及实施效果

引导策略	策略名	策略实施结果	策略效果分析
发布引导信息	更改引导信息发布时间	①引导信息发布时间显著影响出行风险降低起点 ②引导信息的风险降低效果随着灾害发展而逐渐提升	引导信息发布时间显著影响风险降低起点，具有在信息发布后又持续降低风险的效果
	提升引导信息覆盖程度	①随着引导信息覆盖程度的增加，引导信息的风险降低效果也随之提升 ②引导信息覆盖程度不同导致风险差值变化趋势在不同时间间隔存在差异	随着引导信息覆盖程度的增加，引导信息发布后的洪涝出行风险降低效果也随之提升
	提升引导信息接受程度	①风险降低效果在引导信息接受程度达到某一水平后边际递减 ②风险差值随着引导信息接受程度的提高而减少	引导效果随着引导信息接受程度的提高而降低，并且引导信息对于减少出行风险具有明显的效果

续表

引导策略	策略名	策略实施结果	策略效果分析
实施引导措施	引导居民降低出行需求	①出行必要性降低对出行风险差值的影响比较大，呈现两段变化的趋势 ②随着出行必要性的减小，出行风险差值呈现逐渐降低的趋势	需求引导措施需要根据风险的变化趋势选择合适的引导时机
	引导居民更改出行方式	①风险差值随着出行方式更改程度的提升而增强，达到一定程度后效果递减 ②风险差值均随着出行方式更改概率的升高而增大	出行方式引导措施的效果随着出行方式更改达到一定程度后递减
	引导居民更改出行时间	①推迟出行时间可避开风险高峰期，显著降低出行风险 ②出行时间引导措施实施后会逐渐产生降低出行风险的效果	出行时间的引导对出行风险的持续降低有较大意义，推迟出行时间可避开风险高峰期

（1）居民引导信息接受程度对风险降低的效果呈现三个阶段。居民不同的引导信息接受程度会导致不同程度的出行行为决策，当引导信息接受程度较低，为 0.55 时，居民可能仅仅是关注了引导信息，但引导信息的关注并没有转化为采取实际行动；随着居民引导信息接受程度提高到 0.65，居民可能会开始做出行的初步决策行为，例如采取相关措施来降低风险，调整出行时间、路径等；当居民引导信息接受程度超过 0.75 时，居民便会更加积极地采取措施，从而导致引导信息的出行风险降低效果更加明显；而在引导信息接受程度再提升至 0.85～0.95 时，此时已经超过了居民出行决策的下限，出行风险降低效果也逐渐减弱。

相关研究结果说明相对于城市有规律出行的居民，无规律出行的居民受到洪涝灾害天气的影响更大，引导信息接受程度的效果呈现阶梯变化还可能与居民引导信息接受程度等相关因素存在密切关联[449]，引导信息接受程度高的居民更加关注气象预报、媒体报道，具有较强的应急意识和应对能力，能够灵活地应对突发情况，从而准确地了解风险情况，采取相应的措施；当引导信息接受程度较低时，居民对引导信息的信任程度较低，认为引导信息并不能帮助他们降低出行风险，从而不会采取相应措施；而当引导信息接受程度提高时，居民会开始逐渐改变自己的出行决策行为，心理上的阶段效应会对结果引导信息发布的风险降低效果产生较大的影响。

（2）出行必要性降低对于风险差值改变存在明显变化区间。出行必要性的降低会对居民出行行为和出行风险产生较大的影响，在洪涝灾害期间，如果居民出行必要性降低，他们会更加倾向于留在家中或采取其他安全的出行方式，例如公共交通工具或者共享出行方式，降低自身的出行风险。在一项研究中表明，出发(家—站点)类型在影响出行者于降水天气下选择轨道交通通勤出行的概率远高于到达（工作地—站点）[448]。突变区间的出现与居民对于灾害风险的感知有关，当出行必要性降低到 20%以上时，居民可能会意识到洪涝灾害对出行的威胁，从而更加关注自身的安全，采取更为谨慎的出行决策，出行居民的人数和出行方式选择会发生较大变化，从而导致出行风险的降低效果呈现明显的突变。

居民出行必要性比例降低 10%～20%时，出行需求引导能够降低出行风险，但是对于居民出行风险降低效果差异较小，而在出行必要性降低程度超过 20%后，出行风险降低效果存在一个突变区间，当出行必要性降低比例在 30%～40%时，出行风险降低效果又开始减弱，说明政府部门在洪涝灾害期间应通过多种方法降低城市居民的出行需求，而降低比例可以控制在 20%～30%内，此范围可以实现城市整体出行风险降低效果与居民实施出行行为的一个平衡，持续降低出行必要性比例的边际效应递减。

（3）出行方式引导实施效果存在显著的边际递减现象。出行方式引导措施的实施对于居民洪涝灾害出行风险降低的效果存在显著的边际递减现象，可能是由多个因素综合作用导致的。引导措施实施存在一定的局限性，部分居民可能无法采取某些出行方式，例如步行或骑行，即使有出行方式引导措施，他们也无法采取这些措施，从而限制了出行风险降低的效果；在朱诚成[448]的研究中认为通勤出行距离在降水天气条件下，对提高出行者选择轨道交通出行方式的概率提升影响较小，而出行方式的依赖程度为交通出行提供正效用。随着出行方式引导措施的实施程度的不断提高，降低出行风险的效果也会逐渐减少，部分居民可能不会改变他们的出行方式；对于其他居民，出行引导措施的实施将促使他们改变出行方式。

随着实施程度不断提高，居民已经采取了最佳的出行方式，再次实施出行引导将无法进一步降低出行风险；随着出行引导措施实施时间的推移，居民可能会逐渐忽视这些措施，对于降低出行风险的效果也会逐渐减弱，如果居民发现他们采取的出行方式并没有受到不利影响，他们可能会认为出行引导措施对于自身决策行为的必要性降低，导致出行引导措施效果进一步减弱。

2）洪涝灾害出行引导策略选择流程

随着气候变化和城镇化进程的加快，洪涝灾害的频率和影响范围都在逐步扩大，如何在灾害期间有效地引导居民的出行，降低灾害风险，是当今城市管理和应急管理的重要议题之一，本节通过分析洪涝灾害期间不同出行引导策略对风险的影响，提出了一种动态选择出行引导策略的实施流程，它包括“出行风险预测—出行引导策略选择—出行引导信息发布—风险监测更新”四个步骤。

（1）出行风险预测：出行风险预测是指在洪涝灾害发生前，基于气象部门降水监测数据、城市交管部门出行流量数据等多方面信息，在出行引导策略选择前，预测洪涝灾害发生后的出行风险，通过城市实时降水监测、淹没监测等数据，利用机器学习算法结合降水径流模型方法，模拟洪涝灾害可能发生的淹没范围及淹没深度，并基于城市出行数据测算城市居民的出行暴露程度，通过测度模型预测存在潜在出行风险的区域。

（2）出行引导策略选择：在出行引导策略选择流程中，通过对洪涝灾害的风险现状及风险变化趋势分析，根据不同风险等级（红、橙、黄、蓝）、不同区域（商业区、住宅区、工业区等）、不同人员类别（工人、司机、学生、上班族等）的特征选择在出行需求、出行方式、出行时间等方面的引导策略，实现分级分区分类的引导策略选择，以减少出行风险和人员伤亡。根据在不同的引导策略下的洪涝灾害出行风险仿真情况，比较不同的出行引导策略的实施效果，选择最优的出行引导策略。

（3）出行引导信息发布：针对洪涝灾害中出行风险高峰期的情况，在合适的时间发布出行引导信息，以便他们能够避免高洪涝出行风险时段。通过发布包含公共设施、出行指南、气象预报、避险等信息的出行引导信息，可以帮助居民更好地应对洪涝灾害带来的出行风险，保障他们的安全和出行效率。在出行引导信息发布渠道方面，根据不同人员类别，通过多种方式，如微信公众号、广播、短信、电视等，将出行引导信息发布给出行居民，增加出行引导信息的覆盖程度以及出行引导信息的接受程度。

（4）风险监测更新：洪涝灾害中出行风险监测是指在洪涝灾害发生时，对城市交通状况进行实时监测和评估，以及对可能出现的风险进行预测和预警。通过对出行风险的实时监测，可以及时发现并根据相应的引导策略实施效果发布出行引导信息，提高城市的应急响应能力。与出行风险监测密切相关的是出行引导策略更新。在洪涝灾害发生时，城市的淹没及出行状况会发生变化，此时需要及时更新出行引导策略，以保障出行风险的降低。出行引导策略更新需要考虑不同阶段的交通状况变化以及不同出行方式的需求，以调整城市的出行流量，因此，出行风险监测和出行引导策略更新是相互衔接、不可分割的两个方面。

图 7.20 为本节构建的城市居民洪涝灾害出行引导策略选择流程图，根据城市洪涝灾害出行引导原则，对城市中的居民实现分区分时分级分类引导，城市居民在早上及上午的活动以住宅区的出行行为较为集中，因此本节以住宅区为例，进一步探讨如何针对不同的情况选择不同的出行引导策略。在图 7.20 中，洪涝灾害阶段（flood period，FP）被分为孕灾阶段（FP_1）、致灾阶段（FP_2）、成灾阶段（FP_3）及受灾阶段（FP_4）；时间上被划分为三个时段，分别为低谷时段（7:00 之前，T_1）、高峰时段（7:00～9:00，T_2）、平峰时段（9:00 之后，T_3）；出行风险等级为四级，分别是Ⅰ级、Ⅱ级、Ⅲ级、Ⅳ级；居民群体分为三类，分别是上班居民（R_1）、上学居民（R_2）、其他居民（R_3）；如果用简称为 FP_3T_1-ⅢR_1，表示在 7:00 之前的洪涝成灾阶段，Ⅲ级风险区的上班居民的引导策略选择。

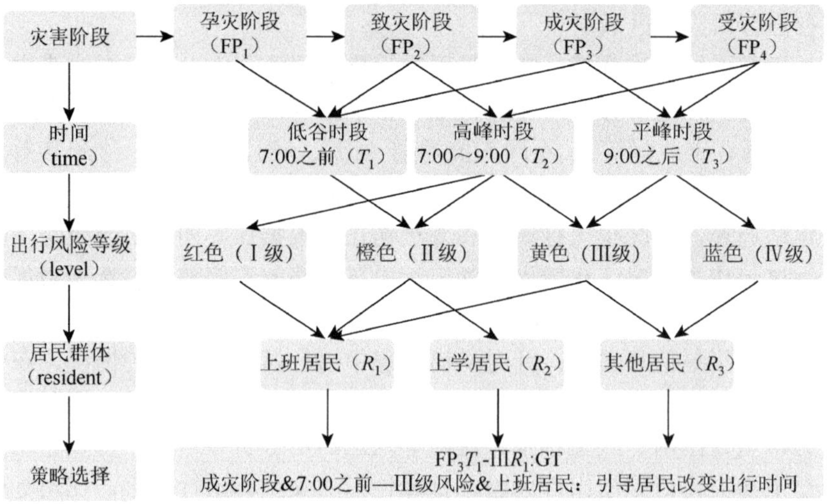

图 7.20　城市居民洪涝灾害出行引导策略选择流程图

GT 表示出行引导

前文已构建的出行引导策略集合，包括更改引导信息发布时间（记作 GR）、提升引导信息覆盖程度（记作 GC）、提升引导信息接受程度（记作 GA）、出行需求引导（记作 GD）、出行方式引导（记作 GM）、出行时间引导（记作 GT）。在表 7.30 中，每一列表示洪涝灾害阶段与发生时间的排列组合，如 FP_3T_1 或 FP_4T_2，FP_2（T_1，T_2，T_3）表示在任何时间的洪涝灾害致灾阶段的引导策略选择。每一行则是区域出行风险等级及出行居民群体类型的排列组合，ⅢR_1 代表Ⅲ级风险区的上班居民，表格中的策略选择则是在已有研究结果的基础上，给出的城市住宅区在不同灾害发生阶段、不同出行时间、不同风险等级、不同类型居民的引导策略选择结果，如 FP_3T_1-ⅢR_1：该策略是引导居民改变出行时间，避开风险高峰期，减小洪涝灾害对出行居民的风险影响，在城市洪涝灾害发生时，政府部门可根据实际情况选择不同引导策略以达到更好的风险降低效果。

表 7.30　城市住宅区居民洪涝灾害出行引导策略选择表

分级分类	$FP_1(T_1, T_2, T_3)$	$FP_2(T_1, T_2, T_3)$	FP_3T_1	FP_3T_2	FP_3T_3	FP_4T_1	FP_4T_2	FP_4T_3
ⅠR_1	GC	GD	GT/GR	GD	GD/GM	GD/GM	GD	GD/GM
ⅠR_2	GC	GD	GT/GR	GD	GD/GM	GD/GM	GD	GD/GM
ⅠR_3	GC	GD	GD	GD	GD	GD	GD	GD
ⅡR_1	GC	GM	GR	GM	GT/GM	GT/GM	GM/GT	GT/GM

续表

分级分类	$FP_1(T_1, T_2, T_3)$	$FP_2(T_1, T_2, T_3)$	FP_3T_1	FP_3T_2	FP_3T_3	FP_4T_1	FP_4T_2	FP_4T_3
ⅡR_2	GC	GM	GR	GM	GT/GM	GT/GM	GM/GT	GT/GM
ⅡR_3	GC	GD	GD	GT	GD	GD	GD/GT	GD
ⅢR_1	GA	GC	GT	GM/GC	GM	GM	GM/GC	GM
ⅢR_2	GA	GC	GT	GM/GC	GM	GM	GM/GC	GM
ⅢR_3	GA	GA	GC	GC	GC	GC	GC	GC
Ⅳ(R_1, R_2, R_3)	GA	GA	GA	GA	GA	GA	GA	GA

出行引导策略动态选择是一种有效的降低洪涝灾害期间出行风险的方法，可以为相关部门和居民提供科学的决策支持，进一步提高灾害防范和应对能力，并结合实际情况进一步完善出行引导策略库和风险预警模型，为灾害防范和应对提供更加全面和有效的支持。

7.4　深圳市福田区洪涝灾害应急疏散策略

洪涝灾害风险预警信息为城市洪涝灾害应急疏散提供了有利信息，相关部门根据预警信息将居民进行疏散，可有效降低洪涝造成的经济损失和人员伤亡。本节针对深圳市福田区，在社区空间网格划分基础上，设置了应急疏散情景，模拟了洪涝灾害应急疏散策略[408]。

7.4.1　福田区社区空间网格划分

社区空间网格划分主要是根据街道区划、地块类型和道路网络来确定社区空间网格位置和信息。2020 年 1 月 14 日，福田区政务服务数据管理局和莲花街道党工委联合举办了“深圳市福田区网格管理创新工作发布会”，根据发布会内容可知福田区有 1547 个基础空间网格和 785 个业务网格。这些网格的应用场景千差万别且数量较大，并不直接与洪涝灾害应急疏散相互关联，不同类型的网格数据收集和统一较难实现，与本节所提的空间网格存在一定的差异。此外，过多的空间网格也将使得模型的复杂度和计算量成倍增加。因此，出于现实数据收集困难程度和模型计算效率的考虑，对社区空间网格进行简化处理。

为了确保本节所提的社区空间网格内涵得到正确表达，本节在参考福田区网格划分原则和特点的基础上，结合各个街道的地块类型和道路网络，绘制了面向洪涝灾害应急疏散的社区空间网格。福田区 10 个街道一共被划分为 102 个空间网格，每个空间网格是不规则的，每个空间网格内的土地利用类型基本一致，空间网格之间被主干道自然隔开，每个空间网格内包含不同数量的建筑，且每个空间网格属于特定的街道。虽然将福田区的空间网格进行了这样的简化处理，但是为基于空间网格的洪涝灾害应急疏散仿真提供了足够的空间网格交互场景，也为基于空间网格的应急疏散策略提供了基础。

深圳市福田区洪涝灾害应急疏散仿真主要包含应急疏散主体行为在地理空间上的表达，涉及应急疏散主体的自身特性数据和研究区域地理数据等。具体来说，数据集主要由基础地理信息数据、社会经济数据以及历史灾情数据组成。基础地理信息数据包括数字高程模型、地下排水管网、水系、道路、土地利用、避难场所以及福田区街道区划等数据，来源于深圳市水务局和福田区政府网站；社会经济数据包括人口特征信息数据，来源于福田区统计年鉴；历史灾情数据包括积水点监测信息和道路淹没等数据，来源于深圳市水务局和相关新闻报道。本节所使用的数据集说明见表 7.31。

表 7.31 研究数据集说明

类型	名称	描述
基础地理信息数据	数字高程模型	数字高程模型（分辨率 10 米×10 米）
	地下排水管网	包括检查井、出水口、雨水线、排水线
	水系	支流、湖泊、水库、河渠等
	道路	城区主要道路网络，GIS 矢量地图
	土地利用	主要土地利用类型（分辨率 10 米×10 米）
	避难场所	学校、卫生医疗机构、应急救援单位等
	福田区街道区划	福田区 10 个街道的边界，GIS 矢量地图
社会经济数据	人口特征信息	福田区各街道人口总数、性别比例、老年人比例、儿童比例等
历史灾情数据	积水点监测信息	积水监测站点名称、位置、历史水深等
	道路淹没	受淹道路名称和时间

将多个 GIS 数据的字段联结在一起，同时利用 ArcGIS 计算各要素的面积和长度，以便于人口数量初始化和道路长度计算，同时根据人口统计数据将生成的社区居民 Agent 按照各个街道人口性别和年龄结构比例确定其分布，出于模型计算效率考虑，设置社区居民 Agent 的个数为 20 000 个。

7.4.2 福田区洪涝灾害应急疏散情景

通过设计不同的应急疏散仿真情景，比较不同应急疏散策略下的疏散结果，分析影响洪涝灾害应急疏散的关键因素，以寻求合理的洪涝灾害应急疏散策略。每种应急疏散策略在仿真模型中都是以参数变量的组合形式表示，应急疏散策略的仿真情景设计就是确定各个参数空间，因此更改参数变量可实现多样化的应急疏散策略的设置。

根据应急疏散策略具体含义，设计多个情景进行应急疏散仿真。具体来说，即时灾害信息交互策略仿真是通过考察自身观察信息、政府预警信息、行人疏散观点交流信息、社交媒体信息、同一个空间网格内邻居交流信息和社区空间网格员预警信息六个灾害信息源的权重变化来实现的；应急疏散提前干预策略是通过改变提前预警时间变量实现；空间网格差异化预警策略是设置不同的预警模式来表示网格预警与传统预警的差异；多元主体参与疏散策略通过变动非脆弱个体互助比例来体现，非脆弱个体互助比例越高代表主体更愿意采用合作撤离的方式进行疏散；疏散主体能力提升策略考虑的是应急疏散主体自身的异质性对应急疏散结果的影响，主要体现在风险忍耐度、固执个体比例和信息接受系数三个变量上，具体如表 7.32 所示。

表 7.32 应急疏散策略仿真情景设计

策略名	考察变量	取值范围
即时灾害信息交互策略	自身观察信息的权重 w_self 政府预警信息的权重 w_gov 行人疏散观点交流信息的权重 w_pede 社交媒体信息的权重 w_sn 同一空间网格内邻居交流信息的权重 w_gridnb 社区空间网格员预警信息的权重 w_gridstf	0～1
应急疏散提前干预策略	提前预警时间 alert_advance_minutes	30～120
空间网格差异化预警策略	预警模式 flood_alert_mode	传统预警，空间网格预警
多元主体参与疏散策略	非脆弱个体互助比例 volunteer_prob	0～1
疏散主体能力提升策略	少年儿童群体风险忍耐度 child_risk_tolerance 中青年群体风险忍耐度 young_risk_tolerance 老年群体风险忍耐度 old_risk_tolerance 固执个体比例 stubborn_prob 少年儿童群体信息接受系数 child_info_accept_rate_mean 中青年群体信息接受系数 young_info_accept_rate_mean 老年群体信息接受系数 old_info_accept_rate_mean	0～1

以上应急疏散策略的仿真情景设计分别对应着应急疏散主体信息交互、应急疏散主体异质性和空间网格应急疏散策略三个方面。洪涝灾害应急疏散仿真涉及的参数较多，而每一个仿真情景的参数设定只在基础情景上改变个别的参数。应急疏散策略的可得性和易用性，使得应急疏散策略效果评估成为可能，进而可以比较不同应急疏散策略的优劣，找到影响应急疏散的关键因素。

7.4.3 福田区洪涝灾害应急疏散策略及建议

1. 即时灾害信息交互策略

应急疏散主体即时灾害信息交互对疏散结果的影响主要体现在信息交互时不同灾害信息源对应急疏散结果的影响。社区居民 Agent 的洪水风险感知水平直接影响了其疏散撤离行为发生的时刻，而洪水风险感知水平的更新又是通过与外界环境和其他 Agent 之间的交互实现的。根据应急疏散主体信息交互过程分析可知，社区居民在洪涝灾害应急疏散过程中接收到的灾害风险信息来源主要包括了自身观察信息、政府预警信息、行人疏散观点交流信息、社交媒体信息、同一个空间网格内邻居交流信息和社区空间网格员预警信息六个方面。自身观察信息是指社区居民 Agent 在出行时观察到的周边洪水淹没情况；政府预警信息是指政府统一向全区发布的预警信息，通常是不同等级的预警信号；行人疏散观点交流信息是指社区居民 Agent 在出行时与周边的行人进行观点的交流；社交媒体信息是指社区居民 Agent 会通过社交媒体了解其他社区居民 Agent 的疏散观点；同一个空间网格内邻居交流信息是指与处于同一空间网格的其他社区居民 Agent 进行交流，因为这些社区居民 Agent 同属一个空间网格，彼此之间具有强关联关系，其交流和互动更加频繁；社区空间网格员预警信息是指社区居民 Agent 所处地的空间网格员直接与社区居民 Agent 发布预警信息，包括本网格风险程度、灾害等级等。

为了分析不同的信息源如何影响社区居民 Agent 的洪水风险感知水平和其应急疏散决策，本节设计了 12 个情景，每一个情景对应不同信息源的组合，即自身观察信息、政府预警信息、行人疏散观点交流信息、社交媒体信息、同一个空间网格内邻居交流信息和社区空间网格员预警信息在社区居民 Agent 更新自我风险感知过程中的权重，具体情景设计如表 7.33 所示。

表 7.33 即时灾害信息交互策略下的不同灾害信息源权重参数设置

情景	w_self	w_gov	w_pede	w_sn	w_gridnb	w_gridstf
S1	1.00（0.1）					
S2	0.50（0.1）	0.50（0.1）				
S3	0.50（0.1）					0.50（0.1）
S4	0.40（0.1）	0.30（0.1）	0.30（0.1）			
S5	0.40（0.1）	0.30（0.1）		0.30（0.1）		
S6	0.40（0.1）	0.30（0.1）			0.30（0.1）	
S7	0.40（0.1）	0.30（0.1）				0.30（0.1）

续表

情景	w_self	w_gov	w_pede	w_sn	w_gridnb	w_gridstf
S8	0.25（0.1）	0.25（0.1）	0.25（0.1）	0.25（0.1）		
S9	0.25（0.1）	0.25（0.1）			0.25（0.1）	0.25（0.1）
S10	0.20（0.1）	0.20（0.1）	0.20（0.1）		0.20（0.1）	0.20（0.1）
S11	0.20（0.1）	0.20（0.1）		0.20（0.1）	0.20（0.1）	0.20（0.1）
S12	0.20（0.1）	0.16（0.1）	0.16（0.1）	0.16（0.1）	0.16（0.1）	0.16（0.1）

注：*a*（*b*）表示该值服从均值为 *a*，方差为 *b* 的正态分布

以 50 年一遇的降水导致的灾害为例，分析不同信息源权重下，社区居民 Agent 的风险感知值随着时间的变化。在这 12 个情景下，选择同一个社区居民 Agent 进行分析（社区居民 Agent 10），该社区居民 Agent 的洪水风险忍耐度阈值为 0.752。模型假设所有的社区居民 Agent 在 7 点±30 分钟开始一天的活动，洪水发生时间为早上 8 点，政府预警信息发布的时间为 7 点 30 分（即模型运行的第 450 分钟）。当政府发布预警信息时，社区居民 Agent 开始每个时刻更新自己的风险感知值，直至大于或等于自身的洪水风险忍耐度阈值时停止更新，模型仿真结果如图 7.21 所示。

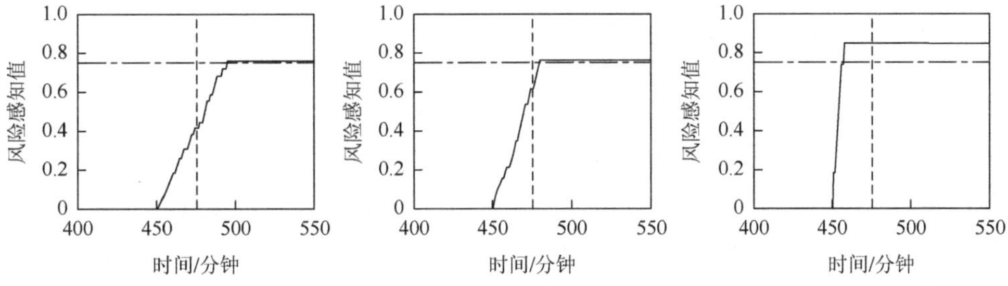

(a) S1情景　(b) S2情景　(c) S3情景

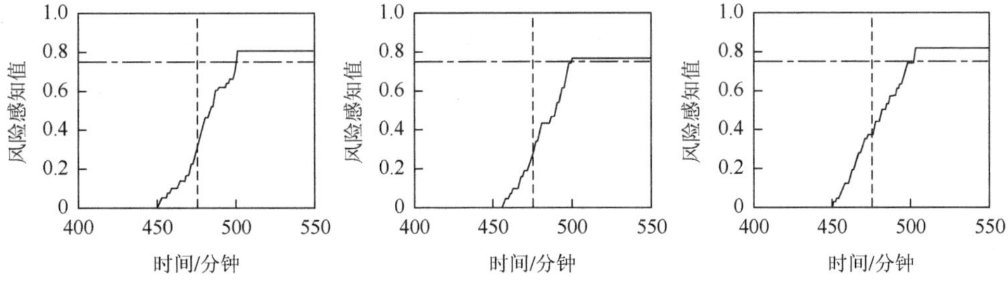

(d) S4情景　(e) S5情景　(f) S6情景

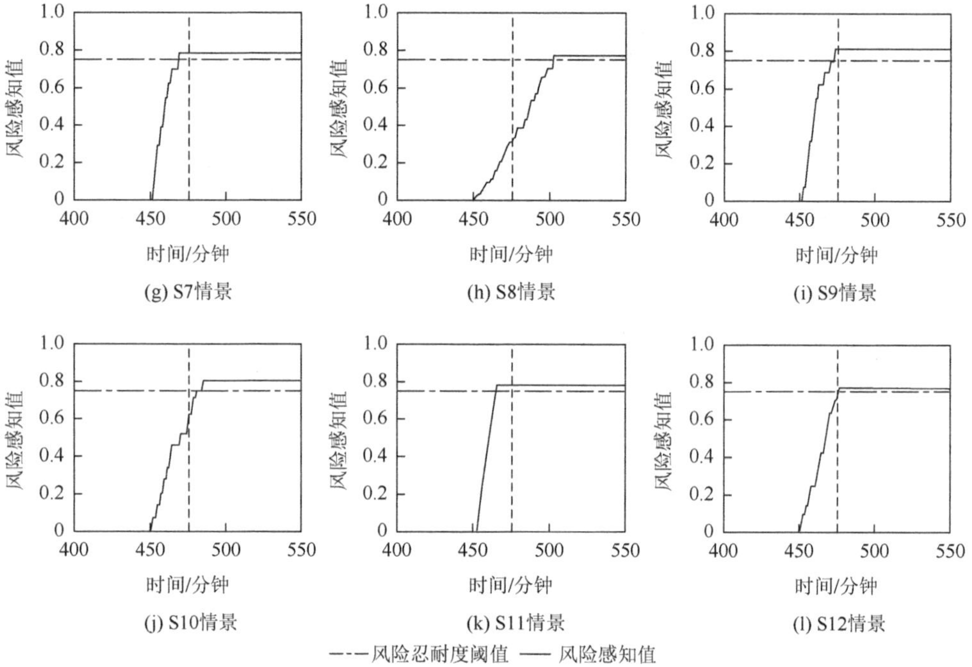

图 7.21　50 年一遇洪灾下即时灾害信息交互策略对社区居民 Agent 撤离时机影响

整体水平来看，整个系统内的社区居民 Agent 之间的风险感知水平的差异也较小。经过 25 分钟自我风险感知更新，只有情景 S3、S7、S9、S11、S12 下，该社区居民 Agent 的风险感知值达到了其自身的风险忍耐度阈值。当考虑社区空间网格员信息和同一空间网格内邻居交流信息对该社区居民 Agent 的洪水风险感知的影响时，可以发现，S9、S10、S11、S12 四个情景下该社区居民 Agent 均在政府预警后 25 分钟左右达到了其洪水风险忍耐度阈值，即更快地促使其采取应急疏散行为以应对洪涝灾害。将 12 类情景分为包含社区空间网格员预警和无社区空间网格员预警两大类，其中包含了社区空间网格员预警的情景有 S3、S7、S9、S10、S11 和 S12，不包含社区空间网格员预警的情景有 S1、S2、S4、S5、S6 和 S8。可以发现，包含了社区空间网格员预警的情景下，该社区居民 Agent 均在较快地的时间内达到其洪水风险忍耐度阈值，即该社区居民 Agent 较快做出应急响应行为。进一步比较信息源的数量对应急疏散结果的影响，在 S1 情景下只有自身观察信息这单一信息源时，该社区居民 Agent 的洪水风险感知水平更新所需的时间较长。进一步观察 S5、S8、S2 三个情景，发现随着行人交互、社交媒体信息源的加入，洪水风险感知的更新更缓和，不会出现观点的瞬时转变。

因此，多个信息源有利于社区居民 Agent 更加全面地掌握灾害的发生，能将撤离信息及时传递给周围的社区居民 Agent，基本上绕过了洪涝灾害发生时自主决策过程所需的时间，而确定性的社区空间网格员信息和空间网格邻居信息在这些信息源中影响更加显著。相比于行人疏散观点交流信息，社交媒体信息要更能影响社区居民 Agent 的洪水风险感知，这是因为行人交流的发生要少于社交媒体信息。

2. 应急疏散提前干预策略

政府洪涝灾害预警的方式、内容、对象也会影响应急疏散结果。在一个即将发生的洪水事件中，及时地提前发布预警能够有效地促使社区居民 Agent 更早地做出反应，减少不必要的出行。

以 50 年一遇的降水导致的洪涝灾害为例，分别考虑洪水发生时刻在 8 点、12 点、16 点和 17 点时，社区居民 Agent 的灾害信息源比例采用 S12 情景下的比例，比较分析不同的提前预警时间对应急疏散结果的影响。具体仿真结果如图 7.22 所示，横坐标是提前预警的时间，从提前 0 分钟预警到提前 100 分钟预警，纵坐标是洪水发生时刻社区居民 Agent 中处于撤离状态的比例，当提前预警时间为 0 分钟时，洪水发生时社区居民 Agent 中撤离状态的比例为 0。

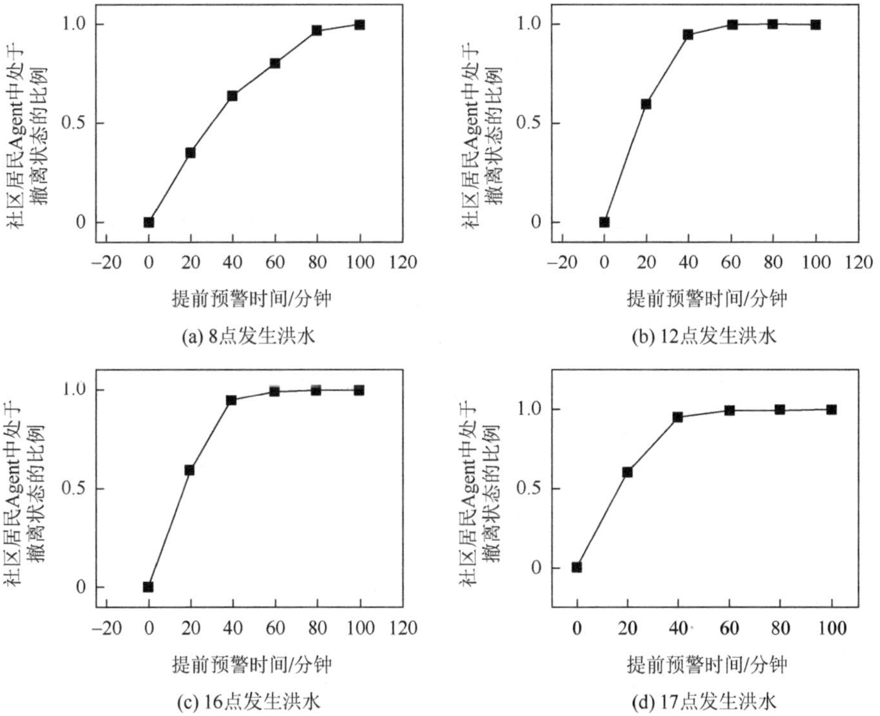

(a) 8点发生洪水
(b) 12点发生洪水
(c) 16点发生洪水
(d) 17点发生洪水

图 7.22　政府提前预警对应急疏散结果的影响

从图 7.22 中结果可以发现，随着预警时间的提前，在洪水发生时刻社区居民 Agent 中处于撤离状态的比例逐渐增加，但是随着提前预警的时间越早，这种增加趋势逐渐变缓，也就是说提前预警的时间并非越早越好。此外，不同的洪水发生时刻，相应的结果也有所差异。在 8 点发生洪水时，提前 40 分钟预警社区居民 Agent 处于撤离状态的比例为 0.6375，而在 12 点发生洪水时，提前 40 分钟预警该比例则为 0.9485，接近于 1。产生这种差异是因为在 8 点发生洪水，而社区居民 Agent 在 7 点左右开始一天的出行，如果预警时间不提前，那么大多数的社区居民 Agent 在大量地从家中前往各自的目的地，道路网络上的社区居民 Agent 比例要远高于 12 点左右。相应地，在 12 点左右时，大多数的社区居民 Agent 在办公场所、教育场所或者家中，只有少部分社区居民 Agent 在路上出行，因此只需要提前一点时间预警就可以达到让有出行计划的居民 Agent 改变或者暂缓出行，停留在安全区域，从而降低风险。

因此，提前预警能够有效地增加社区居民 Agent 中处于撤离状态的比例，降低社区洪涝灾害风险，但是这种比例的增加随着预警提前时间的增加逐渐变得缓慢，也就是说一味地增加提前预警时间，到了一定阶段收效甚微。此外，当洪水发生在早晨时，提前发布洪水预警要比其他时间的提前预警更加重要，这是因为早晨属于社区居民 Agent 出行的高峰期，大量的社区居民 Agent 涌入道路网络，此时提前发布预警有助于社区居民 Agent 提前做出应急反应，减少出行或变更目的地。

3. 差异化灾害预警策略

社区空间网格预警体现为社区空间网格层面上的预警模式，在该预警模式下社区空间网格员将直接通过各种平台告知其网格内的社区居民 Agent 当前空间网格的洪涝灾害风险情况，以及最近的避难所位置和路线，并且劝说居民 Agent 尽量不要靠近危险的地带，减少出行或变更目的地。常规的预警模式，只是简单地传递全区的预警等级，并不涉及具体的空间网格风险和路线指引。

以 50 年一遇的降水导致的洪涝灾害为例，洪水发生时刻在早晨 8 点，政府提前半小时发布预警，社区居民 Agent 的灾害信息源比例采用 S12 情景下的比例，比较分析不同的提前预警时间对应急疏散结果的影响。具体仿真结果如图 7.23 所示。

结果说明，社区网格预警模式能够有效地提升安全状态为 2 的社区居民 Agent 比例，也就是社区居民 Agent 的疏散安全状态比例更高，在洪水发生后的半小时内，社区居民 Agent 中处于撤离状态的比例就已经达到了 90%以上，而传统的预警模式只有 81%。此外，传统预警模式下社区居民 Agent 中处于撤离状态的比例还存在一部分下降区间，这是因为传统的预警模式下，人们虽然及时反应，但是也有可能前往了危险区域，从而导致一段时间内处于撤离状态的社区居民 Agent

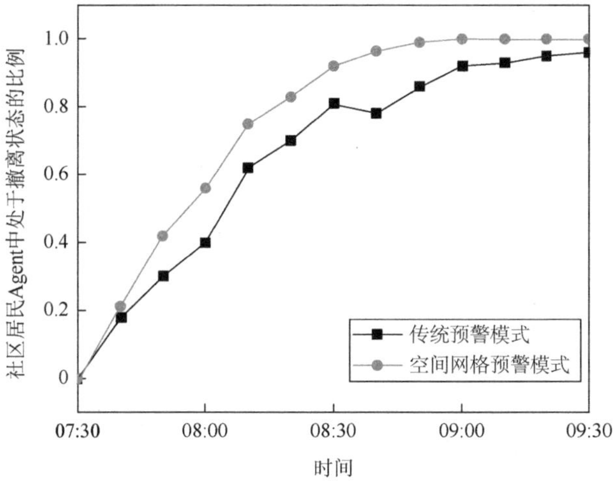

图 7.23　空间网格预警对应急疏散结果的影响

比例下降。由此可见，空间网格预警不仅能有效地提升社区居民 Agent 撤离的比例，同时能够减少因为不知是危险区域而前往的风险，及时的社区空间网格预警能够减少部分人群的出行，降低了社区居民 Agent 受灾的风险。

4. 多元主体参与疏散策略

在洪涝灾害应急疏散过程中，从单一政府主导需要转变为多元主体参与的模式，将多元主体参与疏散策略简化为社区居民 Agent 中愿意帮助他人一起撤离的比例。以 50 年一遇的降水导致的洪涝灾害为例，洪水发生时刻在早晨 8 点，政府提前半小时发布预警，社区居民 Agent 的灾害信息源比例采用 S12 情景下的比例，愿意提供帮助的社区居民 Agent 比例设置为 0 到 1，间隔 0.1，比较分析不同的互助撤离比例对应急疏散结果的影响。横坐标是互助撤离比例，取值为 0～1，纵坐标是 8 点 30 分时的社区居民 Agent 中处于撤离状态的比例，具体仿真结果如图 7.24 所示。

根据结果可以发现，随着互助撤离比例的增加在一定的比例范围内能够提升社区居民 Agent 中处于撤离状态的比例，当互助撤离比例为 0.6 时，效果最为显著，处于撤离状态的社区居民 Agent 比例为 92%，但是当互助比例超过 0.6 之后，这个社区居民 Agent 中处于撤离状态的比例反而有下降的趋势，这主要是因为当大量正在撤离并且前往避难所的社区居民 Agent 暂停当前行为，而去寻找需要帮助的个体时，反而会增加整个系统疏散所需的时间。因此，互助撤离的比例并不是越高越好，合理鼓励部分社区居民 Agent 在撤离的同时帮助弱势群体疏散，才能够提升整体的应急疏散效率。

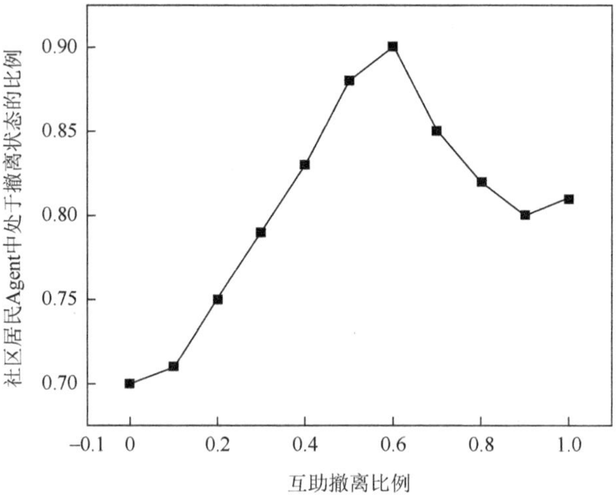

图 7.24　互助撤离比例对应急疏散结果的影响

5. 疏散主体能力提升策略

应急疏散主体的异质性主要体现为社区居民 Agent 主体的异质性，社区居民 Agent 不同的社会经济背景和灾害经历，使其面对洪涝灾害时表现不同，从而导致应急疏散结果的不同。主要从社区居民 Agent 的洪水风险忍耐度阈值和固执个体比例来探讨社区居民 Agent 的异质性对疏散结果的影响。

1）社区居民 Agent 洪水风险忍耐度阈值对疏散结果的影响

洪水风险忍耐度阈值影响的是居民出发的时间，也就是出行的时刻，影响的是社区居民 Agent 整个疏散撤离过程中的认知决策阶段，只会改变居民 Agent 当下做出撤离的决定，即何时从未撤离状态转变为撤离状态。但是当居民 Agent 撤离当前位置前往其他安全位置时，洪水风险忍耐度阈值并不影响其后续的行为，因为移动时主要是和其选择的目的地和洪水淹没情况有关系。

假设洪水发生时刻为早晨 8 点，政府提前半小时发布预警，社区居民 Agent 的灾害信息源比例采用 S12 情景下的比例，洪涝灾害情景为 10 年一遇、20 年一遇、50 年一遇和 100 年一遇的降水，社区居民 Agent 平均洪水风险忍耐度阈值水平从 0.4 增加到 0.8 时，比较疏散结果的差异。图 7.25 给出了仿真结果，横坐标是时间，纵坐标是社区居民 Agent 中处于安全状态 1 即准备撤离状态的比例。可以发现，处于安全状态 1 的社区居民 Agent 比例先增长后降低，这是因为前期社区居民 Agent 逐渐感受到风险，不断更新自身的风险感知水平到大于其洪水风险忍耐度阈值时，安全状态变为 1，当洪水发生时，部分社区居民 Agent 已经到达了安全区域，将安全状态 1 变更为撤离状态，故后期呈现下降趋势。整体来看，在发布预警后的 10 分钟内，洪水风险忍耐度阈值高于 0.6 时，安全状态 1 的社区居民 Agent 比例基本没有变化，过高的洪水风险忍耐度，导致即使政府发布了预警，但是做好应急响应的比例依然较低。在发布预警后的 20 分钟后的 7 点 50 分，洪水风险忍耐度阈值为 0.4 的情景下，安全状态 1 的社区居民 Agent 比例远高于其他阈值下的比例。这说明洪水风险忍耐度阈值的差异明显带来疏散状态的差异，但是并非洪水风险忍耐度阈值越低越好，过低的阈值会导致社区居民 Agent 过度敏感。

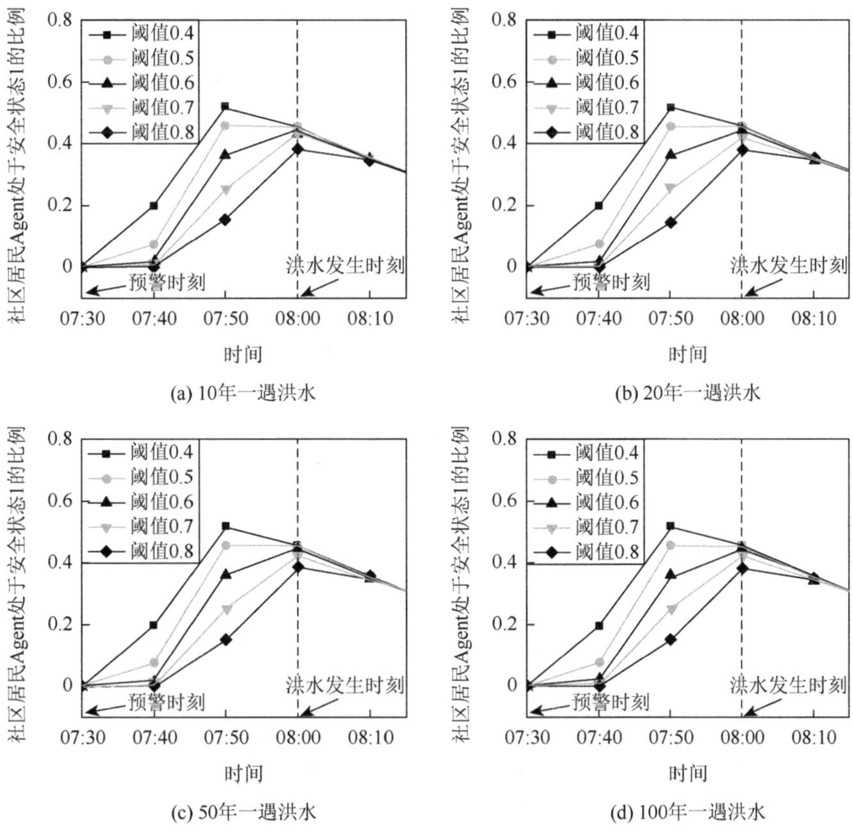

图 7.25　社区居民洪水风险忍耐度阈值对应急疏散结果的影响

2）社区居民 Agent 固执个体比例对疏散结果的影响

许多研究表明，一些社区居民 Agent 在灾害发生过程中坚持自己的观点，忽视任何新的信息，这些社区居民 Agent 通常被称为固执的社区居民 Agent。尽管收到了应急管理人员的早期警告和疏散命令，这些社区居民 Agent 仍留在家中或当前所在地，拒绝接受他人的观点，但同时将自身的观点传递给其他社区居民 Agent，反过来影响其他社区居民 Agent 的行为。因而，研究固执社区居民 Agent

的行为如何影响整个社区的撤离状态和疏散过程。假设洪水发生时刻为早晨 8 点，政府提前半小时发布预警，社区居民 Agent 的灾害信息源比例采用 S8、S11 和 S12 情景下的比例，选择这三个情景的原因是考虑固执个体只会接受来自政府的信息，但同时又通过社交网络来影响其他主体，洪涝灾害情景为 10 年一遇、20 年一遇、50 年一遇和 100 年一遇的降水。横坐标是固执社区居民 Agent 的比例，纵坐标是 8 点 30 分时，社区居民 Agent 中处于撤离状态的比例（图 7.26）。

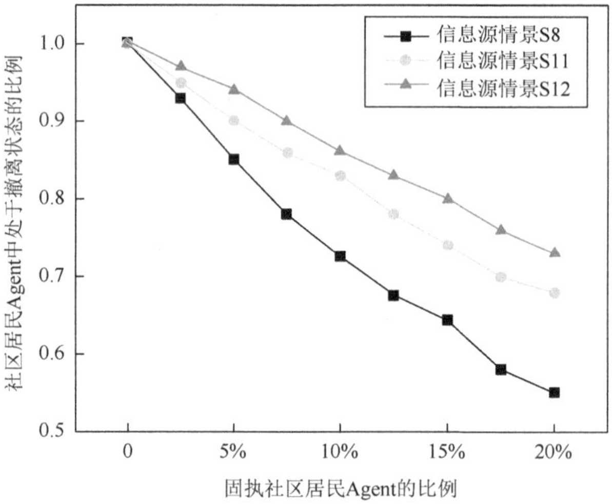

图 7.26　固执社区居民 Agent 比例对应急疏散结果的影响

结果表明，固执社区居民 Agent 会降低整个社区居民 Agent 的疏散状态转变为撤离状态的比例，降低社区居民 Agent 的撤离率，尤其是当固执社区居民 Agent 较多或社交媒体权重较高时。例如，当固执社区居民 Agent 的百分比从 10%增加到 20%时，社区居民 Agent 的撤离率从 72.5%下降到 55%（图 7.26 中的 S8 情景）。将固执社区居民 Agent 的比例固定为 5%时，考虑不同的灾害信息源情景 S8、S11、S12，发现社区居民 Agent 中处于撤离状态的比例分别降低到 85%、90%和 94%。可以看出，当社交媒体变得更有影响力，而缺乏社区空间网格员信息等确定性信息来源时，整体的疏散率以非线性的方式响应固执社区居民 Agent 比例的影响。当固执社区居民 Agent 的比例超过一定值时，其会通过强大的社交媒体来传播自身的观点和决策结果，从而显著地降低整体的疏散率。

综上分析可知，洪涝灾害发生时，多渠道的信息交互要比传统的单向信息指令更加有效，社区空间网格即时灾害信息交互策略明显提前了社区居民的疏散撤离时间，政府部门可以完善灾害信息交互平台，加快灾害信息的传播；社区居民的异质性对应急疏散结果有着重要影响，较低的洪涝灾害风险忍耐度阈值有助于灾害提前应对，但是过低的洪涝灾害风险忍耐度阈值会造成社区居民的过度担忧；社区居民中固执不撤离个体会通过邻居关系、社交媒体等途径影响整体对洪涝灾害风险和疏散的态度，在应急疏散中需要特别关注这些人群的观点和行为对整体疏散结果的影响；虽然在洪水易发地区鼓励人人互助可能是一个理想的目标，但模拟结果表明这可能是不必要的，甚至是不可取的，过多的社区居民在应急疏散过程中寻找结伴对象，会造成道路拥堵和延迟疏散等问题，反而增加了疏散时间。

7.5　深圳市洪涝灾害智能感知与风险预警平台实现

本节提出了态势感知全域化、辅助决策实时化、指挥控制扁平化的城市洪涝灾害预警与决策平台框架，构建全方位、全空间的灾害大数据信息平台，开发集成灾情监测、风险预警、应急响应、指挥协调等的城市灾害预警与综合防控系统，为城市灾害治理提供决策支持。针对深圳市洪涝灾害应急管理需求，基于大数据、物联网、云计算、人工智能等现代信息化技术，开发了“深圳市智慧三防（防汛、防旱、防风）系统”（一期），包括监测预警、指挥决策、调度协同、值班管理等功能。通过多部门数据共享机制，将基础地理、水务工程、生命线、重点区域等多源信息集成融合到深圳市一张图上，在实体、关系、属性抽取形成的洪涝灾害知识图谱基础上，建立了深圳市三防大数据资源池。在灾害态势智能感知方面，基于气象遥感、物联网传感器、视频监控、社交媒体等实时监测信息，运用大数据分析、图像识别、视频语义计算等技术，挖掘包括城市淹没水深、面积、灾情等暴雨洪涝灾害情景及其演化态势，快速绘制出暴雨淹没风险图。在此基础上，融入城市路况、居民活动等社会行为数据，研判当前淹没深度和未来降水量对生命财产、交通出行、基础设施等的影响，实现了从基于阈值的预警转向基于风险的预警，大大提高了预警的精准度和有效性。针对重点防御区域，在暴雨内涝、风暴增水等诸多场景模拟的基础上，推演不同应急处置救援方案下灾害情景的变化，实时调整救援力量的部署，实现了三防信息集成与共享、风雨汛情及其引发的灾害风险全景感知与预警、灾情智能推演与应急决策。

1）深圳市智慧三防系统框架

通过多源异构数据融合下数据库的构建，搭建了智慧三防应用平台，开发移动应用程序和智慧三防微信小程序，最终建设成集监测预警、辅助决策、指挥调度、值班管理等多功能于一体的三防防御部署指挥平台，形成事前有预报预警、事中有决策指挥、事后有评估分析的全过程三防业务体系。智慧三防系统主要由智能感知体系、信息基础设施、三防大数据库、智慧应用及终端和智能模型服务五大部分构建而成（图 7.27）。在标准规范体系及运维保障体系的支撑下，构建出完整的智慧防御部署指挥平台，在三防工作中实现了人、技、物的智联互动，为自然灾害风险研判、办公管理等重要工作提供了及时、准确、便捷的决策依据和可视化、科学化、智慧化的服务。

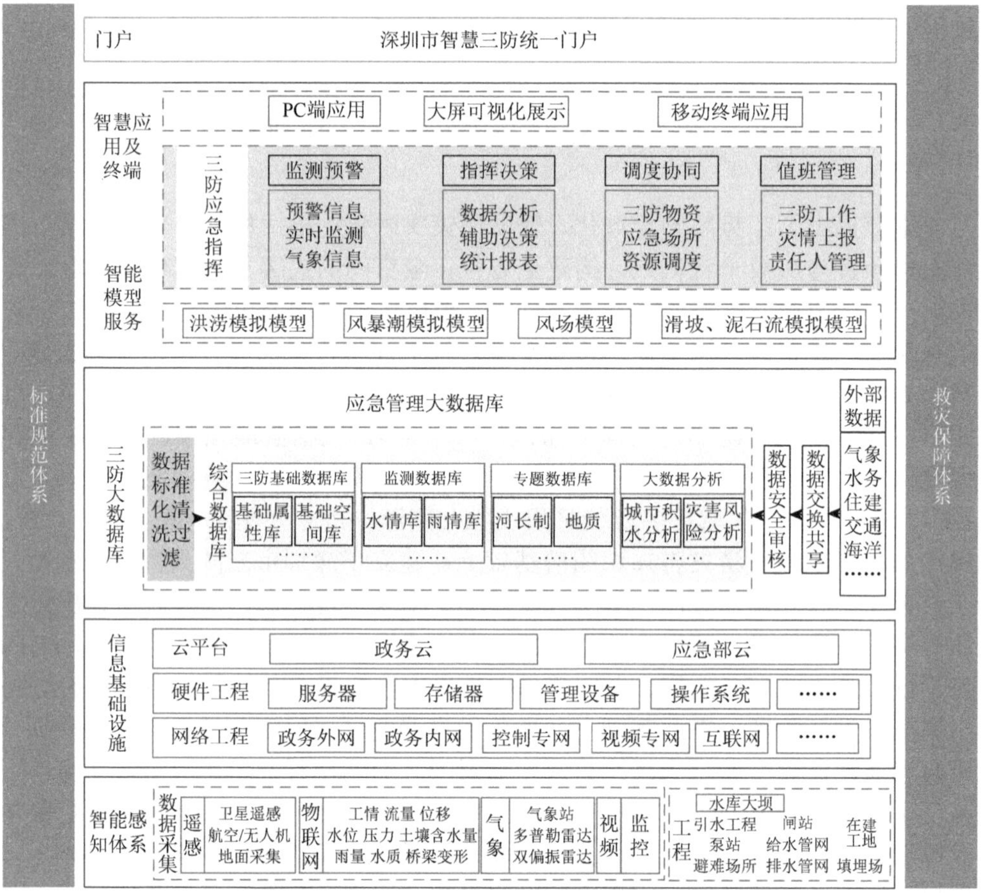

图 7.27　深圳市智慧三防系统框架

智慧三防总体建设内容包括七大部分：构建智能感知体系、信息基础设施、三防大数据库、智能模型服务、智慧应用及终端、韧性城市系统评估提升、标准规范与信息安全，通过七大建设内容实现态势感知全域化、辅助决策实时化、指挥控制扁平化、城市发展韧性化。

2）基于知识图谱的图数据库

借助数据采集组件通过各类标准数据服务对智慧三防数据资源、相关部门的数据资源进行整合并统一存储于综合数据仓库，并利用数据清洗引擎进行数据治理，先将原本离散的、低价值密度的、低质量的数据，通过一系列标准化流程后进入中间数据库和标准数据库，进而面向业务应用建立主题数据库，为智慧三防一期业务应用系统提供集中的、高价值密度、高质量的数据。

知识图谱主要目标是用来描述真实世界中存在的各种实体和概念，以及它们之间的关系，因此可以认为是一种语义网络，其基本组成单位是“实体—关系—实体”三元组，以及实体及其相关属性-值对，实体间通过关系相互联结，构成网状的知识结构。不同来源的数据，通过知识抽取、知识融合，形成知识图谱，可以更直观地对数据进行分析，支持知识推理、挖掘。

基于知识图谱技术，将分散在政府各个部门和生产生活各个领域的水文、气象、地理要素、应急设施、生命线系统、社会经济、人口活动等多源异构数据联通共享，形成图数据库。

3）主要功能模块

深圳市智慧三防系统主要包括监测预警、指挥决策、调度协同、值班管理等功能模块。

一张图展示模块：一张图展示三防全要素、全时空、精细化掌握城市洪涝灾害致灾因素、承灾体、应急资源、重点隐患，实现态势全域化感知。在包含地形、道路、水系、建筑等基础地理信息的图层上，实时叠加水雨情、积水、潮位、物资、避难场所、抢险队伍、水务工程、易涝点、管网等信息，基本实现三防要素的全管理、全感知。

监测预警功能模块：利用多源遥感卫星、无人机、地面监测设备、网络媒体等构建空天地一体化感知体系，实现多源感知、多级联动、多端协同的城市洪涝灾害监测与预警。通过实时监测的水雨情、潮位、积水等数据及气象平台推送的卫星云图、雷达图像、降水分布、风速分布、潮汐预报、预警信号、气象广播等信息，可针对暴雨、台风、风暴潮等事件提前预警，为决策与指挥提供支持。

针对积水点预报预警功能，在城市 2859 个三级排水分区上，基于城市雨情信息，通过等水量计算法，实现城市易积水点 0.5 小时、1 小时及 3 小时的积水快速预报、城市洪涝风险预警信息发布（图 7.28）。

决策支持功能模块：采用多源数据分析和数学模型模拟，可对暴雨内涝、风暴潮增水、溃坝洪水等诸多场景进行风险研判，为灾前响应、灾中处置和灾后评估等防灾减灾指挥工作提供定量、动态、三维仿真的决策支持信息。主要功能包括识别内涝高风险区、中风险区、低风险区、潜在风险区；分析现有排水能力，计算不同防洪排涝方案下的洪涝风险；基于溃坝淹没范围分析，对人员转移疏散方案进行分析。

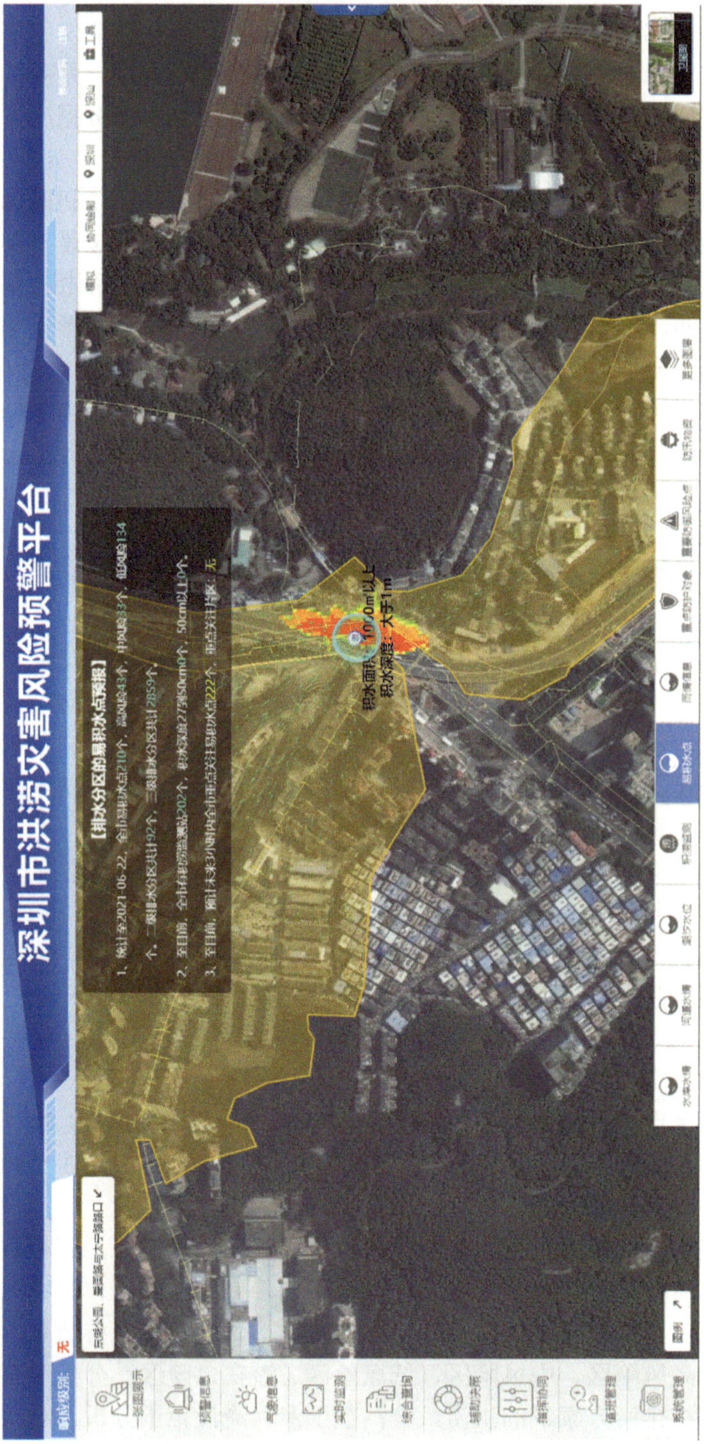

图 7.28　深圳市智慧三防系统洪涝灾害风险预警功能模块

截图时间为 2021 年 6 月 22 日

指挥调度功能模块：汇集了全市的应急保障资源，结合一张图展示可详细呈现重点防护对象、重点防御风险点、三防物资、抢险队伍、应急避难场所等信息；结合预警信号可启动相关应急预案，参照应急预案条例及防御工作指引，三防指挥部通过调用视频、电话等融合通信功能，能够科学合理地调度区域责任人、抢险队伍开展工作，转移受威胁民众进入避难场所，避免险情发生，防患于未然。

该系统有效支持防台风防汛应急响应行动百余次。为深圳市、深汕特别合作区应对 2019 年“4 • 11”短时极端强降水事件、2020 年“近十年最强季风降水”、2021 年 10 月 8～10 日持续大暴雨事件提供了科技支撑，洪涝淹没平均预见期延长至 12～15 小时，精度平均提高了 20%，提前了 3 小时启动应急响应，有效提升了深圳市洪涝精细化预测预警水平，显著提高了城市洪涝灾害应急响应能力。

第 8 章　景德镇市实证研究

本章以景德镇市为研究对象展开洪涝灾害风险管理的实证研究。首先分析景德镇市洪水风险管理现状；其次，利用贝叶斯方法，学习不同暴雨重现期下景德镇市暴雨洪涝空间淹没概率，预测景德镇市洪涝灾害风险；再次，模拟了景德镇市在惯性发展情景、经济优先发展情景和可持续发展情景下的土地利用空间布局，评估景德镇市洪涝灾害风险；最后，从韧性角度提出了景德镇市洪涝灾害的适应性提升策略。

8.1　景德镇市洪涝灾害概况及风险管理现状

8.1.1　景德镇市洪涝灾害概况

景德镇市位于江西省东北部，土地面积 5256 平方千米。地势四周高中间低，形似盆状，是典型的江南红壤丘陵区，市区内平均海拔 32 米，地势由东北向西南倾斜，东北和西北部多山。由于景德镇市市区处于群山环抱的盆地之中，如遇持续的暴雨天气，市区易形成洪涝灾害。景德镇市年降水量约 1800 毫米，降水量年内分配极不均匀，4～6 月多年平均降水量占全年降水量的 46%左右。景德镇市境内河川纵横交错，北部有源于安徽省的昌江，全长 210 千米，自北向南越境而过。昌江流域河网发达，集水面积在 100 平方千米以上的支流有 12 条，昌江在景德镇市城区范围内主要支流有南河和西河，其中南河位于昌江左岸，在景德镇市南部，自东向西流经城区，流域面积 520 平方千米，主河道全长 79.9 千米；西河位于昌江右岸，绕昌江右岸西北城区而行，自西向东于人民公园处汇入昌江，流域面积 48 平方千米，主河道总长度 70.3 千米。景德镇市下辖一市、一县、两区，2022 年末，全市常住人口 162.19 万人，其中城镇人口 107.82 万人。景德镇市是中国古代四大名镇之一，国务院批准的首批 24 座历史文化名城之一。

景德镇市地处昌江下游丘陵地带，为江西省三大暴雨中心之一，在 1998 年以前，一直未设置专门的防洪堤坝，只依靠天然的河岸防御洪水，因而导致洪涝灾害的发生非常频繁，且一旦受灾，损失严重。据文献记载，昌江流域从公元 1368 年至 1948 年间共发生水灾 32 次，其中特大水灾 12 次，灾情严重。在新中国成立后，有记录显示昌江洪水在 1955 年、1996 年、1998 年、1999 年、2008 年、2010 年、

2011 年和 2016 年多年间频繁发生，特别是 1998 年洪水为新中国成立以来最大洪水，当年 6、7 月份先后两次受外洪内涝侵袭，渡峰坑水文站实测最高水位 34.27 米，城区淹水时间长达 94 小时，受淹面积 31.4 平方千米，淹没最深处水深近 10 米，民房、工商企业和城市基础设施损失严重，受灾人口为 35.4 万人，全市直接经济损失达 32.26 亿元。除此之外，2016 年“6・19”暴雨洪涝灾害事件也导致了严重的后果，在 24 小时内长江流域有 160 个测站 3 小时雨量超过 100 毫米，流域面雨量达到 200.9 毫米，昌江及其支流全面超过警戒线，渡峰坑水文站最高水位达到 33.89 米。由于洪水雨量大、来势猛、汇流时间短，加上城市排水管网陈旧，造成城区市政府、高新区、豪德贸易广场、梅苑小区、昌江广场铁路桥下等多处低洼地区内涝严重。在灾害期间，全市共转移群众 11.97 万人，为历年防汛抗洪以来转移群众最多的一次，全市五个县（市、区）中有四个县（市、区）遭受了较严重的灾情，受影响的范围涵盖公路、供水、供电、供气等基础设施，直接经济损失达 18.95 亿元。

8.1.2　景德镇市洪水风险管理现状

1. 防洪工程现状

2000 年以前，景德镇市城区基本无防洪设施，仅在市区较低处建有西瓜洲圩堤、老鸦滩圩堤和三河圩堤及昌江城区段有一小段护岸工程，上述三座小圩堤防洪标准低，防护范围仅限于局部低矮地方，很难解决城区的防护问题。按照 GB 50201—2014《防洪标准》的要求和分片防护的原则，景德镇市的防洪标准应为 50～100 年一遇。据《景德镇城市防洪规划报告》，景德镇市城市防洪采用“库堤结合、先堤后库、分步实施”。景德镇市中心城区城市防洪工程项目的主要建设内容为防洪标准 20 年一遇；治涝标准：市中心区为 20 年一遇，非中心区为 10 年一遇；建设规模为新建、加高加固堤防 20.19 千米，其中加高加固土堤 10.23 千米，新建防洪墙 9.96 千米，新建涵闸 9 座，新建排涝站 8 座，总装机 8410 千瓦。目前，上述城区防洪建设工程已完成，景德镇市已基本形成了自身的堤防工程防洪体系。

为了完善景德镇市防洪工程体系的建设，2013 年 7 月 1 日，浯溪口水利枢纽大坝主体工程正式开工，最终于 2020 年 12 月 28 日通过江西省水利厅竣工验收，开始发挥防洪、供水、发电等综合效益。目前自浯溪口水利枢纽工程下闸蓄水投入运行以来，防汛抗旱减灾效益明显，其中 2020 年“7・7”洪水，通过浯溪口水库调蓄洪水，减少景德镇市城区经济损失达 13.60 亿元，减少受淹面积约 32 平方千米，有效保障了浯溪口水库下游及景德镇市城区人民的生命和财产安全。

2. 非工程措施现状

防洪减灾非工程措施，通常指通过法律法规、行政管理、经济杠杆、科学技术等手段来减少洪涝灾害损失的措施。一般包括防洪法律法规、洪水预警预报、洪水风险分析与管理、洪水保险制度、防汛指挥调度、抢险救灾与灾后恢复等方面。

目前景德镇市致力于健全和完善现有的全市防汛调度指挥系统、暴雨洪水预测预警预报系统、山洪灾害预警监测系统和水资源管理信息系统，修改完善景德镇市防洪预案、《景德镇市防汛抗旱应急预案》以及各类调度方案、应急响应方案和水工程调度方案。同时不断及时补充防汛物资，完成市、县、乡防汛物资增储任务，保证相关防汛物资储备充足，有效提升水旱灾害防御能力。组建专业的机动抢险队伍、应急救援队伍并开展抗洪抢险救援演练和山洪地质灾害紧急转移演习。坚决执行提前转移群众制度，一旦出现暴雨洪水，及时转移受威胁的群众，确保人民生命安全，最大程度地减少灾害损失。

根据《景德镇市防汛抗旱应急预案》，景德镇市设置市级防汛抗旱指挥部（以下简称市防指），其是景德镇市人民政府设立的市政府议事协调机构，由市委、市政府有关部门、军分区、武警景德镇支队、相关事业企业单位及抢险救援队伍等组成。市人民政府主要负责同志担任市防指总指挥，市人民政府相关负责同志担任指挥长，市人民政府相关副秘书长、市防指有关成员单位主要负责同志担任副指挥长。景德镇市防汛抗旱指挥部深入贯彻落实省委、省政府和省防指，市委、市政府关于防汛抗旱工作方针政策和决策部署，全面领导、组织全市的防汛抗旱工作。

此外，景德镇市大力推行水利工程标准化建设，加强对已建成水利设施的日常管理维护，大幅提高工程管理能力和养护水平。全市国有公益性水管单位管理的大中型水库、水闸、泵站及三级以上堤防的管理水平达到国家规定的养护标准。其他涉及防洪公共安全的小型水库及三级以下堤防按照小型水利工程运行管理体制改革要求，落实专人管理，逐步达到国家规定的养护标准。

综上所述，景德镇市在防洪工程建设上经历了较大的发展，从城区基本无防洪设施到目前基本形成了自身的堤防工程防洪体系，包括堤（墙）库结合的防洪工程体系和浯溪口水利枢纽工程等。特别是浯溪口水利枢纽工程的建设，显著提高了景德镇市的防洪标准，使得防洪能力得到了有效增强。同时，在非工程措施方面，景德镇市建立了完善的防洪指挥系统、洪水测报和警报系统等，进一步提高了应对洪水灾害的能力。然而，随着气候变化及景德镇市社会经济的快速发展，洪水风险管理面临新的挑战。因此，景德镇市需要继续评估未来情景下的洪涝灾害风险，提出因地制宜的适应性策略，以确保防洪体系的持续有效性和适应性。

防洪非工程措施主要通过法令、政策、经济和防洪工程以外的技术手段，适应防洪需要，以减少洪水灾害损失。防洪非工程措施一般包括：防汛调度指挥系统、洪水预测预警预报系统、水利工程标准化建设等。

8.2　景德镇市洪涝灾害风险预测

本节基于 4.2 节构建的基于 BL 的灾害风险预测预警模型，选取了景德镇市中心城区作为研究对象，探究该地区不同重现期下的洪涝灾害风险情况。通过模型训练分别获得了 20 年一遇、50 年一遇及 100 年一遇下的最优样本表，在此基础上对不同重现期下的城市洪涝灾害风险进行预测与分析[341, 342]。

8.2.1　最优样本表的先验概率和条件概率分布

基于 4.2 节构建的灾害风险预测预警模型，收集了景德镇市城区高程、坡度、土壤持水能力、距河流远近、河网密度、管网密度、道路密度共 7 个洪灾因子的相关资料，并结合 20 年、50 年及 100 年一遇下的淹没情况进行模型训练。其中，不同重现期下的淹没数据来自景德镇市洪水风险综合管理总体规划咨询服务项目，数据类型为栅格数据，空间分辨率为 30 米。

数据类型主要分为两类：一是栅格数据，包括数字高程模型、土壤类型、土地覆盖类型；二是矢量数据，包括研究区域边界、河网、路网和管网。数据收集基准年为 2010 年。将所有因子数据都统一为 30 米的栅格数据，共计 213 540 个栅格，采用每个栅格中心点数据作为模型训练样本数据。

不同重现期下的淹没点数量不同，根据不同重现期对应的淹没点数量进行欠采样初始设定，20 年、50 年及 100 年一遇淹没样本数量分别为 3425 个、5693 个及 33 832 个，因此对非淹没样本点的欠采样数量分别设定在区间[3425, 5140]、区间[5693, 8540]以及区间[33 832, 50 748]中。依据设置的采样点数，将非淹没样本按照研究区域分布进行分组设置。将每一次欠采样所得的非淹没样本与淹没样本组合，从所得随机样本中选取 80%的数据作为训练集，20%的数据作为测试集。本节设定了模型最大采样次数为 10 000 次，循环迭代结束，从满足精度条件的样本表中筛选得到了最优样本表。最优样本表中的不同重现期下的淹没和非淹没采样点数量以及 OA 指数和 Kappa 系数见表 8.1，表 8.1 数据显示，三个重现期下的 OA 指数大于 0.8 和 Kappa 系数大于 0.6，都能满足精度要求，说明模型训练结果是可行的。

表 8.1　不同重现期下的最优样本表

重现期	淹没样本点数量	非淹没样本点数量	OA 指数	Kappa 系数
20 年一遇	3 425	3 425	0.869 3	0.736 3
50 年一遇	5 693	6 093	0.845 6	0.691 8
100 年一遇	33 832	47 832	0.805 7	0.609 7

根据最优样本表，进一步推算出先验概率和条件概率。图 8.1 分别为 20 年、50 年及 100 年一遇重现期下最优样本表对应的先验概率和条件概率分布图。由图分析可知，模型最终训练得出的最优样本中淹没先验概率和非淹没先验概率逐渐都接近 0.5，条件概率表分布明显，每个灾害因子在淹没条件下的条件概率分布与非淹没条件下完全不同，例如 100 年一遇重现期下高程级别 1 和级别 2 的条件概率在淹没条件下高，但在非淹没条件下级别 1 的条件概率很低。说明所选取的因子能够反映被淹没地区和未被淹没地区的差异，同时也验证了因子的有效性。

基于模型训练结果所得先验概率和条件概率，进一步计算研究区 213 540 个格网的淹没后验概率，并计算得出各空间格网的洪涝灾害风险。

8.2.2　景德镇市洪涝灾害风险预测

模型利用 OA 指数以及 Kappa 系数验证了模型的精度。在此基础上进一步验证预测结果的准确性，通过将不同重现期下风险等级处于中等及以上的空间网格与实际被淹没的空间网格进行比较，然后计算与实际淹没相一致的空间网格数量占整个被淹没的空间网格总数的比例，将该比例作为准确度。结果表明，20 年一遇重现期下预测的准确率为 91.97%，50 年一遇重现期下预测的准确率为 88.38%，100 年一遇重现期下预测的准确率为 88.79%，准确率均高于 85%，综合上述结果表明，我们的模型具有较好的精度和预测准确度。

表 8.2 为不同重现期下景德镇市洪涝灾害风险的均值、最小值以及最大值。由于研究区整体空间格网数量较多，风险区域所占比例较少，因此整体的风险均值偏小，但可以看出，随着重现期的增加，景德镇市洪涝灾害风险均值也逐渐变大，由 20 年一遇下的 0.2190 变化至 100 年一遇下的 0.3289。每个重现期下的风险最小值均为 0，表明研究区在洪涝灾害发生下是有区域处于 0 风险的，与实际相符，同时，不同重现期下灾害风险最大值均大于 0.98，不同重现期之间的灾害风险最大值与最小值差异较小。

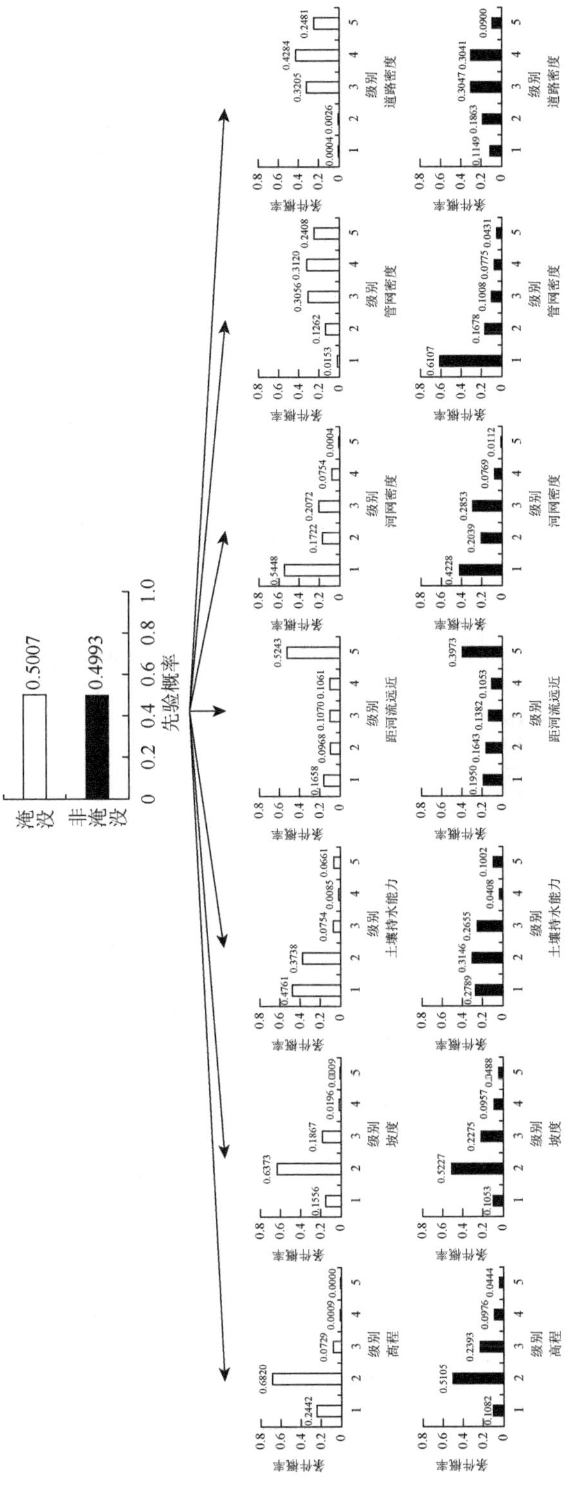
淹没
非淹没
0.5007
0.4993
先验概率
条件概率
级别
高程
坡度
土壤持水能力
距河流远近
河网密度
管网密度
道路密度

(a) 20年一遇

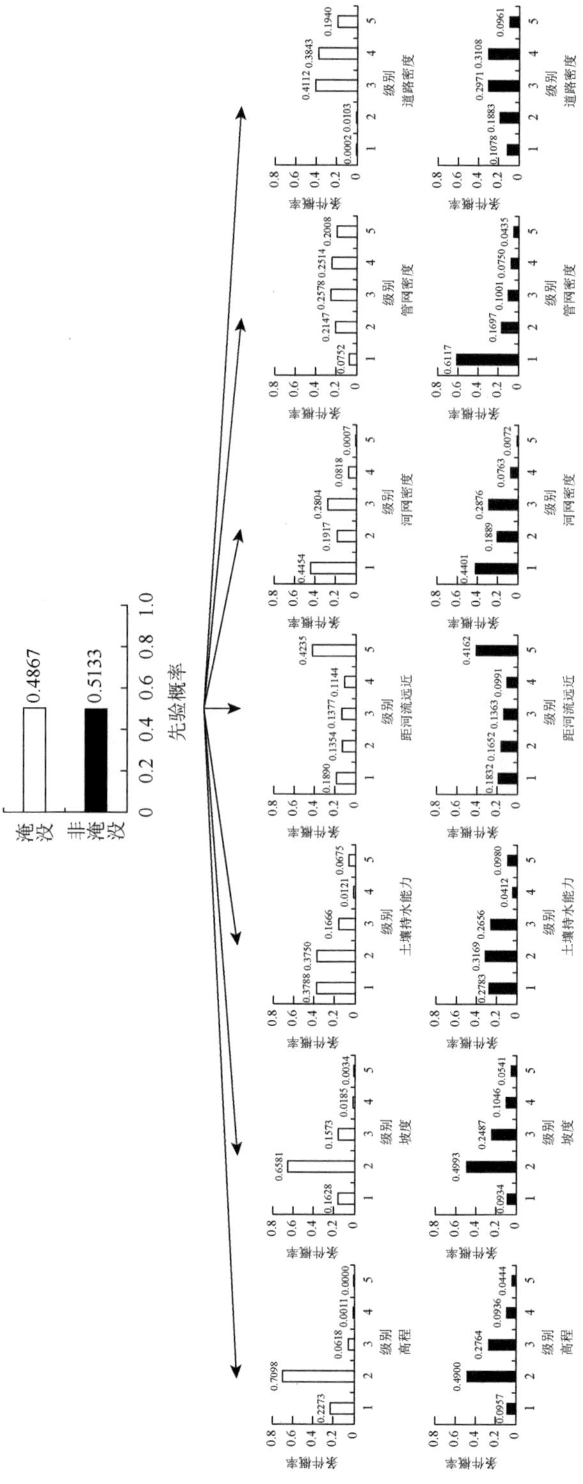
淹没
非淹没
先验概率
0.4867
0.5133
条件概率
级别
高程
坡度
土壤持水能力
距河流远近
河网密度
管网密度
道路密度

(b) 50年一遇

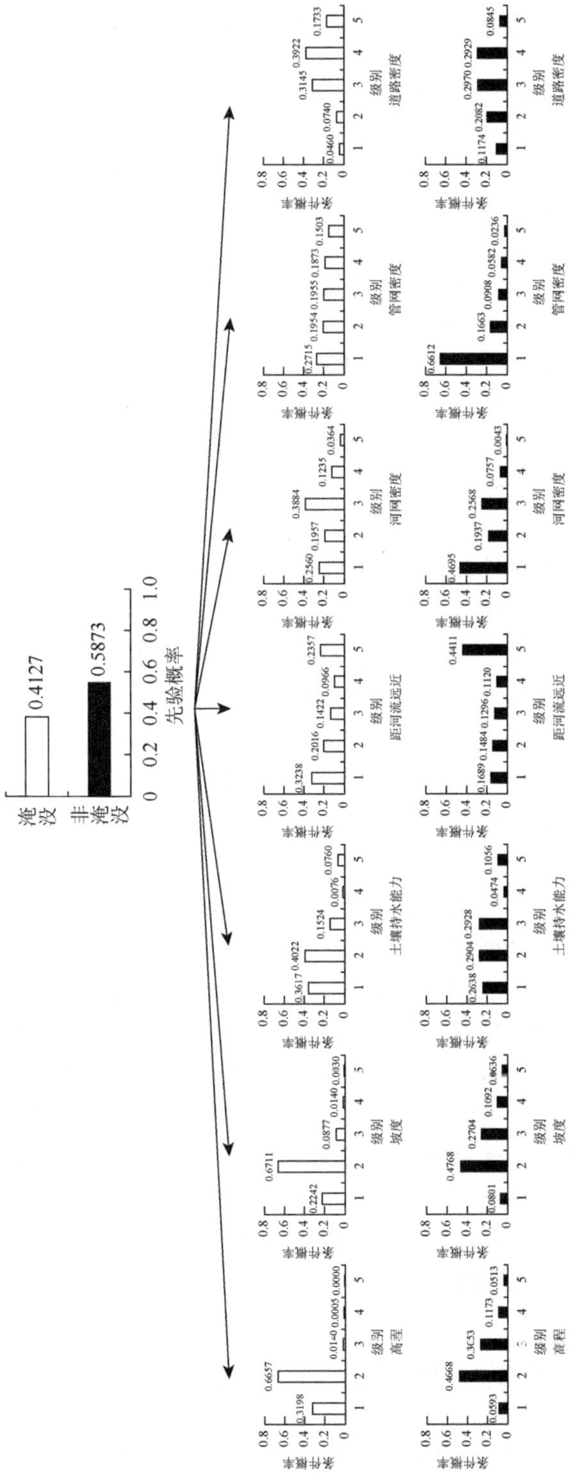

(c) 100年一遇

□淹没条件　■ 非淹没条件

图 8.1　20 年、50 年及 100 年一遇重现期下最优样本表对应的先验概率和条件概率分布图

表 8.2　不同重现期下景德镇市洪涝灾害风险值描述性统计

重现期	均值	最小值	最大值
20 年一遇	0.2190	0	0.9851
50 年一遇	0.2751	0	0.9818
100 年一遇	0.3289	0	0.9986

从 20 年一遇至 50 年一遇再到 100 年一遇重现期下，景德镇市的洪涝灾害风险范围不断扩大，且风险等级也有所变化，20 年一遇及 50 年一遇重现期下的部分中风险地区在 100 年一遇重现期下转为了高风险地区。

根据计算出的各空间格网的洪涝灾害风险，进一步将风险值等距划分为 5 个风险等级，风险值介于[0, 0.2)风险等级为极低风险，[0.2, 0.4)风险等级为低风险，[0.4, 0.6)风险等级为中等风险，[0.6, 0.8)风险等级为高风险，[0.8, 1]风险等级为极高风险。

各区域在洪涝灾害下的风险大小也均有所差异。20 年一遇和 50 年一遇下高风险区域分布差异较小，风险区域主要集中在昌江中心区域并向东西方向延伸，在 50 年一遇重现期下，除了东西方向的延伸比 20 年一遇重现期下范围更广之外，风险区域也向北部区域延展了，延展的分布大致与河道分布相符。从各区域来看，珠山区整体区域都处于高风险以及极高风险，该地区是研究区的城区，人口和经济高度密集，土地利用类型较广，且多为商业用地和住宅用地，增加了区域不透水面积，具有高度的暴露性及脆弱性。

相对于 20 年一遇和 50 年一遇，景德镇市洪涝灾害风险范围在 100 年一遇重现期下进一步扩大，风险区域的分布整体上沿昌江主河道以及各支流分布，并向四周逐渐递减。高风险区域仍集中分布在昌江中心区域，此外浮梁镇、洪源镇、湘湖镇等区域，由 20 年、50 年一遇重现期下的低风险转变为中等风险及高风险。

从洪涝灾害风险均值来看，随着重现期的增加，区域灾害平均风险值基本呈逐渐增加趋势。高风险和极高风险区集中分布在珠山区的昌江沿岸地区以及昌江西河沿江地区。沿江地区的经济发展迅速，商业服务业吸引了更多的居民定居，增加了人口密度；此外，土地利用类型多为商业用地和住宅用地，增加了不透水面积，使得这些区域的敏感性逐渐增加。昌江西河沿江地区主要是由于该地区周边地势较高，形成盆地，易积水。从地理环境来看，这些地区地势低，河网密度大，在暴雨灾害中更容易被淹没。

8.3　景德镇市发展情景下洪涝灾害风险评估

本节从城市空间布局视角出发，探究景德镇市在不同发展情景下的暴雨洪涝灾害风险。首先，根据不同社会发展模式的需要，模拟不同情景下的土地利用空间布局。其次，结合不同暴雨重现期和土地利用情景模拟洪涝淹没，并依据危险性因子和承载体脆弱性对暴雨洪涝灾害风险进行评估。最后，依据上述结果对景德镇市进行暴雨洪涝灾害风险分析，由此提出防洪减灾和城市国土空间规划相关政策建议[308]。

8.3.1　基于不同发展情景的城市空间布局

1. 不同情景下土地利用数量预测

土地利用的变化的实质是土地利用类型在自然条件、社会经济活动以及政策规划调整等因素的影响下出现的改变。因此，在不同发展模式下由于社会经济发展的侧重不同，不同发展模式下对土地资源开发和利用的需求的不同，进而造成了土地利用数量结构的差异。针对不同发展模式，要在一定的约束条件下进行土地利用数量预测需根据不同发展情景的目标对各类土地利用类型的数量进行调整。首先，设置惯性发展、经济优先发展和可持续发展 3 种土地利用情景。其次，根据不同土地利用变化情景下的目标需求，从经济效益、社会效益和生态效益三个维度构建目标函数，按照土地利用数据中的用地类型设置了 6 个决策变量分别为耕地、林地、草地、水域、建设用地和荒地。

1）情景设定

土地利用变化是一个较为复杂的过程，涉及经济发展、社会保障以及生态环境保护等多方面的影响因素。为探究不同影响要素组合对用地变化的影响，需要设置相应的社会经济发展模式。而研究区域内不同的发展模式下对各类用地类型的数量需求又是决定土地利用空间布局的基础条件。因此，此次研究设置多种发展模式下的土地利用模拟预测，在不同发展模式的用地诉求下探究土地利用空间变迁，以期为国土规划提供不同的决策视角。

（1）惯性发展情景。在惯性发展情景下，土地利用变化会按照历史的变化规律进行。基于 2010～2020 年的土地利用转移概率以及经济、社会和自然驱动因子，不考虑未来政策规划的变化和发展限制，采用 Markov 模型对土地利用进行预测。根据 2010～2020 年用地转移情况构建惯性发展情景下的用地转移矩阵，在惯性发展情景下各土地利用类型之间均可以相互转化。

（2）经济优先发展情景。在经济优先发展情景下，优先考虑经济发展和城市扩张，保证城镇化的快速发展实现经济效益目标最大化。因此，在经济优先发展情景下，为保证城市建设用地面积的增长，在惯性发展情景的土地利用类型转移矩阵的基础上，假设城市建设用地不可以转移为其他用地类型。

（3）可持续发展情景。可持续发展情景是在保证经济发展的条件下，兼顾社会效益和生态服务价值提升。实现经济增长、社会保障和生态保护的协调发展。在可持续发展情景下，着重保护林地和水域，提高森林覆盖率，限制城市的扩张速度，实现区域绿色发展。规定林地和水域不能转化为其他用地类型。

2）土地利用数量预测模型

（1）基于 Markov 模型的惯性发展情景土地利用预测模型。Markov 模型是一种基于 Markov 过程理论，通过历史状态来预测事件未来状态和发展趋势的方法。该方法具有无后效性和稳定性的特点，适用于预测惯性发展情景下用地方式的变化趋势。运用 Markov 模型对土地利用进行预测时，需要明确土地利用的初始状态和状态转移概率，公式如下：

$$S_{t+1} = P_{ij} \times S_t \tag{8.1}$$

其中，S_t、S_{t+1} 分别为 t、$t+1$ 时刻的土地利用状态；P_{ij} 为土地利用状态转移矩阵；i、j 分别为不同的土地利用类型。

（2）基于多目标规划（multi-objective programming，MOP）模型的土地利用数量预测模型及预测结果。土地是由生态环境、社会和经济组成的复合系统，单一追求土地的经济效益已经不能满足当前的发展需要，对土地利用的数量进行预测需要同时满足经济和社会发展及生态保护的需求，因此本节从经济效益、社会效益和生态效益三个方面构建目标函数，对土地利用数量结构进行预测。

根据江西省统计年鉴数据（2000～2020 年）和《景德镇市城市总体规划（2012—2030 年）》，综合现有研究对景德镇市土地利用模拟模型中相关参数进行补充厘定。

首先，经济效益目标：根据江西省统计年鉴（2000～2020 年）的数据，采用趋势移动平均法对 2030 年农业、林业、畜牧业、渔业、第二产业、第三产业的总产值进行预测，计算得出各用地类型的单位面积经济效益分别是，耕地 9.53 万元/公顷，林地 0.53 万元/公顷，草地 18.79 万元/公顷，水域 4.43 万元/公顷，建设用地 403.92 万元/公顷，荒地 0 万元/公顷，即经济效益目标函数为

$$\max f_1(x) = 9.53X_1 + 0.53X_2 + 18.79X_3 + 4.43X_4 + 403.92X_5 + 0X_6 \tag{8.2}$$

其中，$X_1, X_2, \cdots, X_6$ 分别表示耕地、林地、草地、水域、建设用地、荒地的面积。

其次，社会效益目标：参考已有研究中各土地利用类型的社会保障服务功能价值，耕地 0.155 万元/公顷，林地 0.056 万元/公顷，草地 0.073 万元/公顷，水域 0.007 万元/公顷，建设用地 0.025 万元/公顷，荒地 0.003 万元/公顷，即社会效益目标函数为

$$\max f_2(x) = 0.155X_1 + 0.056X_2 + 0.073X_3 + 0.007X_4 + 0.025X_5 + 0.003X_6 \tag{8.3}$$

最后，生态效益目标：参考已有研究中各用地类型单位面积的生态服务价值，

耕地 5.8 万元/公顷，林地 20.63 万元/公顷，草地 8.56 万元/公顷，水域 33.27 万元/公顷，建设用地 0 万元/公顷，荒地 1.02 万元/公顷，即生态效益目标函数为

$$\max f_3(x) = 5.8X_1 + 20.63X_2 + 8.56X_3 + 33.27X_4 + 0X_5 + 1.02X_6 \tag{8.4}$$

土地面积守恒：根据《景德镇市城市总体规划（2012—2030 年）》，景德镇市土地总面积 526 426 公顷，即约束表达式为

$$S_{总} = \sum_{i=1}^{6} X_i = 526\,426 \tag{8.5}$$

人口总数约束：除水域外，耕地、林地、草地、建设用地单位面积所能承载的人口分别为 5.02 人/公顷、1.38 人/公顷、3.87 人/公顷、28.89 人/公顷，研究区域预测得到的人口规模为 200 万人，即约束表达式为

$$5.02 \times X_1 + 1.38 \times X_2 + 3.87 \times X_3 + 28.89 \times X_5 \geqslant 2\,000\,000$$

森林覆盖率约束：根据《景德镇市城市总体规划（2012—2030 年）》，到 2030 年景德镇市森林覆盖率需要达到 65%，即约束表达式为

$$X_2 / 526\,426 \geqslant 0.65 \tag{8.6}$$

基本农田保护与粮食供给约束：根据《景德镇市城市总体规划（2012—2030 年）》，景德镇市基本农田保护面积为 72 000 公顷；粮食供给约束所涉及的参数根据统计年鉴、《中国粮食年鉴》及《中国粮食发展报告》等相关数据，采用趋势移动平均法求得景德镇市耕地粮食播种率为 0.66，单位面积粮食产量为 6.03 吨/公顷，全国粮食自给率为 0.64；人均粮食需求为 0.322 吨，即约束表达式为

$$\begin{aligned} & X_1 \geqslant 72\,000 \\ & X_1 \times 0.66 \times 6.03 \geqslant 2\,000\,000 \times 0.32 \times 0.64 \end{aligned} \tag{8.7}$$

景观多样性约束：参考已有研究，为了保证研究区域土地利用的多样性，假设草地和荒地的至少占总面积的 2.5%，即约束表达式为

$$(X_3 + X_6) / 526\,426 \geqslant 0.025 \tag{8.8}$$

草地面积约束：由于景德镇市域草地面积呈现逐年下降的趋势，假设将 2010 年草地面积占比作为草地面积占比的下限，2030 年惯性发展模式下草地面积的占比作为上限，即约束表达式为

$$0.039 \leqslant X_3 / 526\,426 \leqslant 0.047 \tag{8.9}$$

水域面积约束：由于景德镇市域水域面积具有连续增加的趋势，假设将 2020 年水域面积占比作为水域面积的上限，2030 年惯性发展模式下水域面积的占比作为下限，即约束表达式为

$$0.02 \leqslant X_4 / 526\,426 \leqslant 0.027 \tag{8.10}$$

建设用地面积约束：由于景德镇市建设用地面积具有连续增长的趋势，假设将 2010 年建设用地面积占比作为建设用地面积占比的上限，2030 年惯性发展模式下建设用地面积的占比作为下限，即约束表达式为

$$0.045 \leqslant X_5 / 526\,426 \leqslant 0.065 \tag{8.11}$$

荒地面积约束：由于景德镇市荒地面积具有连续增长的趋势，假设 2010 年荒地面积占比作为建设用地面积占比的下限，2030 年惯性发展模式下荒地面积的占比作为上限，即约束表达式为

$$0.000\,32 \leqslant X_6 / 526\,426 \leqslant 0.0004 \tag{8.12}$$

综合以上目标函数与约束条件，景德镇市基于多目标规划的土地利用预测模型如下：

$$\max f_1(x) = 9.53X_1 + 0.53X_2 + 18.79X_3 + 4.43X_4 + 403.92X_5 + 0X_6$$

$$\max f_2(x) = 0.155X_1 + 0.056X_2 + 0.073X_3 + 0.007X_4 + 0.025X_5 + 0.003X_6$$

$$\max f_3(x) = 5.8X_1 + 20.63X_2 + 8.56X_3 + 33.27X_4 + 0X_5 + 1.02X_6$$

$$\text{s.t.}\begin{cases} S_{总} = \sum_{i=1}^{6} X_i = 526\,426 \\ 5.02 \times X_1 + 1.38 \times X_2 + 3.87 \times X_3 + 28.89 \times X_5 \geqslant 2\,000\,000 \\ X_2 / 526\,426 \geqslant 0.65 \\ X_1 \geqslant 72\,000 \\ X_1 \times 0.66 \times 6.03 \geqslant 2\,000\,000 \times 0.32 \times 0.64 \\ (X_3 + X_6) / 526\,426 \geqslant 0.025 \\ 0.039 \leqslant X_3 / 526\,426 \leqslant 0.047 \\ 0.02 \leqslant X_4 / 526\,426 \leqslant 0.027 \\ 0.045 \leqslant X_5 / 526\,426 \leqslant 0.065 \\ 0.000\,32 \leqslant X_6 / 526\,426 \leqslant 0.0004 \\ X_i \geqslant 0, \quad i = 1, 2, \cdots, 6 \end{cases} \tag{8.13}$$

利用 Markov 模型和多目标规划模型，通过综合景德镇市历史的土地利用变化特征、不同情景下的发展目标、政府规划以及自然条件约束，计算模拟出惯性发展情景、经济优先发展情景、可持续发展情景的各类土地利用需求数量，如表 8.3 所示。

表 8.3　不同情景的用地需求数量结构表（单位：公顷）

土地利用类型	2020 年实际用地面积	Markov 链	多目标规划模型	
		惯性发展	经济优先发展	可持续发展
耕地	119 383.70	112 556.52	112 497.20	103 563.00
林地	350 223.90	344 421.90	342 176.94	351 637.57
草地	22 091.40	20 700.00	24 742.02	20 530.61
水域	10 851.03	14 217.74	10 528.52	14 213.50
建设用地	23 694.12	34 359.84	36 323.39	36 323.39
荒地	181.85	170.00	157.93	157.93

根据图 8.2，在惯性发展情景下，假设 2020～2030 年土地利用变化按照 2010～2020 年的土地利用变化速率及概率进行演进。在此发展情景下，耕地、林地、草地和荒地的用地面积出现不同程度的减少，其中耕地面积减少 6827.18 公顷，较 2020 年减少了 5.7%；林地次之，面积减少 5802.00 公顷，较 2020 年减少了 1.7%；草地面积减少 1391.40 公顷，较 2020 年减少了 6.3%；荒地减少面积最少，减少 11.85 公顷，相较 2020 年减少了 6.5%。而水域和建设用地面积显著增长，其中建设用地增长最为明显，面积增加 10 665.72 公顷，相较 2020 年增加 45%；水域面积增加 3366.71 公顷，相较 2020 年增加 31%。2010～2020 年景德镇市经济快速发展，城市空间需求急剧增加，导致城市扩张明显；同时水利设施的新修，也使得水域面积明显增加。而惯性发展情景下延续了 2010～2020 年土地利用变迁的特征，建设用地和水域面积持续性增长。

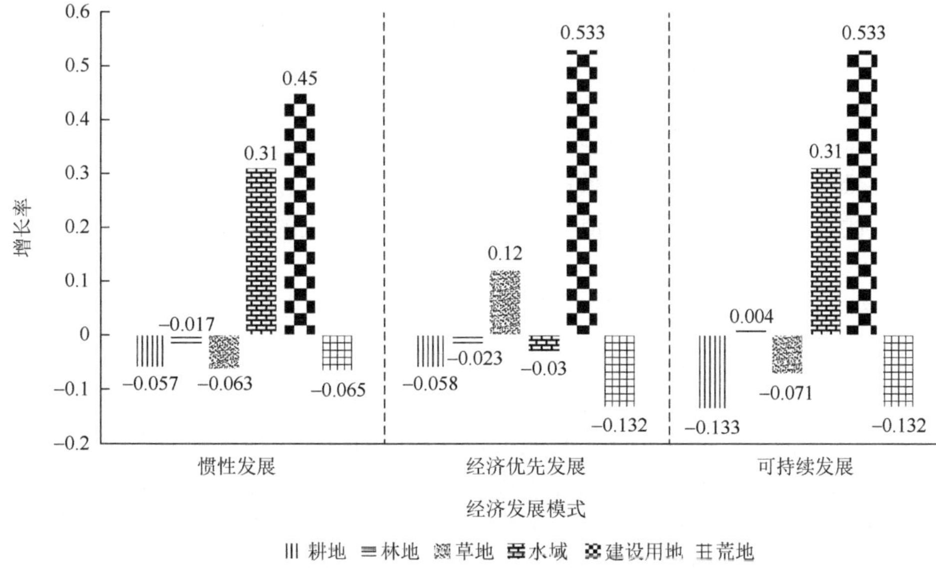

图 8.2　不同发展情景下各类土地利用类型的增长率图

经济优先发展情景下，注重经济效益提升，以土地利用的经济效益最大化作为主导目标对景德镇市各土地利用类型数量需求进行求解。在此情景下，耕地、林地、水域和荒地面积出现了不同程度的减少，其中林地面积减少 8046.96 公顷，较 2020 年减少了 2.3%；耕地次之，面积减少 6886.50 公顷，较 2020 年减少了 5.8%；水域面积减少 322.51 公顷，较 2020 年减少了 3%；荒地减少面积最少，减少 23.92 公顷，相较 2020 年减少了 13.2%。而草地和建设用地面积出现较为显著的增加，建设用地面积增加 12 629.27 公顷，相较 2020 年增加了 53.3%；草地面积增加

2650.62 公顷，相较 2020 年增加了 12%。相较于惯性发展情景，经济优先发展情景，更加侧重于促进经济的发展，造成城市扩张加剧，建设用地面积显著增加。另外，由于草地对畜牧业发展具有较高的经济价值，因此景德镇市在经济优先发展情景下草地面积的显著增长。

可持续发展情景下，综合考虑经济效益提升、社会保障和生态环境保护，需要兼顾经济效益目标、社会效益目标和生态效益目标，均衡分配各类用地，以实现统筹兼顾的发展。在此情景下，耕地、草地、荒地出现明显的下降，其中耕地面积减少 15 820.70 公顷，相较 2020 年减少了 13.3%；草地面积减少 1560.79 公顷，相较 2020 年减少了 7.1%；荒地面积减少 23.92 公顷，相较 2020 年减少了 13.2%；而林地、水域和建设用地面积均出现明显的增加，其中建设用地面积与经济优先发展情景相同，增加 12 629.27 公顷，相较 2020 年增加了 53.3%；水域面积增加 3362.47 公顷，相较 2020 年增加 31%；林地面积增加 1413.67 公顷，较 2020 年增加 0.4%。对比惯性发展情景，可持续发展情景下由于需要兼顾经济、社会和生态效益，在城市扩张的同时，林地面积也出现增加，以此来补偿城市发展所带来的生态损耗。对比经济优先发展情景，可持续发展情景下额外考虑了社会效益和生态效益。其建设用地并没有发生变化表明，虽然城市扩张对生态保护具有负面影响，但保障了经济效益和社会效益。而林地和水域面积出现增加，主要是由于林地和水域的具有较高的生态价值，缓解了城市发展带来的环境问题。

2. 基于 PLUS 模型[①]的景德镇土地利用空间布局

1）基于 PLUS 模型的土地利用空间模拟方法

PLUS 模型是由中国地质大学地理与信息工程学院和国家地理信息系统工程技术研究中心的高性能空间计算智能实验室开发的斑块生成土地利用变化模拟模型。该模型集成了土地扩张策略分析模块和基于多类随机斑块种子的元胞自动机模型，能够通过解读用地间深层次关系来进行未来土地利用变化的模拟。模拟的过程可以分为三个步骤。

（1）不同土地利用类型的扩张概率计算。首先，根据两期历史的土地利用栅格数据，采用栅格做差的方式获取各类用地扩张的部分，并从扩张的部分中进行采样。其次，采用随机森林（random forest，RF）算法从经济、社会和自然环境要素层面挖掘不同要素对于土地利用变化的驱动影响。最终生成各用地类型的扩张概率。

（2）土地利用数量需求预测。根据不同的社会经济发展模式的特点，采用 Markov 模型或者多目标规划模型测算不同发展模式下对各用地类型的数量。

① PLUS 英文全称为 patch-generating land use simulation，表示斑块生成土地利用变化模拟。

（3）土地利用空间布局模拟。根据不同发展模式下对土地利用的需求以及各用地类型的扩张概率，采用基于多类随机斑块种子的土地利用空间模拟模型，模拟未来不同发展情景下土地利用的空间分布格局。

随机森林算法是一种基于决策树的集成分类器，能够较好地处理高纬度数据和变量间多重共线性的问题。PLUS 模型采用随机森林算法挖掘不同驱动要素对各土地利用类型的变化的贡献度，并在栅格单元上输出不同土地利用类型的转变概率，计算公式如下：

$$P_{k,i}^{d}(\boldsymbol{x})=\frac{\sum_{m=1}^{M} I(h_m(\boldsymbol{x})=d)}{M} \tag{8.14}$$

其中，$P_{k,i}^{d}(\boldsymbol{x})$ 为在栅格单元 k 上转变为用地类型 i 的概率；d 的值为 0 或者 1，当 $d=1$ 时，表示有其他土地利用类型转变为用地类型 i，当 $d=0$ 时，表示在该栅格单元上发生了其他类型的用地转换；$\boldsymbol{x}$ 为由多个驱动要素组成的向量；I 为决策树集合的指示函数；$h_m(\boldsymbol{x})$ 为向量 $\boldsymbol{x}$ 的第 l 个决策树的预测类型；M 为决策树的总数。

在各类用地变迁概率的基础上，PLUS 模型结合随机种子生成和阈值递减的机制，对土地利用布局进行动态模拟。为了驱动各土地利用类型的数量达到不同发展情景的需求，引入自适应系数调节局部的土地利用竞争。用地目标需求与局部竞争的反馈机制可以表示为

$$\mathrm{OP}_{k,i}^{1,t}=\begin{cases} P_{k,i}^{d=1}\times \Omega_{k,i}^{t}\times D_i^t \\ P_{k,i}^{d=1}\times D_i^t\times (r\times \mu_i), & \Omega_{k,i}^{t}=0 \text{ and } r<P_{k,i}^{d=1}\end{cases} \tag{8.15}$$

其中，$\mathrm{OP}_{k,i}^{1,t}$ 为用地类型 i 的总体概率；D_i^t 为自适应系数；$P_{k,i}^{d=1}$ 为栅格单元 k 上转变为用地类型 i 的概率；r 为 0 到 1 之间的随机值；μ_i 为土地利用类型 i 的新斑块阈值；$\Omega_{k,i}^{t}$ 为栅格单元 k 的邻域影响，即 i 类土地利用类型在邻域内的占比，计算公式如下：

$$\Omega_{k,i}^{t}=\frac{\mathrm{con}(c_k^{t-1}=i)}{n\times n-1}\times w_i \tag{8.16}$$

其中，$\mathrm{con}(c_k^{t-1}=i)$ 为第 t–1 次迭代后，在 $n\times n$ 窗口中用地类型 i 的栅格总数；由于不同的土地类型具有不同的邻域影响，因此，设置 w_i 为不同土地利用类型的可变邻域权重，该值越接近 1，则表示该类土地利用类型对于邻域范围内的影响越强。本节采用历史数据计算各类土地利用面积扩张的占比，并将其作为不同用地类型的邻域权重。

当 $\Omega_{k,i}^{t}=0$ 时，阈值递减机制通过蒙特卡罗方法在每个土地利用变迁概率栅

格上产生随机系数。为了调节多种用地类型的栅格斑块生成，在竞争过程中加入阈值递减规则，限制所有土地利用类型的增长。假设新的土地利用类型 c 在竞争中获得胜利，采用递减阈值 τ 进行评估，评估公式如下：

$$\text{If}\sum_{i=1}^{N}\left|G_c^{t-1}\right|-\sum_{i=1}^{N}\left|G_c^{t}\right|<\text{Step}\quad \text{Then}, l=l+1$$
$$\begin{cases}\text{改变 } P_{k,c}^{d=1}>\tau \text{ and } \text{TM}_{i,c}=1\\ \text{未改变 } P_{k,c}^{d=1}\leqslant\tau \text{ or } \text{TM}_{i,c}=0\end{cases}\quad \tau=\sigma\times\text{rl} \tag{8.17}$$

其中，N 为土地利用类型总数；Step 为 PLUS 模型的步长，用来逼近土地利用类型的目标需求量；G_c^{t-1} 和 G_c^{t} 分别为第 t 次与第（t–1）次迭代后，土地利用类型 c 的栅格数量与目标需求之间的差距；σ 为递减阈值 τ 的衰减因子，取值范围为 0 到 1，该系数通常以专家经验设定；rl 为满足平均值为 1 正态分布随机数，取值范围为 0 到 2；l 为衰变级数；$\text{TM}_{i,c}$ 为土地利用类型 i 是否可以转变为土地利用类型 c 的指示变量。

D_i^t 为自适应系数，表示土地利用需求对土地利用类型 i 的影响，该值取决于迭代次数为 t 时，当前 i 类土地利用类型的栅格单元数与该土地利用类型目标需求的差距；在迭代过程中，根据未来土地利用的目标需求和分配的土地栅格单元数量之间的差距不断对每个栅格单元上当前的自适应系数进行调整，最终使所有的土地利用类型均达到目标需求。自适应系数的迭代计算公式如下：

$$D_i^t=\begin{cases}D_i^{t-1}, & \left|G_i^{t-1}\right|\leqslant\left|G_i^{t-2}\right|\\ D_i^{t-1}\times\dfrac{G_i^{t-2}}{G_i^{t-1}}, & G_i^{t-1}<G_i^{t-2}<0\\ D_i^{t-1}\times\dfrac{G_i^{t-1}}{G_i^{t-2}}, & 0<G_i^{t-2}<G_i^{t-1}\end{cases} \tag{8.18}$$

其中，G_i^{t-1} 和 G_i^{t-2} 分别为第 t–1 次和第 t–2 次迭代后，土地利用类型 i 的栅格数量与目标需求之间的差距。

通过计算得到各用地类型的总变迁概率后，概率较高的用地类型在土地利用模拟的过程中具有较高的分配优先级。PLUS 模型采用轮盘选择机制决定栅格单元上土地利用类型的转变方式。采用 PLUS 模型中的用地扩张分析策略（land expansion analysis strategy，LEAS）模块，从经济、社会和自然环境要素中选择 13 项指标作为土地利用变迁驱动要素对景德镇市各类土地利用变迁进行贡献分析，并生成各类土地利用变迁驱动要素贡献图（图 8.3），为多类随机斑块种子模型的空间土地利用模拟提供重要依据。

要素贡献	GDP	人口	距高速距离	距铁路距离	距一级公路距离	距二级公路距离	距三级公路距离	降水	温度	高程	坡度	距开阔水域距离	土壤类型
耕地	0.129	0.079	0.059	0.065	0.089	0.044	0.023	0.088	0.081	0.123	0.07	0.135	0.016
林地	0.09	0.088	0.069	0.05	0.054	0.076	0.027	0.089	0.089	0.144	0.092	0.108	0.022
草地	0.067	0.119	0.047	0.048	0.048	0.043	0.025	0.092	0.126	0.18	0.077	0.111	0.018
水域	0.039	0.059	0.04	0.047	0.046	0.024	0.024	0.084	0.059	0.163	0.061	0.316	0.038
建设用地	0.141	0.053	0.094	0.076	0.099	0.056	0.016	0.121	0.139	0.063	0.044	0.09	0.01
荒地	0.065	0.169	0	0.061	0.005	0	0	0.286	0	0.356	0.036	0	0.022

［0, 0.03］　（0.03, 0.06］　（0.06, 0.1］　（0.1, 0.2］　>0.2

图 8.3　景德镇市土地利用变迁驱动要素贡献图

2）不同情景的土地利用空间模拟结果及分析

以 2010 年为基期数据，采用 PLUS 模型对景德镇市 2020 年的土地利用布局进行模拟，并将 2020 年实际的土地利用栅格数据与模拟得到的 2020 年的栅格数据进行精度校验，Kappa 系数为 0.84，FOM（figure of merit，优值）系数为 0.14，可以认为模型的模拟精度较高，模拟结果与实际情况具有较高的一致性，同时说明模型所选的驱动要素和各项参数设置适用于景德镇市的土地利用变化研究。

在此基础上，以 2020 年为基期数据，采用 PLUS 模型对景德镇市惯性发展情景、经济优先发展情景和可持续发展情景的土地利用空间布局进行模拟。此外统计并计算得出景德镇市区内各土地利用类型的增长率如图 8.4 所示。

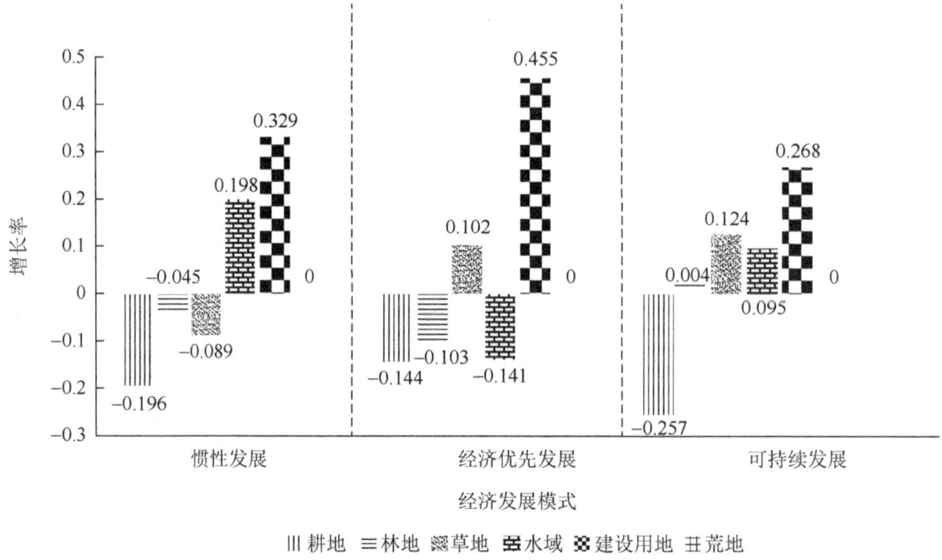

图 8.4 不同发展情景下景德镇市区各类土地利用类型的增长率图

在惯性发展情景下，景德镇市区耕地、林地和草地面积出现显著的下降，相较于 2020 年分别减少 19.6%、4.5%、8.9%；水域和建设用地出现显著的增长，较 2020 年分别增加 19.8%和 32.9%。对比景德镇市中心城区的各类土地利用面积变化可以发现，中心城区的耕地、林地和草地出现更加明显的缩减，分别缩减 56.2%、28.2%、18.8%；而水域和建设用地的面积增幅较缓，分别增长 16%、25.2%。该现象主要是惯性发展情景下，景德镇城市持续扩张和水利设施兴修导致建设用地和水域面积的增加。同时耕地、林地、水域主要分布于景德镇市郊区，而中心城区主要以建设用地为主，因此在城市扩张和水利设施兴修的惯性发展背景下，出现中心城区为数不多的耕地、林地和草地被建设用地侵占，迅速缩减；而中心城区内建设用地逐渐饱和导致了郊区建设用地迅速扩张。

在经济优先发展情景下，景德镇市区耕地、林地和水域的面积出现明显的下降趋势，相较于 2020 年分别减少了 14.4%、10.3%、14.1%；草地和建设用地面积出现明显的增长趋势，相较 2020 年分别增长了 10.2%和 45.5%，对比景德镇市中心城区的类土地利用面积变化可以发现，中心城区的耕地、林地和水域面积缩减幅度较大，而草地和建设用地的面积扩张较为缓和。该现象主要是由于在经济效益最大化目标的驱动下，具有较高经济价值的草地和建设用地面积出现显著的增长。同时由于中心城区主要以建设用地为主，耕地、林地和水域缩减显著，而建设用地和草地扩张较缓。

在可持续发展的情景下，景德镇市耕地缩减，相较 2020 年缩减了 25.7%；而林地、水域和建设用地、草地均出现增长的趋势，相较 2020 年分别增长 0.4%、9.5%、26.8%和 12.4%。该现象主要是由于在可持续发展的情景下，需要同时兼顾经济增长、社会保障和生态保护的均衡发展。林地和水域面积增加缓和了城市扩张带来的生态损耗，但由于林地和水域面积的扩张受到自然环境要素的影响，中心城区的土地利用变化主要还是以建设用地扩张为主，林地和水域的扩张主要出现在景德镇市郊区和周围山区内。

8.3.2　暴雨洪涝淹没模拟及洪涝灾害风险评估

1. 暴雨洪涝淹没模拟

1）暴雨洪涝淹没模拟方法

暴雨洪涝淹没是暴雨洪涝灾害风险评估的重要基础。本节首先采用暴雨强度公式模拟不同重现期下暴雨事件的强度，选择 50 年一遇、100 年一遇和 500 年一遇暴雨情景，在此基础上采用径流曲线模型模拟暴雨产流—径流过程，并用等体积淹没算法模拟不同土地利用变化情景的淹没范围和淹没深度。

（1）基于暴雨重现期的暴雨强度公式。采用国内大部分城市普遍采用的暴雨强度公式[450]，对不同重现期暴雨强度进行模拟。暴雨强度公式如下：

$$q = \frac{167A_1 \times (1 + C\lg B)}{(t_d + b)^c} \tag{8.19}$$

其中，q 为平均暴雨强度，单位为毫米/分钟；A_1 为重现期为一年设计的降水雨量；C 为雨量变动参数，是反映设计降水各历时不同重现期的强度变化程度的参数之一；B 为设计暴雨的重现期；t_d 为降水历时，单位为分钟；b、c 为常数，共同反映重现期的设计暴雨随历时延长其强度递减变化的情况。

（2）基于土地利用类型的地表径流量测算模型。在不同重现期暴雨强度的基础上，对暴雨径流过程进行模拟是获得洪涝灾害淹没范围和淹没深度的核心环节。此次研究采用的 SCS（soil conservation service，土壤保持服务）水文模型是美国农业部水土保持局提出的用于估算无观测站小流域地表径流的水文模型[451]。在 SCS 模型中地表径流和降水量的关系如下：

$$Q_{(x,y)}=\begin{cases}\dfrac{(P-0.2S_{(x,y)})^2}{P+0.8S_{(x,y)}}, & P\geqslant 0.2S_{(x,y)}\\ 0, & P<0.2S_{(x,y)}\end{cases}$$
$$Q_{总}=\sum Q_{(x,y)} \tag{8.20}$$

其中，$Q_{(x,y)}$ 为单位栅格的地表径流，单位为毫米；$Q_{总}$ 为地表径流量；P 为流域的累计降水量，单位为毫米；$S_{(x,y)}$ 为单位栅格的地表最大滞留量；地表最大滞留量与土地利用类型和土壤类型相关，根据土地利用类型和土壤类型引入无量纲参数 CN，CN 与 $S_{(x,y)}$ 的关系如下：

$$S_{(x,y)}=\frac{25\,400}{\mathrm{CN}}-254 \tag{8.21}$$

其中，CN 参数综合反映了地表截留、入渗等地表径流过程，其数值取决于土壤水文性质、土地利用类型、坡度等环境因素[452]。根据中国科学院南京土壤研究所的土壤类型数据，并参考已有对土壤水文性质的定义，获得不同土壤水文类型空间分布；基于土地利用变化中 6 种用地类型，参考 Mishra 和 Singh 提供的 CN[453]，确定 CN 空间分布。

（3）基于等体积淹没算法的洪涝淹没深度模拟模型。等体积淹没算法的原理是根据洪水由高向低流动的重力特性和区域高程特征，用地表径流量与洪水淹没范围内总水量相等的原理来确定洪水淹没深度和淹没范围。地表径流与洪水淹没高程的关系表达式如下：

$$Q_{总}=\iint\limits_{A}\left[E_w-E_g(x,y)\right]\mathrm{d}\sigma \tag{8.22}$$

其中，$Q_{总}$ 为地表径流量；A 为洪水淹没区栅格数量；$\mathrm{d}\sigma$ 为面积微元；E_w 为洪水淹没高程，$E_g(x,y)$ 为每个栅格的洪水淹没的陆面高程；则淹没深度 $d_{(x,y)}$ 的表达式如下：

$$d_{(x,y)}=E_w-E_g(x,y) \tag{8.23}$$

基于研究区高程栅格数据运用 ArcGIS 空间分析功能进行等体积淹没算法的求解，步骤如下：①根据研究区高程范围，采用 ArcGIS 模型构建器中的迭代器设置淹没高程面 E_w'；②采用栅格计算器对淹没面高程和 DEM 数据进行做差。获得淹没深度 $d_{(x,y)}'$；③基于栅格计算结果，提取淹没深度大于 0 的区域为淹没区域；④对淹没区域进行栅格统计，计算淹没区域的淹没总体积$Q'_{总}$；⑤判断淹没区域淹没总体积$Q'_{总}$是否等于暴雨地表径流量$Q_{总}$，当$Q'_{总}=Q_{总}$时，获得淹没深度$d_{(x,y)}$。

2）暴雨洪涝淹没模拟结果

由于受地形及河流分布的影响，景德镇市洪涝灾害通常发生在景德镇市区的盆地地区。因此针对景德镇市的暴雨洪涝风险模拟研究，选择以景德镇市区范围为主要研究区域，基于不同发展情景下的土地利用空间模拟结果，结合各重现期下暴雨情景，采用地表径流 SCS 模型模拟降水径流过程。通过等体积淹没算法进一步模拟洪涝淹没的范围及深度，并获得各个发展情景下不同重现期暴雨条件下的洪涝灾害致灾危险性和脆弱性，进行暴雨洪涝灾害风险预测。

基于景德镇市暴雨强度公式，在 24 小时降水时长下模拟 50 年一遇、100 年一遇和 500 年一遇降水三种重现期情景的累计降水量，分别为 180.59 毫米/米^2、197.95 毫米/米^{2}和 238.26 毫米/米^2。不同情景下的地表产流量，如表 8.4 所示。

表 8.4　不同情景下的地表产流量（单位：米^3）

发展情景	50 年一遇暴雨	100 年一遇暴雨	500 年一遇暴雨
惯性发展情景	46 053 731	52 670 183	68 952 100
经济优先发展情景	47 908 252	54 722 660	71 431 360
可持续发展情景	44 169 347	50 613 058	66 525 190

如表 8.4 所示，经济优先发展情景较惯性发展情景增加了地表产流量，在 50 年一遇、100 年一遇和 500 年一遇暴雨情景下，经济优先发展情景的产流量较惯性发展情景分别增加了 4.0%、3.9%和 3.6%，随着暴雨强度的增强，地表产流的增幅逐渐下降；而可持续发展情景与惯性发展情景比明显削减了地表产流量，在 50 年一遇、100 年一遇和 500 年一遇暴雨情景下分别削减了 4.1%、3.9%和 3.5%，随着暴雨强度的增强，地表产流的削减能力逐渐减弱。

此次研究采用随机样点法随机生成 300 个随机样点，以景德镇市 2016 年“6·19”百年一遇城市暴雨洪涝灾害事件为例进行淹没模拟的精度校验。通过对实际淹没范围和模拟淹没范围进行校验，获得 Kappa 系数为 0.7，说明该方法能够有效模拟景德镇市的暴雨洪涝灾害淹没情景。

基于上述 9 种情景下的地表产流量，并结合地理高程数据，采用等体积淹没算法，分析景德镇市区范围内的淹没范围和淹没深度，最终得到景德镇市区不同情景下的淹没面积，如表 8.5 所示。

表 8.5 不同情景下的淹没面积（单位：米^2）

发展情景	50 年一遇暴雨	100 年一遇暴雨	500 年一遇暴雨
惯性发展情景	39 034 800	40 482 000	43 972 200
经济优先发展情景	39 522 600	40 577 400	44 615 700
可持续发展情景	37 916 100	40 090 500	42 327 000

淹没区域主要集中于沿昌江及其支流南河两岸范围内，其中渡峰坑上游地区淹没情况较为严重。50 年一遇暴雨条件下，经济优先发展情景的淹没面积比惯性发展情景增长了 487 800 平方米，增长 1.2%，可持续发展情景的淹没面积比惯性发展情景减少了 1 118 700 平方米，减少了 2.9%；100 年一遇暴雨情景条件下，经济优先发展情景的淹没面积比惯性发展增长了 95 400 平方米，增长了 0.2%，可持续发展情景的淹没面积比惯性发展减少了 391 500 平方米，减少了 1.0%；500 年一遇暴雨条件下，经济优先发展情景的淹没面积比惯性发展情景增长了 643 500 平方米，增长了 1.5%；可持续发展情景的淹没面积比惯性发展情景减少了 1 645 200 平方米，减少了 3.7%（表 8.5）。

淹没的深度作为暴雨洪涝灾害的致灾因子以及受淹土地利用类型的脆弱性直接影响洪涝灾害风险。根据景德镇市区不同情景下的暴雨淹没深度以及不同的土地的利用类型，统计淹没面积占比如表 8.6 所示。

表 8.6 不同淹没深度的淹没面积占比

发展情景	暴雨情景	淹没深度面积占比			
		[0, 0.1)米	[0.1, 0.5)米	[0.5, 1.5)米	[1.5, 3]米
惯性发展情景	50 年一遇暴雨	0.083%	0.073%	0.727%	0.118%
	100 年一遇暴雨	0.020%	0.111%	0.504%	0.365%
	500 年一遇暴雨	0.058%	0.103%	0.478%	0.361%
经济优先发展情景	50 年一遇暴雨	0.083%	0.051%	0.504%	0.363%
	100 年一遇暴雨	0.011%	0.119%	0.503%	0.366%
	500 年一遇暴雨	0.054%	0.107%	0.477%	0.362%
可持续发展情景	50 年一遇暴雨	0.064%	0.091%	0.845%	0.000%
	100 年一遇暴雨	0.022%	0.107%	0.507%	0.365%
	500 年一遇暴雨	0.029%	0.115%	0.488%	0.368%

如表 8.6 所示，惯性发展背景下，50 年、100 年和 500 年一遇暴雨情景中[0, 0.1)米淹没深度的淹没面积占比随着暴雨强度的增强呈现出先减后增的趋势；[0.1, 0.5)

米淹没深度的淹没面积占比随着暴雨强度的增强呈现先增后减的趋势；[0.5, 1.5)米淹没深度的淹没面积随着暴雨强度的增强呈现逐渐减少的趋势；[1.5, 3]米淹没深度的淹没面积在 50 年一遇到 100 年一遇强度暴雨情景下逐渐增加，但在 100 年遇到 500 年一遇暴雨强度范围内变化不明显。在经济优先发展背景下，[0, 0.1)米淹没深度的淹没面积占比随着暴雨强度的增强，呈现出先减后增的趋势；[0.1, 0.5)米淹没深度的淹没面积占比在 50 年一遇到 100 年一遇暴雨强度范围内随着暴雨强的增强逐渐增加，在 100 年一遇到 500 年一遇暴雨强度范围内变化不明显；[0.5, 1.5)米淹没深度的淹没面积占比随着暴雨强度的增强逐渐减少，其中在 100 年一遇到 500 年一遇暴雨强度范围内变化较显著；在可持续发展情景下，[0, 0.1)米淹没深度的淹没面积占比随暴雨强度的增加呈现先减后增的趋势，[0.1, 0.5)米淹没深度的淹没面积随暴雨强度的增加呈增加趋势；[0.5, 1.5)米淹没深度的淹没面积占比随着暴雨强度的增强逐渐减少，其中在 100 年一遇到 500 年一遇暴雨强度范围内减少幅度不显著；[1.5, 3]米淹没深度的淹没面积占比在 100 年一遇到 500 年一遇暴雨强度范围内变化不显著。

如表 8.7 所示，在惯性发展情景、经济优先发展情景和可持续发展情景下，建设用地的淹没面积均随着暴雨强度的增强逐渐增加，水域的淹没面积占比随着暴雨强度的增强逐渐减少；耕地、林地和草地随着暴雨强度的增强并没有发生显著的变化。主要是洪涝灾害的淹没范围多发生在沿河道两岸和城市的低洼地区，随着暴雨强度的增强，城市内涝以及河洪加剧导致建设用地淹没增加。

表 8.7 不同用地类型的淹没面积占比

发展情景	暴雨情景	土地利用类型的淹没面积占比				
		耕地	林地	草地	水域	建设用地
惯性发展情景	50 年一遇暴雨	0.226	0.022	0.011	0.325	0.417
	100 年一遇暴雨	0.228	0.022	0.011	0.319	0.420
	500 年一遇暴雨	0.226	0.021	0.012	0.296	0.444
经济优先发展情景	50 年一遇暴雨	0.266	0.023	0.014	0.252	0.446
	100 年一遇暴雨	0.267	0.022	0.014	0.248	0.448
	500 年一遇暴雨	0.269	0.022	0.015	0.228	0.466
可持续发展情景	50 年一遇暴雨	0.199	0.034	0.010	0.307	0.451
	100 年一遇暴雨	0.199	0.033	0.010	0.296	0.462
	500 年一遇暴雨	0.199	0.033	0.010	0.283	0.475

2. 暴雨洪涝灾害风险评估结果

1）基于土地利用类型的城市暴雨洪涝灾害脆弱性确定

土地作为暴雨洪涝灾害的承载体，其脆弱性是对暴雨洪涝灾害的敏感程度、暴露性和灾后恢复力的综合表现。不同的土地利用类型由于其经济属性不同导致在暴雨淹没的条件下，产生不同程度的损失。同时，由于耐水性存在差异，淹没深度对土地利用类型的损失也会产生较大的影响，一般来说，对于特定的土地利用类型，淹没深度越大，其脆弱性越强。

基于暴雨洪涝灾害下不同土地利用类型水文特征，参考相关研究中各用地类型的脆弱性函数，对不同淹没深度的土地利用脆弱性进行赋值，构建暴雨洪涝淹没深度和土地利用类型脆弱性函数[454, 455]，不同土地利用类型的暴雨洪涝淹没深度脆弱性函数 $v(d,X)$ 如表 8.8 所示。

表 8.8　土地利用类型的暴雨洪涝淹没深度脆弱性函数

土地利用类型	淹没深度/米				
	<0.1	[0.1, 0.5)	[0.5, 1.5)	[1.5～3.0]	>3.0
耕地	0.01	0.2	0.5	0.7	0.8
林地	0	0	0.1	0.2	0.3
草地	0.2	0.3	0.5	0.6	0.7
水域	0	0	0	0.05	0.1
建设用地	0.05	0.3	0.6	0.8	0.9
荒地	0	0.01	0.1	0.1	0.15

2）暴雨洪涝灾害风险评估模型

本节采用联合国国际减灾战略对于风险的定义，将暴雨洪涝灾害定义为由暴雨洪涝灾害的危险性和灾害承载体脆弱性的组成，具体风险表征为“暴雨洪涝风险（R）= 灾害危险性因子（H）× 承载体脆弱性（V）”。其中风险大小取决于对栅格单元上暴雨洪涝灾害危险性和承载体脆弱性的定量评估。暴雨洪涝灾害的风险计算公式如下：

$$R = H \times V \tag{8.24}$$

其中，R 为暴雨洪涝风险；H 为暴雨洪涝风险的危险性因子，由单位栅格的洪涝灾害淹没深度 $d_{(x,y)}$决定；V 为承载体脆弱性，由土地利用类型的暴雨洪涝淹没深度的脆弱性函数 $v(d_{(x,y)}, X)$决定，即基于土地利用栅格单元的暴雨洪涝灾害风险评估模型的表达式如下：

$$R_{(x,y)} = d_{(x,y)} \times v(d_{(x,y)}, X) = \left[E_w - E_g(x,y)\right] \times v(d_{(x,y)}, X) \tag{8.25}$$

其中，$R_{(x,y)}$为每个栅格单元的暴雨洪涝风险大小；$d_{(x,y)}$为栅格单元上的淹没深度；X 为栅格单元上的土地利用类型。

3）洪涝风险预测预警结果及分析

根据景德镇市在不同情景下的暴雨洪涝淹没情况和土地利用空间模拟结果，对景德镇市惯性发展情景、经济优先发展情景、可持续发展情景下的暴雨洪涝风险进行预测。对洪涝风险值进行标准化处理后采用等间隔分级的方法将暴雨洪涝风险分为四个等级，分别为低风险（$0<R\leqslant0.25$），中风险（$0.25<R\leqslant0.5$），较高风险（$0.5<R\leqslant0.75$）和高风险（$0.75<R\leqslant1$）。

模拟结果显示，在相同暴雨情景下，由于土地利用差异，不同情景下的地表汇流量不同，经济优先发展情景＞惯性发展情景＞可持续发展情景。因此，暴雨洪涝风险的范围也呈现出相同的变化趋势，即经济优先发展情景＞惯性发展情景＞可持续发展情景。对上述 9 种情景中不同风险等级的淹没面积统计，各风险等级的面积占比如表 8.9 所示。

表 8.9 不同暴雨洪涝风险的面积占比

发展情景	暴雨情景	面积占比			
		低风险	中风险	较高风险	高风险
惯性发展情景	50 年一遇暴雨	0.21	0.55	0.24	0
	100 年一遇暴雨	0.20	0.48	0.10	0.22
	500 年一遇暴雨	0.21	0.35	0.22	0.22
经济优先发展情景	50 年一遇暴雨	0.22	0.45	0.23	0.10
	100 年一遇暴雨	0.20	0.45	0.10	0.25
	500 年一遇暴雨	0.22	0.33	0.21	0.24
可持续发展情景	50 年一遇暴雨	0.22	0.51	0.27	0
	100 年一遇暴雨	0.21	0.44	0.11	0.24
	500 年一遇暴雨	0.20	0.34	0.22	0.24

三种发展情景下，随着暴雨强度的增强，景德镇市暴雨洪涝风险范围逐渐扩大。惯性发展情景下，在 50 年一遇、100 年一遇和 500 年一遇暴雨情景下的风险范围分别为 4323.60 公顷、4472.55 公顷和 4832.37 公顷；经济优先发展情景下，在 50 年一遇、100 年一遇和 500 年一遇暴雨情景下的风险范围分别为 4386.6 公顷、4495.86 公顷和 4928.85 公顷；可持续发展情景下，在 50 年一遇、100 年一遇和 500 年一遇暴雨情景下的风险范围分别为 4218.84 公顷、4445.82 公顷和 4679.55 公顷。在 50 年一遇暴雨重现期下，城市发展情景之间的差异较大。惯性发展情景在中风

险区域中所占比例最大，占总风险区域的 55%，经济优先发展情景高风险区占比增加显著，占总风险区的 10%，中风险区占比下降趋势明显，占总风险区的 45%，可持续发展情景的中风险区域所占比例最大，占总风险区域的 51%，没有高风险区域。此外，50 年一遇暴雨重现期可持续发展情景的风险范围明显小于惯性发展情景和经济优先发展情景，而 100 年一遇暴雨重现期可持续发展情景的风险范围和高风险区面积占比迅速增大，与惯性发展情景和经济优先发展情景基本一致。

综合上述结果与分析，土地利用变化与社会经济发展模式及政府的政策导向具有密切的关系，而土地利用的变化同时也影响着暴雨洪涝灾害的形成和风险程度。惯性发展情景下景德镇市延续 2010～2020 年土地利用发展趋势，城市用地持续扩张，水利设施兴修，建设用地和水域大量侵占周围的耕地和林地。经济优先发展情景以经济发展为首要任务，强调以持续快速发展和经济发展为重点，促进工业和第三产业发展，实现更高的经济效益目标。在相同暴雨条件下，经济优先发展情景的地表汇流量最大，淹没范围和洪涝灾害风险范围最广。该结果与经济优先情景下大幅度的林地缩减以及城市建成区的快速扩张具有密切的联系。由于大量的林地向建设用地转变，地表不透水面积增加，降低了地表对降水的渗透能力，从而增加了地表汇流，加剧了洪涝灾害的程度。同时在城市建设的快速发展下，人口密度增大，重要的城市基础设施以及高价值的商业和住宅区也增加了暴雨洪涝灾害的风险。此外水域和湿地对于城市蓄洪排涝具有重要的作用。经济优先发展情景下，水域和湿地面积的缩减也是其暴雨洪涝灾害风险较高的重要原因。可持续发展情景下以保护环境，协调社会经济发展与生态保护的关系为目标，需要兼顾经济效益、社会效益和生态效益，建设用地增长的同时，林地和水域面积的增加有效地缓和了城市发展对生态环境的损耗。在相同暴雨条件下，可持续发展情景的地表汇流量最少，淹没范围和洪涝灾害风险范围最小。该结果与可持续发展情景下林地面积增加有密切的联系。已有研究已经表明林地能够有效减缓暴雨洪涝灾害的形成，减轻灾害风险。在可持续发展下，限制城市快速扩张的同时，林地面积的增加，有效降低了暴雨洪涝灾害的影响。但是，由于可持续发展情景下需要兼顾生态保护和社会经济的发展，林地面积增加的同时，建设用地面积依然在扩张，使景德镇市应对暴雨洪涝灾害的能力提升有限，所以在 50 年一遇暴雨强度下可持续发展情景的风险范围和应对能力明显优于惯性发展和经济优先发展情景，而在 100 年一遇暴雨强度下，风险范围和高风险区域面积占比迅速提升，与惯性发展和经济优先发展基本一致。

3. 对策建议

随着社会经济的迅猛发展和城镇化进程的加速，景德镇市在土地利用方面遭遇了一系列挑战。土地供需矛盾的加剧，导致建设用地不断侵占耕地和林地，用地格局的不合理也随之显现。这不仅造成了土地资源的浪费，限制了社会经济的发展空间，更使得暴雨洪涝灾害的风险不断攀升。景德镇市城镇化的快速发展带来了土地利用类型的显著变化，市区边界的扩张伴随着周边大量耕地、林地等透水面积的缩减。这种变化直接影响了地表水文特征，导致地表径流改变，雨水自然滞蓄能力大幅下降，从而加剧了城市遭受暴雨洪涝灾害的风险。为了有效应对这一挑战，需要基于城镇化建设的实际需求，制定合理的城乡发展规划，优化土地利用布局，缓解城市发展面临的洪涝灾害压力，提升城市的生态环境质量，实现可持续发展。

（1）在国土空间规划和城镇化建设项目中应该充分考虑区域暴雨洪涝灾害的危险性和承载体脆弱性，尽量避免和降低暴雨洪涝灾害造成损失和影响。规划中的技术标准需要进一步完善，为城市土地资源开发、城乡布局以及气象灾害防御和公共安全应急预案提供科学依据。

（2）在城乡规划编制中考虑景德镇市土地利用、产业布局以及人口分布，引导城市建设用地的配置与区域经济发展和人口变化挂钩，保障交通设施、水利工程及能源环保项目的用地需求，在规划中明确土地利用的功能分区和空间布局，合理划定建设用地、绿地、水域等空间范围，确保各类用地之间的协调与平衡。积极配合土地生态治理工程，促进土地资源节约利用，统筹兼顾，实现城乡用地的合理布局。

（3）加强交通、水利、能源等基础设施的防洪设计与建设标准，提高基础设施的防洪能力。完善城市排水系统，确保排水畅通，防止内涝发生。同时，建立城市洪涝灾害预警与应急响应机制，提高城市的防灾减灾能力，保障人民生命财产安全。

（4）建立跨部门协作机制，加强规划、建设、水利、环保等部门的沟通与协作。同时，建立规划实施的监管与评估机制，定期对规划执行情况进行检查和评估，确保规划的有效实施和目标的顺利实现。

8.4　景德镇市洪涝韧性提升的适应性策略

本节针对景德镇市道路街区系统，结合其水文地理、土地利用类型等特征，设计了适应性策略。随后，本节深入阐述了洪涝韧性测度的思想、原理及框架，重点依托通行可靠性和网络连通性两大关键指标，确定了洪涝韧性的具体量化方法。最后，基于上述框架，本节计算并比较了不同适应性策略下的洪涝韧性，从而确定了提升景德镇市道路街区系统洪涝韧性的最优策略[456]。

8.4.1 景德镇市适应性策略设计

根据景德镇市的实际水文地理特征、土地利用类型与施工的可行性，对适应性策略：绿色雨洪街道规划策略（S_1）、绿化空间拓展策略（S_2）、绿色基础设施整合策略（S_3）进行情景设计与空间配置。利用 BMP（best management practices，最优经营措施）选址工具，基于空间用地适宜性对每种策略下的具体措施进行选址。首先按照适应性策略中不同措施的空间用地特征参数的相关约束，对措施进行布局模拟，得到其空间位置的初始分布情况。同时，根据研究区域道路-街区的实际情况设置了单体面积、单体宽度、用地性质等自定义的约束条件，对不同措施的空间布局进行进一步筛选，从而实现了模型的内置条件与自定义约束条件的耦合，得到所有措施的适建区域共 0.288 平方千米，其中雨水花园 0.089 平方千米，绿色屋顶 0.144 平方千米，渗透铺装 0.085 平方千米。其次，根据研究区域道路-街区的实际特征，对具体措施的布局进行二次筛选，具体筛选依据如下：①景德镇市是历史保护名城，因此对非历史保护建筑、竣工时间小于 20 年的建筑进行屋顶绿化建设；②根据景德镇市老城区的特点，分析现有排水系统的容量和状况，在排水系统较老旧或容量不足的区域，优先布置雨水花园和渗透铺装，以辅助现有排水设施，缓解雨水压力；③在不影响老城区历史文化景观和城市美学的前提下，将具体措施的设计融入当地，与周围的历史建筑和环境协调一致。综上，本节对研究区域的三种适应性策略提出具体的低影响开发（low-impact development，LID）措施。

1）绿色雨洪街道规划策略（S_1）

该策略利用雨水花园、渗透铺装等雨水管理景观设施，将街道雨水管理与街道景观、街道交通结合在一起，全面系统地发挥街道的雨水水量管理作用，将道路这个接受降水、形成径流和承载淹没的直接载体作为洪涝韧性提升的目标。研究区域的停车场、广场和步行道路等大规模连续硬质光滑铺装占比高，具有渗透铺装的建设潜力。本节选择对道路 1、11、14、21、23、24 等淹没过程持续时间长、等级高的道路建设渗透铺装措施，尤其是对道路 1 和道路 11 右侧的大面积区域进行透水改造，从而实现切断城市透水面连接、延长雨水滞留时间和减少地表径流量的作用。除此之外，考虑利用研究区域原有绿化用地将道路 9、道路 15 北侧建设为雨水花园；道路 1、道路 11 右侧穿插建设植草沟等绿地；道路 2 沿街建设生物滞留池用于吸收过滤道路雨水径流；道路 21、道路 23、道路 24 的三岔路口修建雨水花园，使得雨水径流先进入透水区域充分滞留和吸收再排入雨水系统，降低雨洪风险的同时也削减了管网压力（图 8.5）。研究区域中雨水花园的布局面积是 0.076 平方千米，主要位于景观用地和道路旁；渗透铺装的布局面积是 0.075 平方千米，主要位于路面、广场和停车场。

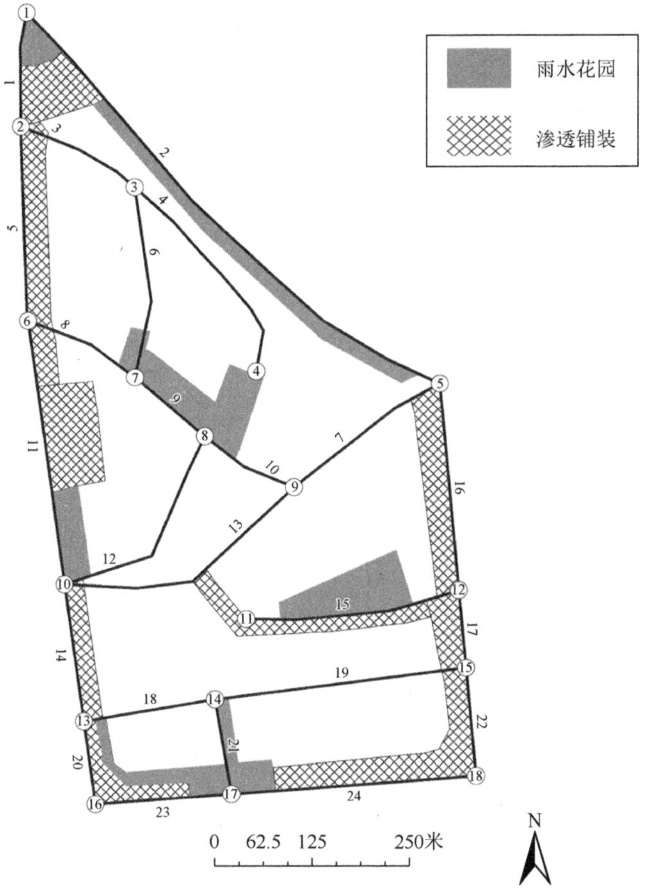

图 8.5　绿色雨洪街道规划策略的空间配置方案

1～24 表示道路编号，①～⑱表示路网节点

2）绿化空间拓展策略（S_2）

该策略在无法轻易大面积增加绿地和水体的建成道路-街区空间中，建设绿化屋顶、雨水花园等绿化空间能够有效拓展绿化面积，实现土地利用的多功能化。研究区域屋顶占总面积的比例高，因此选用研究区域建筑层数较低、建设年代较近的建筑，在天台、屋顶上种植植被，如在道路 3、4 的临街建筑物的房顶设置绿色屋顶，在道路 8、9、11、12 围成的建筑物顶部建设结合休闲娱乐景观和雨水消纳功能于一体的立体绿色屋顶，在道路 18、19 南侧建筑物天台上种植适生草本植物。这些措施既增加景观效果，又可削减屋顶积水对地表径流的贡献，通过细小绿地斑块完善城市中的绿地系统，充分利用既有屋顶达到节约土地资源与雨洪管理双重效果。同时配合沿街建设雨水花园和生物滞留池等吸收屋顶及地面径流，

通过截流和下渗措施削减大量城市雨水径流。研究区域中绿色屋顶的布局面积是0.082 平方千米，主要位于新建且楼层不高的体育馆、住宅和商用建筑的屋顶；雨水花园的布局面积是 0.076 平方千米，主要位于景观用地和道路旁（图 8.6）。

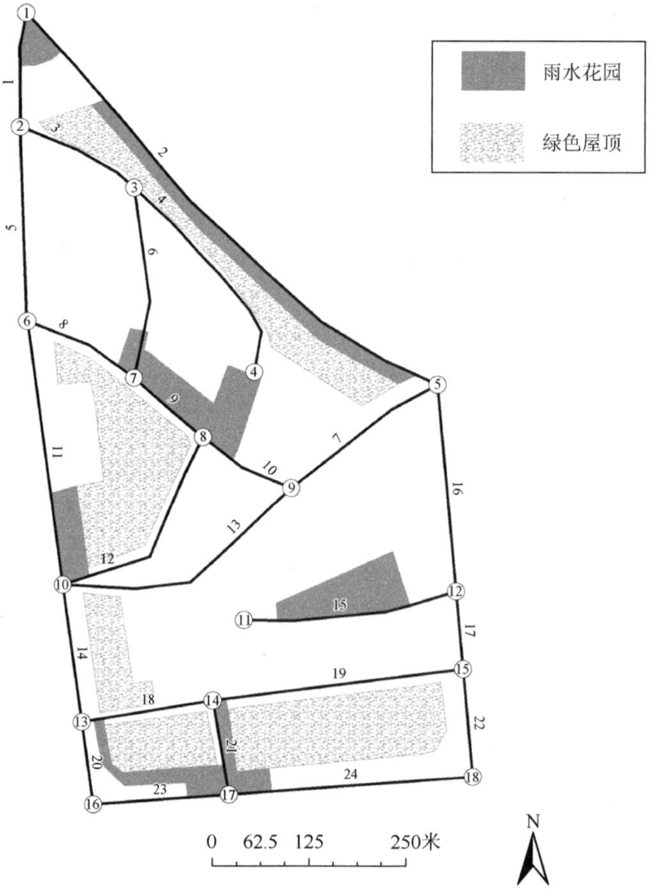

图 8.6　绿化空间拓展策略的空间配置方案

1～24 表示道路编号，①～⑱表示路网节点

3）绿色基础设施整合策略（S_3）

该策略将以上城市中的绿色基础设施进行整体规划，将策略 S_1 和策略 S_2 有机整合，均衡各类型的措施配置，提升绿地与城市相结合的渗透作用，实现复合多效的韧性提升目标。综合考虑道路、建筑、绿地等道路–街区系统中各个组成部分的物理连接关系，整合策略 S_1 和策略 S_2，将渗透铺装、绿色屋顶、雨水花园等各项措施合理布局在系统中，使之高效协调并保证与其他基础设施和功能区域相结合，形成板块内部多种措施相融合、合理布局，系统发挥综合效益。雨水花园、绿色屋

顶、渗透铺装布局如图 8.7 所示，面积分别为 0.076 平方千米、0.082 平方千米、0.075 平方千米。

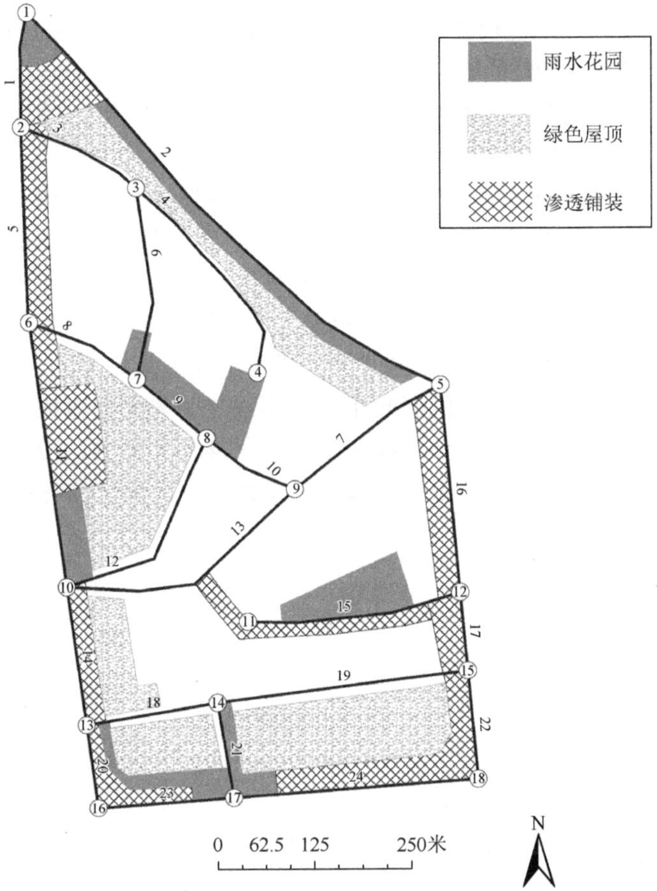

图 8.7　绿色基础设施整合策略的空间配置方案

1～24 表示道路编号，①～⑱表示路网节点

8.4.2　不同适应性策略下洪涝韧性测度

1. 韧性概念及测度方法

1）城市道路-街区系统洪涝韧性概念与内涵

在城市中，道路指的是街道、高速公路、公路等交通线路，而街区则是指由道路和周围建筑物所围合的区域，道路-街区系统是由城市道路以及河流、绿化带等边界划分的城市区域，其内部建筑实体和空间通过某些关系（通常是功能向心性）达

到共生，形成相互联系并与其他外部要素进行密切联动交流的城市基本单元。城市道路-街区系统是一个承载了自然过程、基础设施、社会经济和人类活动等在内的复杂系统，提供了城市内部和对外的交通连通，形成了城市的生活和工作空间。因此，道路-街区系统层级的洪涝韧性可以看作整个城市洪涝韧性的“基础砖块”。本书选择道路-街区系统作为韧性的研究单元，从更接近“地面真相”的视角，综合考虑道路-街区系统独特的地形、土壤类型、建筑类型、人群出行和社会组成因素，系统性地分析了基础设施、自然环境和人类活动之间的复杂相互作用。

城市道路-街区系统洪涝韧性定义：在暴雨或强降水引起的城市洪涝灾害作用下，道路-街区系统能够及时有效地抵御和吸收洪涝，使得系统内基础设施功能不丧失，并具备从洪涝灾害的影响中快速恢复的能力。

城市道路-街区系统洪涝韧性的时空概念框架如图 8.8 所示，体现了由多个空间要素组成的道路-街区系统在不同时间阶段对暴雨洪涝灾害的应对过程。道路-街区系统在暴雨洪涝灾害事件的影响下，经历了一个先受损再恢复的动态过程。用系统性能来表征洪涝韧性，该过程分别经历了准备和抵御、应对和吸收、恢复和重组、适应和发展等阶段，不同曲线展示了系统可能演化的各种形态。

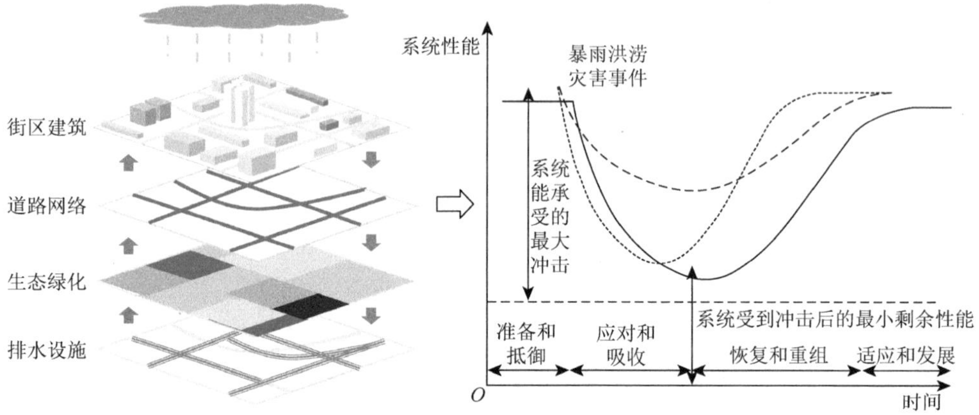

图 8.8 城市道路-街区系统洪涝韧性的时空概念框架

城市道路-街区系统的空间要素包含街区建筑、道路网络、生态绿化和排水设施等，这些要素以一定的空间格局分布在城市道路-街区系统中，同时它们在功能上也相互依赖，具有复杂的关联关系。城市道路-街区系统的洪涝韧性展现为一个动态过程，涉及准备和抵御阶段，系统加强其基础设施规划以预防洪涝灾害；应对和吸收阶段，系统各项功能开始运作以减少洪涝影响和损失；恢复和重组阶段，系统在洪涝过后尽快恢复正常运作，并进行必要的结构调整；适应和发展阶段，则是系统长期学习和发展的过程，通过不断的经验积累和技术创新，提升其对未来洪涝事件的应对和适应能力。该时空概念框架强调了城市道路–街区系统在洪涝灾害管理中，不仅要考虑即时和短期的反应，还要关注系统长期的适应性和可持续性。

区别于宏观层面洪涝韧性对整个城市系统能力的把控，城市道路–街区系统洪涝韧性专注于以道路和街区围成的基础单元如何抵御、适应和从洪涝灾害中恢复过来的能力，这一层级的洪涝韧性着重考察以协同方式服务于居民的各类基础设施的服务功能受洪涝影响的变化。

2）城市道路–街区系统洪涝韧性测度方法

城市道路–街区系统洪涝韧性动态模拟的原理是基于数学建模和仿真技术，通过模拟洪涝事件的发展和城市道路–街区系统性能的演化过程，评估城市道路–街区系统的洪涝韧性，并提供科学数据支持，以指导洪涝风险管理和城市规划决策。本节提出城市道路–街区系统洪涝韧性测度框架，通过识别城市道路–街区系统特征与洪涝灾害形成机理，引入基于降水、地表产汇流及管网汇流等过程的城市洪涝模型，通过对道路–街区系统性能状态受淹没影响的刻画，构建了如图 8.9 所示的城市道路–街区系统洪涝韧性测度框架。该韧性测度框架包含三个关键部分，分别是城市道路–街区系统通行可靠性计算、城市道路–街区系统网络连通性计算和城市道路–街区系统性能曲线拟合，最终形成了城市道路–街区系统洪涝韧性测度表达。

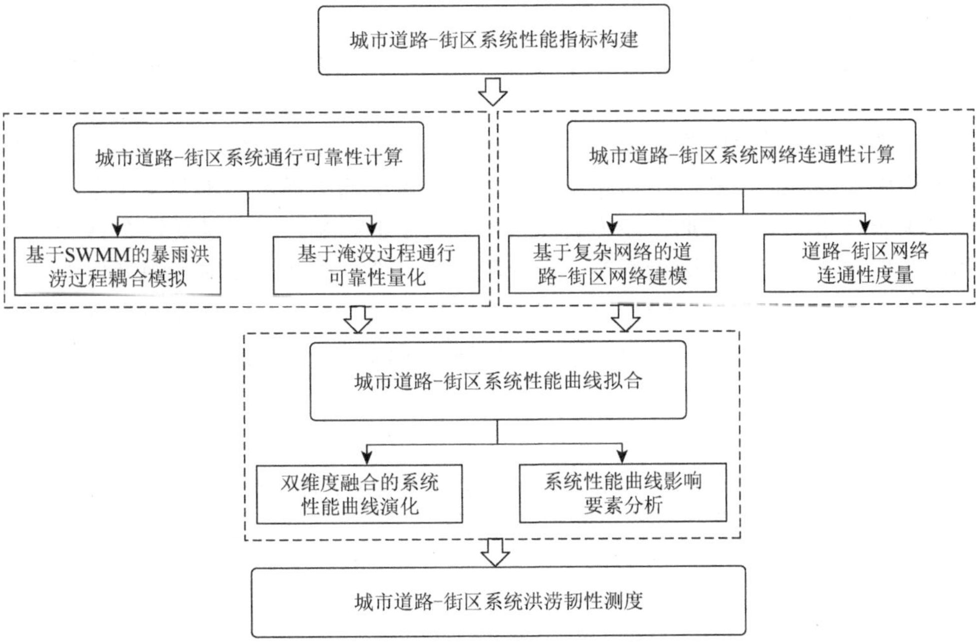

图 8.9　城市道路–街区系统洪涝韧性测度框架

洪涝灾害的发生会对城市道路街区系统的正常运行产生影响，需要刻画在灾害发生全过程中城市道路-街区系统性能所受到的冲击并量化这种影响，从而实现道路-街区系统韧性的动态模拟。首先，需要构建城市暴雨洪涝淹没演进模型，模拟城市中降水淹没的真实物理过程，获取实时淹没要素，测算系统中的单元在灾害过程中每一时刻的通行可靠性；其次，分析城市道路-街区系统的特征与组成部分，利用城市地理信息系统数据，描述道路网络、建筑物、下垫面格局等道路-街区系统的拓扑结构和属性，度量灾害过程每一时刻城市道路-街区网络连通性；最后，构建基于通行可靠性和网络连通性双维度融合的城市道路-街区系统性能曲线，刻画不同灾害情景下道路-街区系统的性能水平演化过程。构建基于系统性能曲线的洪涝韧性测度框架，实现不同降水重现期和降水历时下城市道路-街区系统的洪涝韧性能力的量化。基于灾害过程演变的系统性能与韧性结果，制定不同的灾前规划与灾后应急恢复策略，模拟不同策略的实施对洪涝韧性的影响，全面提升城市道路-街区系统对洪涝灾害的应对能力与恢复能力。

（1）城市道路-街区系统通行可靠性计算。城市道路-街区系统是集生活用地、交通用地、商业用地、办公用地、医疗教育用地等复杂功能于一体的综合体。其中，交通功能是连接各个区域的关键纽带，也是居民出行和开展经济活动的载体[457]。为了量化城市降水淹没过程对道路通行能力的影响，引入道路通行可靠性的概念。本节将道路的通行可靠性定义为：洪涝灾害期间道路作为基础设施所提供的通行服务功能及保持正常运转的能力。

由于道路系统的通行能力通常受道路等级、天气条件、灾害要素、结构稳定性等复杂的多因素影响，具有一定的动态性和不确定性。在暴雨洪涝灾害场景下，道路上的行车通常会因降水和路面淹没情况导致行车速度变缓，甚至是无法通行，从而影响如通行速度和城市道路通行能力等关键交通流参数。本节主要考虑的是洪涝灾害场景下道路的通行能力会受到多大程度的影响，考虑其受汽车行驶速度和能见度水平等复杂性因素影响，因此我们将其合理概化，将淹没深度作为洪涝灾害场景下主要影响道路通行可靠性的直接因素进行分析。结合道路系统通行可靠性的定义和已有研究结果的梳理，选取淹没水深与城市道路通行可靠性 r 的关系见表 8.10。

表 8.10　淹没水深与道路通行可靠性 r 的关系

淹没水深/厘米	通行可靠性 r
[0, 5)	0.95
[5, 15)	0.75
[15, 25)	0.55

续表

淹没水深/厘米	通行可靠性 r
[25, 30)	0.35
[30, 40)	0.15
≥40	0

由于复杂网络理论能够合理描述和表达城市之间的复杂互动形式和结构，因此基于复杂网络结构建立道路-街区网络的数学模型。在城市道路-街区系统中，道路为出行者提供了前往目的地的途径，而街区承载着出行者前往目的地所要达成的日常生活服务需求，因此可将道路-街区系统看作一个居民前往所需服务功能街区的通行网络。

（2）城市道路-街区系统网络连通性计算。首先将城市道路交叉口简化为节点，路段简化为边，将实际的城市道路-街区系统抽象成由节点和边组成的道路网络拓扑图。设 $G=(V,A)$ 为城市道路-街区网络，其中 $V=\{1,2,3,\cdots,n\}$ 为道路-街区网络所有节点的集合， $A=\{1,2,3,\cdots,m\}$ 为道路-街区网络节点与节点之间连接边的集合。假设系统中的所有道路均允许机动车双向行驶，我们将道路-街区网络抽象为一个加权的无向网络，并考虑网络拓扑、通行流量、应急设施位置等因素分别对节点和路径赋予权重。任意选择出行起点和终点组成 OD 点对，网络中的路段任意组合连接，每对 OD 点之间包含大量可行路径。

其次利用基于加权独立路径这一指标考察网络的连通性能。独立路径集是指 OD 点之间不与其他路径共享路段的一类路径集合。与最短路径相比，独立路径集具有数量小、易搜寻且路径重复计算少等优点，且考虑了网络的冗余性，即考虑了可替代路径，这对于灾害发生时部分路段通行能力减弱甚至是遭到破坏时至关重要。节点对 (i,j) 的独立路径集中的路径数量小于或等于两个节点的度的最小值和所有割集的最小值，如公式（8.26）所示。

$$N(i,j)=\min\left\{d_i,d_j,\mathrm{nc}(i,j)\right\} \tag{8.26}$$

其中， $N(i,j)$ 为节点对 (i,j) 之间的独立路径数上限； d_i 为节点 i 的度，定义为与节点相连边的数目； d_j 为节点 j 的度； $\mathrm{nc}(i,j)$ 为节点对 (i,j) 割集的最小值。其中， $L_k(i,j)$ 为节点对 (i,j) 中的第 k 条独立路径。由于道路系统结构复杂，两个节点之间的割集不容易找到，且从大网络分离出来的小网络通常是不完备的图，因此独立路径集中的路径数量通常受到两个末端节点的度的限制。因此，一个简单的替代方案是使用一个宽松的上限 $N'(i,j)$ [458]，即

$$N'(i,j)=\min\left\{d_i,d_j\right\} \tag{8.27}$$

根据上述内容，基于 Matlab 编程平台，利用经典的 Dijkstra 算法对节点对 (i, j) 之间的独立路径进行搜寻。

此外，对于城市道路–街区系统中路径权重 w_k，使用 ADT（average daily traffic volume，平均日交通量）和长度量化。ADT 是由一段时期内的交通量除以该期间的总日数来计算得出的，描述了每条道路上的历史交通流量。设 ADT_l 代表路段 l 的 ADT，其中路段 l 是独立路径 $L_k(i, j)$ 的组成部分，那么独立路径 $L_k(i, j)$ 的 ADT 等于组成该路径的所有路段 ADT 的最小值。我们将其标准化用于计算权重，标准化后的独立路径为

$$\mathrm{NADT}_{L_k(i,j)} = K_{(i,j)} \cdot \frac{\mathrm{ADT}_{L_k(i,j)}}{\sum_1^{K_{(i,j)}} \mathrm{ADT}_{L_k(i,j)}} \tag{8.28}$$

其中，$\mathrm{ADT}_{L_k(i,j)}$ 为独立路径 $L_k(i, j)$ 的平均日交通量。$\mathrm{NADT}_{L_k(i,j)}$ 为标准化后的独立路径 $L_k(i, j)$ 的 ADT；$K_{(i,j)}$ 为节点 i, j 之间的独立路径点数。

设 LEN_l 表示单条路段的长度，那么独立路径 $L_k(i, j)$ 的长度 $\mathrm{LEN}_{L_k(i,j)}$ 等于组成该路径的所有路段的长度总和，即

$$\mathrm{LEN}_{L_k(i,j)} = \sum\nolimits_{l \in L_k(i,j)} \mathrm{LEN}_l \tag{8.29}$$

标准化后的独立路径长度为

$$\mathrm{NLEN}_{L_k(i,j)} = K_{(i,j)} \cdot \frac{\mathrm{LEN}_{\max}(i,j)}{\mathrm{LEN}_{L_k(i,j)} \cdot \sum_1^{K_{(i,j)}} \dfrac{\mathrm{LEN}_{\max}(i,j)}{\mathrm{LEN}_{L_k(i,j)}}} \tag{8.30}$$

$$\mathrm{LEN}_{\max}(i,j) = \max\left\{\mathrm{LEN}_{L_k(i,j)}\right\} \tag{8.31}$$

其中，$\mathrm{NLEN}_{L_k(i,j)}$ 为独立路径 $L_k(i, j)$ 的标准化独立路径长度 $\mathrm{LEN}_{\max}(i, j)$ 为独立路径 $L_k(i,j)$中的最大长度。

利用公式（8.28）和公式（8.30）可以计算出独立路径 $L_k(i, j)$ 的路径权重 $w_k(i, j)$，如下所示

$$w_k(i,j) = \alpha \mathrm{NADT}_{L_k(i,j)} + (1-\alpha)\mathrm{NLEN}_{L_k(i,j)} \tag{8.32}$$

$$\sum w_k(i,j) = K_{(i,j)} \tag{8.33}$$

其中，α 为 ADT 和长度相对重要性的加权因子，$\alpha \in [0,1]$。决策者可以根据不同的决策偏好设定 α 为不同的值，此处设定加权因子 $\alpha = 0.5$。公式（8.33）表明节点对 (i, j) 的所有路径权重和等于节点对 (i, j) 之间的独立路径数。

在应对城市洪涝灾害时，道路–街区网络短期内最需要的功能是为灾害应急响应服务。因此，在距离上更靠近应急响应设施的节点应被赋予更高的权重，因为这些位置在灾害发生过程相当一段时间内对社区应急响应和救援工作起到十分重

要的作用。应急响应设施包括避难所、医院、消防站点、救灾物资储存点等，在洪涝灾害发生时，重要的是要保障道路-街区网络将受灾区域与这些应急响应设施所在位置相连通。节点权重 w_i 反映了节点 i 在灾害应急响应工作中的重要性，该权重与节点 i 到社区中最近的应急响应设施的最短距离成反比。设道路-街区网络中所有的节点集为 V，应急响应设施所在的节点集为 E，E 是 V 的子集，不属于 E 的其他节点的集为 F，那么节点权重 w_i 可计算得出：

$$w_i = \frac{d_i}{\sum_{j=1}^{n} d_j} \tag{8.34}$$

$$d_i = \begin{cases} \dfrac{1}{\min\left\{\mathrm{LEN}_{L_k(i,j\in E)}\right\}}, & i,j \in E \\ 1, & i \in F \end{cases} \tag{8.35}$$

（3）城市道路-街区系统性能曲线拟合及韧性表达。当城市洪涝灾害发生时，道路-街区系统性能曲线总体应呈现先受损再恢复的过程，前半程下降的曲线反映系统在洪涝灾害事件中受到损害的过程，后半程上升的曲线反映其恢复过程。图 8.10 展示了系统性能曲线可能呈现的三种情况，a、b、c 分别代表三种系统性能曲线的演化过程。假设在 t_0 时刻系统开始受到洪涝灾害的影响，a 的系统性能水平在 t_a 时刻下降至 F_a，系统恢复时间短，较快恢复至灾前水平 F_0；b 在遭受灾害冲击后受到的影响较大，在 t_b 时刻系统性能下降至 F_b，恢复时间较长，但最终完全恢复至灾前水平；c 在受到灾害冲击后影响最为严重，在 t_c 时刻系统性能下降至最低点 F_c，并且在系统恢复至稳定状态后并未完全恢复至灾前状态，系统性能水平最终恢复至 F_r。

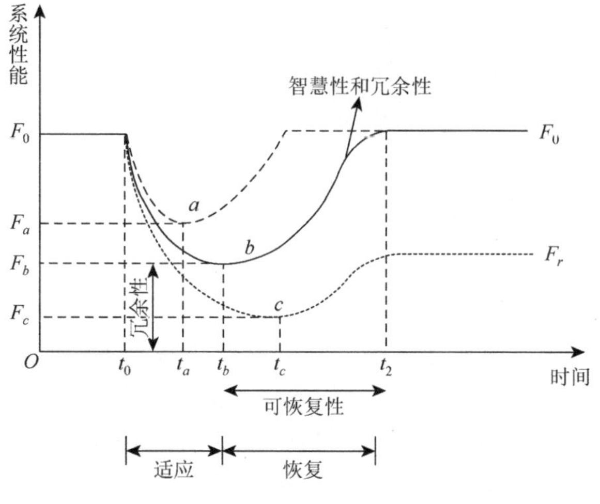

图 8.10　城市道路-街区系统性能曲线的三种可能形态

本节构建了融合通行可靠性和网络连通性的道路–街区系统性能水平曲线，采用通行可靠性作为衡量通行服务功能维度的指标，采用网络连通性作为衡量网络冗余功能维度的指标，考察道路–街区系统中实时能够可靠通行的加权独立路径数。构建的道路–街区系统受灾性能水平 $Q(t)$ 如下：

$$Q(t)=\sum_{i=1}^{n} w_i \frac{1}{n-1}\sum_{j=1,j\neq i}^{n}\sum_{k=0}^{K_{(i,j)}} w_k(i,j)\cdot R_{k(i,j)}(t) \tag{8.36}$$

其中，(i,j) 为道路网络中的节点对；n 为节点个数；w_i 为节点权重；w_k 为路径权重；$R_{k(i,j)}(t)$ 为独立路径 $L_k(i,j)$ 在每一时刻的通行可靠性，它等于组成该独立路径的各条路段的通行可靠性 $r_l(t)$ 的乘积，具体计算方法为

$$R_{k(i,j)}(t)=\prod_{\forall l\in L_k(i,j)} r_l(t) \tag{8.37}$$

其中，$r_l(t)$ 的值与暴雨洪涝演进过程中的淹没水深有关。

进一步依据构建的道路–街区系统受灾性能水平曲线实现洪涝韧性 R 的测度，R 为无量纲量，介于 0 到 1 之间。考虑到实际中难以得到连续的性能水平演变曲线，即使得到也难以求取精确积分值，故采用数值近似求法对积分值进行计算：

$$\int_{t_0}^{t_0+T} Q(t)\mathrm{d}t \approx \sum_{t=t_0+1}^{t_0+T} Q(t) \tag{8.38}$$

其中，T 为系统受灾到恢复的历时。

综上，评估城市道路–街区系统在暴雨洪涝灾害情景下的韧性时，其核心在于构建系统在暴雨洪涝灾害全过程下的系统性能水平曲线。而其中，又有两个关键要点：一是从时间演进的角度对系统受灾的全过程进行灾害建模和模拟；二是量化系统中基础设施的服务功能在暴雨洪涝灾害全过程中所受到的影响，即构建以结构和功能为双维度指标的系统性能水平计算模型，实现对系统受灾与恢复过程中任意时刻 t（$t_0 \leqslant t \leqslant t_0+T$）的性能水平计算。

2. 不同适应性策略下的洪涝韧性计算

1）基于绿色雨洪街道规划策略的洪涝韧性提升模拟

在绿色雨洪街道规划策略（S_1）下，道路–街区系统性能曲线及洪涝韧性结果如图 8.11 所示，与不施加措施相比，四种降水重现期下的道路–街区系统性能曲线形态均发生了改变。其中较为显著的变化主要体现在：在 5 年一遇的降水重现期下，系统性能的快速下降阶段出现滞后；在 20 年一遇和 50 年一遇重现期下，系统性能的快速下降阶段出现滞后且系统性能的最小剩余值有显著提高；在 100 年一

遇重现期下，系统性能在初始下降阶段的降幅显著缩小。四种降水重现期下的洪涝韧性值分别为 89.1%、80.5%、78.1%和 74.0%。

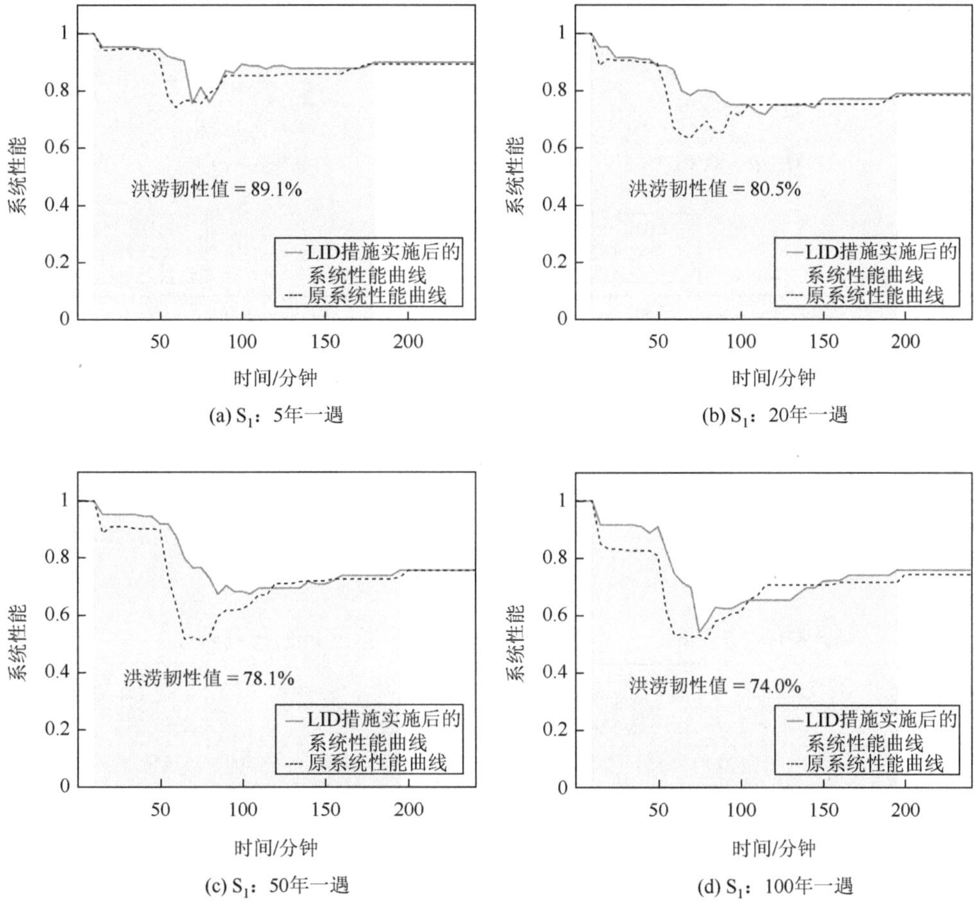

图 8.11　绿色雨洪街道规划策略下的系统性能曲线和洪涝韧性结果

2）基于绿化空间拓展策略的洪涝韧性提升模拟

在绿化空间拓展策略（S_2）下，道路-街区系统性能曲线及洪涝韧性结果如图 8.12 所示，与不施加措施相比，四种降水重现期下的道路-街区系统性能曲线形态均发生了改变。其中较为显著的变化主要体现在：在 5 年一遇的降水重现期下，系统性能的快速下降阶段在时间上滞后；在 20 年一遇降水重现期下，系统性能的初始下降阶段损失减少，且系统降至最低性能值的时间滞后；在 50 年一遇重现期下，系统性能的最小剩余值有显著提高；在 100 年一遇重现期下，系统性能在初始下降阶段的损失显著减少。四种降水重现期下的洪涝韧性值分别为88.8%、79.7%、78.0%和 73.8%。

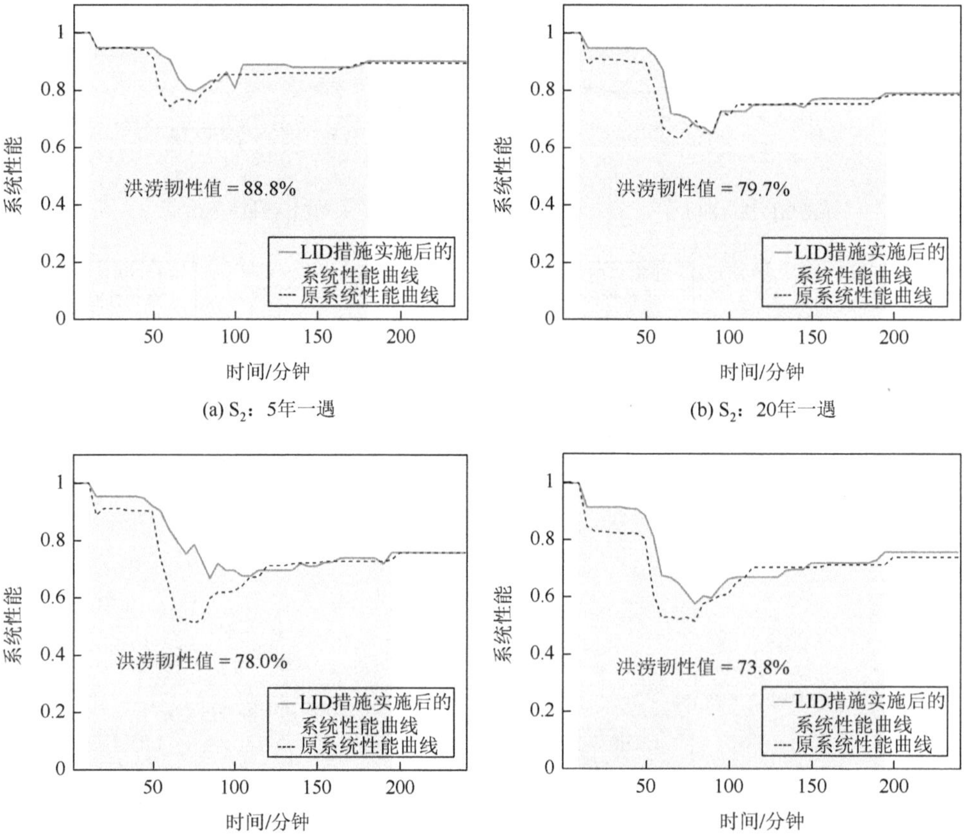

(a) S_2：5年一遇　(b) S_2：20年一遇

(c) S_2：50年一遇　(d) S_2：100年一遇

图 8.12　绿化空间拓展策略下的系统性能曲线和洪涝韧性结果

3）基于绿色基础设施整合策略的洪涝韧性提升模拟

在绿色基础设施整合策略（S_3）下，道路-街区系统性能曲线及洪涝韧性结果如图 8.13 所示，与不施加措施相比，四种降水重现期下的道路-街区系统性能曲线形态均发生了改变。其中较为显著的变化主要体现在：在 5 年一遇的降水重现期下，系统性能的最小剩余值有显著提高；在 20 年一遇降水重现期下，系统性能的初始下降阶段损失减少；在 50 年一遇重现期下，系统性能的最小剩余值有显著提高；在 100 年一遇重现期下，系统性能在初始下降阶段的损失显著减少且系统性能的最小剩余值有提高。四种降水重现期下的洪涝韧性值分别为 90.3%、80.9%、79.1%和 75.2%。

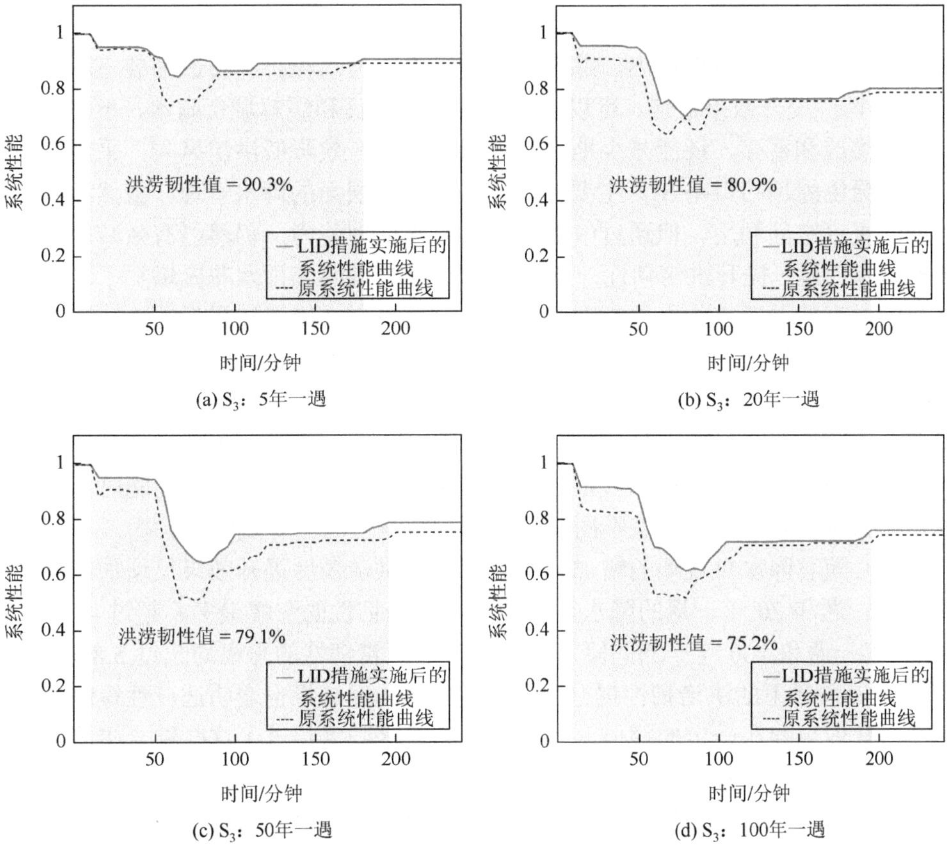

图 8.13 绿色基础设施整合策略下的系统性能曲线和洪涝韧性结果

8.4.3 洪涝韧性提升的策略选择

不同适应性策略的洪涝韧性模拟结果如表 8.11 所示，可以看出，三种适应性策略在不同重现期下均对洪涝韧性有一定的提升作用，但不同策略下的洪涝韧性提升效果存在差异。在四种重现期下，不同策略的洪涝韧性提升效果具有一致性，具体表现为以下两点。

表 8.11 不同适应性策略的洪涝韧性提升程度

策略集	5 年一遇		20 年一遇		50 年一遇		100 年一遇	
	韧性	涨幅	韧性	涨幅	韧性	涨幅	韧性	涨幅
S_1	0.891	3.3%	0.805	3.9%	0.781	7.7%	0.740	6.1%
S_2	0.888	2.9%	0.797	3.0%	0.780	7.6%	0.738	5.8%
S_3	0.903	4.7%	0.809	4.4%	0.791	9.1%	0.752	7.8%

（1）三种策略的洪涝韧性提升效果依次为策略 S_3＞策略 S_1＞策略 S_2。对比三类策略的模拟结果可以看出，综合了绿色屋顶、雨水花园和渗透铺装三项措施的策略 S_3 韧性提升效果最佳，可以从多个层面上管理和缓解城市雨水，不仅增加了雨水的渗透和蓄存，还能减少地表径流量，从而有效降低洪涝风险；采用了雨水花园和绿色屋顶的策略 S_2，主要关注于城市地面层面的雨水管理。虽然没有绿色屋顶的垂直空间利用，但通过改善街道的雨水处理能力，仍然能有效减轻地面水流和积水问题，提升洪涝韧性；策略 S_1 通过渗透铺装和雨水花园增加了城市的绿化空间，有助于雨水的自然蓄存和渗透。总的来说，模拟结果反映出，综合应用多种绿色基础设施的整合策略在提升城市洪涝韧性方面最为有效，因为这些措施往往不是孤立使用的，而是以综合多种措施的方式部署，将绿色屋顶、雨水花园和渗透铺装的组合使用，相比单一措施可能会在大规模降水事件中展现出更好的雨水径流调控能力。这提示城市规划者和决策者在制定洪涝管理措施时，应考虑多元化的解决方案，并寻求不同类型适应性措施之间的有效整合。

（2）随着降水重现期的增加，不同策略的洪涝韧性提升效果呈增加的趋势。在 5 年一遇和 20 年一遇的降水重现期下，洪涝韧性的涨幅最多不超过 4.7%；而在 50 年一遇和 100 年一遇的降水重现期下，洪涝韧性的涨幅均超过 5.8%，尤以 50 年一遇情景下的洪涝韧性提升效果最为显著。但结果也表明适应性策略的洪涝韧性提升效果存在一定的阈值，当降水量和降水强度超过了这些综合措施的雨水吸纳能力时，其对整体的韧性提升效果也会减少，体现在 100 年一遇的情况下的韧性提升不如 50 年一遇。总体来看，随着降水事件的严重程度增加，适应性策略在提升洪涝韧性方面的效果更加明显。这是因为，在常规的洪涝管理措施下，对于频繁发生的小到中等规模的降水事件，城市可能已有一定的应对措施和准备。因此，适应性策略带来的相对提升幅度较小；对于罕见且强度更大的降水事件，常规措施往往不足以应对可能带来的严重影响，因此，适应性策略的引入在提升城市韧性方面显得尤为重要和有效。随着气候变化，极端降水事件的频率和强度都有所增加。这可能促使城市在规划和实施适应性策略时，需要采取更加前瞻性的设计，以应对更极端的气候条件，从而即使在较复杂的极端暴雨降水事件下，城市依然能够保持其功能和服务，减少损害，保持较高的洪涝韧性水平。

不同策略的单位成本效益可以通过使用策略实施后的韧性提升值与总成本之比得到，三种策略的单位成本韧性提升水平如表 8.12 所示。通过调查得知，每平方米的雨水花园、绿色屋顶、渗透铺装建造成本逐渐递减，所以当项目总成本充足时，可以选择在成本充足的情况下，策略 S_3 单位成本的韧性提升效果在四种重现期下均高于策略 S_1 和策略 S_2；若成本有限的情况下，则策略 S_1 的洪涝韧性提升效果略高于策略 S_2。该结果也为决策者面临不同成本下的策略选择提供了依据。

表 8.12　不同适应性策略的单位成本下洪涝韧性提升水平

策略集	5 年一遇	20 年一遇	50 年一遇	100 年一遇
S_1	0.010%	0.012%	0.024%	0.019%
S_2	0.008%	0.009%	0.022%	0.017%
S_3	0.017%	0.016%	0.032%	0.028%

以成本效益最高的策略 S_3 为例，分析洪涝韧性提升效果。实施策略 S_3 前后的城市道路系统性能曲线如图 8.14 所示，其中实线表示策略实施后的系统性能曲线，实线下的部分表示洪涝韧性，虚线是实施措施之前的系统性能曲线。从图 8.14 中可以看出，该策略的实施对所有情景下的道路-街区系统的洪涝韧性都有积极影响，其中 50 年一遇情景下提升程度最高，洪涝韧性提升了 9.1%。实施策略后的系统洪涝韧性值在 5 年一遇和 10 年一遇的情景下分别超过了 90%和 80%。

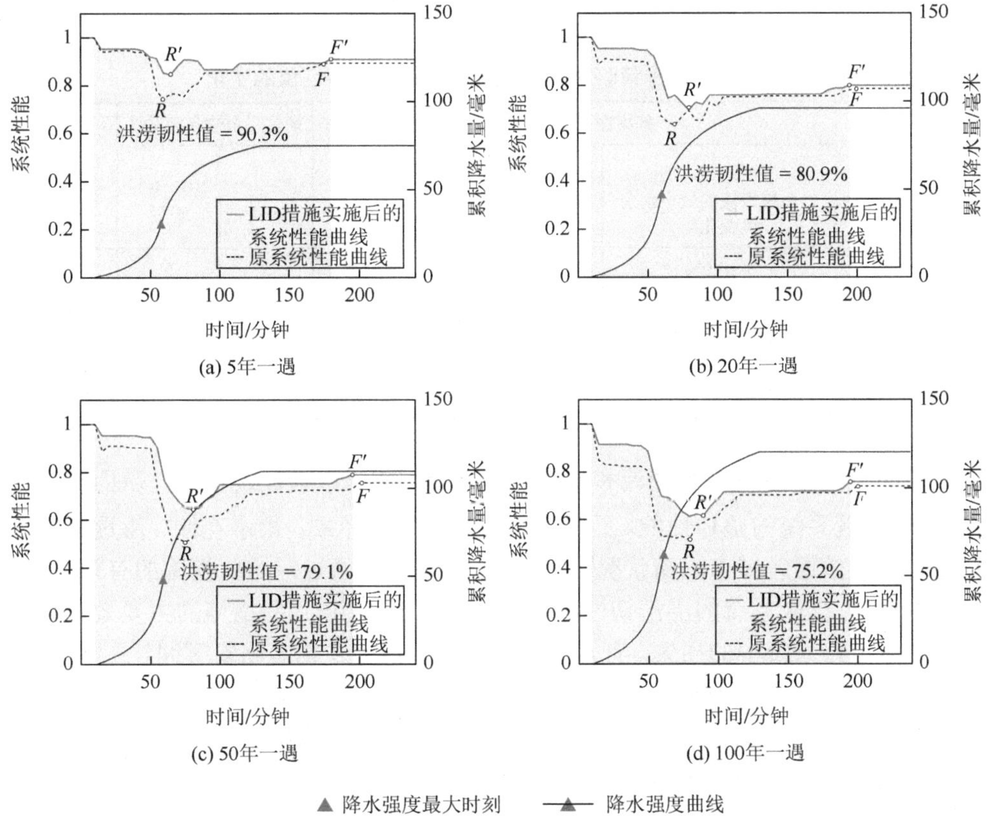

图 8.14　降水过程与策略 S_3 的系统性能演化过程

为了进一步探究该策略是如何影响系统洪涝韧性的，四种降水重现期情景下的系统性能曲线及韧性各项特征值的变化情况如表 8.13 所示。从鲁棒性特征看，不同降水情景下，系统性能的最小剩余值提升效果显著，四种情景均超过 10%，其中 50 年一遇情景下提升的百分比最高，达到了 24.2%；体现系统性能最终恢复效果的最终剩余值也有一定程度的提升，但都不高于 5%。韧性恢复阶段的恢复速率变化没有固定规律，这是因为性能曲线的下降部分的形态已经改变，最小剩余值的改变在后续较短的一段时间内对恢复速率的影响很大，因此此处更关注恢复阶段曲线形态的变化。$t'_R - t_R$ 和 $t'_F - t_F$ 这两个值代表了系统性能开始恢复和到达最后稳定状态的时间变化，体现出策略 S_3 对韧性冗余性和智慧性的影响。从图 8.14 中可以看出，在时间尺度上 R' 所在的位置在 R 之后，说明实施该策略后系统性能开始恢复的时间点延后了；在这种情况下，20 年、50 年、100 一遇下 F' 所在的位置比 F 略有提前，说明策略 S_3 帮助系统整体恢复的过程变快了。因此，总体来看策略 S_3 的作用是帮助道路系统减少了损失，提升了鲁棒性，同时优化了恢复的过程与时间，二者共同作用下提升了系统的洪涝韧性。

表 8.13　实施策略 S_3 后的洪涝韧性及四维特征值的变化

降水情景	鲁棒性		恢复速率	韧性冗余性和智慧性		韧性值
	$F'_R - F_R$（系统性能的最小剩余值变化）	$F'_F - F_F$（系统性能的最终剩余值变化）		$(t'_R - t_R)$ /分钟	$(t'_F - t_F)$ /分钟	
5 年一遇	+ 14.0%	+ 1.8%	–74.9%	5	5	+ 4.6%
20 年一遇	+ 10.4%	+ 1.8%	+ 19.2%	10	–5	+ 4.9%
50 年一遇	+ 24.2%	+ 4.5%	+ 16.4%	5	–5	+ 9.1%
100 年一遇	+ 18.8%	+ 2.5%	–22.6%	10	–5	+ 7.9%

策略 S_3 可以通过减少径流和推迟径流高峰时间来改善淹没情况，从而显著提高道路-街区系统的整体性能。已有研究表明，绿色屋顶、雨水花园、渗透铺装等措施可以有效缓解城市洪涝状况[459, 460]。结果表明，通过对这些措施的有效整合，可以对道路-街区系统的洪涝韧性产生显著的积极影响。这些措施的主要效果是有助于减少道路系统中的损失，有效增强系统的鲁棒性并缩短恢复时间。具体来看，策略实施后对减少降水初期的系统损失有帮助，因为这些具体的措施通过增强下垫面的入渗能力实现了减少雨水径流，使得部分道路的初始淹没被削弱了。但策略的实施并未改变降水初期半小时左右的性能稳定阶段时长，这可能是因为这些措施的蓄水能力有限。此外，策略的实施导致系统恢复的启动时间延迟。事实上，道路系统开始恢复的时间主要取决于道路-街区系统中的关键节点和相关道路的

恢复情况。策略 S_3 的实施导致了淹没过程变得缓慢和轻微，并降低了这些关键节点和道路周围的最大水深。因此，道路-街区系统中可靠的独立道路的总数有所增加，使得系统的整体性能得到提升。尽管系统恢复的启动时间可能会推迟，但其恢复能力已得到有效增强。过去的研究结果也表明，这些措施在防洪方面的有效性（一般以地表径流的削减率表示）随着降水量的增加而降低。此外，研究结果表明，在 50 年一遇的情景下，该策略对提高道路-街区系统的洪涝韧性效果最好，原因可能有两点：一是在选定的三种措施中，雨水花园的径流削减效果最好，因而该措施的布局显著提高了周边道路 9、18、21、24 的防洪效果，而当降水强度小于 20 年一遇时，这些道路并不会被显著淹没，因此在 50 年一遇情景下对系统性能的提升有显著帮助；二是上述这些道路位于应急响应设施所在的关键节点附近，它们防洪效果的提升对系统整体性能有很大贡献。

综上，绿色基础设施整合策略 S_3 作为韧性提升的最优策略，在道路-街区系统中合理规划和整合建设雨水花园、绿色屋顶和渗透铺装这些措施，通过提高系统应急响应设施所在的关键节点周围道路的可靠性，显著提升系统的鲁棒性，改善了道路-街区系统在洪涝灾害下的受损与恢复过程，从而提升了系统的洪涝韧性。

参 考 文 献

[1] IPCC. AR6 Synthesis Report：Climate Change 2023. Cambridge：Cambridge University Press，2023.

[2] Wheater H，Evans E. Land use，water management and future flood risk. Land Use Policy，2009，26：S251-S264.

[3] Kuklicke C，Demeritt D. Adaptive and risk-based approaches to climate change and the management of uncertainty and institutional risk：the case of future flooding in England. Global Environmental Change，2016，37：56-68.

[4] 中国气象局气候变化中心. 中国气候变化蓝皮书 2023. 北京：科学出版社，2023.

[5] 张建云，宋晓猛，王国庆，等. 变化环境下城市水文学的发展与挑战：I.城市水文效应. 水科学进展，2014，25（4）：594-605.

[6] 张春桦，邹贤菊，宋晓猛. 基于城镇化水平分析 2003—2017 年我国洪涝灾害演变特征. 江苏水利，2020，（3）：14-17.

[7] 谷洪波，顾剑. 我国重大洪涝灾害的特征、分布及形成机理研究. 山西农业大学学报（社会科学版），2012，11（11）：1164-1169.

[8] 邹贤菊，张春桦，宋晓猛. 2018 年我国城市暴雨洪涝事件调查及思考. 水利发展研究，2019，（8）：45-50，71.

[9] 李莹，赵珊珊. 2001—2020 年中国洪涝灾害损失与致灾危险性研究. 气候变化研究进展，2022，18（2）：154-165.

[10] 张楚汉，王光谦，李铁键. 变化环境下城市暴雨致灾防御对策与建议. 中国科学院院刊，2022，37（8）：1126-1131.

[11] 柳杨，范子武，谢忱，等. 城镇化背景下我国城市洪涝灾害演变特征. 水利水运工程学报，2018，（2）：10-18.

[12] 黄晶，佘靖雯. 长江三角洲城市群洪涝灾害脆弱性评估及影响因素分析. 河海大学学报（哲学社会科学版），2020，（6）：39-45，110-111.

[13] 贺山峰，梁爽，吴绍洪，等. 长三角地区城市洪涝灾害韧性时空演变及其关联性分析. 长江流域资源与环境，2022，31（9）：1988-1999.

[14] 黄华兵，王先伟，柳林. 城市暴雨内涝综述：特征、机理、数据与方法. 地理科学进展，2021，40（6）：1048-1059.

[15] 程晓陶，李超超. 城市洪涝风险的演变趋向、重要特征与应对方略. 中国防汛抗旱，2015，25（3）：6-9.

[16] 郭桂祯，廖韩琪，孙宁. 我国自然灾害风险监测预警现状概述. 中国减灾，2022，（3）：36-39.

[17] 王元卓，靳小龙，程学旗. 网络大数据：现状与展望. 计算机学报，2013，（6）：1125-1138.

[18] Toffler A. The Third Wave. New York：Bantam Books，1981.

[19] Doctorow C. Big data：welcome to the petacentre. Nature，2008，455：16-21.

[20] Lynch C. How do your data grow?. Nature，2008，455：28-29.

[21] Severin A J. Dealing with data：training new scientists. Science，2011，331（6024）：1516.

[22] Greve M，Svenning J C. Dealing with data：preserve old collections. Science，2011，331（6024）：1515.

[23] Manyika J. Big data：the next frontier for innovation，competition，and productivity. San Francisco：McKinsey Global Institute Report，2011.

[24] Alley-Young G. White house big data initiative//Schintle L A，McNeely C L. Encyclopedia of Big Data. Berlin：Springer，2017：1-5.

[25] Shrimpton R. Global policy and programme guidance on maternal nutrition：what exists，the mechanisms for providing it，and how to improve them?. Paediatric and Perinatal Epidemiology，2012，26（Suppl 1）：315-325.

[26] Park H W，Leydesdorff L. Decomposing social and semantic networks in emerging "big data" research. Journal of Informetrics，2013，7（3）：756-765.

[27] 黄如花，王春迎，范冰玥，等. 图书馆参与政府数据开放运动的驱动因素、实践发展与启示. 情报资料工作，2019，40（1）：98-104.

[28] 刘宏达，王荣. 论新时代中国大数据战略的内涵、特点与价值：学习习近平总书记关于大数据的重要论述. 社会主义研究，2019，（5）：9-14.

[29] 叶美兰，朱卫未. 新时代下物联网产业的发展困境与推进原则：工信部《物联网"十二五"发展规划》解读. 南京邮电大学学报（社会科学版），2012，（1）：44-48.

[30] 李克强. 政府工作报告：2014 年 3 月 5 日在第十二届全国人民代表大会第二次会议上. 中华人民共和国全国人民代表大会常务委员会公报，2014，（2）：191-204.

[31] 张义祯. 大数据带来的四种思维. 公安研究，2015，（6）：96.

[32] 袁韵，徐戈，陈晓红，等. 城市交通拥堵与空气污染的交互影响机制研究：基于滴滴出行的大数据分析. 管理科学学报，2020，23（2）：54-73.

[33] Darwish T S J，Abu Bakar K，Kaiwartya O，et al. TRADING：traffic aware data offloading for big data enabled intelligent transportation system. IEEE Transactions on Vehicular Technology，2020，69（7）：6869-6879.

[34] 孟若谷，杨羽，张路霞. 健康医疗大数据质量评估方法进展与展望. 中国卫生信息管理杂志，2019，16（6）：677-681.

[35] Dimitrov D V. Medical Internet of Things and big data in healthcare. Healthcare Informatics Research，2016，22（3）：156-163.

[36] 何湘宁，石巍，李武华，等. 基于大数据的大容量电力电子系统可靠性研究. 中国电机工程学报，2017，37（1）：209-221.

[37] Yin S，Kaynak O. Big data for modern industry：challenges and trends. IEEE，2015，103（2）：143-146.

[38] Bilal M，Oyedele L O，Qadir J，et al. Big data in the construction industry：a review of present

status，opportunities，and future trends. Advanced Engineering Informatics，2016，30（3）：500-521.

[39] 王宝生，张维琦，邓文平. 面向大规模容器集群的网络控制技术. 国防科技大学学报，2019，41（1）：142-151.

[40] Bi S Z，Zhang R，Ding Z，et al. Wireless communications in the era of big data. IEEE Communications Magazine，2015，53（10）：190-199.

[41] 甄茂成，党安荣，许剑. 大数据在城市规划中的应用研究综述. 地理信息世界，2019，26（1）：6-12，24.

[42] 杨俊宴，吴浩，郑屹. 基于多源大数据的城市街道可步行性空间特征及优化策略研究：以南京市中心城区为例. 国际城市规划，2019，34（5）：33-42.

[43] Rathore M M，Paul A，Ahmad A，et al. IoT-based big data：from smart city towards next generation super city planning. International Journal on Semantic Web and Information Systems，2017，13（1）：28-47.

[44] 童星，丁翔. 风险灾害危机管理与研究中的大数据分析. 学海，2018，（2）：28-35.

[45] 杨旎，刘奕，张辉. 大数据背景下应急决策模式创新路径：基于应急决策系统的分析视角. 行政与法，2015，（12）：1-7.

[46] 吴先华，肖杨，李廉水，等. 大数据融合的城市暴雨内涝灾害应急管理述评. 科学通报，2017，62（9）：920-927.

[47] Sahoh B，Choksuriwong A. Automatic semantic description extraction from social big data for emergency management. Journal of Systems Science and Systems Engineering，2020，29（4）：412-428.

[48] 方巍，郑玉，徐江. 大数据：概念、技术及应用研究综述. 南京信息工程大学学报（自然科学版），2014，（5）：405-419.

[49] 杨善林，周开乐. 大数据中的管理问题：基于大数据的资源观. 管理科学学报，2015，18（5）：1-8.

[50] Jia B D，Wlodarczyk T W，Rong C M. Performance considerations of data acquisition in hadoop system//IEEE. Proceedings of the 2010 IEEE Second International Conference on Cloud Computing Technology and Science. Washington：IEEE Computer Society，2010：545-549.

[51] Hoffman S. Apache Flume：Distributed Log Collection for Hadoop. Packt Publishing Ltd，2013.

[52] Goel A，Chopra B，Gerea C，et al. Fast database restarts at facebook//Dyreson C，Li F F. Proceedings of the 2014 ACM SIGMOD International Conference on Management of Data. New York：Association for Computing Machinery，2014：541-549.

[53] 何国金，王力哲，马艳，等. 对地观测大数据处理：挑战与思考. 科学通报，2015，60（Z1）：470-478.

[54] Huang S，Chaudhary K，Garmire L X. More is better：recent progress in multi-omics data integration methods. Frontiers in Genetics，2017，8：84.

[55] Malik K R，Ahmad T，Farhan M，et al. Big-data：transformation from heterogeneous data to

semantically-enriched simplified data. Multimedia Tools and Applications，2016，75（20）：12727-12747.

[56] ur Rehman M H，Liew C S，Abbas A，et al. Big data reduction methods：a survey. Data Science and Engineering，2016，1（4）：265-284.

[57] Ghemawat S，Gobioff H，Leung S T. The Google file system//Scott M L. Proceedings of the Nineteenth ACM Symposium on Operating Systems Principles. New York：Association for Computing Machinery，2003：29-43.

[58] Dean J，Ghemawat S. MapReduce：simplified data processing on large clusters. Communications of the ACM，2008，51（1）：107-113.

[59] Chang F，Dean J，Ghemawat S，et al. Bigtable：a distributed storage system for structured data. ACM Transactions on Computer Systems，2008，26（2）：1-26.

[60] Zaharia M，Mosharaf Chowdhury N M，Franklin M J，et al. Spark：cluster computing with working sets. （2020-05-07）[2025-03-21]. https://www2.eecs.berkeley.edu/Pubs/TechRpts/2010/EECS-2010-53.pdf.

[61] Borthakur D. The hadoop distributed file system：architecture and design. Hadoop Project Website，2007，11：21.

[62] Taylor R C. An overview of the Hadoop/MapReduce/HBase framework and its current applications in bioinformatics. BMC Bioinformatics，2010，11（Suppl 12）：1.

[63] Thusoo A，Sarma J S，Jain N，et al. Hive：a warehousing solution over a map-reduce framework. Proceedings of the VLDB Endowment，2009，2（2）：1626-1629.

[64] 朱建平，章贵军，刘晓葳. 大数据时代下数据分析理念的辨析. 统计研究，2014，31（2）：10-19.

[65] Han J W，Kamber M. 数据挖掘：概念与技术. 范明，孟小峰，译. 北京：机械工业出版社，2001.

[66] 闫利，胡晓斌，谢洪. 车载 LiDAR 海量点云数据管理与可视化研究. 武汉大学学报（信息科学版），2017，42（8）：1131-1136.

[67] Cracknell M J，Reading A M. Geological mapping using remote sensing data：a comparison of five machine learning algorithms，their response to variations in the spatial distribution of training data and the use of explicit spatial information. Computers & Geosciences，2014，63：22-33.

[68] Amodei D，Anubhai R，Battenberg E，et al. Deep speech 2：end-to-end speech recognition in English and Mandarin//Balcan M F，Weinberger K Q. Proceedings of the 33rd International Conference on International Conference on Machine Learning. New York：International Machine Learning Society，2016：173-182.

[69] Chen X W，Lin X T. Big data deep learning：challenges and perspectives. IEEE Access，2014，2：514-525.

[70] Hannun A，Case C，Casper J，et al. Deep speech：scaling up end-to-end speech recognition.（2014-12-19）[2024-09-25]. https://arxiv.org/pdf/1412.5567.

[71] Akhtar N，Mian A. Threat of adversarial attacks on deep learning in computer vision：a survey. IEEE Access，2018，6：14410-14430.

[72] Gardner M，Grus J，Neumann M，et al. AllenNLP：a deep semantic natural language processing platform//Park E L，Hagiwara M，Milajevs D，et al. Proceedings of Workshop for NLP Open Source Software. New York：Association for Computational Linguistics，2018：1-6.

[73] Cavarretta F，Furr N. An inquiry into the epistemic properties of entrepreneurs' theories of action.（2014-11-18）[2025-03-21]. https://essec.hal.science/hal-01083875/document.

[74] Klein N J. The urban political economy and ecology of automobility：driving cities，driving inequality，driving politics. Journal of Transport Geography，2015，44：225-227.

[75] Bajaj R H，Ramteke P L. Big data–the new era of data. International Journal of Computer Science and Information Technologies. 2014，5（2）：1875-1885.

[76] Adams J U. Genetics：big hopes for big data. Nature，2015，527：S108-S109.

[77] Athey S. Beyond prediction：using big data for policy problems. Science，2017，355（6324）：483-485.

[78] Einav L，Levin J. Economics in the age of big data. Science，2014，346（6210）：1243089.

[79] Frégnac Y. Big data and the industrialization of neuroscience：a safe roadmap for understanding the brain?. Science，2017，358（6362）：470-477.

[80] Sutton J，Hansard B，Hewett P. Changing channels：communicating communicating tsunami warning information in Hawaii. American Nuclear Society：Proceedings of the 3rd International Joint Topical Meeting on Emergency Preparedness & Response and Robotics & Remote Systems，2011：1-14.

[81] Sutton J，Spiro E S，Johnson B，et al. Warning tweets：serial transmission of messages during the warning phase of a disaster event. Information，Communication & Society，2014，17（6）：765-787.

[82] Sutton J，League C，Sellnow T L，et al. Terse messaging and public health in the midst of natural disasters：the case of the boulder floods. Health Communication，2015，30（2）：135-143.

[83] Chatfield A T，Scholl H J，Brajawidagda U. #Sandy tweets：citizens' co-production of time-critical information during an unfolding catastrophe//IEEE. Proceedings of the 2014 47th Hawaii International Conference on System Sciences. Washington：IEEE Computer Society，2014：1947-1957.

[84] Qu Y，Wu P F，Wang X Q. Online community response to major disaster：a study of Tianya forum in the 2008 Sichuan earthquake//IEEE. Proceedings of the 2009 42nd Hawaii International Conference on System Sciences. Washington：IEEE Computer Society，2009：1-11.

[85] 谢雪苗，邵亦文. 社交媒体数据分析在台风灾害管理中的应用潜力探究：以台风“杜苏芮”对福建省的影响为例. 热带地理，2024，44（6）：1090-1101.

[86] 陈国青，吴刚，顾远东，等. 管理决策情境下大数据驱动的研究和应用挑战：范式转变与研究方向. 管理科学学报，2018，21（7）：1-10.

[87] 张利茹，贺永会，王岩，等. 中国城市洪涝监测现状及洪涝防治对策研究//邱国玉，曹烨，李瑞利. 面向全球变化的水系统创新研究：第十五届中国水论坛论文集. 北京：中国水利水电出版社，2017：230-233.

[88] Girons Lopez M，Wennerström H，Nordén L Å，et al. Location and density of rain gauges for the estimation of spatial varying precipitation. Geografiska Annaler：Series A Physical Geography，2015，97（1）：167-179.

[89] Goovaerts P. Geostatistical approaches for incorporating elevation into the spatial interpolation of rainfall. Journal of Hydrology，2000，228（1/2）：113-129.

[90] Zeng Q，Chen H，Xu C Y，et al. The effect of rain gauge density and distribution on runoff simulation using a lumped hydrological modelling approach. Journal of Hydrology，2018，563：106-122.

[91] Nešpor V，Sevruk B. Estimation of wind-induced error of rainfall gauge measurements using a numerical simulation. Journal of Atmospheric and Oceanic Technology，1999，16(4)：450-464.

[92] Berne A，Krajewski W F. Radar for hydrology：unfulfilled promise or unrecognized potential?. Advances in Water Resources，2013，51：357-366.

[93] 严昌盛，朱德华，马燮铫，等. 基于雷达短时临近降雨预报的王家坝洪水预报研究. 水利水电技术，2020，51（9）：13-23.

[94] Mehran A，AghaKouchak A. Capabilities of satellite precipitation datasets to estimate heavy precipitation rates at different temporal accumulations. Hydrological Processes，2014，28（4）：2262-2270.

[95] Kidd C，Dawkins E，Huffman G. Comparison of precipitation derived from the ECMWF operational forecast model and satellite precipitation datasets. Journal of Hydrometeorology，2013，14（5）：1463-1482.

[96] 张婷，李怡，李建柱，等. 多源降雨数据融合及其水文应用研究进展. 自然灾害学报，2022，31（1）：15-28.

[97] 栾清华，秦志宇，王东，等. 城市暴雨道路积水监测技术及其应用进展. 水资源保护，2022，38（1）：106-116，140.

[98] 邱健，孙全，张俊. 九江市中心城区道路积水点改造思路及技术措施. 中国给水排水，2022，38（4）：6-11.

[99] Zhang H P，Cheng X W，Jin L，et al. A method for estimating urban flood-carrying capacity using the VIS-W underlying surface model：a case study from Wuhan，China. Water，2019，11（11）：2345.

[100] 高芳琴，孙丽. 上海市内涝积水信息采集存在问题分析及优化措施建议. 水资源开发与管理，2024，10（7）：56-61.

[101] 赵靓芳. 城市河道流域的排水系统内涝模拟及河道闸泵的优化调度模型研究. 广州：华南理工大学，2019.

[102] Ibarra E. A geographical approach to post-flood analysis：the extreme flood event of 12 October 2007 in Calpe（Spain）. Applied Geography，2012，32（2）：490-500.

[103] Lee E H，Lee Y S，Joo J G，et al. Flood reduction in urban drainage systems：cooperative operation of centralized and decentralized reservoirs. Water，2016，8（10）：469.

[104] NSDI 战略计划：联邦地理数据委员会. [2016-04-16]. https://www.fgdc.gov/nsdi-plan/2017/nsdi-strategic-framework.pdf.

[105] 联合国. 大数据促进可持续发展. [2024-09-24]. https://www.un.org/zh/global-issues/big-data-for-sustainable-development.

[106] World Health Organization. Sendai framework for disaster risk reduction 2015-2030. [2024-09-25]. https://www.unisdr.org/files/43291_sendaiframeworkfordrren.pdf.

[107] 王鹏，邓红卫. 基于 GIS 和 Logistic 回归模型的洪涝灾害区划研究. 地球科学进展，2020，35（10）：1064-1072.

[108] 晏磊，廖小罕，周成虎，等. 中国无人机遥感技术突破与产业发展综述. 地球信息科学学报，2019，21（4）：476-495.

[109] 钱名开，郑伟，彭顺风，等. 基于多源空间数据的淮河流域洪涝灾害监测评估. 水文，2013，33（2）：19-24.

[110] Chubey M S，Hathout S. Integration of RADARSAT and GIS modelling for estimating future Red River flood risk. GeoJournal，2004，59（3）：237-246.

[111] Feng Q L，Liu J T，Gong J H. Urban flood mapping based on unmanned aerial vehicle remote sensing and random forest classifier：a case of Yuyao，China. Water，2015，7（4）：1437-1455.

[112] Schröter K，Lüdtke S，Redweik R，et al. Flood loss estimation using 3D city models and remote sensing data. Environmental Modelling & Software，2018，105：118-131.

[113] Samanta S，Pal D K，Palsamanta B. Flood susceptibility analysis through remote sensing，GIS and frequency ratio model. Applied Water Science，2018，8（2）：66.

[114] Elmore K L，Flamig Z L，Lakshmanan V，et al. MPING：crowd-sourcing weather reports for research. Bulletin of the American Meteorological Society，2014，95（9）：1335-1342.

[115] Mazzoleni M，Verlaan M，Alfonso L，et al. Can assimilation of crowdsourced data in hydrological modelling improve flood prediction?. Hydrology and Earth System Sciences，2017，21（2）：839-861.

[116] Jollymore A，Haines M J，Satterfield T，et al. Citizen science for water quality monitoring：data implications of citizen perspectives. Journal of Environmental Management，2017，200：456-467.

[117] Allan S，Peters C. The "public eye" or "disaster tourists"：investigating public perceptions of citizen smartphone imagery. Digital Journalism，2015，3（4）：477-494.

[118] Surakitbanharn C，Yau C，Wang G Z，et al. Cross-referencing social media and public surveillance camera data for disaster response//IEEE. Proceedings of the 2018 IEEE International Symposium on Technologies for Homeland Security. New York：IEEE，2018：1-9.

[119] Mizui Y，Fujiwara H. Estimate the amount of disaster waste disposal work using in-vehicle camera images：a case study in Hitoyoshi city，Kumamoto Prefecture–. Journal of Disaster Research，2021，16（7）：1061-1073.

[120] Witherow M A，Sazara C，Winter-Arboleda I M，et al. Floodwater detection on roadways from crowdsourced images. Computer Methods in Biomechanics and Biomedical Engineering：Imaging & Visualization，2019，7（5/6）：529-540.

[121] Wu Y W，Wang Y. A portable flood detection system using heterogeneous sensor networks//IEEE. Proceedings of the 2014 IEEE 33rd International Performance Computing and Communications Conference. New York：IEEE，2014：1-2.

[122] Santos R，Guadaña R. Flood detector system using Arduino. International Journal of Management and Applied Science，2016，2（7）：286-290.

[123] Amagsila G A，Cabuhat M E，Tigbayan J E，et al. A framework for mobile application of flood alert monitoring system for vehicle users using Arduino device//IEEE. Proceedings of the 2017 IEEE 9th International Conference on Humanoid，Nanotechnology，Information Technology，Communication and Control，Environment and Management. New York：IEEE，2017：1-6.

[124] Ma Y J，Xu W，Zhao X J，et al. Modeling the hourly distribution of population at a high spatiotemporal resolution using subway smart card data：a case study in the central area of Beijing. ISPRS International Journal of Geo-Information，2017，6（5）：128.

[125] Guo P，Sun Y L，Chen Q Y，et al. The impact of rainfall on urban human mobility from taxi GPS data. Sustainability，2022，14（15）：9355.

[126] Yin J，Karimi S，Robinson B，et al. ESA：emergency situation awareness via microbloggers//Chen X W. Proceedings of the 21st ACM international conference on Information and knowledge management. New York：Association for Computing Machinery，2012：2701-2703.

[127] Chowdhury S R，Imran M，Asghar M R，et al. Tweet4act：using incident-specific profiles for classifying crisis-related messages//Comes T，Fiedrich F，Fortier S，et al. Proceedings of the 10th International Conference on Information Systems for Crisis Response and Management. Darmstadt Technical University，Institute for Business Studies. Karlsruhe：Karlsruher Institut fur Technologie，2013：834-839.

[128] Rogstadius J，Vukovic M，Teixeira C A，et al. CrisisTracker：crowdsourced social media curation for disaster awareness. IBM Journal of Research and Development，2013，57（5）：1-13.

[129] Robinson B，Bai H，Power R，et al. Developing a Sina Weibo incident monitor for disasters//Ferraro G，Wan S. Proceedings of the Australasian Language Technology Association Workshop 2014. Melbourne，Australia，2014：59-68.

[130] Acar A，Muraki Y. Twitter for crisis communication：lessons learned from Japan's tsunami disaster. International Journal of Web Based Communities，2011，7（3）：392-402.

[131] Gao H J，Barbier G，Goolsby R. Harnessing the crowdsourcing power of social media for disaster relief. IEEE Intelligent Systems，2011，26（3）：10-14.

[132] Li J，Rao H R. Twitter as a rapid response news service：an exploration in the context of the 2008 China earthquake. The Electronic Journal of Information Systems in Developing

Countries，2010，42（1）：1-22.

[133] Bai H，Yu H L，Yu G，et al. A novel emergency situation awareness machine learning approach to assess flood disaster risk based on Chinese Weibo. Neural Computing and Applications，2022，34（11）：8431-8446.

[134] Kaufhold M A，Reuter C. The self-organization of digital volunteers across social media：the case of the 2013 European floods in Germany. Journal of Homeland Security and Emergency Management，2016，13（1）：137-166.

[135] Leong C M L，Pan S L，Ractham P，et al. ICT-enabled community empowerment in crisis response：social media in Thailand flooding 2011. Journal of the Association for Information Systems，2015，16（3）：174-212.

[136] Luna S，Pennock M J. Social media applications and emergency management：a literature review and research agenda. International Journal of Disaster Risk Reduction，2018，28：565-577.

[137] 韩雪华，王卷乐，卜坤，等. 基于 Web 文本的灾害事件信息获取进展. 地球信息科学学报，2018，20（8）：1037-1046.

[138] Kamel Boulos M N，Resch B，Crowley D N，et al. Crowdsourcing，citizen sensing and sensor web technologies for public and environmental health surveillance and crisis management：trends，OGC standards and application examples. International Journal of Health Geographics，2011，10：67.

[139] Li J，Stephens K K，Zhu Y G，et al. Using social media to call for help in hurricane Harvey：bonding emotion，culture，and community relationships. International Journal of Disaster Risk Reduction，2019，38（1）：101212.

[140] Park A，Bowling J，Shaw G，Jr，et al. Adopting social media for improving health：opportunities and challenges. North Carolina Medical Journal，2019，80（4）：240-243.

[141] Nie S Q，Zheng M，Ji Q. The deep regression Bayesian network and its applications：probabilistic deep learning for computer vision. IEEE Signal Processing Magazine，2018，35（1）：101-111.

[142] Chaudhary P，D'Aronco S，Moy de Vitry M，et al. Flood-water level estimation from social media images. ISPRS Annals of the Photogrammetry，Remote Sensing and Spatial Information Sciences，2019，IV-2/W5：5-12.

[143] Brunetti A，Buongiorno D，Trotta G F，et al. Computer vision and deep learning techniques for pedestrian detection and tracking：a survey. Neurocomputing，2018，300：17-33.

[144] Girshick R，Donahue J，Darrell T，et al. Rich feature hierarchies for accurate object detection and semantic segmentation//IEEE. Proceedings of the IEEE Conference on Computer Vision and Pattern Recognition. Washington：IEEE Computer Society，2014：580-587.

[145] Wang C，Ren W Q，Huang K Q，et al. Weakly supervised object localization with latent category learning//Bauer F L. Lecture Notes in Computer Science. Berlin：Springer，2014：431-445.

[146] Redmon J，Divvala S，Girshick R，et al. You only look once：unified，real-time object detection//IEEE. Proceedings of the IEEE Conference on ComputerVision and Pattern Recognition. Washington：IEEE Computer Society，2016：779-788.
[147] Taigman Y，Yang M，Ranzato M A，et al. Deepface：closing the gap to human-level performance in face verification//IEEE. Proceedings of the 2014 IEEE Conference on Computer Vision and Pattern Recognition. Washington：IEEE Computer Society，2014：1701-1708.
[148] Russakovsky O，Deng J，Su H，et al. ImageNet large scale visual recognition challenge. International Journal of Computer Vision，2015，115（3）：211-252.
[149] He K M，Zhang X Y，Ren S Q，et al. Deep residual learning for image recognition//IEEE. Proceedings of the IEEE Conference on Computer Vision and Pattern Recognition. Washington：IEEE Computer Society，2016：770-778.
[150] Chen L C，Papandreou G，Kokkinos I，et al. DeepLab：semantic image segmentation with deep convolutional nets，atrous convolution，and fully connected CRFs. IEEE Transactions on Pattern Analysis and Machine Intelligence，2018，40（4）：834-848.
[151] Krizhevsky A，Sutskever I，Hinton G E. ImageNet classification with deep convolutional neural networks. Communications of the ACM，2017，60（6）：84-90.
[152] Liu W，Anguelov D，Erhan D，et al. SSD：single shot MultiBox detector//Leibe B，Matas J，Sebe N，et al. Lecture Notes in Computer Science. Berlin：Springer，2016：21-37.
[153] Dai J F，Li Y，He K M，et al. R-FCN：object detection via region-based fully convolutional networks//Lee D D，von Luxburg U，Garnett R，et al. Proceedings of the 30th International Conference on Neural Information Processing Pystems. New York：Curran Associates Inc，2016：379-387.
[154] Girshick R. Fast R-CNN//IEEE. Proceedings of the 2015 IEEE International Conference on Computer Vision. Washington：IEEE Computer Society，2015：1440-1448.
[155] Ren S Q，He K M，Girshick R，et al. Faster R-CNN：towards real-time object detection with region proposal networks. IEEE Transactions on Pattern Analysis and Machine Intelligence，2017，39（6）：1137-1149.
[156] He K M，Gkioxari G，Dollár P，et al. Mask R-CNN//IEEE. Proceedings of the 2017 IEEE International Conference on Computer Vision. Washington：IEEE Computer Society，2017：2961-2969.
[157] Francalanci C，Guglielmino P，Montalcini M，et al. IMEXT：a method and system to extract geolocated images from tweets-analysis of a case study//IEEE. 2017 11th International Conference on Research Challenges in Information Science（RCIS）. New York：IEEE，2017：382-390.
[158] Ning H，Li Z L，Hodgson M E，et al. Prototyping a social media flooding photo screening system based on deep learning. ISPRS International Journal of Geo-Information，2020，9（2）：104.

[159] Pally R J，Samadi S. Application of image processing and convolutional neural networks for flood image classification and semantic segmentation. Environmental Modelling & Software，2022，148：105285.

[160] Kwon H Y，Kang Y O. Risk analysis and visualization for detecting signs of flood disaster in Twitter. Spatial Information Research，2016，24（2）：127-139.

[161] Wang R Q，Mao H N，Wang Y，et al. Hyper-resolution monitoring of urban flooding with social media and crowdsourcing data. Computers & Geosciences，2018，111：139-147.

[162] Jiang S J，Babovic V，Zheng Y，et al. Advancing opportunistic sensing in hydrology：a novel approach to measuring rainfall with ordinary surveillance cameras. Water Resources Research，2019，55（4）：3004-3027.

[163] 兰华勇，严华. 基于图像识别技术的水尺刻度提取方法研究. 人民黄河，2015，37（3）：28-30.

[164] Huang J，Kang J L，Wang H M，et al. A novel approach to measuring urban waterlogging depth from images based on mask region-based convolutional neural network. Sustainability，2020，12（5）：2149.

[165] Fuchs G，Andrienko N，Andrienko G，et al. Tracing the German centennial flood in the stream of tweets：first lessons learned//Pfoser D，Voisard A. Proceedings of the Second ACM SIGSPATIAL International Workshop on Crowdsourced and Volunteered Geographic Information. New York：Association for Computing Machinery，2013：31-38.

[166] Li Z L，Wang C Z，Emrich C T，et al. A novel approach to leveraging social media for rapid flood mapping：a case study of the 2015 South Carolina floods. Cartography and Geographic Information Science，2018，45（2）：97-110.

[167] Huang Q Y，Xiao Y. Geographic situational awareness：mining tweets for disaster preparedness，emergency response，impact，and recovery. ISPRS International Journal of Geo-Information，2015，4（3）：1549-1568.

[168] Dittrich A，Lucas C. Is this Twitter event a disaster?. [2024-09-25]. https://agile-gi.eu/images/conferences/2014/documents/agile2014_97.pdf.

[169] Feng Y，Sester M. Extraction of pluvial flood relevant volunteered geographic information（VGI）by deep learning from user generated texts and photos. ISPRS International Journal of Geo-Information，2018，7（2）：39.

[170] Fohringer J，Dransch D，Kreibich H，et al. Social media as an information source for rapid flood inundation mapping. Natural Hazards and Earth System Sciences，2015，15（12）：2725-2738.

[171] de Longueville B，Luraschi G，Smits P C，et al. Citizens as sensors for natural hazards：a VGI integration workflow. Geomatica，2010，64（1）：41-59.

[172] Feng Y，Sester M. Social media as a rainfall indicator//Bregt A，Sarjakoski T，Lammeren R，et al. Proceedings of the 20th AGILE Conference on Geographic Information Science. Berlin：Springer，2017：9-12.

[173] Wang Y D，Wang T，Ye X Y，et al. Using social media for emergency response and urban

sustainability：a case study of the 2012 Beijing rainstorm. Sustainability，2016，8（1）：25.
[174] Asmai S A，Abidin Z Z，Basiron H，et al. An intelligent crisis-mapping framework for flood prediction. International Journal of Recent Technology and Engineering，2019，8（2）：1304-1310.
[175] Huang X，Wang C Z，Li Z L，et al. A visual-textual fused approach to automated tagging of flood-related tweets during a flood event. International Journal of Digital Earth，2019，12（11）：1248-1264.
[176] Duchêne F，Journel C M. Riverains de cours d'eau et gestionnaires du risque，un dialogue impossible?. Géocarrefour，2000，75（3）：221-226.
[177] Harvatt J，Petts J，Chilvers J. Understanding householder responses to natural hazards：flooding and sea-level rise comparisons. Journal of Risk Research，2011，14（1）：63-83.
[178] Lindell M K，Hwang S N. Households' perceived personal risk and responses in a multihazard environment. Risk Analysis：An Official Publication of the Society for Risk Analysis，2008，28（2）：539-556.
[179] Cheng X X，Han G F，Zhao Y F，et al. Evaluating social media response to urban flood disaster：case study on an East Asian city（Wuhan，China）. Sustainability，2019，11（19）：5330.
[180] Anzai S，Kazama S. Social media analysis of people's high-risk responses to flood occurance//Hernández S，Mambretti S，Proverbs D，et al. WIT Transactions on The Built Environment. Southampton：WIT Press，2018：167-175.
[181] Courville T，Thompson B. Use of structure coefficients in published multiple regression articles：β is not enough. Educational and Psychological Measurement，2001，61（2）：229-248.
[182] Slovic P，Finucane M L，Peters E，et al. Risk as analysis and risk as feelings：some thoughts about affect，reason，risk，and rationality. Risk Analysis，2004，24（2）：311-322.
[183] Xue T，Sun H Y，Zhang J. Spatial characteristics of emotions in disaster areas and non-disaster areas：use the flood in Southern China as an Example//Xu G D，Ali R，Zaghouani W，et al. Proceedings of the 2021 8th IEEE International Conference on Behavioral and Social Computing. New York：IEEE，2021：1-5.
[184] Yang T F，Xie J B，Li G Q，et al. Social media big data mining and spatio-temporal analysis on public emotions for disaster mitigation. ISPRS International Journal of Geo-Information，2019，8（1）：29.
[185] Jongman B，Wagemaker J，Romero B，et al. Early flood detection for rapid humanitarian response：harnessing near real-time satellite and Twitter signals. ISPRS International Journal of Geo-Information，2015，4（4）：2246-2266.
[186] 刘淑涵，王艳东，付小康. 利用卷积神经网络提取微博中的暴雨灾害信息. 地球信息科学学报，2019，21（7）：1009-1017.
[187] Singh J P，Dwivedi Y K，Rana N P，et al. Event classification and location prediction from tweets during disasters. Annals of Operations Research，2019，283（1）：737-757.

[188] Wu X H，Guo J. A new economic loss assessment system for urban severe rainfall and flooding disasters based on big data fusion//Wu X H，Guo J. Economic Impacts and Emergency Management of Disasters in China. Berlin：Springer，2021：259-287.
[189] Khaleghi B，Khamis A，Karray F O，et al. Multisensor data fusion：a review of the state-of-the-art. Information Fusion，2013，14（1）：28-44.
[190] 史潇，徐家鹏，杜毅贤，等. 面向道路积水动态可视化的多源数据集成方法. 武汉大学学报（信息科学版），2022，47（5）：693-699.
[191] Wang C，Chen N，Wang W，et al. A hydrological sensor web ontology based on the SSN ontology：a case study for a flood. ISPRS International Journal of Geo-Information，2017，7（1）：2.
[192] 杜志强，李钰，张叶廷，等. 自然灾害应急知识图谱构建方法研究. 武汉大学学报（信息科学版），2020，45（9）：1344-1355.
[193] 胡芳槐. 基于多种数据源的中文知识图谱构建方法研究. 上海：华东理工大学，2015.
[194] Hultquist C，Cervone G. Integration of crowdsourced images，USGS networks，remote sensing，and a model to assess flood depth during hurricane Florence. Remote Sensing，2020，12（5）：834.
[195] 王喆，孔维磊，方丹辉，等. 基于贝叶斯网络的城镇洪涝应急情景推演研究. 中国安全科学学报，2021，31（6）：182-188.
[196] Doong D J，Chuang L Z，Wu L C，et al. Development of an operational coastal flooding early warning system. Natural Hazards and Earth System Sciences，2012，12（2）：379-390.
[197] 曹梦北. 青海盐湖洪水动态监测与预警和响应机制研究：以西台吉乃尔盐湖为例. 昆明：云南大学，2017.
[198] Perera D，Seidou O，Agnihotri J，et al. Challenges and technical advances in flood early warning systems（FEWSs）//Huang G W. Flood impact Mitigation and Resilience Enhancement. Sydney：Intechopen，2020：1-18.
[199] Bolle A，das Neves L，Smets S，et al. An impact-oriented Early Warning and Bayesian-based Decision Support System for flood risks in Zeebrugge harbour. Coastal Engineering，2018，134：191-202.
[200] Zang Y W，Meng Y，Guan X J，et al. Study on urban flood early warning system considering flood loss. International Journal of Disaster Risk Reduction，2022，77：103042.
[201] Acosta-Coll M，Ballester-Merelo F，Martínez-Peiró M. Early warning system for detection of urban pluvial flooding hazard levels in an ungauged basin. Natural Hazards，2018，92（2）：1237-1265.
[202] 和海霞，胡鑫伟. 美国自然灾害预警现状及启示. 城市与减灾，2021，（6）：59-62.
[203] 吴大明，师尚红. 澳大利亚自然灾害预警体系概况及启示. 中国安全生产，2021，16（9）：58-59.
[204] 吴越. 应对洪水，英国赫尔做了这些. 解放日报，2021，（14）.
[205] 李佳. 天津市气象灾害应急响应对策研究：以暴雨内涝为例. 天津：天津师范大学，2014.

[206] 郑苏闽，刘洪伟，苏泓菲，等. 北京城市暴雨预警及应急管理现状与挑战. 中国防汛抗旱，2016，26（3）：49-53，59.
[207] 谌芸，曹勇，孙健，等. 中央气象台精细化网格降水预报技术的发展和思考. 气象，2021，47（6）：655-670.
[208] Mishra A，Mukherjee S，Merz B，et al. An overview of flood concepts，challenges，and future directions. Journal of Hydrologic Engineering，2022，27（6）：03122001.
[209] 唐颖，张永祥，王昊，等. 基于雷达外推的城市内涝实时预警. 哈尔滨工业大学学报，2019，51（2）：58-62，145.
[210] Wu R S，Sin Y Y，Wang J X，et al. Real-time flood warning system application. Water，2022，14（12）：1866.
[211] 曾子悦，许继军，王永强. 基于遥感空间信息的洪水风险识别与动态模拟研究进展. 水科学进展，2020，31（3）：463-472.
[212] Yang W T，Gao F，Xu T H，et al. Daily flood monitoring based on spaceborne GNSS-R data：a case study on Henan，China. Remote Sensing，2021，13（22）：4561.
[213] Yin J B，Guo S L，Gu L，et al. Blending multi-satellite，atmospheric reanalysis and gauge precipitation products to facilitate hydrological modelling. Journal of Hydrology，2021，593：125878.
[214] 童标. 台风关键参数识别及预测评估. 广州：广州大学，2022.
[215] Martina M L V，Todini E，Libralon A. A Bayesian decision approach to rainfall thresholds based flood warning. Hydrology and Earth System Sciences，2006，10（3）：413-426.
[216] Camarasa-Belmonte A M，Butrón D. Estimation of flood risk thresholds in Mediterranean areas using rainfall indicators：case study of Valencian Region（Spain）. Natural Hazards，2015，78（2）：1243-1266.
[217] Gairola R M，Prakash S，Pal P K. Improved rainfall estimation over the Indian Monsoon region by synergistic use of Kalpana-1 and rain gauge data. Atmósfera，2015，28（1）：51-61.
[218] 杨鑫，张建云，周建中，等. 基于 ConvLSTM 网络的多源降雨融合方法. 华中科技大学学报（自然科学版），2022，50（8）：33-39.
[219] 周自江，曹丽娟，廖捷，等. 水文气象信息概述：观测、融合与再分析. 气象，2022，48（3）：272-283.
[220] Yang Q T，Zhang S L，Dai Q，et al. Assessment of community vulnerability to different types of urban floods：a case for Lishui city，China. Sustainability，2020，12（19）：7865.
[221] 徐美，刘舒，孙杨，等. 利用洪涝模型进行城市内涝风险快速识别与预警. 武汉大学学报（信息科学版），2020，45（8）：1185-1194.
[222] 林珲，吴贤宇，潘家祎，等. 中国城市洪涝实时预报研究：现状与挑战. 测绘学报，2022，51（7）：1306-1316.
[223] 刘勇，张韶月，柳林，等. 智慧城市视角下城市洪涝模拟研究综述. 地理科学进展，2015，34（4）：494-504.
[224] 宋利祥，徐宗学. 城市暴雨内涝水文水动力耦合模型研究进展. 北京师范大学学报（自然

科学版），2019，55（5）：581-587.
[225] 徐宗学，叶陈雷. 城市暴雨洪涝模拟：原理、模型与展望. 水利学报，2021，52（4）：381-392.
[226] 黄华兵，王先伟，柳林. 城市暴雨内涝综述：特征、机理、数据与方法. 地理科学进展，2021，40（6）：1048-1059.
[227] Jamali B，Bach P M，Cunningham L，et al. A cellular automata fast flood evaluation（CA-ffé）model. Water Resources Research，2019，55（6）：4936-4953.
[228] 朱必方，高焱哲，赖成光. 基于耦合模型的城市流域洪涝灾害治理研究：以广州某片区为例. 人民珠江，2022，43（11）：60-67.
[229] Cardoso M A，Almeida M C，Brito R S，et al. 1D/2D stormwater modelling to support urban flood risk management in estuarine areas：hazard assessment in the Dafundo case study. Journal of Flood Risk Management，2020，13（4）：e12663.
[230] 黄国如，陈文杰，喻海军. 城市洪涝水文水动力耦合模型构建与评估. 水科学进展，2021，32（3）：334-344.
[231] Berkhahn S，Fuchs L，Neuweiler I. An ensemble neural network model for real-time prediction of urban floods. Journal of Hydrology，2019，575：743-754.
[232] Chang L C，Liou J Y，Chang F J. Spatial-temporal flood inundation nowcasts by fusing machine learning methods and principal component analysis. Journal of Hydrology，2022，612：128086.
[233] 尤凤春，扈海波，郭丽霞. 北京市暴雨积涝风险等级预警方法及应用. 暴雨灾害，2013，32（3）：263-267.
[234] 刘媛媛，王毅，刘洪伟，等. 针对不同受灾体城市内涝预警指标的研究. 中国防汛抗旱，2018，28（2）：15-18.
[235] 张书函，肖志明，王振昌，等. 北京市城市内涝判定标准量化研究. 中国防汛抗旱，2019，29（9）：1-5.
[236] 郝莹. 气象水文耦合的城市内涝风险多尺度预测与预估研究. 南京：南京大学，2021.
[237] 徐宗学，初祁，王昊，等. 基于陆气耦合的城市雨洪模拟技术研究进展. 北京师范大学学报（自然科学版），2022，58（3）：434-446.
[238] Thorndahl S，Nielsen J E，Jensen D G. Urban pluvial flood prediction：a case study evaluating radar rainfall nowcasts and numerical weather prediction models as model inputs. Water Science and Technology，2016，74（11）：2599-2610.
[239] 周聂，侯精明，苏锋，等. 基于陆气耦合的城市内涝高分辨率模拟预报方法. 中国给水排水，2021，37（21）：131-138.
[240] 杜晓鹤，刘开春. 城镇内涝治理探讨. 中国防汛抗旱，2021，31（11）：51-55.
[241] 王成坤，黄纪萍，曾胜，等. 基于积水特征和暴露脆弱性的城市内涝风险评估. 中国给水排水，2019，35（5）：125-130.
[242] 夏军强，董柏良，李启杰，等. 近年城市洪涝致灾的水动力学机理分析与减灾对策研究. 中国防汛抗旱，2022，32（4）：66-71.
[243] Lv H，Wu Z N，Guan X J，et al. The construction of flood loss ratio function in cities lacking loss data based on dynamic proportional substitution and hierarchical Bayesian model. Journal

of Hydrology，2021，592：125797.
[244] 刘妍，司海燕，杨泽运，等. 智慧城市内涝灾害评估体系构建. 测绘工程，2022，31（4）：57-66.
[245] Sado-Inamura Y，Fukushi K. Empirical analysis of flood risk perception using historical data in Tokyo. Land Use Policy，2019，82：13-29.
[246] Lyu H M，Shen S L，Yang J，et al. Inundation analysis of metro systems with the storm water management model incorporated into a geographical information system：a case study in Shanghai. Hydrology and Earth System Sciences，2019，23（10）：4293-4307.
[247] Li W J，Xu B，Wen J H. Scenario-based community flood risk assessment：a case study of Taining county town，Fujian province，China. Natural Hazards，2016，82（1）：193-208.
[248] 吴志成，纪纲，吴艳林. 大数据融合技术在城市涝情监管预警中的应用. 中国市场，2021，（12）：183-184.
[249] Xu H S，Ma C，Lian J J，et al. Urban flooding risk assessment based on an integrated k-means cluster algorithm and improved entropy weight method in the region of Haikou，China. Journal of Hydrology，2018，563：975-986.
[250] Wu Z N，Shen Y X，Wang H L. Assessing urban areas' vulnerability to flood disaster based on text data：a case study in Zhengzhou city. Sustainability，2019，11（17）：4548.
[251] Chen J L，Huang G R，Chen W J. Towards better flood risk management：assessing flood risk and investigating the potential mechanism based on machine learning models. Journal of Environmental Management，2021，293：112810.
[252] Pham B T，Luu C，van Dao D，et al. Flood risk assessment using deep learning integrated with multi-criteria decision analysis. Knowledge-Based Systems，2021，219：106899.
[253] Diakakis M，Andreadakis E，Nikolopoulos E I，et al. An integrated approach of ground and aerial observations in flash flood disaster investigations. The case of the 2017 Mandra flash flood in Greece. International Journal of Disaster Risk Reduction，2019，33：290-309.
[254] Amoako C，Cobbinah P B，Mensah Darkwah R. Complex twist of fate：the geopolitics of flood management regimes in Accra，Ghana. Cities，2019，89：209-217.
[255] Itsukushima R，Ohtsuki K，Sato T. Learning from the past：common sense，traditional wisdom，and technology for flood risk reduction developed in Japan. Regional Environmental Change，2021，21（3）：89.
[256] 赵璞，胡亚林. 我国城市防洪应急管理现状与挑战. 中国防汛抗旱，2016，26（6）：1-4.
[257] Kuller M，Schoenholzer K，Lienert J. Creating effective flood warnings：a framework from a critical review. Journal of Hydrology，2021，602：126708.
[258] 俞茜，李娜，王艳艳. 基于韧性理念的洪水管理研究进展. 中国防汛抗旱，2021，31（8）：19-25.
[259] 陈文龙，徐宗学，宋利祥，等. 基于流域系统整体观的城市洪涝治理研究. 水利学报，2021，52（6）：659-672.
[260] 张庆霞. 城市洪涝灾害治理的社会韧性研究. 兰州：兰州大学，2021.

[261] Eckart K, McPhee Z, Bolisetti T. Performance and implementation of low impact development: a review. The Science of the Total Environment，2017，607/608：413-432.
[262] Yin D K，Xu C Q，Jia H F，et al. Sponge city practices in China：from pilot exploration to systemic demonstration. Water，2022，14（10）：1531.
[263] Riechel M，Matzinger A，Pallasch M，et al. Sustainable urban drainage systems in established city developments：modelling the potential for CSO reduction and river impact mitigation. Journal of Environmental Management，2020，274：111207.
[264] Oral H V，Carvalho P，Gajewska M，et al. A review of nature-based solutions for urban water management in European circular cities：a critical assessment based on case studies and literature. Blue-Green Systems，2020，2（1）：112-136.
[265] Lu X, Shun Chan F K, Chen W Q, et al. An overview of flood-induced transport disruptions on urban streets and roads in Chinese megacities：lessons and future agendas. Journal of Environmental Management，2022，321：115991.
[266] 张云路，李雄，邵明，等. 基于城市绿地系统优化的绿地雨洪管理规划研究：以通辽市为例. 城市发展研究，2018，25（1）：97-102.
[267] Ahiablame L M，Engel B A，Chaubey I. Effectiveness of low impact development practices：literature review and suggestions for future research. Water，Air，& Soil Pollution，2012，223（7）：4253-4273.
[268] 张书函，孟莹莹，陈建刚. 城市雨水利用措施的灾害防御作用. 水利水电科技进展，2010，30（5）：19-23.
[269] Zhang J, Wang H, Huang J, et al. Evaluation of urban flood resilience enhancement strategies：a case study in Jingdezhen city under 20-year return period precipitation scenario. ISPRS International Journal of Geo-Information，2022，11（5）：285.
[270] 方素. 结合韧性理念的琶洲中东区城市立体化设计研究. 广州：华南理工大学，2021.
[271] Laeni N，van den Brink M，Arts J. Is Bangkok becoming more resilient to flooding? A framing analysis of Bangkok's flood resilience policy combining insights from both insiders and outsiders. Cities，2019，90：157-167.
[272] Willows R，Reynard N，Meadowcroft I，et al. Climate adaptation：risk，uncertainty and decision-making. Oxford：UKCIP Technical Report，2003：41-87.
[273] Mees H，Crabbé A，Alexander M，et al. Coproducing flood risk management through citizen involvement：insights from cross-country comparison in Europe. Ecology and Society，2016，21（3）：7.
[274] Campbell K A，Laurien F，Czajkowski J，et al. First insights from the flood resilience measurement tool：a large-scale community flood resilience analysis. International Journal of Disaster Risk Reduction，2019，40：101257.
[275] Song S M，Wang C. Incentivizing catastrophe risk sharing. IISE Transactions，2020，52（12）：1358-1385.
[276] Musolino G, Ahmadian R, Xia J Q. Enhancing pedestrian evacuation routes during flood events.

Natural Hazards，2022，112（3）：1941-1965.

[277] Samansiri S，Fernando T，Ingirige B. Advanced technologies for offering situational intelligence in flood warning and response systems：a literature review. Water，2022，14（13）：2901.

[278] Osti R，Miyake K，Terakawa A. Application and operational procedure for formulating guidelines on flood emergency response mapping for public use. Journal of Flood Risk Management，2009，2（4）：293-305.

[279] Arrighi C，Pregnolato M，Dawson R J，et al. Preparedness against mobility disruption by floods. Science of the Total Environment，2019，654：1010-1022.

[280] 张念强，李娜，王艳艳，等. 我国城市洪涝灾害应急管理框架探讨. 中国防汛抗旱，2020，30（7）：5-9，77.

[281] 杨继国，王佳禾，周馥荔. 各国应对极端天气灾害经验借鉴. 中国应急管理，2022，（7）：60-63.

[282] 昝军，刘毅. 国内外应急管理机构发展现状及趋势研究. 科技资讯，2019，17（34）：186-187.

[283] Li B Y，Hou J M，Ma Y Y，et al. A coupled high-resolution hydrodynamic and cellular automata-based evacuation route planning model for pedestrians in flooding scenarios. Natural Hazards，2022，110（1）：607-628.

[284] 王翔，赵璞. 我国城市防洪应急管理进展与对策. 中国水利，2014，（1）：28-30.

[285] Aung T M，Lim S. Evolution of collaborative governance in the 2015，2016，and 2018 Myanmar flood disaster responses：a longitudinal approach to a network analysis. International Journal of Disaster Risk Science，2021，12（2）：267-280.

[286] Sperling M，Schryen G. Decision support for disaster relief：coordinating spontaneous volunteers. European Journal of Operational Research，2022，299（2）：690-705.

[287] 杨为. 社区应急管理现状及对策：以某市某社区洪涝灾害等突发事件为视角. 湖南安全与防灾，2020，（8）：38-40.

[288] Puzyreva K，Henning Z，Schelwald R，et al. Professionalization of community engagement in flood risk management：insights from four European countries. International Journal of Disaster Risk Reduction，2022，71：102811.

[289] 代文强，陈琳，章潇月. 道路容量不确定情形下可靠应急疏散路径规划问题. 系统工程理论与实践，2022，42（9）：2486-2495.

[290] Ali S，George A. Fostering disaster mitigation through community participation- case of Kochi residents following the Kerala floods of 2018 and 2019. Natural Hazards，2022，111（1）：389-410.

[291] 程晓陶，刘昌军，李昌志，等. 变化环境下洪涝风险演变特征与城市韧性提升策略. 水利学报，2022，53（7）：757-768，778.

[292] Liu D L，Li Y，Fang S R，et al. Influencing factors for emergency evacuation capability of rural households to flood hazards in western mountainous regions of Henan province，China. International Journal of Disaster Risk Reduction，2017，21：187-195.

[293] Borowska-Stefańska M，Balážovičová L，Goniewicz K，et al. Emergency management of

self-evacuation from flood hazard areas in Poland. Transportation Research Part D：Transport and Environment，2022，107：103307.

[294] 江锦成. 面向重大突发灾害事故的应急疏散研究综述. 武汉大学学报(信息科学版)，2021，46（10）：1498-1518.

[295] 刘斐. 防洪疏散路径规划及实时交通流信息驱动的应急疏散规划方法. 武汉：华中科技大学，2019.

[296] Wang Z Q，Huang J，Wang H M，et al. Analysis of flood evacuation process in vulnerable community with mutual aid mechanism：an agent-based simulation framework. International Journal of Environmental Research and Public Health，2020，17（2）：560.

[297] Insani N，Akman D，Taheri S，et al. Short-notice flood evacuation plan under dynamic demand in high populated areas. International Journal of Disaster Risk Reduction，2022，74：102844.

[298] Korolov V，Kurowska K，Korolova O，et al. Methodology for determining the nearest destinations for the evacuation of people and equipment from a disaster area to a safe area. Remote Sensing，2021，13（11）：2170.

[299] Bernardini G，Santarelli S，Quagliarini E，et al. Dynamic guidance tool for a safer earthquake pedestrian evacuation in urban systems. Computers，Environment and Urban Systems，2017，65：150-161.

[300] Yin J，Yu D P，Liao B G. A city-scale assessment of emergency response accessibility to vulnerable populations and facilities under normal and pluvial flood conditions for Shanghai，China. Environment and Planning B：Urban Analytics and City Science，2021，48（8）：2239-2253.

[301] Vicario S A，Mazzoleni M，Bhamidipati S，et al. Unravelling the influence of human behaviour on reducing casualties during flood evacuation. Hydrological Sciences Journal，2020，65（14）：2359-2375.

[302] 黄晶，佘靖雯，袁晓梅，等. 基于系统动力学的城市洪涝韧性仿真研究：以南京市为例. 长江流域资源与环境，2020，29（11）：2519-2529.

[303] 王慧敏，黄晶，刘高峰，等. 大数据驱动的城市洪涝灾害风险感知与预警决策研究范式. 工程管理科技前沿，2022，41（1）：35-41.

[304] Smith K. Environmental Hazards：Assessing Risk and Reducing Disaster. Oxford：Routledge，2013.

[305] 黄绵松，杨少雄，齐文超，等. 固原海绵城市内涝削减效果数值模拟. 水资源保护，2019，35（5）：13-18，39.

[306] Camarasa-Belmonte A M，Soriano-García J. Flood risk assessment and mapping in peri-urban Mediterranean environments using hydrogeomorphology. Application to ephemeral streams in the Valencia region（eastern Spain）. Landscape and Urban Planning，2012，104（2）：189-200.

[307] 陆海明，邹鹰，孙金华，等. 基于 SWMM 的铁心桥实验基地内涝防治效果模拟. 水资源保护，2020，36（1）：58-65.

[308] 孙殿臣，王慧敏，黄晶，等. 鄱阳湖流域城市洪涝灾害风险及土地类型调整策略研究：以

景德镇市为例. 长江流域资源与环境，2018，27（12）：2856-2866.
[309] Holdgate M W. A Perspective of Environmental Pollution. Cambridge：Cambridge University Press，1979.
[310] Evans E. Foresight：Future Flooding：Scientific Summary. London：UK Government Office for Science，2004.
[311] Sun D C，Wang H M，Huang J，et al. Urban road waterlogging risk assessment based on the source-pathway-receptor concept in Shenzhen，China. Journal of Flood Risk Management，2023，16（1）：e12873.
[312] Palla A，Coll M，Candela A，et al. Pluvial flooding in urban areas：the role of surface drainage efficiency. Journal of Flood Risk Management，2018，11（Suppl 2）：663-676.
[313] Maksimović Č，Prodanović D，Boonya-Aroonnet S，et al. Overland flow and pathway analysis for modelling of urban pluvial flooding. Journal of Hydraulic Research，2009，47（4）：512-523.
[314] Diaz-Nieto J，Lerner D N，Saul A J，et al. GIS water-balance approach to support surface water flood-risk management. Journal of Hydrologic Engineering，2012，17（1）：55-67.
[315] Horrillo-Caraballo J M，Reeve D E，Simmonds D，et al. Application of a source-pathway-receptor-consequence（S-P-R-C）methodology to the Teign Estuary，UK. Journal of Coastal Research，2013，65（10065）：1939-1944.
[316] 孙殿臣. 基于 SPR 的城市居民洪涝灾害出行风险测度及引导策略研究. 南京：河海大学，2023.
[317] Chen Q，Xia J，Falconer R A，et al. Further improvement in a criterion for human stability in floodwaters. Journal of Flood Risk Management，2019，12（3）：395-402.
[318] DEFRA. Flood Risks to People. London：Department for Environment Food and Rural Affairs，2006.
[319] Dilley M，Chen R S，Deichmann U，et al. Natural Disaster Hotspots：A Global Risk Analysis. Washington：The World Bank. 2005.
[320] Schneider P J，Schauer B A. HAZUS：its development and its future. Natural Hazards Review，2006，7（2）：40-44.
[321] van Niekerk D，Nemakonde L D，Kruger L，et al. Community-based disaster risk management//Rodríguez H，Donner W，Trainor J. Handbook of Disaster Research. Cham：Springer，2018，411-429.
[322] 郝晓丽，李妍敏，刘舒. 北京市方庄区域暴雨积水模拟研究. 水电能源科学，2021，39（6）：60-63，115.
[323] 任梅芳，徐宗学，初祁，等. 济南市历下区立交桥区域暴雨内涝积水模拟. 南水北调与水利科技，2018，16（5）：9-15.
[324] 王俊珲，侯精明，王峰，等. 洪涝过程模拟及三维实景展示方法研究. 自然灾害学报，2020，29（4）：149-160.
[325] 王晶，薛联青，张敏，等. 不同降水频率下淮河流域洪涝灾害风险评估. 水电能源科学，2019，37（9）：1-5.

[326] 康晋乐. 基于深度学习的城市洪涝灾害风险态势感知建模及可视化研究. 南京：河海大学，2022.

[327] Liu H，Hao Y，Zhang W H，et al. Online urban-waterlogging monitoring based on a recurrent neural network for classification of microblogging text. Natural Hazards and Earth System Sciences，2021，21（4）：1179-1194.

[328] Huang Z，Xu W，Yu K. Bidirectional LSTM-CRF models for sequence tagging. [2024-09-26]. https://arxiv.org/pdf/1508.01991.

[329] 杨钢，徐宗学，赵刚，等. 基于 SWMM 模型的北京大红门排水区雨洪模拟及 LID 效果评价. 北京师范大学学报（自然科学版），2018，54（5）：628-634.

[330] Kang J L，Wang H M，Yuan F F，et al. Prediction of precipitation based on recurrent neural networks in Jingdezhen，Jiangxi province，China. Atmosphere，2020，11（3）：246.

[331] Sun D C，Wang H M，Lall U，et al. Prediction of urban inundation depths using a machine learning model：an application to Shenzhen，China. [2024-09-26]. https://d197for5662m48.cloudfront.net/documents/publicationstatus/81902/preprint_pdf/48eaff8f4774cb029c138b69a454e83f.pdf.

[332] Graves A，Mohamed A R，Hinton G. Speech recognition with deep recurrent neural networks//Xing E P，Jebara T. Proceedings of the 31st International Conference on International Conference on Machine Learning. New York：IEEE：1764-1772.

[333] Bengio Y，Simard P，Frasconi P. Learning long-term dependencies with gradient descent is difficult. IEEE Transactions on Neural Networks，1994，5（2）：157-166.

[334] Kingma D P，Ba J L. Adam：a method for stochastic optimization. [2024-09-26]. https://arxiv.org/pdf/1412.6980.

[335] Keskar N S，Mudigere D，Nocedal J，et al. On large-batch training for deep learning：generalization gap and sharp minima. [2024-09-26]. https://arxiv.org/pdf/1609.04836.

[336] Berry M J A，Linoff G S. Data Mining Techniques. New York：John Wiley & Sons，2009.

[337] Arnold J G，Moriasi D N，Gassman P W，et al. SWAT：model use，calibration，and validation. Transactions of the ASABE，2012，55（4）：1491-1508.

[338] 曹金虎. 徐州市主城区内涝灾害风险评价研究. 徐州：中国矿业大学，2018.

[339] 金晓瑜. 不确定性·无知与自然灾难（提纲）. 江苏省卫生法学会江苏省医学伦理学会，江苏省医学哲学学会. 全国第三次医学人文社会科学高峰论坛：全国第二届灾疫伦理、法律、社会问题与灾疫教育学术研讨会暨江苏省卫生法学会、医学伦理学会、医学哲学学会2011 年学术年会，2011：14-15.

[340] Huang S Q，Wang H M，Xu Y J，et al. Key disaster-causing factors chains on urban flood risk based on Bayesian Network. Land，2021，10（2）：210.

[341] 佘靖雯. 基于改进贝叶斯的城市洪涝灾害风险评估模型研究. 南京：河海大学，2021.

[342] Huang J，Zhuo L，She J W，et al. Urban flood inundation probability assessment based on an improved Bayesian model. Natural Hazards Review，2023，24（4）：1-13.

[343] 张德鑫. 基于不平衡数据集的分类问题研究. 昆明：云南财经大学，2020.

[344] Chawla N V，Bowyer K W，Hall L O，et al. SMOTE：synthetic minority over-sampling technique. Journal of Artificial Intelligence Research，2002，16：321-357.

[345] 邹东兴. 面向不平衡电商评论文本的改进朴素贝叶斯分类模型研究. 广州：广州大学，2019.

[346] 陈木生，卢晓勇. 三种用于垃圾网页检测的随机欠采样集成分类器. 计算机应用，2017，37（2）：535-539，558.

[347] 田苗，王鹏新，严泰来，等. Kappa 系数的修正及在干旱预测精度及一致性评价中的应用. 农业工程学报，2012，28（24）：1-7.

[348] Abebe Y，Kabir G，Tesfamariam S. Assessing urban areas vulnerability to pluvial flooding using GIS applications and Bayesian Belief Network model. Journal of Cleaner Production，2018，174：1629-1641.

[349] Chen Y，Liu R，Barrett D，et al. A spatial assessment framework for evaluating flood risk under extreme climates. Science of the Total Environment，2015，538：512-523.

[350] Laskey K B. Sensitivity analysis for probability assessments in Bayesian networks. IEEE Transactions on Systems，Man，and Cybernetics，1995，25（6）：901-909.

[351] 吴星妍. 基于知识图谱的暴雨灾害链挖掘与风险预测研究. 南京：河海大学，2023.

[352] 邱芹军，吴亮，马凯，等. 面向灾害应急响应的地质灾害链知识图谱构建方法. 地球科学，2023，48（5）：1875-1891.

[353] Studer R，Benjamins V R，Fensel D. Knowledge engineering：principles and methods. Data & Knowledge Engineering，1998，25（1/2）：161-197.

[354] 邓志鸿，唐世渭，张铭，等. Ontology 研究综述. 北京大学学报（自然科学版），2002，38（5）：730-738.

[355] 南京师范大学，河海大学. 一种基于文本挖掘的洪涝型 Natech 灾害事件知识图谱构建方法：中国，CN202210807776.9. 2022-11-11.

[356] 黄晶，吴星妍，王慧敏，等. 基于知识图谱的暴雨灾害链挖掘与预测研究. 工程管理科技前沿，43（4）：46-53.

[357] Balistrocchi M，Metulini R，Carpita M，et al. Dynamic maps of human exposure to floods based on mobile phone data. Natural Hazards and Earth System Sciences，2020，20（12）：3485-3500.

[358] Wang Y Z，Liu J，Li C Z，et al. A data-driven approach for flood prediction using grid-based meteorological data. Hydrological Processes，2023，37（3）：e14837.

[359] Hu J J，Gao Y，Wang X C，et al. Recognizing mixed urban functions from human activities using representation learning methods. International Journal of Digital Earth，2023，16（1）：289-307.

[360] Huang C，Xiao C L，Rong L S. Integrating point-of-interest density and spatial heterogeneity to identify urban functional areas. Remote Sensing，2022，14（17）：4201.

[361] Li B，Liu Y F，Xing H F，et al. Integrating urban morphology and land surface temperature characteristics for urban functional area classification. Geo-spatial Information Science，2022，25（2）：337-352.

[362] Toma-Danila D，Tataru D，Nastase E. Evaluating seismic risk perception and preparedness in Romania through questionnaires designed to reveal geopatterns and attitude profiles. Geopatterns，2021，6（1）：27-37.

[363] Honarvar B，Lankarani K B，Kharmandar A，et al. Knowledge，attitudes，risk perceptions，and practices of adults toward COVID-19：a population and field-based study from Iran. International Journal of Public Health，2020，65（6）：731-739.

[364] Xie L J，Feng X L，Zhang C，et al. Identification of urban functional areas based on the multimodal deep learning fusion of high-resolution remote sensing images and social perception data. Buildings，2022，12（5）：556.

[365] 张景奇，史文宝，修春亮. POI 数据在中国城市研究中的应用. 地理科学，2021，41（1）：140-148.

[366] 薛冰，李京忠，肖骁，等. 基于兴趣点（POI）大数据的人地关系研究综述：理论、方法与应用. 地理与地理信息科学，2019，35（6）：51-60.

[367] Xue B，Xiao X，Li J Z，et al. Multi-source data-driven identification of urban functional areas：a case of Shenyang，China. Chinese Geographical Science，2023，33（1）：21-35.

[368] Zheng M R，Wang H Y，Shang Y Q，et al. Identification and prediction of mixed-use functional areas supported by POI data in Jinan city of China. Scientific Reports，2023，13（1）：2913.

[369] Wang T，Wang H M，Wang Z Q，et al. Dynamic risk assessment of urban flood disasters based on functional area division：a case study in Shenzhen，China. Journal of Environmental Management，2023，345：118787.

[370] Sun D C，Wang H M，Lall U，et al. Subway travel risk evaluation during flood events based on smart card data. Geomatics，Natural Hazards and Risk，2022，13（1）：2796-2818.

[371] Zhang Y S，Yao E J. Splitting travel time based on AFC data：estimating walking，waiting，transfer，and in-vehicle travel times in metro system. Discrete Dynamics in Nature and Society，2015，（1）：1-11.

[372] Martin D，Bracken I. The integration of socioeconomic and physical resource data for applied land management information systems. Applied Geography，1993，13（1）：45-53.

[373] Langford M. Obtaining population estimates in non-census reporting zones：an evaluation of the 3-class dasymetric method. Computers，Environment and Urban Systems，2006，30（2）：161-180.

[374] 淳锦，张新长，黄健锋，等. 基于 POI 数据的人口分布格网化方法研究. 地理与地理信息科学，2018，34（4）：83-89，124，2.

[375] Prasetiyowati S S，Sibaroni Y. Prediction of DHF disease spreading patterns using inverse distances weighted（IDW），ordinary and universal Kriging. Journal of Physics：Conference Series，2018，971：012010.

[376] Sun G B，Zacharias J，Ma B，et al. How do metro stations integrate with walking environments? Results from walking access within three types of built environment in Beijing. Cities，2016，56：91-98.

[377] Field C B，Barros V R. Climate Change 2014：Impacts，Adaptation，and Vulnerability. Cambridge：Cambridge University Press，2014.

[378] 庞甜甜. 考虑人群活动的城市暴雨洪涝灾害风险模拟及预警. 南京：河海大学，2023.

[379] 焦健，王德. 从出行到活动：国外时空行为调查的演变与发展. 国际城市规划，2020，35（3）：34-41.

[380] 陈国俊，管鑫，江毅，等. 考虑出行活动差异的出行时间信息发布. 武汉理工大学学报（交通科学与工程版），2019，43（3）：420-425.

[381] 张晓美. 基于居民时空间行为特征的城市活动空间研究：以天津市中心城区为例. 天津：天津大学，2019.

[382] 柴彦威，谭一洺，申悦，等. 空间：行为互动理论构建的基本思路. 地理研究，2017，36（10）：1959-1970.

[383] 毛海虓. 中国城市居民出行特征研究. 北京：北京工业大学，2005.

[384] 罗阳欢，祝善友，张桂欣，等. 南京市秦淮区昼夜人口空间分布估算与分析. 长江流域资源与环境，2018，27（5）：1020-1030.

[385] 中华人民共和国住房和城乡建设部，中华人民共和国国家质量监督检验检疫总局. 城市用地分类与规划建设用地标准：GB 50137—2011. 北京：中国建筑工业出版社，2011.

[386] 魏广奇，苏跃江，余畅. 基于活动识别的公交出行行为重构与分析. 交通运输系统工程与信息，2020，20（4）：143-149.

[387] Terti G，Ruin I，Anquetin S，et al. Dynamic vulnerability factors for impact-based flash flood prediction. Natural Hazards，2015，79（3）：1481-1497.

[388] Huang J，Yang Y B，Yang Y，et al. Risk assessment of urban rainstorm flood disaster based on land use/land cover simulation. Hydrological Processes，2022，36（12）：e14771.

[389] 中华人民共和国住房和城乡建设部，中华人民共和国国家质量监督检验检疫总局. 建筑工程抗震设防分类标准：GB50223—2008. 北京：中国建筑工业出版社，2008.

[390] 李云，翟欣欣，胡雅丽，等. 城市道路交通事故的时空特征与规划成因：以深圳市南山区为例. 深圳大学学报（理工版），2018，35（2）：197-205.

[391] 中华人民共和国住房和城乡建设部. 城市道路工程设计规范：CJJ 37—2012. 北京：中国建筑工业出版社，2012.

[392] Yao Y，Liu X P，Li X，et al. Mapping fine-scale population distributions at the building level by integrating multisource geospatial big data. International Journal of Geographical Information Science，2017，31（6）：1220-1244.

[393] Weis S W M，Agostini V N，Roth L M，et al. Assessing vulnerability：an integrated approach for mapping adaptive capacity，sensitivity，and exposure. Climatic Change，2016，136（3）：615-629.

[394] 董泽宇. 风险预警管理体系构建："过程—系统"视角. 中国应急管理科学，2023，（8）：49-60.

[395] 黄晶，蔡思琴，庞甜甜，等. 基于主体建模的城市暴雨洪涝灾害预警策略仿真研究. 地球信息科学学报，2024，26（5）：1151-1165.

[396] Foudi S，Osés-Eraso N，Tamayo I. Integrated spatial flood risk assessment：the case of Zaragoza. Land Use Policy，2015，42：278-292.

[397] Chen J，Hill A A，Urbano L D. A GIS-based model for urban flood inundation. Journal of Hydrology，2009，373（1/2）：184-192.

[398] Lian H S，Yen H，Huang J C，et al. CN-China：revised runoff curve number by using rainfall-runoff events data in China. Water Research，2020，177：115767.

[399] Yao L，Wei W，Yu Y，et al. Research on potential runoff risk of urban functional zones in Beijing city based on GIS and RS. Acta Geographica Sinica，2015，70（2）：308-318.

[400] 陈思，杨胜梅，马琨. 基于 SCS 和 GIS 的不同降雨情景城市内涝过程模拟方法. 长江科学院院报，2019，36（11）：16-20.

[401] 刘仁义，刘南. 基于 GIS 的复杂地形洪水淹没区计算方法. 地理学报，2001，（1）：1-6.

[402] Khan F A，Salman A. A simple human vulnerability index to climate change hazards for Pakistan. International Journal of Disaster Risk Science，2012，3（3）：163-176.

[403] Liu T X，Wang Y，Yu H Y，et al. Using statistical functions and hydro-hydraulic models to develop human vulnerability curves for flash floods：the flash flood of the Taitou catchment（China）in 2016. International Journal of Disaster Risk Reduction，2022，73：102876.

[404] Lee H Y，Hong W H，Lee Y H. Experimental study on the influence of water depth on the evacuation speed of elderly people in flood conditions. International Journal of Disaster Risk Reduction，2019，39：101198.

[405] Kron W. Keynote lecture：flood risk=hazard×exposure×vulnerability//Wu B，Huang Z，Wang G，et al. Flood defence 2002：Proceedings of the second international conference on flood defence. Beijing：Tsinghua University，2002：82-97.

[406] Costache R，Tien Bui D. Identification of areas prone to flash-flood phenomena using multiple-criteria decision-making，bivariate statistics，machine learning and their ensembles. Science of the Total Environment，2020，712：136492.

[407] 吕希希，张春菊，黄建伟，等. 暴雨洪涝敏感性影响因子分析及评估：以江西安义县为例. 灾害学，2021，36（1）：223-229.

[408] 汪志强. 基于社区空间网格的洪涝灾害应急疏散建模及策略研究. 南京：河海大学，2022.

[409] Holland J H. Studying complex adaptive systems. Journal of Systems Science and Complexity，2006，19（1）：1-8.

[410] Galea E R，Sauter M，Deere S J，et al. Investigating the impact of culture on evacuation behavior：a Turkish data-set. Fire Safety Science，2011，10：709-722.

[411] Zaller J R. The Nature and Origins of Mass Opinion. Cambridge：Cambridge University Press，1992.

[412] 何保红，刘阳，高良鹏，等. 城市家庭日常活动：出行交互制约机制研究. 交通运输系统工程与信息，2015，15（3）：7-12.

[413] 杨励雅，李娟. 居民出行链、出行方式与出发时间联合选择的交叉巢式 Logit 模型. 北京大学学报（自然科学版），2017，53（4）：722-730.

[414] 张萍，邓能静，蒋瑶瑶. 居民非工作活动和出行的结构方程建模. 同济大学学报（自然科学版），2017，45（9）：1311-1318.

[415] 景鹏，隽志才，查奇芬. 考虑心理潜变量的出行方式选择行为模型. 中国公路学报，2014，27（11）：84-92，108.

[416] 曾珊珊，石飞，徐建刚. 中国城市街道模式与居民出行方式互动关系. 城市发展研究，2016，23（3）：8-14.

[417] 叶玉玲，韩明初，陈俊晶. 基于出行链的城际旅客出行方式选择行为. 同济大学学报（自然科学版），2018，46（9）：1234-1240.

[418] Shabou S，Ruin I，Lutoff C，et al. MobRISK：a model for assessing the exposure of road users to flash flood events. Natural Hazards and Earth System Sciences，2017，17（9）：1631-1651.

[419] Bhat C R，Guo J Y，Srinivasan S，et al. Comprehensive econometric microsimulator for daily activity-travel patterns. Transportation Research Record: Journal of the Transportation Research Board，2004，1894（1）：57-66.

[420] Arentze T A，Timmermans H J P. A learning-based transportation oriented simulation system. Transportation Research Part B：Methodological，2004，38（7）：613-633.

[421] Auld J，Mohammadian A. Activity planning processes in the agent-based dynamic activity planning and travel scheduling（ADAPTS）model. Transportation Research Part A：Policy and Practice，2012，46（8）：1386-1403.

[422] Javanmardi M，Fasihozaman Langerudi M，Shabanpour R，et al. An optimization approach to resolve activity scheduling conflicts in ADAPTS activity-based model. Transportation，2016，43（6）：1023-1039.

[423] Rasouli S，Timmermans H. Activity-based models of travel demand：promises，progress and prospects. International Journal of Urban Sciences，2014，18（1）：31-60.

[424] Gong P，Chen B，Li X C，et al. Mapping essential urban land use categories in China（EULUC-China）：preliminary results for 2018. Science Bulletin，2020，65（3）：182-187.

[425] Huang J，Cao W W，Wang H M，et al. Affect path to flood protective coping behaviors using SEM based on a survey in Shenzhen，China. International Journal of Environmental Research and Public Health，2020，17（3）：425.

[426] Wang Z Q，Wang H M，Huang J，et al. Analysis of the public flood risk perception in a flood-prone city：the case of Jingdezhen city in China. Water，2018，10（11）：1577.

[427] 梁浩然. 基于概率扩展有限状态机的统计测试方法研究. 大连：大连理工大学，2018.

[428] Dawson R J，Peppe R，Wang M. An agent-based model for risk-based flood incident management. Natural Hazards，2011，59（1）：167-189.

[429] Dai Q，Zhu X H，Zhuo L，et al. A hazard-human coupled model（HazardCM）to assess city dynamic exposure to rainfall-triggered natural hazards. Environmental Modelling & Software，2020，127：104684.

[430] Jang S，Cho M，Yoon J，et al. Using SWMM as a tool for hydrologic impact assessment. Desalination，2007，212（1/2/3）：344-356.

[431] 周红，林孟，陈江畅. 基于 GIS 和 SWMM 的城市雨洪模型构建模拟与效益评价：以厦门市马銮湾片区为例. 现代城市研究，2020，（12）：112-119.

[432] 曾照洋，赖成光，王兆礼，等. 基于 WCA2D 与 SWMM 模型的城市暴雨洪涝快速模拟. 水科学进展，2020，31（1）：29-38.

[433] 向小华，陈颖悟，吴晓玲，等. 城市二维内涝模型的 GPU 并行方法. 河海大学学报（自然科学版），2020，48（6）：528-533.

[434] Wu X S，Wang Z L，Guo S L，et al. Scenario-based projections of future urban inundation within a coupled hydrodynamic model framework：a case study in Dongguan city，China. Journal of Hydrology，2017，547：428-442.

[435] Shen J，Tan F B. Effects of DEM resolution and resampling technique on building treatment for urban inundation modeling：a case study for the 2016 flooding of the HUST campus in Wuhan. Natural Hazards，2020，104（1）：927-957.

[436] Chen W J，Huang G R，Zhang H，et al. Urban inundation response to rainstorm patterns with a coupled hydrodynamic model：a case study in Haidian Island，China. Journal of Hydrology，2018，564：1022-1035.

[437] Yang Q T，Zhang S L，Dai Q，et al. Improved framework for assessing vulnerability to different types of urban floods. Sustainability，2020，12（18）：7668.

[438] 童小溪，战洋. 灾害预警会引起群体恐慌吗？——基于四个案例的社会学研究. 中国农业大学学报（社会科学版），2020，37（3）：120-129.

[439] 周利敏，龙智光. 大数据时代的灾害预警创新：以阳江市突发事件预警信息发布中心为案例. 武汉大学学报（哲学社会科学版），2017，70（3）：121-132.

[440] 沙勇忠，钦晖. 社区灾害预警的分析维度及集成框架. 甘肃社会科学，2012，（2）：228-231.

[441] Atmojo P S，Sachro S S. Disaster management：selections of evacuation routes due to flood disaster. Procedia Engineering，2017，171：1478-1485.

[442] Ichifuji Y，Koide N，Sonehara N. Impacts of tourist accommodations as temporal shelter on evacuee overflow for the reassignment of shelters jurisdiction//IEEE. Proceedings of the 2015 10th International Conference on Availability，Reliability and Security. Washington：IEEE Computer Society，2015：281-286.

[443] Shan B Y，Wang K P，Wang L E. Optimal location of urban seismic shelter for evacuation based on network analysis of GIS//IEEE. 2018 IEEE 3rd International Conference on Cloud Computing and Big Data Analysis（ICCCBDA）. New York：IEEE，2018：532-536.

[444] Huang J，Pang T T，Liu Z Z，et al. Risk simulation of urban rainstorm flood disasters considering crowd activities. Systems，2023，11（8）：407.

[445] 钟炜菁，王德. 基于居民行为周期特征的城市空间研究. 地理科学进展，2018，37（8）：1106-1118.

[446] 吴中元，许捍卫，胡钟敏. 基于腾讯位置大数据的精细尺度人口空间化：以南京市江宁区秣陵街道为例. 地理与地理信息科学，2019，35（6）：61-65.

[447] 王涛，李燕. 气象灾害预警信息发布服务效果评估实践研究：以山西 2021 年 10 月 2 日暴

雨过程为例. 中国应急救援，2023，(2)：72-76.
[448] 朱诚成. 基于刷卡数据的降雨天气对轨道通勤出行影响研究. 南京：东南大学，2018.
[449] 许熳灵. 基于地铁刷卡数据的城市居民出行行为时空特征分析. 南京：东南大学，2019.
[450] 周玉文，赵洪宾. 排水管网理论与计算. 北京：中国建筑工业出版社，2000.
[451] Li J，Liu C M，Wang Z G，et al. Two universal runoff yield models：SCS vs. LCM. Journal of Geographical Sciences，2015，25（3）：311-318.
[452] 赵少华，邱国玉，杨永辉，等. 遥感水文耦合模型的研究进展. 生态环境，2006，15（6）：1391-1396.
[453] Mishra S K，Singh V P. Soil Conservation Service Curve Number（SCS-CN）Methodology. Water Science & Technology Library，2007，22（3）：355-362.
[454] 张华，尹占娥，殷杰，等. 基于土地利用的城市暴雨内涝灾害脆弱性评估：以上海浦东新区为例. 上海师范大学学报（自然科学版），2011，40（4）：427-434.
[455] Coto E B. Flood hazard，vulnerability and risk assessment in the city of Turrialba，Costa Rica. Enschede：ITC，2002.
[456] Rus K，Kilar V，Koren D. Resilience assessment of complex urban systems to natural disasters：a new literature review. International Journal of Disaster Risk Reduction，2018，31：311-330.
[457] Zhang J X，Wang H M，Huang J，et al. A study on dynamic simulation and improvement strategies of flood resilience for urban road system. Journal of Environmental Management，2023，344：118770.
[458] Ip W H，Wang D W. Resilience and friability of transportation networks：evaluation，analysis and optimization. IEEE Systems Journal，2011，5（2）：189-198.
[459] Hua P，Yang W Y，Qi X C，et al. Evaluating the effect of urban flooding reduction strategies in response to design rainfall and low impact development. Journal of Cleaner Production，2020，242：118515.
[460] Hu M C，Zhang X Q，Li Y，et al. Flood mitigation performance of low impact development technologies under different storms for retrofitting an urbanized area. Journal of Cleaner Production，2019，222：373-380.